普通高等教育“十一五”国家级规划教材

石油和化工行业“十四五”规划教材

国家级一流本科专业建设成果教材

清洁生产与循环经济（第三版）

马春燕　奚旦立　高春梅　主编

马春燕　奚旦立　高春梅　徐淑红　冀世锋　编

化学工业出版社

·北京·

内容简介

《清洁生产与循环经济》（第三版）共分为8章，分析了环境问题的产生及发展，介绍了资源、能源的清洁利用，清洁生产的概念和工艺、清洁生产评价及相关法规标准，以及清洁生产审核与能源审计的程序、方法，并提供了实例供读者参考；结合我国生态文明建设和“双碳”目标，介绍了碳足迹-水足迹-环境足迹、循环经济和生态园区相关内容。

本书主要作为高等学校环境类专业教学用书，也可供生态环境和相关专业技术人员参考，还可供对绿色低碳发展感兴趣的社会各界人士参考阅读。

图书在版编目（CIP）数据

清洁生产与循环经济 / 马春燕，奚旦立，高春梅主编. -- 3版. -- 北京 : 化学工业出版社，2025. 7(2026. 4重印). (普通高等教育“十一五”国家级规划教材)(石油和化工行业“十四五”规划教材)(国家级一流本科专业建设成果教材). -- ISBN 978-7-122-48121-4

Ⅰ. X383；F062.2

中国国家版本馆CIP数据核字第2025R9B678号

责任编辑：满悦芝　　文字编辑：杨振美
责任校对：宋　夏　　装帧设计：张　辉

出版发行：化学工业出版社
（北京市东城区青年湖南街13号　邮政编码100011）
印　　装：河北鑫兆源印刷有限公司
787mm×1092mm　1/16　印张16　字数406千字
2026年4月北京第3版第2次印刷

购书咨询：010-64518888　售后服务：010-64518899
网　　址：http://www.cip.com.cn
凡购买本书，如有缺损质量问题，本社销售中心负责调换。

定　　价：59.80元

第三版前言

生态环境、碳排放已经不仅是学术界研究的课题，而且是全民关心和讨论的问题。全世界不分地区、国家、民族，为了全体人类的生存和发展，在减少温室气体排放、保护地球生态环境上的立场是一致的。

不论是提高人类的生活质量，还是减少温室气体的排放，根本方法都是依靠科学技术的进步。发展风能、太阳能、生物能等绿色能源，削减以煤炭为主的不可再生能源使用量，扩大绿化以中和二氧化碳，积极研发和应用清洁生产技术等措施正在发挥越来越重要的作用。

化学品的使用提高了人类生活质量。如果没有合成氨、合成尿素以及不断开发的几代新农药，世界粮食产量至少要减半，70 亿人口中的 30 多亿就要面临饥饿甚至死亡风险。但新技术的探索、研究、开发是一个不间断的过程，过程中难免存在危害人体健康和污染环境的负面效应，这是人类发展必须面对的现实。

本书分析了环境问题的产生及发展，分析了经济发展和环境污染的关系，介绍了碳足迹-水足迹-环境足迹的相关知识，提出了清洁生产、循环经济和生态园区等解决环境与能源问题的途径。书中收集、整理、引用了大量翔实数据，给出了清洁生产审核和能源审计实例。本次修订沿袭了第二版的内容框架，结合我国生态文明建设要求、“双碳”目标背景下清洁生产的新发展要求，对内容进行了增补以及更新。

此次修订，奚旦立负责第 1 章和第 3 章（部分），马春燕负责第 3 章（部分）、第 7 章和第 8 章，高春梅负责第 2 章，徐淑红负责第 4 章和第 5 章，冀世锋负责第 6 章。马春燕负责全书统稿。

科学技术的发展日新月异，作为教材既要具备知识的基础性，又要体现技术发展的前沿性，因此书中疏漏和不当之处在所难免，望斧正。

奚旦立

2025 年 7 月

目录

第1章

绪　论

1.1　环境问题的产生及发展

人类起源于自然，生存于自然，发展于自然。自人类出现以后，生物与环境、人与自然就紧密联系在一起。从采摘野果、徒手狩猎到刀耕火种，是一大进步，说明人类开始有目的地利用自然物质，加工成工具，改造自然以提高自身的生活质量。当砍伐森林、捕杀动物、开垦土地达到一定规模，自然环境的生态平衡受到破坏，环境问题开始出现。但这时的环境问题是局部的，影响较小。

工业革命以来，随着科学技术、商品经济的发展和工业化的快速推进，人类的生产力水平有了极大提高。传统工业化在创造无与伦比的物质财富的同时，也过度消耗自然资源，大范围破坏生态环境，大量排放各种污染物，人类为此付出了沉痛的代价。例如，1943 年 5 月至 10 月发生在美国洛杉矶的烟雾事件，大量汽车尾气产生的光化学烟雾，在 5 个月时间内造成 65 岁以上老人死亡 400 多人。1952 年 12 月英国伦敦由于冬季燃煤产生大量煤烟，引起大面积烟雾，发生严重烟雾事件，能见度突然变得极差，整座城市弥漫着浓烈的臭鸡蛋气味，居民普遍呼吸困难，短短几天就导致 4000 多人死亡，此后两个月内又有 8000 多人陆续丧生。

严酷的现实使人类不得不冷静思考人与自然的关系，人们认识到人和自然必须和睦相处，需要考虑每前进一步可能给环境留下的“足迹”，只有保护环境，社会才能持久发展。

1972 年 6 月 5 日至 16 日联合国在瑞典首都斯德哥尔摩召开人类环境会议，这是人类第一次关注和保护环境的历史性会议，通过的《人类环境宣言》对环境问题的本质、产生原因、改善方法、人类的职责以及国际合作等方面作了原则阐述，并由此签订了一系列保护生态、保护环境的国际条约。会议开幕日被联合国确定为世界环境日，每年的这一天世界各国都会举行丰富多彩的纪念活动。

1992 年 6 月 3 日至 14 日在巴西里约热内卢召开联合国环境与发展大会。会议第一次把经济发展与环境保护结合起来考量，提出了可持续发展战略，标志着环境保护事业在全世界范围开始了历史性转变。由我国等发展中国家倡导的“共同但有区别的责任”原则，成为国际环境与发展合作的基本原则。

2002年8月26日至9月4日在南非约翰内斯堡召开可持续发展世界首脑会议。会议提出经济增长、社会进步和环境保护是可持续发展的三大支柱，经济增长和社会进步必须同环境保护、生态平衡相协调。

2012年6月20日至22日在巴西里约热内卢召开联合国可持续发展大会。会议发起可持续发展目标讨论进程，提出绿色经济是实现可持续发展的重要手段，正式通过《我们憧憬的未来》这一成果文件。

2021年2月22日至23日在肯尼亚首都内罗毕召开了第五届联合国环境大会第一阶段会议，大会主题为“加大力度保护自然，实现可持续发展”。联合国环境规划署执行主任安诺表示，人类需要全球行动，逐步全面停止使用塑料袋。3月2日第五届联合国环境大会第二阶段会议通过了具有历史性意义的《终止塑料污染决议（草案）》。

1.1.1 产业与环境

在人类活动中，“生产”无疑是与环境发生作用最频繁的部分。为了生存，从单纯向自然索取食物到制造工具种植植物、圈养动物供食用，到分拣、加工、提炼，再到合成各种生活用品，物质的丰富、卫生条件的改善促使人口增加，而人口的增加和欲望的膨胀又促使生产力进一步提高。为了提高效率，生产活动的分工越来越细，人类向自然索取更多的资源用于加工产品，并在此过程中排放大量废气、废水、废渣，破坏生态平衡，造成环境污染，人口增长、生产力提高相互交替，形成难以逆转的“棘轮效应”。

产业分为第一产业、第二产业和第三产业。国家统计局规定：第一产业指农、林、牧、渔业（不含农、林、牧、渔专业及辅助性活动）；第二产业是指采矿业（不含开采专业及辅助性活动），制造业（不含金属制品、机械和设备修理业），电力、热力、燃气及水生产和供应业，建筑业；第三产业是指服务业，是指除第一产业、第二产业以外的其他行业。第三产业包括：批发和零售业，交通运输、仓储和邮政业，住宿和餐饮业，信息传输、软件和信息技术服务业，金融业，房地产业，租赁和商务服务业，科学研究和技术服务业，水利、环境和公共设施管理业，居民服务、修理和其他服务业，教育，卫生和社会工作，文化、体育和娱乐业，公共管理、社会保障和社会组织，国际组织，以及农、林、牧、渔业中的农、林、牧、渔专业及辅助性活动，采矿业中的开采专业及辅助性活动，制造业中的金属制品、机械和设备修理业。

可以说，环境问题始于农业的产生，但从20世纪50年代开始的现代环境问题，是从工业污染开始的。工业污染的排污特点是排污点位集中、排污途径明确，因此容易收集，处理相对方便。对于工业集中地区，城市可以建造规模大的处理设施，从而具有规模效应，通常将这一类污染称为点源污染。与此相对应的是面源污染，是指由分散的污染源所造成的污染，例如农业污染、分散性的养殖业污染。它的特点是发生区域具有随机性、排放途径和排放污染物具有不确定性、污染负荷空间具有差异性。由于面源污染的特点，其治理难度远大于点源污染，农业污染属于典型的面源污染。

1.1.1.1 第一产业与环境

对于一个国家或地区，第一产业所占地域面积是最大的，也是比较分散的，面源污染的治理难度远高于点源污染，生态平衡的破坏是主要问题。对中国而言，20世纪80—90年代，局部环境污染相对严重，如农药、化肥使用不当和过量使用造成农田污染、畜禽饲养场污染，水土流失，土壤肥力下降，沙漠化，森林面积减少，生物多样性减少，等等。

(1) 水土流失和土壤肥力下降　土壤是农业生产的基础。所谓土壤是指陆地地表具有肥力并能生长植物的疏松表层。它由矿物质、动植物残体腐解产生的有机质、水分和空气组成，其中有机质作为耕地肥力的关键部分，通常集中在表层 0～20cm，占土壤干重的 0.5%～3%。水土流失是指由于各种原因，土壤有机质流失、肥力降低直至丧失的过程。水土流失的原因有森林减少、过度耕种和放牧。树木发达的根系是保持水土的重要因素，而繁茂的林冠则是截留降水、防止暴雨冲刷土壤的屏障。过度耕种和放牧不仅降低土壤肥力，而且造成植被减少，使土地暴露在阳光和风力侵蚀之中，一刮大风就形成沙尘暴（沙暴、尘暴）。水土流失不仅使宝贵的有机质减少，从而降低农业产量，而且这些有机质和泥沙混合在一起，成为污染物流入河道和海洋，污染水质、堵塞河道，酿成水灾。

1991 年 6 月 29 日第七届全国人民代表大会常务委员会第二十次会议通过了《中华人民共和国水土保持法》，本法于 2010 年进行了修订，这部法律的颁布实施，标志着我国水土保持工作步入法制化轨道，对预防和治理水土流失，保护和合理利用水土资源，改善农业生产条件和生态环境，促进我国经济社会可持续发展发挥了重要作用。

2023 年 1 月中共中央办公厅、国务院办公厅印发了《关于加强新时代水土保持工作的意见》，意见提出，到 2025 年，水土保持体制机制和工作体系更加完善，管理效能进一步提升，人为水土流失得到有效管控，重点地区水土流失得到有效治理，水土流失状况持续改善，全国水土保持率达到 73%。到 2035 年，系统完备、协同高效的水土保持体制机制全面形成，人为水土流失得到全面控制，重点地区水土流失得到全面治理，全国水土保持率达到 75%，生态系统水土保持功能显著增强。

党的十八大以来，我国水土保持工作取得显著成效，水土流失面积和强度持续呈现“双下降”态势。据《中国环境状况公报》统计，2013 年全国水土流失面积 294.91 万平方千米，占国土面积的 30.72%。其中，水力侵蚀面积 129.32 万平方千米，风力侵蚀面积 165.59 万平方千米。到 2024 年，全国水土流失面积下降到 260.19 万平方千米。其中，水力侵蚀面积 105.10 万平方千米，风力侵蚀面积 155.09 万平方千米。说明在这期间，我国水土流失面积减少了 11.77%，土壤环境质量得到了明显改善。

(2) 沙漠化　沙漠是指以沙土为主、含盐量高、几乎不含土壤有机质、雨水稀少而多风的荒漠，是人类几乎不能利用的土地。在沙漠和耕地的交汇处，耕地的植被被破坏、水资源被过度开采，引起流沙入侵，使耕地变为沙漠的过程称为沙漠化。全世界每年约有 $600\times10^4hm^2$ 土地沙漠化，其中非洲北部的撒哈拉沙漠、印度的塔尔沙漠流沙扩展迅速。根据第五次全国荒漠化和沙化监测（2013 年 7 月至 2015 年 10 月底）结果，全国荒漠化土地面积为 261.16 万平方千米，沙化土地面积为 172.12 万平方千米。到第六次全国荒漠化和沙化监测（2019 年 7 月至 2021 年 11 月），全国荒漠化土地面积为 257.37 万平方千米，沙化土地面积为 168.78 万平方千米，较第五次监测分别降低了 1.45%和 1.94%，总体向好发展。

(3) 森林面积减少　森林是指由乔木或灌木为主体组成的绿色植物群体。因所处区域不同，森林可分为亚寒带针叶林、温带针阔叶混交林、亚热带落叶阔叶林和热带森林（又称热带雨林）。在史前，全球森林覆盖率达 60%以上，19 世纪初为 43%，20 世纪中叶为 30%，近年来降至 22%。森林在整个地球生态平衡中起着极重要的作用。首先，它是地球上重要的自然资源库，绿色植物通过光合作用生成的有机物量称为净初级产量，而地球上 48.65%的净初级产量来自森林。森林承担着调节气候的重要功能，通过光合作用平衡动物、人类呼吸和人类活动燃烧过程所排放的大量 CO_2，释放生命活动需要的 O_2。森林截留和蒸腾水分与海洋、河流、湖泊、冰川等共同形成地球的“水循环”，如果破坏这一水循环，无疑将影响全球气候。森林具有保持水土、防风固沙以及净化空气的作用。据第九次全国森林资源清查（2013—2018 年），全国森林覆盖率为 22.96%，比上一次清查提高了 1.33 个百分点。全国现有森林面积 2.2 亿公顷，森林蓄积量 175.6 亿立方米，实现了 30 年来面积、蓄积量的连续“双增长”。

（4）生物多样性减少　每个生态系统都是由许多生物物种组成的，而每一物种的数量都与其他物种保持相对平衡，生物物种的多样性是生态系统成熟和平衡的标志。每一物种的存在，均有其必然性和合理性，都在生物链中起到一定的作用，某一链节受损或断裂，必将影响整个生物链。形成一个成熟的生态系统，需经千年以上，而破坏只需极短时间。自从人类出现，特别是工业革命以来，地球人口不断增加，需要的生活资料越来越多，人类的活动范围越来越大，对自然的干扰也就越来越多。大量的森林、草原、河流消失了，取而代之的是公路、农田、水库等，生物的自然栖息地被人类活动的痕迹割裂得支离破碎。每一条道路对于动物来说都是一道难以逾越的屏障，对分布在道路两边的蝴蝶种群造成了隔离，它们不再像以前那样飞来飞去进行基因交流。更不用说藏羚羊、狮子、老虎等这样的大型动物了。在过去的 2 亿年中，没有人类的干扰，平均大约每 100 年有 90 种脊椎动物灭绝，平均每 27 年有一种高等植物灭绝。人类的干扰使鸟类和哺乳类动物灭绝的速度提高了 100～1000 倍。自然和人为原因阻碍了生态系统中的能量流动和物质循环，破坏生态平衡，而生物物种减少已成为世界性的严重问题，特别是热带雨林的滥伐使许多物种灭绝或面临灭绝。

1993 年 12 月 29 日正式生效的《生物多样性公约》是生物多样性保护进程中具有划时代意义的公约，是全面探讨生物多样性的第一个全球性协议，是世界各国保护生物多样性、可持续利用生物资源和公平地分享其惠益的承诺。从 2001 年起国际生物多样性日定为每年的 5 月 22 日。我国是世界上生物多样性最丰富的国家之一，近年来在生物多样性保护方面取得了积极显著的成效。国家先后出台《关于加快推进生态文明建设的意见》《关于建立以国家公园为主体的自然保护地体系的指导意见》《加强生物遗传资源管理国家工作方案（2014—2020 年）》等一系列政策文件，各级各类自然保护地面积占陆域国土面积 18%，90% 的陆地生态系统类型和 71%的国家重点保护野生动植物物种得到有效保护，90%以上的国家级畜禽遗传资源品种建立了国家级保种单位，生物遗传资源收集保藏量位居世界前列。

2021 年 10 月中共中央办公厅、国务院办公厅印发了《关于进一步加强生物多样性保护的意见》，明确了进一步加强生物多样性保护的总体目标，提出了加快完善生物多样性保护政策法规、持续优化生物多样性保护空间格局等任务措施。

（5）农药、化肥污染　农药、化肥是现代农业提高产量的重要因素，但过量使用和不恰当使用也会造成污染。中国是农业大国，也是人口大国，因此农药、化肥的使用量很大。

世界上注册的农药有 1500 多种，常用的 300 多种，按主要用途分为杀虫剂、杀螨剂、杀鼠剂、杀软体动物剂、杀菌剂、杀线虫剂、除草剂和植物生长调节剂等，主要是杀虫剂、杀菌剂和除草剂三大类。农药用量过高，在杀灭害虫的同时，会杀死种类繁多的其他昆虫，直接或通过蔬菜等食物链间接使人中毒。滥用农药还导致耕地受到不同程度的污染。

肥料是作物生长的养料，是现代农业增产的重要物质保证。肥料分为有机肥料和化学肥料（化肥）。大规模生产的农业，主要依靠化肥。

由于人口众多，粮食压力大，化肥需求量将进一步增加。另外化肥中主要成分是氮、磷、钾，我国化肥中氮含量偏高，有可能造成土壤酸化，肥力下降。过量的氮、磷流入地面水域污染水体，使许多水域富营养化，农业污染基本上属于面源污染，治理难度远大于点源污染。

为大力推进化肥减量提效、农药减量控害，积极探索产出高效、产品安全、资源节约、环境友好的现代农业发展之路，农业部于2015年5月制定了《到2020年化肥使用量零增长行动方案》和《到2020年农药使用量零增长行动方案》。此后全国各省市开展了一系列有效举措来控制化肥和农药的使用。以重庆市为例，截至2020年年底，全市化肥使用总量已实现连续5年递减、农药使用总量连续10年递减，围绕用肥用药重点产业，重庆建立了规模种植主体减量清单，采取测土配方施肥、有机肥替代化肥、水肥一体化以及绿色防控、统防统治等措施，实现化肥、农药使用总量持续下降，2020年分别减少到89.8万吨、1.62万吨，比2015年分别下降8.1%和11%。主要农作物化肥、农药利用率分别提高到40.3%、40.6%，比2015年分别提高8.8、4个百分点。

我国于1997年5月发布了《农药管理条例》，并在2017年2月第一次修订通过，2022年3月进行了第二次修订。它的实施对于保障农产品安全、保护环境、促进农业可持续发展具有重要意义。

(6) 畜禽饲养场污染　人类饲养畜禽既作为生活资料，如肉、蛋、奶等用作食物，皮、骨、毛等用作衣物、用品，也作为生产资料，如牛、马用来耕地和运输。由于生活水平的提高，生产力的发展，畜禽饲养数量快速增长，生产的规模化和集约化程度提高，局部地区饲养密度高、总量大，特别是城市附近，这种饲养方式效率高。《中国统计年鉴2024》显示，我国2000年和2023年畜禽饲养量和禽蛋产量见表1-1。

表1-1　中国部分畜禽饲养量和禽蛋产量

类别	2000年	2023年
牛/万头	12353.2	10508.5
肉猪(出栏数量)/万头	51862.3	72662.4
禽蛋/10^4t	2182.0	3563.0

畜禽饲养也带来了负面影响。畜禽粪尿污染相当严重，畜禽粪尿排污量见表1-2。

表1-2　畜禽粪尿排污量

动物种类	排污量/[g/(头·d)]				
	粪	尿	BOD	COD	NH_3-N
奶牛	30000	18000	805	1100	12
肉猪	2200	2900	203	266	37.5
肉鸡	100		8.5	18.0	1.2
鸭	135		11.5	24.3	1.6
羊	1490		20.4	180	
马	20000	12500	563	780	

畜禽粪尿的主要成分是有机质，在人口密度较低的农村和牧区传统上作为肥料，北方牧区利用牛、马粪中的纤维素作为燃料。有资料表明，在1300～2000m^2草地上饲养一头牛可以消纳粪尿，但在集约化的饲养场是不可能的，特别是在城市市区周围的畜禽饲养场，粪、尿液以及冲棚水难以就地消纳，造成很大污染。根据生态环境部、国家统计局、农业农村部2020年发布的《第二次全国污染源普查公报》，我国2017年畜禽规模养殖场水污染物中，化学需氧量和氨氮排放量为604.83万吨和7.5万吨，占农业源排污总量的

56.7%和34.7%。

从资源利用的角度分析，粪、尿可以作为肥料、生物质能源加以利用，家畜粪便的肥分含量和有机物组成见表1-3和表1-4。

表1-3　家畜粪便的肥分含量　　单位：%

类别	水分	有机质	氮(N)	磷酸(以 P_2O_5 计)	氧化钾(K_2O)
猪粪	81.5	15.0	0.6	0.40	0.44
牛粪	83.3	14.5	0.32	0.25	0.16
鸡粪	50.5	25.5	1.63	1.54	0.85

表1-4　家畜粪便有机物组成　　单位：%

类别	脂肪	总腐殖质	富里酸	胡敏酸	半纤维素	碳氧比
猪粪	11.42	25.98	15.78	10.22	5.32	7.14∶1
牛粪	6.05	23.80	14.74	9.05	9.94	13.40∶1

家畜粪制肥料的大致方法是：饲养场将粪、尿及冲洗水分别收集起来，粪便集中后运往有机肥制造厂，通常添加秸秆粉、木屑粉和菌种混合发酵，每5天翻堆、充氧/翻动混合一次，经20～40天便制成优质有机肥料，尿液及冲洗水另行处理。目前关键问题是与化肥相比成本偏高，影响推广使用；尿液和冲洗水处理及应用困难。

家畜粪便作为生物质能也是一条有效利用途径，例如，将粪、尿液、冲洗水混合厌氧发酵制沼气，用作能源，同时可以获得大量液体肥料供给附近农田。

2023年6月9日，农业农村部、国家发展改革委、财政部、自然资源部印发了《全国现代设施农业建设规划（2023—2030年)》。该规划提出，到2030年全国畜禽养殖规模化率达到83%以上，建设完成260个家禽立体高效设施养殖场、200个肉牛高效集约养殖场、300个肉羊高效集约养殖场和200个现代化奶牛智慧牧场，增加肉产量150万吨以上、鸡蛋产量15万吨以上、奶类产量160万吨以上。同时，该规划中也关注了养殖过程中的粪污问题，提出了完善节水清粪、好氧发酵、厌氧发酵、粪肥还田等粪污处理利用设施装备，实现粪污资源化利用。

针对畜禽养殖场的污染问题，2012年11月11日国务院颁布了《畜禽规模养殖污染防治条例》，该条例涵盖了监督管理体制、污染源头控制和治理、废弃物综合利用的扶持鼓励以及法律责任等内容。

(7) 农业废弃物污染　农业废弃物包括农业产品加工过程中的废弃物，如稻、麦、玉米、棉花等的秸秆，蔬菜产品加工废弃的茎、根、叶等，其中农作物秸秆数量最大。对于大量无法消纳的秸秆，过去一些地方农村采用就地焚烧的方式进行处置，焚烧过程产生大量烟雾，导致严重的空气污染。我国早在1999年就出台了《秸秆禁烧和综合利用管理办法》，并逐步建设起基于卫星应用平台的禁烧监管信息系统，进一步加强了秸秆禁烧监管。

据调查，2020年，全国农作物秸秆理论资源量为7.97亿吨（风干，含水量为15%），其中可收集资源量约为6.67亿吨，占理论资源量的83.6%，未利用资源量为1.3亿吨。这些农业废弃物大致有四类用途，即饲料、造纸、造肥料和作为能源，各类用量见表1-5。在牧区和农村，秸秆是牛、马春、冬季的饲料，一头牛每天总饲料量约为7.5kg，其中秸秆为3.45kg左右；部分秸秆翻耕于农田，或与粪便混合发酵作为肥料。

表 1-5 中国秸秆产生量和主要用途

项目	燃料(含秸秆新型能源化利用)	饲料	肥料(不含还田)	造纸	食用菌基料	废弃及焚烧
使用量/10^8t	0.92	1.35	3.42	0.16	0.16	0.67
所占比例/%	13.8	20.2	51.3	2.40	2.40	10

(8) 林业废弃物 森林能调节气候、保持水土、涵养水源、防风固沙和维护生态平衡。中国主要林区分布在黑龙江、吉林、福建、内蒙古、四川、云南、广西等地。在保障生态平衡的条件下，木材是生产和生活的重要材料。

林业废弃物是指林业生产、森林更新和林产品加工过程中产生的废弃物，包括采伐剩余物、清林抚育剩余物和木材加工剩余物。以 2019 年为例，中国原木采伐、木材加工量以及产生的剩余物量见表 1-6。

表 1-6 中国原木采伐、木材加工量以及剩余物量（2019 年） 单位：10^4 m^3

林区采伐		原木加工成锯材		锯材加工成木制品	
原木产量	剩余物	锯木产量	剩余物	木制品产量	剩余物
10046	3013.8	6745	2023.5	3301	1320.4
总剩余物量:6357.7					

由表 1-6 可知，总剩余物量占原料量的 24.04%。剩余物总量非常大，合理利用这部分资源十分重要。一般情况下，其木质素含量和热值比农业秸秆高，因此可加工成生物质成型燃料，用作生物质直燃发电厂的原料，以及加工各种板材的原料。

第一产业的“污染物”都是自然、可降解物质，例如养殖场的粪便、过剩饲料等完全可以通过厌氧发酵转化为肥料，回归农田；较难降解的树枝、木屑、秸秆等也可以通过添加促进剂等完成降解。目前主要问题是如何将分散的、小规模的利用方式转化为集约化、规模化、工业化的利用方式以提高转化效率，从而既提高生产效率，又有利于规模化废物转化和处理，这是必然的趋势。

1.1.1.2 第二产业与环境

人类赖以生存的物质资料，很大部分来自工业生产，相对于比较分散的农、林、牧、渔，现代化、集约化的工业生产集中于很小的地域，因此生产过程中排放的废气、废水、废渣往往集中在局部，若不进行有效的处理，直接排放到环境将造成严重污染。世界上一些著名的污染事件，大多由工业污染引起。例如 1948 年美国多诺拉烟雾事件，1952 年伦敦烟雾事件，分别发生于 1955 年、1956 年的日本骨痛病、水俣病事件，1984 年印度的博帕尔毒气泄漏事故。

我国工业发展经历了持续而迅猛的增长，自改革开放以来，我国的工业化进程在技术、规模和质量等多个方面取得了显著的成就，已成为全球制造业和工业经济的重要力量。

近年来，我国工业在技术创新和升级方面取得了重大突破。我国不断加大对科技研发的投入，推动了高新技术产业的崛起，涌现出一批国际领先的高科技企业。这种技术创新助力了工业结构的优化升级，提高了整体生产效益和产品质量。

在规模上实现了快速扩张。通过吸引外资、改革开放以及市场经济机制的推动，建立了庞大而完善的工业体系。制造业的发展促进了城市化进程，为数亿人提供了就业机会，推动了经济的稳健增长。

在可持续发展方面也逐渐引入了环保和绿色生产理念。通过出台一系列环保政策和法规，鼓励企业采用清洁生产技术，降低能耗和排放。这一转变不仅有助于改善环境质量，还为中国在全球产业链中的地位奠定了更加可持续的基础。

然而，工业生产中的污染物产生与排放是生态环境保护面临的重要挑战之一。随着工业化的推进，生产过程中释放的污染物对大气、水体和土壤等环境元素造成了不可忽视的影响。

(1) 工业废水排放　工业废水是指在工业生产过程中产生的废水，其中可能包含各种无机物、有机物、重金属、悬浮颗粒等污染物。工业废水的组成和性质取决于不同行业的生产过程，因此不同工厂产生的废水可能具有不同的特征。例如，电镀行业的废水中常常含有铬、镍、铅等各种重金属，食品加工行业的废水中往往有机物、悬浮物、氨氮等含量较高。

根据《2022 年中国生态环境统计年报》，全国纳入排放源统计调查的涉水工业企业共有 80586 家，废水治理设施共有 72848 套，设计处理能力为 1.8×10^8 t/d，治理设施运行费用为 713.9 亿元，全年共处理工业废水 301.6 亿吨。在《排放源统计调查制度》确定的统计调查范围内，全国化学需氧量排放量为 2595.8 万吨。其中各源头废水污染物排放情况见表 1-7。

表 1-7　2022 年全国各源头废水污染物排放情况

废水污染物		工业源	农业源	生活源	集中式污染治理设施[①]	合计
化学需氧量	排放量/10^4t	36.9	1785.7	772.2	1.1	2595.8
	占比/%	1.4	68.8	29.7	0.04	—
氨氮	排放量/10^4t	1.4	28.1	52.5	0.1	82.0
	占比/%	1.7	34.2	64.0	0.1	—
总氮	排放量/10^4t	9.1	174.4	133.5	0.2	317.2
	占比/%	2.9	55.0	42.1	0.1	—
总磷	排放量/10^4t	0.2	27.7	6.6	0.01	34.6
	占比/%	0.7	80.2	19.1	0.02	—

① 集中式污染治理设施废水（含渗滤液）中化学需氧量排放量指生活垃圾处理场（厂）和危险废物（医疗废物）集中处理厂废水（含渗滤液）中化学需氧量排放量。

我国一直以来高度重视工业废水排放管理，采取一系列有力措施促使企业加强对废水的治理，以维护水环境的健康和生态系统的平衡。在这一过程中，通过一系列法规、标准和政策的制定、颁布和实施，强调了工业废水排放的严格控制和治理标准，体现了对环境保护的承诺和责任。

“三同时”制度是我国出台最早的一项环境管理制度。它是在中国社会主义制度和建设经验的基础上提出来的，是具有中国特色并行之有效的环境管理制度。这项制度最早规定于 1973 年的《关于保护和改善环境的若干规定》，在 1979 年的《中华人民共和国环境保护法（试行）》中做了进一步规定。此后的一系列环境法律法规也都重申了“三同时”制度。1986 年颁布的《建设项目环境保护管理办法》对“三同时”制度做了具体规定，1998 年对《建设项目环境保护管理办法》做了修改并新颁布了《建设项目环境保护管理条例》，该条例对

“三同时”制度做了进一步的具体规定，指出“建设项目需要配套建设的环境保护设施，必须与主体工程同时设计、同时施工、同时投产使用”。

我国自 1996 年通过了《中华人民共和国水污染防治法》，近年来又经过两次修订。它是我国水污染治理的基本法律文件之一，具有重要的法律地位。其指导思想强调了“防治为主、综合治理、源头控制、全民参与”的原则，倡导从源头上预防水污染，通过综合治理的方式保护水环境。该法对水污染防治进行了规范，包括工业废水的排放、处理和管理，同时规定了废水排放的标准、许可证制度、责任追究等方面的内容。它规定了工业和农业等的废水排放标准，并实行了排污许可证制度。企业在排放废水前需要获得相应的排污许可，而且排放需要符合法定标准，以保证废水排放的质量。

随着我国水污染治理法律法规的出台，与之配套的废水排放标准也逐步加强和完善。

最初，废水排放标准主要集中在基础污染物的控制上，以确保工业废水排放不对水环境造成严重污染。例如在 1988 年颁布了《污水综合排放标准》（GB 8978—88），随后在 1996 年进行了修订，该标准按照污水排放去向，分年限规定了最高允许排放浓度及部分行业最高允许排水量。该标准作为废水排放标准的基础，将排放的污染物按其性质及控制方式分为第一类污染物和第二类污染物，并规定对于第一类污染物，不分行业和污水排放方式，也不分受纳水体的功能类别，一律在车间或车间处理设施排放口采样，其最高允许排放浓度必须达到标准限值要求。

随着环保意识的提高和废水治理技术的不断进步，以及工业生产的不断发展，废水综合排放标准也发展为具有行业特征污染物控制限值的行业水污染物排放标准，从而减少对水环境的不良影响，保护水资源的可持续利用。例如《纺织染整工业水污染物排放标准》（GB 4287—2012）、《电子工业水污染物排放标准》（GB 39731—2020）、《石油炼制工业污染物排放标准》（GB 31570—2015）等。

近年来，废水排放标准方面的发展更加注重综合治理和创新技术的应用。通过制定更为严格的标准，鼓励企业采用更清洁、高效的生产工艺，推动污水处理技术的升级和创新。这种做法不仅有助于提高企业的环保责任意识，也推动了相关产业的可持续发展。

随着工业化的快速发展，工业对水资源的需求不断增加，导致许多地区面临严重的水资源短缺问题。在工业生产中，大量的水用于原材料加工、能源生产、冷却和清洗等过程，使得水资源的大量消耗成为一个亟待解决的问题，为此迫切需要关注并加强对工业水资源的循环利用。通过推动循环经济理念，最大程度地回收和再利用工业废水，不仅有助于缓解水资源压力，还能促使企业采用更为可持续的生产方式，实现工业与水资源的可持续发展。

为推进工业废水循环利用，提升工业水资源集约节约利用水平，促进经济社会全面绿色转型，2021 年 12 月 24 日工业和信息化部联合其他部委印发了《工业废水循环利用实施方案》。该方案提出，到 2025 年，力争规模以上工业用水重复利用率达到 94%左右。具体主要行业用水重复利用率目标见表 1-8。

表 1-8 主要行业用水重复利用率目标

序号	行业	2020 年规模以上工业用水重复利用率	2025 年规模以上工业用水重复利用率
1	全国	92.5%	94%左右
2	钢铁	97%	>97%
3	石化化工	93%	>94%

续表

序号	行业	2020年规模以上工业用水重复利用率	2025年规模以上工业用水重复利用率
4	有色	94%	>94%
5	造纸	82%	>87%
6	纺织	73%	>78%
7	食品	60%	>65%

(2) 工业废气排放　在工业生产过程中，各种燃烧、生产和加工活动释放出大量的工业废气，其中包括有害气体、颗粒物和挥发性有机物等。首先，工业燃烧是主要的废气来源之一。在生产过程中，燃烧煤炭、石油和天然气等能源会产生二氧化硫、氮氧化物、一氧化碳等有害气体。这些废气不仅直接影响大气质量，还可能导致酸雨和臭氧层破坏等环境问题，给生态系统和人类健康带来潜在风险。其次，工业生产活动也是废气排放的重要来源。例如，化工厂、冶炼厂和制造业单位会排放出含有有害气体和颗粒物的废气。这些废气中的化学物质可能对周围环境产生毒害作用，对空气质量造成不可忽视的影响。为了有效应对工业废气的产生与排放问题，必须采取综合性的措施。积极开发和推广应用先进的污染防治技术，加强废气排放监管，推动清洁生产和低碳技术的应用，以及加强环保法规的执行，都是保护大气环境的重要步骤。

根据《2022年中国生态环境统计年报》，全国纳入排放源统计调查的涉气工业企业共有153196家，废气治理设施共有394538套，其中，脱硫设施34093套，脱硝设施24136套，除尘设施183427套，VOCs治理设施109827套，治理设施运行费用为2234.3亿元。其中各源头废气污染物排放情况见表1-9。

表1-9　2022年全国各源头废气污染物排放情况

废气污染物		工业源	生活源	移动源	集中式污染治理设施①	合计
二氧化硫	排放量/10^4t	183.5	59.7	—	0.3	243.5
	占比/%	75.3	24.5	—	0.1	—
氮氧化物	排放量/10^4t	333.3	33.9	526.7	1.9	895.7
	占比/%	37.2	3.8	58.8	0.2	—
颗粒物	排放量/10^4t	305.7	182.3	5.3	0.1	493.4
	占比/%	62.0	37.0	1.1	0.02	—
挥发性有机物	排放量/10^4t	195.5	179.4	191.2	—	566.1
	占比/%	34.5	31.7	33.8	—	—

① 集中式污染治理设施废气污染物包括生活垃圾处理场（厂）和危险废物（医疗废物）集中处理厂焚烧废气中排放的污染物。

从2013年到2023年，国务院印发了一系列有关大气污染防治的文件，致力于持续改善我国空气质量。2013年9月国务院印发《大气污染防治行动计划》（简称《大气十条》），主要聚焦PM_{10}和$PM_{2.5}$治理。2018年7月国务院印发《打赢蓝天保卫战三年行动计划》（简称《蓝天保卫战》），除$PM_{2.5}$外，提出SO_2和NO_x减排目标，协同减少温室气体排放。2023年11月国务院印发《空气质量持续改善行动计划》（简称《行动计划》），除$PM_{2.5}$减排目标外，进一步提出二次$PM_{2.5}$和近地面O_3污染前体物NO_x和VOCs具体减排目标。

这三个文件的治理目标要求不断严格，逐渐突出多污染物协同减排，由聚焦 PM_{10}、$PM_{2.5}$ 到 $PM_{2.5}$、NO_x 和 VOCs 多污染物协同控制。这一定程度上说明 10 年来我国在一次污染物减排方面取得一定成效，同时也凸显出当前大气污染防治面临更为复杂的复合污染问题等挑战。

从 2018 年起，“产业结构调整”成为大气污染防治的首要任务，《蓝天保卫战》和《行动计划》新增针对企业层面更具针对性的治理措施，《行动计划》更是首次提出 VOCs 原辅材料和产品结构优化。

经过十年大气污染治理，我国空气质量明显改善。2021 年，全国地级及以上城市 $PM_{2.5}$ 平均浓度达到 $30\mu g/m^3$，历史性地低于世界卫生组织第一阶段过渡值 $35\mu g/m^3$；优良天数比率达到 87.5%，较 2015 年提高 6.3 个百分点，我国已成为全球大气质量改善速度最快的国家。以北京为例，$PM_{2.5}$ 从 2013 年的 $89.5\mu g/m^3$ 降到 2022 年的 $30\mu g/m^3$，重污染天数由原来的 58 天下降到 2～3 天。

（3）工业固废排放　工业固废是工业生产过程中产生的废弃物，包括一般固废和危险固废两类。一般固废指的是那些在正常情况下不会对人体健康和环境造成严重危害的废物，如废纸、废塑料、废金属等。这类固废通常可以通过适当的处理和回收利用，减少对环境的负面影响。

相对而言，危险固废则是指那些具有潜在危害性，可能对人体健康和环境造成严重危害的废物，如废弃化学品、废弃电子产品、废弃医疗器具等。危险固废中可能包含具有有毒、有害、易燃、易爆、腐蚀等特性的物质，如果处理不当，可能会对环境和人类健康造成严重影响。我国自 1998 年起发布实施《国家危险废物名录》，该名录对危险废物进行了系统的分类和归类，明确了每种类型危险废物的特性、处理方式和管理要求。名录的发布实施标志着中国在危险废物管理方面迈出了重要的一步，为加强危险废物的监管和控制奠定了基础。此后，该名录经过 2008 年、2016 年、2020 年和 2024 年修订，现行版本为 2025 版。

工业固废管理需要根据固废的性质和特点进行分类、储存、运输和处理。对于一般固废，可以采取回收再利用、焚烧、填埋等方式进行处理；对于危险固废，则需要严格控制其产生、贮存和处理过程，确保不对环境和人类健康造成危害。

我国制定了一系列法律法规来规范危险固废的管理，其中包括《中华人民共和国固体废物污染环境防治法》《危险废物经营许可证管理办法》等。这些法律法规明确了危险固废的分类、处理、运输等方面的要求，对违法行为进行了严厉的处罚。根据《危险废物经营许可证管理办法》，任何单位和个人从事危险固废的收集、贮存、处理、利用等活动，都需要事先取得相应的危险废物经营许可证。这一制度有效控制了危险固废经营者的数量和质量，提高了危险固废管理的规范性和专业性。对于从事危险固废处理的设施，需要进行环境影响评价并取得相关审批文件。这一制度保证了固废处理设施的建设和运营符合环境保护的要求，减少了固废对环境造成的不良影响。我国加入了《控制危险废物越境转移及其处置巴塞尔公约》（简称《巴塞尔公约》），建立了严格的危险废物跨境转移管理制度。根据该制度，任何跨境转移的危险固废都需要经过严格审批，并符合国际规定的环保标准。这一制度有效控制了危险固废的跨境转移，防止了“垃圾倾销”等问题的发生。

根据《2022 年中国生态环境统计年报》，在《排放源统计调查制度》确定的统计调查范围内，全国一般工业固体废物产生量为 41.1 亿吨，综合利用量为 23.7 亿吨，处置量为 8.9 亿吨。全国工业危险废物产生量为 9514.8 万吨，利用处置量为 9443.9 万吨。

（4）噪声　工业生产过程中噪声的产生是不可避免的，通常来自机械设备、运输工具、生产线等。这些噪声不仅会对工人的健康造成影响，也可能对周围环境和社会造成负面影响。

工业噪声对工人的健康造成直接影响。长期暴露于高噪声环境中会导致工人听力受损，引发耳聋等职业病，同时还可能引发头痛、失眠、焦虑等身体和心理问题，降低工作效率和生活质量。

工业噪声也会对周围环境造成影响。高强度的噪声会干扰周围居民的生活，影响其休息和睡眠，甚至引发矛盾和纠纷。此外，噪声还可能影响野生动物的栖息地和行为，破坏生态平衡。

针对工业噪声的影响，需要采取一系列措施进行管理和控制。例如，通过优化生产工艺，采用低噪声设备和隔声设施，对噪声源进行封闭和隔离等来减少噪声的产生和传播。

我国制定了一系列法律法规和标准控制工业企业噪声，例如《中华人民共和国噪声污染防治法》、《工业企业厂界环境噪声排放标准》（GB 12348—2008）、《排污许可证申请与核发技术规范　工业噪声》（HJ 1301—2023）等，并于2023年10月7日印发了《关于开展工业噪声排污许可管理工作的通知》，进一步推动工业噪声纳入排污许可工作。

（5）新污染物管控　随着科技的不断发展，工业生产中涉及的化学物质和材料也在不断更新换代。一些新型化学物质可能具有更高的毒性或生物累积性，对环境和人类健康造成更大的威胁。例如，一些新型塑料添加剂、表面活性剂和药物残留物等，可能会对水体和土壤产生长期的影响。

当前，我国大气、水、土壤污染防治工作取得积极进展，环境质量持续改善，“天蓝水清”正在成为现实。但与此同时，新污染物引发的环境和健康风险正逐步受到社会各界的广泛关注。从环境管理角度来看，新污染物一般是指新近发现或被关注，对生态环境或人体健康存在风险，尚未纳入管理或者现有管理措施不足以有效防控其风险的污染物。目前，国内外广泛关注的新污染物主要包括国际公约管控的持久性有机污染物、内分泌干扰物、抗生素等。与常规污染物相比，新污染物具有不同特点。一是新污染物的环境危害或环境风险具有隐蔽性。短期危害不明显，长期来看，即使在环境中以较低浓度存在，也可能对人民群众身体健康和生态环境造成较大风险。二是新污染物种类繁多，来源广泛。我国现有化学物质约4.5万余种，其在生产、加工使用、消费和废弃处置的全过程都可能存在环境排放。此外，新污染物还可能来源于无意产生的污染物和环境降解产物。三是常规污染物管控方法无法有效控制新污染物的环境风险。当前末端处理技术无法有效去除新污染物，尤其是常规废水处理技术对部分未纳入排放标准的新污染物去除率低，可能造成“环境直排”。同时，末端治理无法实现对新污染物的全过程环境风险管控。

近年来，我国高度重视新污染物治理。2022年5月4日，国务院办公厅印发《新污染物治理行动方案》，围绕国内外广泛关注的新污染物，提出了管控目标和行动举措。该方案提出采取“筛、评、控”和“禁、减、治”的总体工作思路，开展环境风险筛查评估，动态发布重点管控新污染物清单，采取禁止、限制、限排等环境风险管控措施，对新污染物实施源头管控、过程控制和末端综合治理。

同年12月30日，生态环境部会同有关部门印发《重点管控新污染物清单（2023年版）》，于2023年3月1日起实施。该清单给出了四类14种类重点管控新污染物的名称、对应的化学文摘社登记号（CAS号）及其主要环境风险管控措施。主要包括四类污染物。一是《关于持久性有机污染物的斯德哥尔摩公约》管控的化学物质，在清单中编号为1～9，分别为全氟辛基磺酸及其盐类和全氟辛基磺酰氟（PFOS类）、全氟辛酸及其盐类和相关化合物（PFOA 类）、十溴二苯醚、短链氯化石蜡、六氯丁二烯、五氯苯酚及其盐类和酯类、三氯杀螨醇、全氟己基磺酸及其盐类和其相关化合物（PFHxS 类）、得克隆及其顺式异构体和反式异构体。二是《有毒有害大气污染物名录》或《有毒有害水污染物名录》管控的，且现有的常规管控措施不足以有效控制其环境风险的污染物，在清单中编号是 10（二氯甲烷）和 11（三氯甲烷）。三是近期国内外高度关注的且在我国已具备管控条件的环境内分泌干扰物和抗生素类物质，在清单中编号是 12（壬基酚）和 13（抗生素）。四是我国已淘汰的持久性有机污染物，在清单中编号是 14，包括六溴环十二烷、氯丹、灭蚁灵、六氯苯、滴滴涕、α-六氯环己烷、β-六氯环己烷、林丹、硫丹原药及其相关异构体、多氯联苯。

2022 年，按照《化学品环境国际公约管控物质统计调查制度》（国统制〔2021〕60 号），对全氟辛基磺酸及其盐类和全氟辛基磺酰氟、六溴环十二烷、十溴二苯醚、短链氯化石蜡、全氟辛酸及其相关化合物、汞等进行统计调查。国内全氟辛基磺酸及其盐类和全氟辛基磺酰氟年产量 0t，年末库存量 0t；六溴环十二烷年产量 0t，年末库存量 0t；十溴二苯醚年产量约 4255t，年末库存量约 755t；根据氯化石蜡的生产情况，估算产品中短链氯化石蜡产量约 107430t，年末库存量约 3342t；全氟辛酸及其相关化合物年产量约 2133t，年末库存量约 334t；汞的年产量约 818t，其中再生汞年产量约 647t。

我国工业与生态环境的协调发展是实现可持续发展的重要战略目标之一。目前我国积极推进绿色制造和清洁生产，通过技术创新、装备升级和管理优化，大力发展环保产业和清洁能源，促进工业生产过程中污染物排放的减少和资源利用效率的提高，从根本上实现工业与生态环境的协调发展。通过致力生态文明建设，注重生态系统保护和修复。大力实施生态补偿政策，加强生态保护红线和生态功能区划定管理，推动工业项目布局和开发建设与生态环境的协调发展，实现经济增长与生态环境保护的良性循环。

1.1.1.3 第三产业与环境

第三产业在中国统计资料中与环境有关的数据较少，其中为生产服务的交通运输业排放污染物占有较大比重，例如城市中高架道路上汽车的废气和噪声等经常是社会关注的环境问题。截至 2024 年底，我国高铁营业里程已达到 4.8 万公里，占全球高铁总里程的 70%，稳居世界第一。特别对西部山区，原来交通不方便地区，现在都已经连成一片，这对我国发展具有重大意义，当然同时也需要关注其对环境的影响。

人类在生存、繁衍过程中通过消费自然资源、产品等活动而向环境排放污染物，由此造成的环境污染称为生活污染。城市是人类密集聚居地，自然也是消费活动的集中地，是主要的生活污染源。生活污染主要包括以下几方面。

① 消耗能源用于取暖、做饭、空气调节以及驱动各种交通工具。特别是以煤为主要能源的城市，由于能源的利用率低，向大气排放大量二氧化硫和烟尘，同时产生固体废物煤渣。城市中汽车保有量的不断增加，使汽车尾气中氮氧化物、碳氢化合物造成的大气污染问题越来越突出。

为有效缓解能源和环境压力、应对气候变化、推动绿色发展，大力推广应用新能源汽车已成为必由之路，我国也发布了一系列政策大力发展新能源汽车产业，并通过财政补贴政策鼓励新能源汽车的推广应用。2012 年 6 月国务院发布《节能与新能源汽车产业发展规划（2012—2020 年）》，2014 年 7 月国务院发布《关于加快新能源汽车推广应用的指导意见》，2020 年 10 月国务院发布《新能源汽车产业发展规划（2021—2035 年）》等。

近年来，我国新能源汽车保有量呈高速增长态势。截至 2023 年底，全国新能源汽车保有量达 2041 万辆，占汽车总量的 6.07%；其中纯电动汽车保有量 1552 万辆，占新能源汽车保有量的 76.04%。2023 年新注册登记新能源汽车 743 万辆，占新注册登记汽车数量的 30.25%，从 2019 年的 120 万辆到 2023 年的 743 万辆，呈高速增长态势。

② 由于饮食消费、卫生洗涤、排泄粪尿而排放的生活污水是城市一大污染源，生活污水含有机污染物、合成洗涤剂、致病菌、病毒和寄生虫等。生活污水的质和量，随各地生活习惯、生活水平而异。1997 年后许多城市生活污水排放总量超过了工业废水排放量，生活污水的处理已成为各城市的重要市政工程。

农村生活污水治理已成为目前农村人居环境整治的重要内容。相比城市，农村地区的污水处理设施相对薄弱，许多地方甚至没有污水收集管网和处理设施。因此存在农村居民直接将生活污水排放到河流、湖泊或地表水的现象。我国也出台了一系列推进农村生活污水治理的文件。2018 年，中共中央办公厅、国务院办公厅印发《农村人居环境整治三年行动方案》，要求梯次推进农村生活污水治理；2019 年，中央农办、农业农村部、生态环境部等部门联合印发《关于推进农村生活污水治理的指导意见》；2023 年，生态环境部与农业农村部联合印发《关于进一步推进农村生活污水治理的指导意见》，指导全国各地开展农村生活污水治理工作。

③ 生活垃圾，主要是城市生活垃圾，是指以家庭为主以及办公室、餐馆、饭店等场所产生的各种废物。其主要成分有厨余垃圾、织物、塑料、纸张、金属、玻璃、废木料、建筑垃圾、渣土以及废弃的办公用品。近年来城市建设、发展迅速，人民生活水平不断提升，“垃圾围城”成为全国大中型城市发展中的“痛点”。自 1979 年以来，城市垃圾以年均约 9%的速度增长，1980 年为 3132 万吨，1995 年为 10748 万吨，2020 年为 23511.7 万吨。

生活垃圾的处置方式主要有焚烧、卫生填埋和堆肥，不管哪种处置方式，生活垃圾分类是非常重要的预处理方法。依据处置和利用方式，将生活垃圾分为可堆肥的厨余垃圾（湿垃圾）、进行焚烧处理的干垃圾、可资源利用的可回收垃圾和有毒有害的需要妥善处理的有害垃圾。

2017 年 3 月，国家发展和改革委员会、住房城乡建设部联合发布《生活垃圾分类制度实施方案》，该方案推出 46 个试点城市先行实施生活垃圾强制分类。此后，上海、北京、杭州、深圳等城市陆续出台了相关生活垃圾管理条例，开始探索实施生活垃圾分类制度，并取得了显著成效。以上海为例，2019 年 4 月全市湿垃圾分类量已达 5659t/d，比上年 12 月多出 1109t/d。

2018 年 12 月，国务院印发《“无废城市”建设试点工作方案》，该方案指出“无废城市”是以创新、协调、绿色、开放、共享的新发展理念为引领，通过推动形成绿色发展方式和生活方式，持续推进固体废物源头减量和资源化利用，最大限度减少填埋量，将固体废物环境影响降至最低的城市发展模式，也是一种先进的城市管理理念。

1.1.2 生态环境与城市生态环境

1.1.2.1 生态环境

自然环境由生物有机体和无机体（包括空气、水、土壤、岩石等）所组成。生态系统是指在一定的空间内，生物与非生物成分通过物质循环、能量流动及信息交换而构成的生态学功能单位。生态系统在空间边界上是模糊的，即大小是不确定的。其空间范围基本上是依据人们的研究对象、研究内容、研究目的以及地理条件等因素决定的。

生态环境是指除人类以外的生态系统，包括不同层次的生物所组成的生命系统和非生物成分。环境是人类赖以生存的必要条件，人类为了生存及发展与环境之间不断进行物质及能量交换。人类对环境开发的广度、深度越来越大，使环境质量发生变化。所谓环境质量是指在一个具体的环境内，环境的整体或某些要素对人类的生存和繁衍及社会经济发展的适宜程度，是为反映人类的具体要求而形成的对环境性质和数量进行评价的一种概念。环境质量的特性是具有时空概念，受人类活动的影响和调控，并对人类的生存、健康产生直接作用。当今世界环境质量的变化不利于人类生存和持续发展，引起人类反思，人类开始对生态和环境问题进行研究，并提出为了人类的生存和发展，必须走可持续发展的道路。

1.1.2.2 城市生态环境

城市一词由“城”和“市”二字组成。古文中“城”是用土、石、砖、木等材料围成的空间，是防御野兽、敌人的人群聚居点；“市”是人们进行物质（商品）交换的场所。由“城”和“市”发展为城市是社会政治、经济、文化发展的必然结果。

现代关于“城市”的定义有多种。一种定义是城市（city）是指以非农、林、牧、渔的人群为居民主体，以空间与环境利用为基础，以聚集经济效益为特点，以促进人类社会进步为目的的一个集人口、经济、科学技术和文化艺术于一体的空间地域综合体；另一种定义是拥有10万以上人口，住房、工商业、行政、文化、体育娱乐等建筑物占50%以上面积，具有发达的交通、通信的人类聚居区域。无疑，城市是自然、政治、经济、科学技术、文化艺术发展的节点和中心，是人类各种力量聚集的焦点。因此，近100年以来城市的数量、规模以及城市人口占总人口的比例迅速提高。世界城市人口占总人口的比例见表1-10。

表1-10 世界城市人口占总人口的比例 单位：%

年份	世界城市人口比例	发达国家城市人口比例	发展中国家城市人口比例	中国城市人口比例
1820	3			
1920	14			
1949				10.6
1950	28.7	>50	17	
1970		66.6	25.4	
1980	42.2			
1990		72.6	33.6	26.23
1995				28.85
2000				32
2010	51.6			49.95
2015	53.9			57.33
2020	55.72	81	53	63.89
2025①		80	57	>50

① 2025年为预测数据。

城市数量、人数增加的同时，城市规模也在不断增大，人口超过100万人的大城市和人口超过500万人的特大城市的数量不断增加（表1-11）。城市化的发展在政治、经济、文化、交通等方面发挥越来越大的聚集效应和中心作用，推动着经济的发展和社会的进步。但同时，城市化过程中由于人口、工业、建筑、交通等高度集中，带来了一系列社会问题——住房紧张、交通拥挤、基础设施建设滞后、生态恶化、环境污染，并导致犯罪率上升、社会问题增加等一系列现代城市社会弊病。我国城市数量见表 1-11。

表 1-11 我国城市数量

年份	大、特大城市	中小城市	年份	大、特大城市	中小城市
1949	16	53	2000	100	700
1986	54	299	2015	147	510
1994	73	549	2020	164	499

城市生态系统由城市空间范围内的生命系统与环境系统组成，由于城市以居民为主体，因此城市生态学是研究城市居民与城市环境之间相互关系的科学，而城市是一种特殊的人工生态系统。

城市生态系统是人工的、不完整的、不太稳定的生态系统。与自然生态系统相比，具有以下特点：①高密度的人群是主要消费者，其消费量远远超过系统内的生产量，绝大部分消费品需从系统外供应；②城市生态系统内部、系统与外系统之间物质、能量的交流量极大，交流速度极快；③生物品种和数量少（生物多样性低），因此自我调节功能很弱；④城市生态系统是多层次的复杂系统，可分为人-自然环境、工业-经济系统、文化-社会系统等子系统。

城市是人类社会的产物，所以在研究城市生态学时，仅应用自然科学原理是不够的，必然要涉及社会科学的各个方面。

1.2 经济发展和生态环境

人类社会的发展，是在客观环境中改善生活质量（包括物质和精神生活的质量）的过程。人类生存和发展的基础是物质生产，物质生产的本质是将可利用的自然资源经过加工、提取、转化等手段最终转化为人类的生活资料。在这一过程中需付出一定的劳力和智力，创造劳动工具以提高效率。人类社会的初级阶段主要靠简陋工具、双手和体力捕获动物和采集植物，完全靠大自然赐予过着游牧生活，其生活方式与高等动物的觅食无根本区别，时时受到自然界的威胁（季节变化、猛兽、自然灾害等），因而在思想上敬畏和依赖自然。

进入以种植和养殖为主的农业社会后，人类从游牧转为定居，开垦土地，制造简单的金属工具，利用畜力，掌握部分动物、植物的繁殖规律。此时社会分工较细，商业开始繁荣，城镇也发展到一定规模，生产力大大提高，虽然还要“靠天吃饭”，但已不完全依靠自然界，而且已经能够利用自身力量影响、局部改变自然环境。这个阶段人类依旧尊重自然。

18 世纪的产业革命时期，由于科学技术的发展，生产力大大提高。人类不单生产生活资料而且生产生产资料，从利用分散的可再生能源转向利用集中的不可再生的化石燃料能源，从种植植物、养殖动物到开发和加工矿产原料，从自然经济转向商品经济。这时的人类产生了“驾驭自然、征服自然”的思想，以自然的主人自居。

当人类陶醉于自己胜利的同时，自然界给予了报复，由于生态被破坏，发生了一系列重大环境污染事件，严重威胁了人类的生存，迫使人类反思，人类认识到应与自然友好相处。

各个时期人类社会发展与生态环境的关系具体见表1-12。

在人类活动和经济发展中，环境问题的实质是：①人类向环境索取资源的速度超过了资源本身及其再生品的再生速度；②生产活动过程中，从大量的矿产原料、生物原料中提取人类需要的产品，同时排放大量不需要的“废物”，生活活动中同样抛弃大量“废物”，这些“废物”超过了环境的自净能力，因而造成生态平衡破坏、环境污染。

近几十年来，科学技术高速发展，人类生活质量、生活方式都发生了质的变化，从在海底获取新的能源，到在大气层外活动。环境污染的形式和方式也在变化，人类将面临新的环境问题。

表1-12 人类社会发展与生态环境的关系

社会类型	狩猎时期	农业社会	工业社会	后工业社会
时间间隔	公元前200万年到公元前1万年	公元前1万年到1800年左右	18世纪产业革命至20世纪80年代	从20世纪80年代开始
对自然的态度	依赖自然	改造自然	征服自然	与自然友好相处
环境问题	几乎不存在	森林砍伐造成水土流失，过度耕作造成地力下降等局部破坏和污染	从地区性污染到全球性污染和生态破坏	通过全球性合作对生态和环境进行修复
人类对策	听天由命	意识朦胧	逐步注意环境问题，开始保护环境	全人类合作走可持续发展道路

本章重要知识点

- 不同产业对生态环境的影响特征
- 生态环境和城市生态环境的概念
- 城市生态环境的特点
- 经济发展和生态环境的关系

复习思考题

1. 简述工业革命以来环境问题的主要特征及其代表性污染事件。
2. 列举第一产业中农业污染的四种主要类型，并说明其治理难点。
3. 《生物多样性公约》的核心目标是什么？我国在生物多样性保护中采取了哪些措施？
4. 工业废水与农业面源污染的治理难度差异体现在哪些方面？结合实例说明。
5. 城市生活垃圾的主要处置方式有哪些？垃圾分类对资源化利用有哪些重要意义？
6. 对比《大气十条》《蓝天保卫战》《空气质量持续改善行动计划》的政策目标演变，说明我国大气污染治理思路的变化及其科学依据。
7. 新污染物治理强调“筛、评、控”与“禁、减、治”策略，试从全生命周期视角，评价现有工业化学品管理体系的不足并提出改进建议。

第2章

资源、能源的清洁利用

资源是人类赖以生存和发展的基础，在不同时期，资源有着不同的内涵。能源作为资源的一部分，是国民经济发展的基础，对于社会、经济的高速发展和人民生活水平的提高都极为重要。在当今世界经济快速发展、我国经济高速增长及全球气候变暖大环境下，我国资源、能源的清洁利用面临着经济增长与环境保护的双重压力。

在地球上，资源、能源的储存量和产生量非常有限，一个能够永久持续发展的社会，对资源、能源的使用应该既能满足当代人发展的需要，又不危及后代人满足其需求的能力，同时也应对传统资源和能源做到最大程度的清洁利用。因此，合理并且节约地使用资源、能源，提高资源、能源利用效率，尽可能多地使用洁净能源替代高含碳量的矿物燃料，开发新能源是人类后续发展应该遵循的原则，也是人类社会文明和科技发展的必然趋势。

2.1 资源、能源的定义及分类

2.1.1 资源、能源的定义

2.1.1.1 资源的定义

“资源”对人类而言意味着任何形式的物质或能量，其对于满足人类生存、社会经济的需要都是必不可少的。

客观世界与主观世界之间紧密联系，并不断发生着变化。人类对客观事物的定义都是在一定条件下的相对定义，不可能包括动态发展中事物的全部与未来。以上关于资源的定义只是概括地揭示出“资源物质性”的内涵，并没有指出它的外延及与其他事物的联系，更不可能预示它的未来，例如，人类的思维、文化、信息、艺术等非物质性的成就，这些也是宝贵的财富和资源。本书主要叙述物质性的资源以及由其产生的能量。

资源是人类赖以生存的物质基础。在人类社会漫长的历史长河中推动人类进步的动力无疑是科学技术和人类文明的进步，科技是人类社会进步的重要推动力。资源与科技密不可分，它们自成体系却彼此制约、密切相关，在社会发展的某种水平上时时维持着动态的平衡。科学技术的发展变化会影响资源系统内的变化，最显著的影响就是改变资源的定义域。随着科学技术的发展，资源的定义域也在不断拓宽、加深。

从古代奴隶社会到现代的信息文明社会，资源的定义也发生了变化。古代的资源限制在自然中能够被人类直接利用的物质和能量，并没有包含那些存在的但还没有被发现的资源；进化到农业社会后，资源的定义逐渐拓宽了，除了上述资源外，也包含了人类自己开发利用的资源，比古代的资源定义的内容多了；到了近代，资源中又增加了一些不为先人所知的无形资源，使得资源的定义更加全面；现代资源的定义将人类现在能够利用的有形资源和无形资源全部囊括，甚至将还没有开发利用的空间资源及知识资源也包括在内。

综上所述，资源定义不断延展，从古代的自然资源到现代的社会资源、知识资源、信息资源等。不难看出，资源定义的延展实质上是人类社会不断发展的必然结果。农业社会强调自然资源的单项开发；工业社会注重的是自然资源与社会资源的综合开发；知识经济时代追求的是自然资源、社会资源、知识资源三者的共同开发，而且对人类的发展作用愈来愈大。

2.1.1.2　能源的定义

能源是资源的一部分，它是为人类的生产和生活提供各种能力和动力的物质资源，是国民经济的重要物质基础，是国家发展的重要基础。能源的开发和有效利用程度以及人均消费量是生产技术和生活水平的重要标志。

现代生活方式使人类对能源的依赖程度愈来愈大，衣、食、住、行都以大量使用能源为基础，几次石油危机使能源成为人们议论的热点。究竟什么是“能源”？关于能源的定义，目前约有 20 种。例如：《科学技术百科全书》中“能源是可从其获得热、光和动力之类能量的资源”；《大英百科全书》中“能源是一个包括所有燃料、流水、阳光和风的术语，人类用适当的转换手段便可让它为自己提供所需的能量”；《日本大百科全书》中“在各种生产活动中，我们利用热能、机械能、光能、电能等来做功，可用来作为这些能量源泉的自然界中的各种载体，称为能源”；我国的《能源百科全书》中“能源是可以直接或经转换提供人类所需的光、热、动力等任一形式能量的载能体资源”。因此，能源是一种呈多种形式而且可以相互转换的能量的源泉。简而言之，能源是自然界中能为人类提供某种形式能量的物质资源。

能源资源是指为人类提供能量的天然物质，它包括柴草、煤、石油、天然气、水能等，也包括太阳能、风能、生物质能、地热能、海洋能、核能等新能源。能源资源是一种综合的自然资源。从社会发展历史看，人类经历了柴草能源时期、煤炭能源时期和石油、天然气能源时期，目前正向新能源（核能、太阳能、生物质能、地热能、风能等）时期过渡。由于煤和石油引发的能源危机，人们正在不懈地寻找、开发更新、更安全的能源以替代储量有限的煤和石油。

人类对含能物质和能量过程的认知和利用是随着科学技术的进步逐渐扩大、逐渐深化的，因此能源是一个发展的概念，并带有某种历史阶段的印记。

2.1.2　资源、能源的分类

2.1.2.1　资源的分类

资源的种类很多，可从不同的角度进行分类，一般的分类方法有以下几种。

（1）按形态分类　资源可分为硬资源和软资源。硬资源指客观存在的，在一定的技术、经济和社会条件下能被人类用来维持生态平衡、从事生产和社会活动并能形成产品和服务的有形物质，还包括可以直接利用的客观物质（如空气）。自然资源是构成硬资源的主体。

软资源指科技资源、信息资源、社会资源、时间资源等以智能为基础或无形的但对人类的精神和心理需求至关重要的资源。

软资源对硬资源的开发和利用具有重要的决定性作用，这个作用的结果又反馈于整个资源系统。硬资源是被动的，软资源是主动的，人类往往通过软资源来开发和利用硬资源。

（2）按资源利用的重复性分类　资源可分为可再生资源和不可再生资源。可再生资源也称可更新资源，指能够通过自然力量保持资源增长率或增加蕴藏量的自然资源。只要使用得当，可再生资源会不断得到补充、再生，可反复利用，不会耗竭。部分自然资源，如太阳能、大气、农作物、鱼类等水产资源、野生动植物、森林等是可再生资源。推广而言，可再生资源也可包括社会资源、信息资源等。这类资源中，部分资源的用量不受人类活动的影响，例如太阳能，不论当代人消费多少，都不会影响后代人的消费数量。但是多数可再生资源的持续利用受人类利用方式、利用力度等的影响，只有在合理开发利用的情况下，资源才可以恢复、更新甚至增加，不合理开发、过度开发，会使更新过程受到破坏，使蕴藏量减少甚至耗竭。例如鱼类等水产资源只要合理捕捞，资源总量可以维持平衡；过度捕捞，破坏鱼类繁殖周期，降低自然增长率，会使之逐步枯竭。

根据资源的财产权是否明确，可再生资源又可分为可再生公共物品资源和可再生商品性资源两类。可再生公共物品资源是指不为任何特定个人所拥有，但却为任何人所享用的资源，例如空气、公海中的鱼类、外层空间资源等。这类资源具有以下两个特性中的一个或两个。①消费不可分性或无竞争性。当某人或某些人消费这一资源时，不会减少或干扰其他人对这一资源的消费。例如对空气的呼吸。②消费无排他性。指任何人在利用某一资源时，不能阻止其他人免费利用同一资源。例如对公海中鱼类及其他资源的利用，对外层空间、南极和北极的开发。需要指出，这种非专有性不具有财产私有权，它的利用效率将比较低，因为在使用者之间，价格不能对分配和资源利用起调节作用，也不能为生产或保护资源以提高收入提供刺激，这样容易形成无序开发从而造成破坏。当然，可以通过国际公约来调节各方利益，以提高其利用效率。可再生商品性资源是指能被私人所占有和享用、其财产权可以确定并在市场上进行交易的可再生资源，例如私人土地（农场、牧场、林场、水域）上的农产品、畜产品、木材、水产品等。这类可再生资源有以下特点：①由于财产权明确，其各项权利及权利限制受到法律保护；②这种专有性使得所有者可以通过交易获得由资源带来的效益；③因为是私有的，这类资源可以交易转让，使资源重新配置。

不可再生资源也称可耗竭资源，指在对人类有意义的时间范围内，资源的质量保持不变，资源储藏量不再增加的资源。这类资源利用一点就消耗一点，因此最终会导致耗竭。但按其能否重复利用，又可分为可回收和不可回收两类。不可回收的资源，是指使用过程不可逆，使用后不能恢复原状的资源，例如石油、煤、天然气等，经燃烧后产生热能，其组分分解为二氧化碳和水，无法恢复到原有组分。所谓可回收的资源，是指经人类加工成产品，丧失使用价值后，可以回收原产品再使用或经加工后作为其他功能使用的资源。不过资源可回收利用的程度受技术水平和经济条件的制约，只有当资源回收利用的成本低于新资源开发成本时，回收才可能实现，这与市场需求有关。但是可回收的不可再生资源，由于回收率不可能达到100%，最终还是会耗竭的。不过耗竭的速率是可变的，它取决于市场需求，一般情况下，资源产品使用寿命越长、价格越高（市场需求减少）、资源回收程度越高，则资源耗竭速度越慢。

（3）按来源分类　资源可分为自然资源、经济资源、文化资源、人力资源、信息资源等。自然资源指经过人类的发现，被用于生产过程或直接进入消耗过程，变成有用途的、有价值东西的自然物质。经济资源指在经济活动中能够产生效益的物质或非物质要素，包括自然资源、社会资源。文化资源是人们从事文化生活和生产所必需的前提准备。文化资源从贡献力量来看，有广义和狭义之分：广义上的文化资源泛指人们从事一切与文化活动有关的生产和生活内容的总称，它以精神状态为主要存在形式；狭义上的文化资源是指对人们能够产生直接和间接经济利益的精神文化内容。文化资源的丰富程度和质量高低直接对当地文化经济的发展产生多重作用。人力资源指在一个国家或地区中，处于劳动年龄、未到劳动年龄和超过劳动年龄但具有劳动能力的人口之和，或者表述为一个国家或地区的总人口中减去丧失劳动能力的人口之后的人口。人力资源也指一定时期内组织中的人所拥有的能够被企业所用且对价值创造起贡献作用的教育、能力、技能、经验、体力等的总和。信息资源是企业生产及管理过程中所涉及的一切文件、资料、图表和数据等信息的总称。

（4）按资源与环境的关系分类　资源可分为清洁资源和非清洁资源。

2.1.2.2　能源的分类

能源的分类比资源的分类要复杂，而且分类方法也很多，主要有以下几种。

① 按能源的来源可分为：第一类能源，来自地球以外，主要来自太阳辐射能；第二类能源，来自地球内部，如地热能、核能；第三类能源，来自地球和其他天体的作用，如潮汐能。

② 按能源的本身性质可分为含能体能源（燃料能源）、过程性能源（非燃料能源）。

③ 按能源利用的重复性可分为可再生能源和不可再生能源。

a. 可再生能源：又称连续性能源，这类能源只要利用恰当，其使用速度等于或小于补充速度，会不断得到补充、再生，可反复利用，如风能、水能、海洋能、潮汐能、太阳能和生物质能等。

b. 不可再生能源：又称储存性能源，在利用过程中不断消耗，不会得到补充，最后导致耗竭，如煤、石油和天然气等。

④ 按能源的形成方式可分为一次能源和二次能源。

a. 一次能源：从自然界取得的未经任何改变或转换的能源，如原油、原煤、天然气、生物质能、水能、核燃料，以及太阳能、地热能、潮汐能等。

b. 二次能源：一次能源经过加工或转换得到的能源，如煤气、焦炭、汽油、煤油、电力、热水、氢能等。

⑤ 按能源的利用历史状况可分为常规能源和新能源。

a. 常规能源：在现有经济和技术条件下，已经大规模生产和广泛使用的能源，如煤炭、石油、天然气、水能和核裂变能等。

b. 新能源：新能源是相对于常规能源而言的，指利用新技术开发利用的能源，如太阳能、风能、海洋能、地热能、生物质能等。新能源大部分是天然和可再生的，是未来世界持久能源系统的基础。

⑥ 按能源的市场性质可分为商品能源和非商品能源。

a. 商品能源：指作为商品在流通环节大量消耗的能源，目前主要有煤炭、石油、天然气、水电和核电5种。

b. 非商品能源：指就地利用的薪柴、农业废弃物等能源，通常是可再生的。

⑦ 按能源与环境的关系可分为清洁能源和非清洁能源。清洁能源如太阳能、氢能等，非清洁能源如煤、汽油等。

能源和一次能源的分类见表 2-1 和表 2-2。

表 2-1 能源的分类

<table>
<tr><th colspan="2">类别</th><th>一次能源</th><th>二次能源</th></tr>
<tr><td rowspan="2">常规能源</td><td>燃料能源</td><td>煤炭
油页岩
油砂
石油
天然气</td><td rowspan="2">煤气
焦炭
汽油
煤油
柴油
液化石油气
甲醇、酒精、甲烷
电力、蒸汽、热水</td></tr>
<tr><td>非燃料能源</td><td>水能</td></tr>
<tr><td rowspan="2">新能源</td><td>燃料能源</td><td>核燃料
生物质能</td><td rowspan="2">电力
氢能</td></tr>
<tr><td>非燃料能源</td><td>太阳能
风能
地热能
海洋能
潮汐能</td></tr>
</table>

表 2-2 一次能源的分类

<table>
<tr><th>类别</th><th>可再生能源</th><th>不可再生能源</th></tr>
<tr><td>第一类能源</td><td>太阳能
水能
风能
海洋能
生物质能</td><td>煤炭
石油
天然气
油页岩
油砂</td></tr>
<tr><td>第二类能源</td><td>地热能</td><td>核燃料</td></tr>
<tr><td>第三类能源</td><td>潮汐能</td><td></td></tr>
</table>

2.1.3 资源、能源的储量和消耗

2.1.3.1 自然资源蕴藏量

有关自然资源蕴藏量，应区分三个相关但含义不同的概念：已探明储量、未探明储量和蕴藏量。

已探明储量简称探明储量，是指根据人类现有的技术水平对某一资源已掌握其储存的位置、数量和品质的储量。它又可分为可开采储量和待开采储量两类。可开采储量是指在目前的经济、技术条件下，有开采价值的储量；待开采储量是指资源的储量虽已探明，但由于技术水平、经济条件的制约，尚不具备开采价值的资源。

未探明储量是指虽然目前尚未探明，但根据现有理论推测其存在的资源，或今后由于技术的发展可能推测应该存在的资源。

蕴藏量是指已探明储量和未探明储量之和，即地球上所有资源之总量。对不可再生能源而言，其蕴藏量在不断减少；对可再生能源来讲，其蕴藏量是一个变量。需要强调的是蕴藏量是一个物质概念，而非经济概念，它与价格是无关的。

另外，认为全部资源蕴藏量都是可利用的也是错误的。有些资源品位很低，资源储存地（如在极地或地理位置很难开采）使开采成本极高，而实际难以利用，虽然随着技术进步和人类需求增加，对低品位、很难开采的资源可能部分开采，但资源最大可利用量总是小于资源的蕴藏量，或者资源最大可利用量是一个变量，很难用固定的具体数字加以表示。

自然资源的可持续利用包含两方面内容。对于不可再生自然资源，其持续利用实际上是研究如何延长其使用期，达到最优耗竭；而对于可再生自然资源，主要研究其使用量和再生量之间的平衡问题。

2.1.3.2 储量状况

（1）石油　截止到 2020 年底，委内瑞拉的石油探明储量最大，为 3038 亿桶，占世界石油探明储量的 17.5%。其次是沙特阿拉伯，石油探明储量为 2975 亿桶。排在第三的是加拿大，石油探明储量为 1681 亿桶。我国石油探明储量为 260 亿桶。

（2）天然气　2020 年底天然气探明储量最丰富的国家是俄罗斯，为 37.4 万亿立方米；其次是伊朗，32.1 万亿立方米；排名第三的是卡塔尔，为 24.7 万亿立方米。我国天然气探明储量为 8.4 万亿立方米，排名世界第 6 位。

此外，2020 年底，全球石油储采比 53.5，天然气储采比为 48.8，同比 2019 年有所下降。其中，中南美洲位于区域石油储采比榜首，为 151.3；中东地区位于区域天然气储采比榜首，为 110.4。我国石油储采比为 18.2，天然气储采比为 43.3。世界石油及天然气探明储量及储采比情况见表 2-3 和表 2-4。

表 2-3　世界石油探明储量及储采比

国家/地区	2019 年底	2020 年底			
	储量/10^9 桶	储量/10^9 桶	储量/10^9t	占总量比例/%	储采比
加拿大	169.1	168.1	27.1	9.7	89.4
墨西哥	6.1	6.1	0.9	0.4	8.7
美国	68.8	68.8	8.2	4.0	11.4
北美洲总计	243.9	242.9	36.1	14.0	28.2
阿根廷	2.5	2.5	0.3	0.1	11.3
巴西	12.7	11.9	1.7	0.7	10.8
格鲁吉亚	2.0	2.0	0.3	0.1	7.1
厄瓜多尔	1.3	1.3	0.2	0.1	7.4
秘鲁	0.8	0.7	0.1	②	15.5
特立尼达和多巴哥	0.2	0.2	①	②	8.7
委内瑞拉	303.8	303.8	48.0	17.5	③
其他中南美洲国家	0.7	0.8	0.1	②	10.9
中南美洲总计	324.0	323.4	50.8	18.7	151.3
丹麦	0.4	0.4	0.1	②	16.2

续表

国家/地区	2019年底	2020年底			
	储量/10^9桶	储量/10^9桶	储量/10^9t	占总量比例/%	储采比
意大利	0.6	0.6	0.1	②	14.7
挪威	8.5	7.9	1.0	0.5	10.8
罗马尼亚	0.6	0.6	0.1	②	22.7
英国	2.5	2.5	0.3	0.1	6.6
其他欧洲国家	1.6	1.6	0.2	0.1	14.9
欧洲总计	14.2	13.6	1.8	0.8	10.4
阿塞拜疆	7.0	7.0	1.0	0.4	26.7
哈萨克斯坦	30.0	30.0	3.9	1.7	45.3
俄罗斯	107.8	107.8	14.8	6.2	27.6
土库曼斯坦	0.6	0.6	0.1	②	7.6
乌兹别克斯坦	0.6	0.6	0.1	②	34.7
其他独联体国家	0.3	0.3	①	②	17.3
独联体国家总计	146.2	146.2	19.9	8.4	29.6
伊朗	157.8	157.8	21.7	9.1	139.8
伊拉克	145.0	145.0	19.6	8.4	96.3
科威特	101.5	101.5	14.0	5.9	103.2
阿曼	5.4	5.4	0.7	0.3	15.4
卡塔尔	25.2	25.2	2.6	1.5	38.1
沙特阿拉伯	297.6	297.5	40.9	17.2	73.6
叙利亚	2.5	2.5	0.3	0.1	158.8
阿拉伯联合酋长国	97.8	97.8	13.0	5.6	73.1
也门	3.0	3.0	0.4	0.2	86.7
其他中东国家	0.2	0.2	①	②	2.6
中东地区总计	836.0	835.9	113.2	48.3	82.6
阿尔及利亚	12.2	12.2	1.5	0.7	25.0
安哥拉	7.8	7.8	1.1	0.4	16.1
乍得	1.5	1.5	0.2	0.1	32.5
刚果共和国	2.9	2.9	0.4	0.2	25.7
埃及	3.1	3.1	0.4	0.2	14.0
赤道几内亚	1.1	1.1	0.1	0.1	18.7
加蓬	2.0	2.0	0.3	0.1	26.4
利比亚	48.4	48.4	6.3	2.8	339.2
尼日利亚	36.9	36.9	5.0	2.1	56.1
南苏丹	3.5	3.5	0.5	0.2	56.4
苏丹	1.5	1.5	0.2	0.1	47.9
突尼斯	0.4	0.4	0.1	②	32.7

续表

国家/地区	2019 年底	2020 年底			
	储量/10^9 桶	储量/10^9 桶	储量/10^9t	占总量比例/%	储采比
其他非洲国家	3.7	3.8	0.5	0.2	33.2
非洲总计	125.0	125.1	16.6	7.2	49.8
澳大利亚	2.4	2.4	0.3	0.1	13.9
文莱	1.1	1.1	0.1	0.1	27.3
中国	26.0	26.0	3.5	1.5	18.2
印度	4.7	4.5	0.6	0.3	16.1
印度尼西亚	2.5	2.4	0.3	0.1	9.0
马来西亚	2.7	2.7	0.4	0.2	12.5
泰国	0.3	0.3	①	②	1.7
越南	4.4	4.4	0.6	0.3	58.1
亚太地区其他国家和地区	1.4	1.3	0.2	0.1	17.4
亚太地区总计	45.3	45.2	6.1	2.6	16.6
全球	1734.8	1732.4	244.4	100.0	53.5
其中：　经合组织	261.5	260.0	38.3	15.0	25.2
非经合组织	1473.3	1472.4	206.1	85.0	66.9
石油输出国组织	1214.7	1214.7	171.8	70.1	108.3
非石油输出国组织	520.1	517.7	72.6	29.9	24.5
欧盟	2.4	2.4	0.3	0.1	16.8

注：1. 石油的探明储量——通过地质与工程信息以合理的确定性表明，在现有的经济与作业条件下，将来可从已知储层采出的石油储量。石油储量数据不一定符合公司层面确定探明储量所使用的定义、指南或做法，例如美国证券交易委员会（SEC）所发布的确定探明储量所使用的定义、指南或做法。这些数据也并不一定代表英国石油公司（BP）对各国探明储量的看法。

2. 储采比——用任何一年年底的剩余储量除以该年度产量所得出的结果，表明剩余储量以该年度的生产水平可供开采的年限。

3. 储量数据包括天然气凝析油、天然气凝液以及原油。

4. 本表格计算各组成部分在总量中所占比例及储采比时，使用以 10^9 桶为单位的数据。

①低于 0.05；②低于 0.05%；③超过 500。

表 2-4　世界天然气探明储量及储采比情况表

国家/地区	2019 年底	2020 年底		
	储量/$10^{12}m^3$	储量/$10^{12}m^3$	占总量比例/%	储采比
加拿大	2.0	2.4	1.3	14.2
墨西哥	0.2	0.2	0.1	5.9
美国	12.6	12.6	6.7	13.8
北美洲总计	14.8	15.2	8.1	13.7
阿根廷	0.4	0.4	0.2	10.1
巴西	0.2	0.2	0.1	14.8

续表

国家/地区	2019年底	2020年底		
	储量/$10^{12}m^3$	储量/$10^{12}m^3$	占总量比例/%	储采比
格鲁吉亚	0.4	0.3	0.2	14.6
厄瓜多尔	0.1	0.1	②	6.5
秘鲁	0.3	0.3	0.1	21.6
特立尼达和多巴哥	0.3	0.3	0.2	9.8
委内瑞拉	6.3	6.3	3.3	333.9
其他中南美洲国家	0.1	0.1	②	19.7
中南美洲总计	7.9	7.9	4.2	51.7
丹麦	①	①	②	20.3
德国	①	①	②	4.4
意大利	①	①	②	10.9
荷兰	0.1	0.1	0.1	6.5
挪威	1.5	1.4	0.8	12.8
波兰	0.1	0.1	②	18.4
罗马尼亚	0.1	0.1	②	9.1
乌克兰	1.1	1.1	0.6	57.5
英国	0.2	0.2	0.1	4.7
其他欧洲国家	0.1	0.1	②	14.3
欧洲总计	3.3	3.2	1.7	14.5
阿塞拜疆	2.5	2.5	1.3	96.9
哈萨克斯坦	2.3	2.3	1.2	71.2
俄罗斯	37.6	37.4	19.9	58.6
土库曼斯坦	13.6	13.6	7.2	230.7
乌兹别克斯坦	0.8	0.8	0.4	18.0
其他独联体国家	①	①	②	9.1
独联体国家总计	56.8	56.6	30.1	70.5
巴林	0.1	0.1	②	3.9
伊朗	32.1	32.1	17.1	128.0
伊拉克	3.5	3.5	1.9	336.3
以色列	0.6	0.6	0.3	39.7
科威特	1.7	1.7	0.9	113.2
阿曼	0.7	0.7	0.4	18.0
卡塔尔	24.7	24.7	13.1	144.0
沙特阿拉伯	6.0	6.0	3.2	53.7
叙利亚	0.3	0.3	0.1	89.6
阿拉伯联合酋长国	5.9	5.9	3.2	107.1
也门	0.3	0.3	0.1	2618.8

续表

国家/地区	2019 年底	2020 年底		
	储量/$10^{12}m^3$	储量/$10^{12}m^3$	占总量比例/%	储采比
其他中东国家	①	①	②	24.7
中东地区总计	75.8	75.8	40.3	110.4
阿尔及利亚	4.3	2.3	1.2	28.0
埃及	2.1	2.1	1.1	36.6
利比亚	1.4	1.4	0.8	107.4
尼日利亚	5.5	5.5	2.9	110.7
其他非洲国家	1.6	1.6	0.8	54.8
非洲总计	14.9	12.9	6.9	55.7
澳大利亚	2.4	2.4	1.3	16.8
孟加拉国	0.1	0.1	0.1	4.5
文莱	0.2	0.2	0.1	17.6
中国	8.4	8.4	4.5	43.3
印度	1.3	1.3	0.7	55.6
印度尼西亚	1.4	1.3	0.7	19.8
马来西亚	0.9	0.9	0.5	12.4
缅甸	0.4	0.4	0.2	24.4
巴基斯坦	0.4	0.4	0.2	12.6
巴布亚新几内亚	0.2	0.2	0.1	13.7
泰国	0.1	0.1	0.1	4.4
越南	0.6	0.6	0.3	74.1
亚太地区其他国家和地区	0.2	0.2	0.1	11.5
亚太地区总计	16.8	16.6	8.8	25.4
全球	190.3	188.1	100.0	48.8
其中： 经合组织	20.0	20.3	10.8	13.7
非经合组织	170.3	167.8	89.2	70.6
欧盟	0.4	0.4	0.2	9.2

注：1. 天然气的探明储量——通过地质与工程信息以合理的确定性表明，在现有的经济与作业条件下，将来可从已知储层采出的天然气储量。天然气储量数据并不一定符合公司层面确定探明储量所使用的定义。

2. 储采比——用任何一年年底的剩余储量除以该年度产量所得出的结果，表明剩余储量以该年度的生产水平可供开采的年限。

①低于 0.05。②低于 0.05%。

（3）煤炭　截至 2020 年底，世界煤炭探明储量最多的地区是亚太地区（459750 亿吨，42.8%），其次是北美洲（256734 亿吨）和独联体国家（190655 亿吨），这三个地区占总量比例为 84.5%。世界煤炭探明储量排名第一的依旧是美国，占世界总量的 23.2%，其次是俄罗斯（15.1%），第三名是澳大利亚（14.0%）。我国煤炭探明储量居世界第四位，占总量比例为 13.3%。2020 年底世界煤炭探明储量情况见表 2-5。2020 年世界石油、天然气和煤炭储量地区分布及世界石油、天然气和煤炭储量前 10 名国家见表 2-6 及表 2-7。

表 2-5 2020 年底世界煤炭探明储量情况

国家/地区	无烟煤和烟煤储量/10^8t	次烟煤和褐煤储量/10^8t	总计/10^8t	占总量比/%	储采比
加拿大	4346	2236	6582	0.6	166
墨西哥	1160	51	1211	0.1	185
美国	218938	30003	248941	23.2	①
北美洲总计	224444	32290	256734	23.9	484
巴西	1547	5049	6596	0.6	①
格鲁吉亚	4554	—	4554	0.4	90
委内瑞拉	731	—	731	0.1	①
其他中南美洲国家	1784	24	1808	0.2	①
中南美洲总计	8616	5073	13689	1.3	240
保加利亚	192	2174	2366	0.2	192
捷克共和国	1081	2514	3595	0.3	113
德国	—	35900	35900	3.3	334
希腊	—	2876	2876	0.3	205
匈牙利	276	2633	2909	0.3	475
波兰	22530	5865	28395	2.6	282
罗马尼亚	11	280	291	②	19
塞尔维亚	402	7112	7514	0.7	189
西班牙	868	319	1187	0.1	282
土耳其	550	10975	11525	1.1	168
乌克兰	32039	2336	34375	3.2	①
英国	26	—	26	②	16
其他欧洲国家	1109	5172	6281	0.6	189
欧洲总计	59084	78156	137240	12.8	299
哈萨克斯坦	25605	—	25605	2.4	226
俄罗斯	71719	90447	162166	15.1	407
乌兹别克斯坦	1375	—	1375	0.1	333
其他独联体国家	1509	—	1509	0.1	336
独联体国家总计	100208	90447	190655	17.8	367
南非	9893	—	9893	0.9	40
津巴布韦	502	—	502	②	153
其他非洲国家	4376	66	4442	0.4	280
中东地区	1203	—	1203	0.1	①
中东和非洲国家总计	15974	66	16040	1.5	60
澳大利亚	73719	76508	150227	14.0	315

续表

国家/地区	无烟煤和烟煤储量/10^8t	次烟煤和褐煤储量/10^8t	总计/10^8t	占总量比/%	储采比
中国	135069	8128	143197	13.3	37
印度	105979	5073	111052	10.3	147
印度尼西亚	23141	11728	34869	3.2	62
日本	340	10	350	②	453
蒙古国	1170	1350	2520	0.2	58
新西兰	825	6750	7575	0.7	①
巴基斯坦	207	2857	3064	0.3	396
韩国	326	—	326	②	320
泰国	—	1063	1063	0.1	80
越南	3116	244	3360	0.3	69
亚太地区其他国家和地区	1421	726	2147	0.2	33
亚太地区总计	345313	114437	459750	42.8	78
全球	753639	320469	1074108	100.0	139
其中：　经合组织	331303	177130	508433	47.3	363
非经合组织	422336	143339	565675	52.7	90
欧盟	25539	53051	78590	7.3	266

资料来源：德国联邦地球科学与自然资源研究所，《2021 年能源研究报告》。

注：1. 煤炭的探明储量——通过地质与工程信息以合理的确定性表明，在现有的经济与作业条件下，将来可从已知储层采出的煤炭储量。煤炭储量数据并不一定符合公司层面确定探明储量所使用的定义、指南或做法，例如美国证券交易委员会（SEC）所发布的确定探明储量所使用的定义、指南或做法。这些数据也并不一定代表 BP 公司对各国探明储量的看法。

2. 储采比——用任何一年年底的剩余储量除以该年度产量所得出的结果，表明剩余储量以该年度的生产水平可供开采的年限。

3. 储采比不包括储量与产量中的其他固体燃料。

①超过 500；②低于 0.05%。

表 2-6　2020 年世界石油、天然气和煤炭储量地区分布

地区	石油		天然气		煤炭	
	储量/10^9 桶	所占比例/%	储量/10^{12} m^3	所占比例/%	储量/10^6 t	所占比例/%
北美洲	242.9	14.02	15.2	8.08	256734	23.90
中南美洲	323.4	18.67	7.9	4.20	13689	1.27
欧洲	13.6	0.79	3.2	1.70	137240	12.78
独联体国家	146.2	8.4	56.6	30.1	190655	17.8
非洲	125.1	7.2	12.9	6.9	16040	1.5
中东	835.9	48.3	75.8	40.3		
亚太地区	45.2	2.6	16.6	8.8	459750	42.8
全球	1732.3	100	188.2	100	1074108	100

资料来源：英国石油公司（BP），《BP 世界能源统计年鉴 2021》。

表 2-7　2020 年世界石油、天然气和煤炭储量前 10 名国家

石油			天然气			煤炭		
国家	储量/10^9 桶	比例/%	国家	储量/10^{12} m^3	比例/%	国家	储量/10^6 t	比例/%
委内瑞拉	303.8	17.54	俄罗斯	37.4	19.88	美国	248941	23.18
沙特阿拉伯	297.5	17.17	伊朗	32.1	17.07	俄罗斯	162166	15.10
加拿大	168.1	9.70	卡塔尔	24.7	13.13	澳大利亚	150227	13.99
伊朗	157.8	9.11	土库曼斯坦	13.6	7.23	中国	143197	13.33
伊拉克	145.0	8.37	美国	12.6	6.70	印度	111052	10.34
俄罗斯	107.8	6.22	中国	8.4	4.47	德国	35900	3.34
科威特	101.5	5.86	委内瑞拉	6.3	3.35	乌克兰	34375	3.20
阿拉伯联合酋长国	97.8	5.65	沙特阿拉伯	6.0	3.19	印度尼西亚	34869	3.25
美国	68.8	3.97	阿拉伯联合酋长国	5.9	3.14	波兰	28395	2.64
利比亚	48.4	2.79	尼日利亚	5.5	2.92	哈萨克斯坦	25605	2.38
总计	1496.5	86.38	总计	152.5	81.08	总计	974727	90.75

资料来源：英国石油公司（BP），《BP 世界能源统计年鉴 2021》。

2.1.3.3　能源消费

（1）石油　2020 年，世界石油消费总量为 41.5 亿吨，比 2019 年下降 9.5%。美国仍然是世界上最大的石油消费国；中国是世界第二大石油消费国，是美国消费量的 87.6%。分区域看，亚太地区是世界石油消费量最高的地区，年消费石油 15.9 亿吨，比 2019 年下降 5.6%，占世界石油消费总量的 38.4%；北美洲地区是世界第二大石油消费地区，年消费石油 9.4 亿吨，占世界石油消费总量的 22.6%；欧洲地区是世界第三大石油消费地区，年消费石油 6.2 亿吨，占世界消费总量的 15%。

（2）天然气　2020 年世界天然气消费总量为 3822.8 亿立方米，比 2019 年下降 2.1%。美国依然是世界上最大的天然气消费国，俄罗斯为第二大天然气消费国，中国成为第三大天然气消费国。

（3）煤炭　2020 年，世界煤炭消费总量为 36.2 亿吨，比 2019 年下降 3.9%。中国依旧是世界上煤炭消费量最大的国家，2020 年消费煤炭 19.7 亿吨，占世界消费总量的 54.35%；其次是印度，占世界消费总量的 11.58%；排名第三的是美国，占世界消费总量的 6.08%。

世界能源消费量前 10 名的国家见表 2-8。

（4）核能　核能消费最多的地区是北美洲（34.8%）和欧洲（32%）。美国依旧是世界上核能消费量最大的国家，2020 年消耗核能相当于 1.8 亿吨油当量，占世界的 30.82%；其次是中国，占世界核能消费量的 13.55%；法国排名第三。

（5）水电　表 2-8 显示，中国成为世界上水电消费量最大的国家，占世界总消费量的 30.77%；其次是巴西，占世界总消费量的 9.22%；加拿大排名第三，占世界总消费量的 8.96%。

表 2-8　2020 年世界能源消费大国

石油			天然气			煤炭		
国家	消费量/EJ	占世界比例/%	国家	消费量/EJ	占世界比例/%	国家	消费量/EJ	占世界比例/%
美国	32.54	18.73	美国	29.95	21.76	中国	82.29	54.35
中国	28.5	16.40	俄罗斯	14.81	10.76	印度	17.54	11.58
印度	9.02	5.19	中国	11.90	8.65	美国	9.20	6.08
沙特阿拉伯	6.51	3.75	伊朗	8.39	6.10	日本	4.57	3.02
印度尼西亚	6.49	3.74	加拿大	4.05	2.94	南非	3.48	2.30
俄罗斯	6.39	3.68	沙特阿拉伯	4.04	2.94	俄罗斯	3.27	2.16
韩国	4.90	2.82	日本	3.76	2.73	印度尼西亚	3.26	2.15
巴西	4.61	2.65	德国	3.12	2.27	韩国	3.03	2.00
加拿大	4.26	2.45	墨西哥	3.11	2.26	越南	2.10	1.39
德国	4.21	2.42	英国	2.61	1.90	德国	2.84	1.88
总计	173.73	61.84	总计	137.62	62.30	总计	151.42	86.90
核能			水电			可再生能源		
国家	消费量/EJ	占世界比例/%	国家	消费量/EJ	占世界比例/%	国家	消费量/EJ	占世界比例/%
美国	7.39	30.82	中国	11.74	30.77	中国	7.79	24.57
中国	3.25	13.55	巴西	3.52	9.22	美国	6.15	19.39
法国	3.14	13.09	加拿大	3.42	8.96	德国	2.21	6.97
俄罗斯	1.92	8.01	美国	2.56	6.71	巴西	2.01	6.34
韩国	1.42	5.92	俄罗斯	1.89	4.95	印度	1.43	4.51
加拿大	0.87	3.63	印度	1.45	3.80	英国	1.2	3.78
乌克兰	0.68	2.84	挪威	1.25	3.28	日本	1.13	3.56
德国	0.57	2.38	其他中美洲国家①	0.72	1.89	西班牙	0.77	2.43
西班牙	0.52	2.17	土耳其	0.69	1.81	法国	0.68	2.14
瑞典	0.48	2.00	挪威	0.69	1.81	意大利	0.67	2.11
总计	23.98	84.40	总计	38.16	73.19	总计	31.71	75.81

①其他中美洲国家指除阿根廷、巴西、智利、哥伦比亚、厄瓜多尔、秘鲁、特立尼达和多巴哥、委内瑞拉之外的中美洲国家。

综上所述，世界各种能源的储量、产量和消费量分布不平衡，主要集中在北美洲、欧洲和亚太地区。从剩余可采储量看，石油主要分布在中南美洲和中东地区，天然气主要分布在中东地区和独联体国家地区，煤炭大多分布在北美洲地区和独联体国家地区。从产量看，主要分布在欧亚、亚太地区和北美洲。从产量看，石油产量中东占有优势，天然气主要产自北美洲和独联体国家，煤炭主要产自亚太地区且占据绝对优势。从消费量看，石油消费以北美洲和亚太地区为主，天然气消费量主要集中在北美洲和亚太地区，煤炭以亚太地区为主要消费地区，核电消费主要在北美洲和欧洲地区，水电消费主要在亚太地区、中南美洲、北美洲和欧洲。位于前 10 位国家的储量和消费量在世界总量中占有较大份额，其中有些国家占有明显优势，如委内瑞拉的石油储量、俄罗斯的天然气储量、美国的能源消费量等。中国煤炭储量和消费量均居世界前列，中国的天然气无论储量、产量还是消费量都处在相对靠后的位置。中国是能源消费大国，一次能源消费总量位于世界第一。

2.1.4 能源结构

在漫长的原始社会和农业社会阶段，能源主体是可再生的草柴和木柴，主要用于日常生活中的煮食和取暖。在生产活动中，烧制砖瓦和陶瓷、冶炼金属需要消耗柴薪，此外以人力、畜力以及一些简单的水力、风力装置作为动力。

人类进入工业社会伴随着能源主体从地表的柴薪转变为地下的化石燃料。前期是煤炭的开采和利用，煤炭不但直接用作燃料，还加工成蒸汽和煤气，蒸汽机成为工业和交通的主要动力设备，煤气用于城市的民用燃料和街道照明。电力技术问世后，煤-蒸汽又进一步加工成电力，电气化成了工业化的代名词。19 世纪中叶，石油开始只用于生产灯用煤油和机器的润滑油。随着内燃机的发明，对石油油品的需求剧增。由于石油易于开采输送、热值高、燃烧方便、用途广泛，石油油品不但成为各种交通工具的主要燃料，而且也用于电力生产，消费量以 10 年翻一番的速度增长。到 20 世纪 50 年代，石油的消费量超过了煤炭，成为世界能源的主体。但是 20 世纪 70 年代的石油危机促进石油消费量缩减，标志着世界告别了廉价的石油时代。1991 年与 1979 年相比，人口虽然显著增长，石油消费量却基本持平。在此期间天然气异军突起，占化石燃料消费量的 1/4 左右，成为发达国家的主体能源。

第二次世界大战末期原子弹的爆炸，曾被视为人类进入原子能时代的信号，不少学者认为核能的利用将为人类提供用之不尽的能源，从此能源问题将一劳永逸地得到解决。在 20 世纪 70 年代石油危机后，曾出现过核电大发展时期。虽然当时的科学技术未能合理地开发和利用核能，但随着社会的发展、科学的进步，以及人类对能源消费带来的环境问题的深入了解，进入 21 世纪后，能源结构发生了很大的变化，一次能源消费量逐渐降低，清洁能源及可再生能源逐渐成为能源消费的主体。

总体看来，我国能源系统的特点如下。

① 能源资源总量比较丰富。中国拥有较为丰富的化石能源资源。其中，煤炭占主导地位。

② 人均能源资源拥有量较低。中国人口众多，人均能源资源拥有量在世界上处于较低水平。

③ 能源资源赋存分布不均衡。中国能源资源分布广泛但不均衡。煤炭资源主要赋存在华北、西北地区，水力资源主要分布在西南地区，石油、天然气资源主要赋存在东、中、西部地区和海域。

④ 能源资源开发难度较大。不管是煤炭还是石油，开采条件和开采技术要求都相对较高，开发难度较大，成本较高。

在国家提出“两山”理论及生态文明建设的战略目标后，我国的能源消费结构正在发生巨大的变化，从以煤炭为主导逐步转变为以清洁能源为主导的消费结构，同时煤炭的清洁利用技术也上升一个台阶，清洁能源的消费占比将实现大的突破，一些节能技术也将改变传统能源的利用方式。

按照以往的能源发展惯性推测：2050 年世界能源总消耗量将是 1990 年的 3 倍，而 2100 年将是 1990 年的 4 倍或 5 倍。目前认为发展中国家将是这种增长的主体。这些国家的总能源使用量将在 2050 年左右超过工业化国家，且到 2100 年时会占全球能源使用量的 2/3 或更多（目前约为 1/3）。图 2-1 是世界能源结构的变化趋势图（一次能源占比），图 2-2 及图 2-3 为 2020 年全球主要能源消费结构及各国能源消费占比。

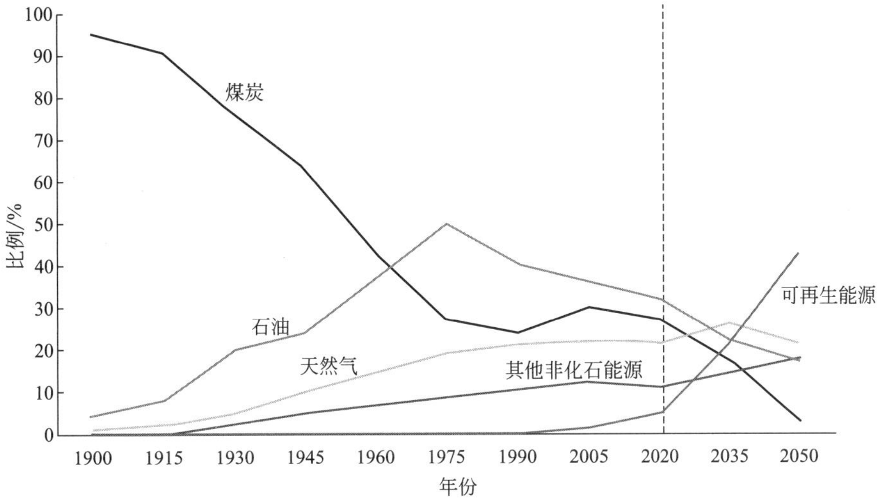

图 2-1　一次能源占比

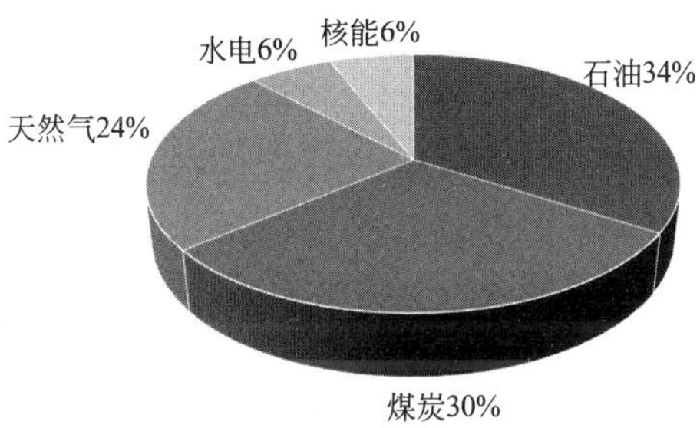

图 2-2　全球主要能源消费结构

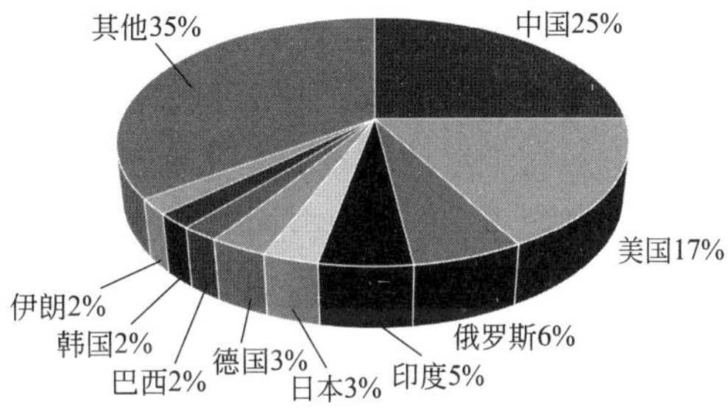

图 2-3　各国能源消费占比

从图 2-1 看出，到 2050 年，能源发展有 3 个发展波峰——首先是煤炭，然后是石油，未来则是可再生能源。能源中煤炭比例将逐渐下降。世界能源中化石燃料所占份额在下一个 50 年内下降很慢，到 2050 年大约还占总量的 20%，这意味着 CO_2 排放量还会不断增加。同时，新能源和可再生能源将成为未来能源消费的主体。

2.1.5　能源与环境

能源是人类赖以生存的物质基础，它与社会经济的发展和人类的生活息息相关，开发和利用能源资源贯穿于社会文明发展的整个过程。能源的人均占有量、能源构成、能源使用效率和对环境的影响等，是衡量一个国家现代化程度的重要标准之一，因此世界各国都把能源的开发和利用作为发展经济的前提。从能源构成情况来看，包括我国在内的世界绝大多数国家都把石油和煤炭等矿物性燃料作为基本能源，把发展石油和煤炭工业作为能源开发和利用的基础。我国是以煤为主要能源的少数国家之一，但随着“碳达峰”“碳中和”目标的提出，我国能源结构持续优化，低碳转型成效显著，非化石能源消费比重逐步上升，煤炭消费比重相应下降。

化石燃料的大规模开发和广泛应用，已经严重影响了人类生存环境的质量，破坏了生态平衡。这种生态环境破坏日益加剧的趋势，引起了国际社会的普遍关注。联合国环境规划署的报告表明，整个地球的环境正在全面恶化，环境问题是一个全球性问题。社会发展至今，人类已经强烈地意识和感受到生存环境所受的威胁，也热切期盼着生活空间质量的改善。

2.1.5.1 国际能源形势与环境状况

从长远观点来看，能源供给有紧张的一面，国际能源报告的资料表明，到2030年左右，全球的能源需求将增长55%，平均每年增长约1.8%，其中中、印两国将贡献45%的增长。

储采比可表示油田的资源开发程度。《BP世界能源统计年鉴2021》介绍了世界各国一次能源的储量、消费量等信息。石油储采比排在前面的是委内瑞拉、利比亚、叙利亚、科威特，这几个国家的开采年限均超过100年，委内瑞拉超过500年。天然气储采比排在前面的是也门、委内瑞拉、土库曼斯坦、伊拉克、伊朗、科威特、卡塔尔、尼日利亚等，开采年限也均超过100年。但据统计分析，世界石油和天然气将在未来的半个世纪左右采完，而煤炭则可开采近一个世纪。当然，世界上还有大量的稠油、油页岩、油砂可供开采，但其成本高，为一般石油开采费用的3～4倍。

以上能源资源，在全世界的分布很不均匀，例如石油储量最多的国家为委内瑞拉、沙特阿拉伯、伊朗、伊拉克、科威特、也门等，几乎50%的石油储量集中在中东地区。天然气的情况和石油相仿，储量最大的是俄罗斯，70%以上的天然气集中在独联体国家和中东地区。目前天然气世界开采量为188.1万亿立方米，可采48.8年，美国仅能开采13.8年，中国可以开采43.3年。

人口增加和能源供应不足使绿色植物资源迅速下降，之前森林、薪炭、植物秸秆砍伐量增加很快，到了20世纪砍伐量有所降低，但仍不能很好地抑制森林面积的锐减。根据联合国粮农组织的数据，2020年全球森林面积占土地总面积的比例已经从2000年的31.9%降至31.2%，现在全球森林面积约为41亿公顷，尽管各国推出退耕还林、植树造林等措施来增加森林面积，森林面积仍减少了近1亿公顷。

资源能源的开发导致严重的环境污染。据统计，大气中76%的SO_2、88%的NO_x、66%的CO及大部分飘尘均为燃料燃烧所产生。2020年全球排放二氧化碳322亿吨，比2019年减少6.3%。主要是由于新能源的开发利用减少了化石燃料的利用，近几年二氧化碳的排放量呈现下降趋势。同时未来可再生能源及新能源的利用率将持续提高，二氧化碳的排放量将逐步降低。全世界未来能源的发展趋势大致如下：一次能源仍将占据主要地位，但能源利用率会得到提高，同时核能和水电能的产量会增加，其他可再生能源将得到充分的发展和利用。

2.1.5.2 能源对环境的影响

能源作为人类赖以生存的基础，其开采、输送、加工、转换、利用和消费过程都直接或间接地改变着地球上的物质平衡和能量平衡，必然对生态系统产生各种影响，成为环境污染的主要根源。能源对环境的影响主要表现在如下几个方面。

（1）温室效应　这一概念最早由瑞典化学家斯万特·阿仑尼乌斯提出。所谓温室效应，就是太阳短波辐射可以透过大气射向地面，而地面增暖后放出的长波辐射却被大气中的二氧化碳等物质所吸收，从而产生大气变暖的效应。大气中的二氧化碳就像一层厚厚的玻璃，使地球变成一个大暖房。据估计，如果没有大气，地表平均温度就会下降到−18℃，而实际地表平均温度为15℃，就是说温室效应使地表温度提高了33℃。

除二氧化碳以外，对产生温室效应有重要作用的气体还有甲烷、臭氧、氯氟烃以及水蒸气等。随着人口的急剧增加，工业的迅速发展，排入大气中的二氧化碳相应增多；又由于森林被大量砍伐，大气中应被森林吸收的二氧化碳没有被吸收。由于二氧化碳逐渐增加，温室效应不断增强。据分析，在过去二百年中，二氧化碳浓度增加 25%，地球平均气温上升 0.5℃。估计到 21 世纪中叶，地球表面平均温度将上升 1.5～4.5℃，而中高纬度地区温度上升更多。气温升高，将导致某些地区雨量增加，某些地区出现干旱，飓风力量增强，出现频率也将提高，自然灾害加剧。更令人担忧的是，气温升高将使两极地区冰川融化，海平面升高，许多沿海城市、岛屿或低洼地区将面临海水上涨的威胁，甚至被海水吞没。20 世纪 60 年代末，非洲撒哈拉牧区曾发生持续 6 年的干旱，由于缺少粮食和牧草，牲畜被宰杀，饥饿致死者超过 150 万人。

地球变暖已引起全世界的关注。1988 年 11 月，联合国大会作出一项决议，指出二氧化碳等气体如果在大气中继续增加，可能造成全球气候变暖和海平面上升，从而给人类带来灾难，号召国际社会“为当代和后代人类保护气候”。因此，首先，在发展工业时，要积极治理大气污染，研究把二氧化碳转化为其他物质的技术，防止甲烷、氯氟烃等气体的外逸。其次，要保护好现有森林，大力植树造林，使大气中的二氧化碳通过植物光合作用转化为营养物质。最后，还要通过各种途径减少矿物能源的消耗，尽量采用核能、太阳能、水能、风能，以减少二氧化碳的排放。

为了应对气候变化带来的灾害，联合国积极号召世界各国主动承担社会责任，减少二氧化碳排放，减缓温室效应，为后代创造适宜的生存环境。我国在应对气候变暖行动中积极发挥作用，制定了基于我国国情的碳减排计划，并提前完成制定的碳减排目标，同时于 2020 年提出了“双碳”目标——2030 年实现碳达峰，2060 年实现碳中和，在应对全球气候变化方面发挥着重要的作用。

（2）酸雨　酸雨是指空气污染造成的酸性降水，通常认为大气降水与二氧化碳气体平衡时的酸度（pH=5.6）为降水天然酸度，并将其作为判断是否酸化的标准，当降水的 pH 低于 5.6 时，降水即为酸雨。

化石燃料燃烧，如煤炭燃烧所产生的 SO_2 和 NO_2 是产生酸雨的主要原因。一个多世纪以来，全球的 SO_2 排放量一直在上升，我国的能源消耗以煤为主，因此 SO_2 的排放更加严重。酸雨会以不同方式危害水生生态系统、陆生生态系统，腐蚀材料，影响人体健康，危害性极大，所以目前酸雨已成为全球面临的主要环境问题之一。针对上述情况，世界各国都在采取切实有效的措施控制 SO_2 和 NO_2 的排放，其中最重要的是洁净煤技术。

（3）臭氧层破坏　大气平流层中距地面 20～40km 的范围内有一圈特殊的大气层，这一层大气中臭氧含量特别高。大气平均臭氧含量大约是 0.3μL/L，而这里的臭氧含量接近 10μL/L，高空大气层中 90%的臭氧集中在这里，所以被称为臭氧层。

臭氧层在保护地球方面具有特别的功能：将太阳光中对生物无害的可见光和紫外线 A 段（UVA）大部分吸收，小部分透过，透过的光线到达地面可起到杀菌消毒的作用，又不至于对人体健康造成危害，所以说臭氧层是保护地球的无缝天衣。

燃料燃烧产生的 NO_x 是造成臭氧层破坏的主要原因之一。研究结果表明，臭氧浓度降低 1.0%，地面紫外辐射强度将提高 2.0%，皮肤癌患者的数量必将增加。目前大气中的 NO_x 浓度正以每年 0.2%～0.3%的速度增长，这必将导致臭氧层变薄。根据大气中 NO_x 产生的原因可知，发展低 NO_x 燃烧技术及烟气和尾气脱硝技术是减少 NO_x 排放的关键。

（4）热污染　热污染是指工农业生产和人类生活中排放出的废热所造成的环境污染。

热污染会破坏自然水域的生态平衡。发电厂、钢铁厂的循环冷却系统排出的热水以及石油、化工、铸造、造纸等工业排出的主要废水中含有大量废热，排入地表水体后，导致水温急剧升高，水中溶解氧含量减少，可引起鱼类等水生动植物死亡。对于河湖港汊，热污染使水体处于缺氧状态，厌氧菌大量繁殖，有机物腐败严重，影响了周边环境和生态平衡。

大气中的含热量增加，还可影响到地球气候变化。按照大气热力学原理，现代社会生活中的其他能量都可转化为热能，使地表对太阳热能的反射率升高，吸收的太阳辐射热减少，促使地表上升的气流相应减弱，阻碍水汽的凝结和云雨的形成，导致局部地区干旱少雨，影响农作物生长甚至导致歉收。气候变化将引起海水热膨胀和极地冰川融化，海平面上升，加快生物物种灭绝。

火电厂和核电站是热污染的主要来源。提高电厂和一切用热设备的热效率，不仅能提高能量利用率，而且由于排热量减少，对环境的热污染也可随之减轻。

在提高能源利用率的同时，逐步加快可再生能源与清洁能源的利用和推广，大力治理能源所造成的环境污染，使能源与环境协调发展是摆在人类面前的共同任务。

2.2 能源的清洁利用

能源节约与资源综合利用是我国经济和社会发展的一项长远战略方针。能源的清洁利用关系到国民经济的发展、人类生活水平的提高及环境质量的改善。能源的清洁利用就是指通过技术手段和管理手段对能源在全生命周期内实施清洁化、经济性利用的过程。

2.2.1 煤的清洁利用

根据《中国统计年鉴 2024》可知，煤炭仍是中国的第一能源，在一次能源生产和消费结构中分别占 66.6%和 55.3%。中国的煤炭储量丰富，占中国常规能源探明储量的 90%以上，是中国最可靠的能源。因此，煤炭在中国国民经济中的地位是举足轻重的。但是，从环境的角度，煤炭是不洁净的能源，其污染贯穿于开采、储存、流通和利用的全过程。在全球正寻求经济发展与环境资源相互协调发展的背景下，研究解决煤炭清洁利用的环境问题成为当务之急。随着全球为应对气候变化采取碳减排行动，我国提出了“30・60”目标[1]，同时进一步加快了煤炭的技术改革，在碳达峰、碳中和过程中将尽可能实现煤炭的全方位清洁利用。

2.2.1.1 煤的形成及基本情况

在地质历史上，沼泽森林覆盖了大片土地，包括菌类、蕨类、灌木、乔木等生物，但在不同时代海平面常有变化。当水面升高时，植物因被淹而死亡，如果这些死亡的植物被沉积物覆盖而氧气不足，植物就不会完全分解，而是在地下形成有机地层。随着海平面的升降，会产生多层有机地层。经过漫长的地质作用，在温度升高、压力变大的还原性环境中，有机地层最后会转变为煤层（图 2-4）。

[1] 中央经济工作会议指出，我国 CO_2 排放力争 2030 年前达到峰值，力争 2060 年前实现碳中和，简称“30・60”目标。

在漫长的地质演变过程中，煤田受到多种地质因素的作用，由于成煤年代、成煤原始物质、还原程度及成因类型的差异，再加上各种变质作用并存，中国煤炭品种多样化，从低变质程度的褐煤到高变质程度的无烟煤都有储存。按中国的煤种分类，炼焦煤类占 27.65%，非炼焦煤类占 72.35%，前者包括气煤（占 13.75%）、肥煤（占 3.53%）、主焦煤（占 5.81%）、瘦煤（占 4.01%），其他为未分牌号的煤（占 0.55%）；后者包括无烟煤（占 10.93%）、贫煤（占 5.55%）、弱碱煤（占 1.74%）、不黏煤（占 13.80%）、长焰煤（占 12.52%）、褐煤（占 12.76%）、天然焦（占 0.19%）、未分牌号的煤（占 13.80%）和牌号不清的煤（占 1.06%）。

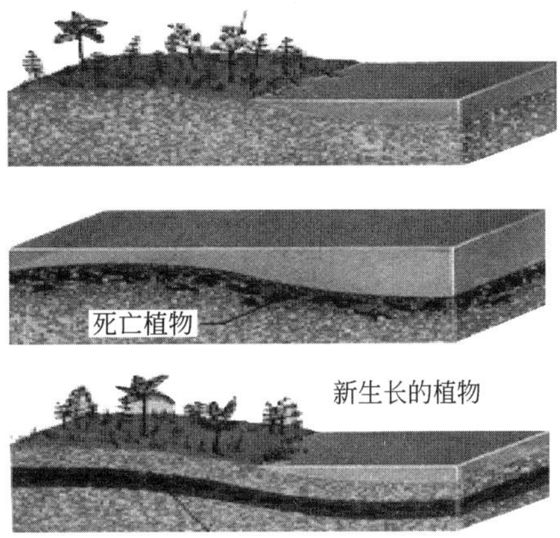

图 2-4　煤形成示意图

判别煤炭质量优劣的指标很多，其中最主要的指标为煤的灰分含量和硫分含量。陆相沉积，煤的灰分、硫分普遍较低；海陆相交替沉积，煤的灰分、硫分普遍较高。

中国褐煤多属老年褐煤。褐煤灰分一般为 20%～30%。东北地区褐煤硫分多在 1%以下，广东、广西、云南褐煤硫分相对较高，有的甚至高达 8%以上。褐煤全水分一般可达 20%～50%，低位发热量一般只有 11.71～16.73MJ/kg。

中国烟煤的最大特点是低灰、低硫；原煤灰分大都低于 15%，硫分小于 1%。部分煤田，如神府东胜煤田，原煤灰分仅为 3%～5%，被誉为天然精煤。烟煤的第二个特点是煤岩组分中丝质体含量高，一般在 40%以上，因此中国烟煤大多为优质动力煤。

中国贫煤的灰分和硫分都较高，灰分大多为 15%～30%，硫分在 1.5%～5%之间。贫煤经洗选后，可作为很好的动力煤和气化用煤。

中国典型的无烟煤和老年无烟煤较少，大多为三号年轻无烟煤，其主要特点是灰分和硫分均较高，大多为中灰、中硫、中等发热量、高灰熔点，主要用作动力煤，部分可作气化原料煤。

中国煤炭资源在储量、勘探程度、地理分布、煤种及煤质等方面具有以下特点。

① 煤炭资源丰富，但人均占有量低。中国煤炭资源虽丰富，但勘探程度较低，经济可采储量较少。所谓经济可采储量是指经过勘探可供建井，并且扣除了回采损失及经济上无利和难以开采出来的储量后，实际上能开采并加以利用的储量。在目前经勘探证实的储量中，精查储量仅占 30%，而且大部分已经开发利用，煤炭后备储量相当紧张。中国人口众多，煤炭资源的人均占有量约为 234.4t，而世界人均煤炭资源占有量为 312.7t，美国人均占有量更是高达 1045t，远高于中国的人均水平。

② 煤炭资源的地理分布极不平衡。中国煤炭资源北多南少，西多东少，煤炭资源的分布与消费区分布极不协调。从各大行政区内部看，煤炭资源分布也不平衡，如华东地区的煤炭资源储量的 87%集中在安徽、山东，而工业主要在以上海为中心的长江三角洲地区；中南地区煤炭资源的 72%集中在河南，而工业主要在武汉和珠江三角洲地区；西南煤炭资源的 67%集中在贵州，而工业主要在四川；东北地区相对好一些，但也有 52%的煤炭资源集中在北部黑龙江，而工业集中在辽宁。

③ 各地区煤炭品种和质量变化较大，分布也不理想。中国炼焦煤在地区上分布不平衡。

四种主要炼焦煤种中，瘦煤、焦煤、肥煤有一半左右集中在山西，而拥有大型钢铁企业的华东、中南、东北地区，炼焦煤很少；在东北地区，钢铁工业集中在辽宁，炼焦煤大多在黑龙江；西南地区，钢铁工业集中在四川，而炼焦煤主要集中在贵州。

④ 适于露天开采的储量少。露天开采效率高，投资省，建设周期短，但中国适于露天开采的煤炭储量少，仅占总储量的7%左右，其中70%是褐煤，主要分布在内蒙古、新疆和云南。

2.2.1.2 清洁煤利用技术

煤既是动力燃料，又是化工和制焦炼铁的原料，素有“工业粮食”之称。我国能源结构以煤为主，存在利用率低、污染严重等问题，虽然经过几十年的发展，在提高煤利用及煤燃烧效率方面取得了一定进步，但仍需要进一步完善煤炭管理体系及燃煤技术，进一步提升煤的燃烧效率，才能有效地解决我国能源及环境污染问题。下面着重就洁净煤（清洁煤）技术和节煤技术两方面加以讨论。

洁净煤技术（clean coal technology，CCT），又称清洁煤技术，是指从煤炭开采到利用的全过程中旨在减少污染排放与提高利用效率的加工、燃烧、转化及污染控制等新技术。洁净煤技术一词源于美国，是减少污染和提高效益的煤炭加工、燃烧、转化和污染控制等新技术的总称。

清洁煤利用技术主要包括两个方面。

一是煤直接清洁利用技术。指在直接燃烧情况下，通过采用相应的技术措施，实现煤的洁净利用，如：

① 燃烧前的净化加工技术，主要是煤炭洗选、型煤加工和水煤浆制备技术。

② 燃烧中的清洁燃烧技术，主要是循环流化床燃烧技术和先进煤粉燃烧技术。

③ 燃烧后的烟气净化处理技术，主要是消除烟尘和烟气脱硫、脱氮、脱汞等技术。

二是煤转化为洁净燃料技术。主要是煤的气化、液化技术以及煤气化联合循环发电技术。煤的气化包括固定床气化，典型的是鲁奇（Lurgi）气化炉；流化床气化，典型的是U-GAS气化技术、灰熔聚技术和恩德炉；气流床气化，典型的是德士古（Texaco）水煤浆气化（美国通用电气公司）、壳牌干粉气化。大规模煤气化的主流技术为气流床气化，是纯氧、高温、加压气化，现已成为包括煤制清洁燃料在内的煤化工的技术龙头。煤的液化包括直接液化和间接液化。间接液化是利用煤气化产生的合成气通过费-托合成（F-T合成）生产液体燃料甚至其他化工产品。近年来出现的煤制天然气，由于对目标产品甲烷的需要，固定床鲁奇气化炉更具优势。

清洁煤技术是当前国际上解决燃煤环境问题的主导技术之一，也是高技术国际竞争的重要领域之一。多年来，我国围绕提高煤炭开发利用效率、减轻环境污染进行了大量的研究开发和推广工作，取得了举世瞩目的成就，在清洁煤技术领域跻身国际前列。

目前，我国的清洁煤利用技术在四个领域——煤炭加工、煤炭高效洁净燃烧、煤炭转化、污染排放控制进行了长期自主研发，结合技术引进，自主创新并建设了一大批示范工程，有效地促进了我国洁净煤技术的发展和应用，很多方面已领先于国际水平，包括循环流化床燃烧技术、煤粉低氮燃烧技术、水煤浆与干煤粉气化技术、二次再热煤粉锅炉技术、高效烟气脱硫技术、超临界循环流化床锅炉技术等，性能全面优于国外同期水平，普遍实现了产业化应用，部分技术设备已经出口海外，取得了良好的经济效益，为我国的节能减排提供了性能优越的技术装备，提高了我国技术装备的国际竞争力。

（1）循环流化床燃烧技术 循环流化床（CFB）燃烧技术是20世纪80年代发展起来的清洁煤燃烧技术。1979年芬兰奥斯龙（AHLSTROM）公司研发并投运了一台20t/h的循环流化床锅炉，标志着全球循环流化床锅炉技术正式商业化。该技术具有燃料适应性广、燃烧效率高、氮氧化物排放低、低成本石灰石炉内脱硫、负荷调节比大和负荷调节快等突出优点。

循环流化床中，燃烧室、分离器及返料器组成主循环回路。燃料燃烧产生的灰分及脱硫石灰石在系统中累积，在燃烧室下部形成鼓泡床或湍流床，上部形成快速床。下部的大量热物料为燃料着火提供足够的热源，因此对燃料要求比较宽松。流化过程气固混合强烈，降低了燃烧或脱硫化学反应的传质阻力，加快了反应速度。在800～900℃条件下，燃烧比较稳定，加入石灰石颗粒，石灰石中的碳酸钙可以分解成高孔隙率的氧化钙，进而吸收燃烧产生的二氧化硫；此温度下氮氧化物的生成量显著下降，另外，低温燃烧形成的多孔灰颗粒对重金属有很强的吸附能力，排放的烟气中重金属含量低。所以循环流化床是适应劣质煤的低成本污染控制的洁净燃烧技术。

循环流化床锅炉的关键是主循环回路，其主要作用是将大量的高温固体物料从气流中分离出来，送回燃烧室，以维持燃烧室稳定的流态化状态，保证燃料和脱硫剂多次循环、反复燃烧和反应，以提高燃烧效率和脱硫效率。分离器是主循环回路的关键部件，其作用是完成含尘气流的气固分离，并把收集下来的物料回送至炉膛，实现灰平衡及热平衡，保证炉内燃烧的稳定与高效。

循环流化床燃烧技术具有以下特点：气固混合良好；燃烧速率高，特别是对于粗颗粒燃料；绝大部分未燃尽的燃料被再循环至炉膛，因而其燃烧效率可与煤粉炉相媲美，通常达到97.5%～99.5%。

中国循环流化床燃烧技术自20世纪90年代首台50MW锅炉投运以来，经历了三十多年的努力，掌握了先进的循环流化床设计理论，形成了从小容量的蒸汽锅炉到大型超临界发电锅炉的系列容量产品，从中国走向世界。面临国内复杂的煤种和日益严格的环保要求，中国科技人员和工程师突破了循环流化床流态设计的范围，形成了高可用率、低用电率的第二代循环流化床技术，并正在向超低排放的第三代技术发展。

循环流化床燃烧技术具有优良的环境排放特性，其劣质燃料的适应性和低成本污染控制能力是其他技术无法匹敌的。超临界参数蒸汽循环可以有效改善蒸汽循环火电厂的发电效率。循环流化床锅炉及超临界蒸汽循环均是成熟技术，超临界循环流化床锅炉将二者结合起来，同时具备了低成本污染控制及高发电效率两个优势，在现有燃料价格、材料成本、制造水平情况下，具有巨大的商业潜力，是清洁煤燃烧技术中一个异军突起的新方案。

目前我国已经成功研制并开发出超临界循环流化床燃煤锅炉，并在四川白马成功运行世界首台600MW超临界循环流化床燃煤锅炉机组，标志着我国在大容量、高参数循环流化床洁净煤燃烧技术领域走在了世界前列。超临界循环流化床技术的应用，明显提高了燃煤效率和排放标准，对未来实现碳达峰、碳中和具有非常重要的意义。

迄今为止，中国循环流化床燃烧锅炉发电容量近100GW，循环流化床锅炉超过3000台，为世界第一。

（2）煤炭转化 煤的转化可把“脏煤”变成洁净的燃料、化工原料及化学加工制品，是指以煤为原料经化学加工转化为气体、液体、固体燃料及化学产品的过程。

① 煤炭气化。煤炭气化是在适宜的条件下将煤炭转化为气体燃（原）料的技术，旨在生产民用、工业用燃料气和合成气，并使煤中的硫分、灰分等在气化过程中或之后得到脱

除，使污染物排放得到控制。煤炭气化近年来在国外得到较大发展，目的是为煤的液化、煤气化联合循环发电及多联产提供理想的气源，扩大气化煤种，提高处理能力和转换效率，减少污染物排放。在100多年的研究开发与商业化应用中，相继开发出多种气化技术和工艺，按气化炉内煤料与气化剂的接触方式区分，主要有固定床气化、流化床气化、气流床气化、熔浴床气化。

流化床气化炉始于1922年德国的温克勒煤气化炉（Winkler gasifier），此后HTW、U-GAS、KRW等技术相继问世。该技术在中小型煤气化和部分化工原料气生产中有一定优势。

气流床气化炉在技术上具有优势，其共同特点是加压（3～6.5MPa）、高温、细粒度，但在煤处理、进料形态与方式、实现混合、炉壳内衬、排渣、余热回收等技术单元上又形成了不同风格的技术流派。比较有代表性的是以水煤浆为原料的德士古、Destec气化炉等，以干煤粉为原料的壳牌炉、Prenflo气化炉等，大多处于商业化示范和应用阶段。世界上250MW以上的整体煤气化联合循环电站都采用气流床煤气化炉。

煤炭气化技术广泛应用于下列领域：生产工业燃气；生产民用煤气；生产化工合成和燃料油合成原料气；生产冶金还原气；联合循环发电燃气；煤炭气化燃料电池；煤炭气化制氢；生产煤炭液化的气源。

② 煤炭液化。煤炭液化分为间接液化和直接液化。煤间接液化是将煤首先经过气化制得合成气（$CO+H_2$），合成气再经催化合成（F-T合成等）转化成烃类。煤间接液化的煤种适应性广，并且间接液化过程的操作条件温和，典型的煤间接液化的合成过程在250℃、15～40atm❶下操作。此外，有关合成技术还可以用于天然气以及其他有机物的转化，合成产品的质量高，污染小。

煤间接液化合成油技术在国外已实现大规模工业化。南非基于本国丰富的煤炭资源优势，建成了年耗煤近4200万吨、生产合成油品约500万吨和化学品约200万吨的合成油厂。在技术方面，南非SASOL公司经历了固定床（1950—1980年）、循环流化床（1970—1990年）、固定流化床（1990—）、浆态床（1993—）4个阶段。

直接液化是煤直接通过高压加氢获得液体燃料。1913年，德国柏吉乌斯首先研究了煤的高压加氢，并获得世界上第一个煤炭液化专利。到1944年，德国煤炭直接液化工厂的油品生产能力已达到423×10^4 t/a。20世纪50年代起中东地区发现大量廉价石油，使煤炭直接液化暂时失去了竞争力，70年代的世界石油危机又使煤炭液化技术开始活跃。世界上有代表性的煤直接液化工艺有德国的新液化（IGOR）工艺、美国的HTI工艺和日本的NEDOL工艺。

a. 德国IGOR工艺。1981年，德国鲁尔煤矿公司和费巴石油公司对最早开发的煤加氢裂解为液体燃料的柏吉乌斯法进行了改进，建成日处理煤200t的半工业试验装置，操作压力由原来的70MPa降至30MPa，反应温度450～480℃，固液分离改过滤、离心为真空闪蒸法，将难以加氢的沥青烯留在残渣中气化制氢，轻油和中油产率可达50%。

工艺特点：把循环溶剂加氢和液化油提质加工与煤的直接液化串联在一套高压系统中，避免了分立流程物料降温降压又升温升压带来的能量损失，并在固定床催化剂上使二氧化碳和一氧化碳甲烷化，使碳的损失量降到最低。投资可节约20%左右，并提高了能量效率。

b. 美国HTI工艺。该工艺是在两段催化液化法和H-COAL工艺基础上发展起来的，

❶ 1atm＝101325Pa。

采用近十年来开发的悬浮床反应器和 HTI 拥有专利的铁基催化剂。

工艺特点：反应条件比较缓和，反应温度 420～450℃，反应压力 17MPa；采用特殊的液体循环沸腾床反应器，达到全返混反应器模式；采用 HTI 专利技术制备的铁系胶状高活性催化剂，用量少；在高温分离器后面串联在线加氢固定床反应器，对液化油进行加氢精制；固液分离采用临界溶剂萃取的方法，从液化残渣中最大限度回收重质油，从而大幅度提高了液化油回收率。

c. 日本的 NEDOL 工艺。NEDOL 液化工艺是在美国埃克森美孚（EXXON）石油公司 1977—1984 年开发的 EDS 工艺基础上的改进型，在 1t/d 装置试验成功的基础上，设计建设了 150t/d 的大型中试厂，主要对次烟煤和低阶烟煤进行液化。

工艺特点：主反应器是一个简单的液体向上流动的管束反应器，操作温度为 430～465℃，操作压力 17～19MPa；催化剂采用合成的铁系催化剂或天然黄铁矿；大部分中质油和全部重质油馏分经加氢后被循环作为供氢溶剂，供氢性能优于 EDS 工艺；固液分离采用减压蒸馏的方法；液体产品中含有较多的杂原子，液化油的质量较低，加氢提质后才能获得合格产品。

煤炭和原油都是化石燃料，不同点是煤炭的含碳量高，含氢量低，结构紧密。煤炭一般碳含量在 60%～90%，部分无烟煤含碳量甚至高达 95%以上，而氢含量一般在 5%左右。与液体燃料相比，煤炭不便于处理和运输，最重要的是煤炭不能够直接提供给内燃机和其他内燃设备直接使用，而这些设备广泛用于各种运输车辆上，用作运输燃料的原油消费量超过世界石油总消费量的 50%。

(3) 烟气净化技术　探求技术上先进、经济上合理的脱硫脱氮技术一直是环保领域的焦点。这方面的研究工作之所以在许多工业化国家（包括我国）受到重视，部分原因是各国的立法对烟气排放提出了更为苛刻的要求。另外，针对目前的烟气脱硫脱氮技术发展水平，人们希望能研究出在性能、投资成本、运行费用、可操作性、废弃物和副产品的性能等方面优于现有成果的技术。

目前的烟气脱硫脱氮技术研究着重于技术选择多样化，即在单一系统中，同时采用几种综合性的工艺流程，使硫和氮的氧化物一次性同步脱除。这类综合性工艺通常可以降低系统的复杂程度，降低成本，增强可操作性，充分利用净化过程中各污染物之间的相互作用。

a. 金属螯合物湿式净化。当今占主导地位的烟气脱硫技术是以碱性化合物为吸收剂的湿式净化技术，这种方法可去除 90%以上的 SO_2，但很难去除 NO_x，因为 NO_x 中的主要成分 NO 的可溶性很低。由于已有大量的湿式净化系统投入运行，因此，采用在现有系统中使用化学添加剂强化 NO_x 净化的工艺，可以达到很好的效果。

添加剂中所含的铁被氧化成不活泼的三价铁，是该工艺存在的问题之一。目前正在研究具有抗氧化作用或具有还原作用的辅助添加剂，通过在净化液中加入特殊化合物和使用一种电化学电池，将三价铁还原成二价铁。

该项技术特别适用于现有烟气脱硫系统改造，使之具有氮氧化物净化功能。

b. 改良喷雾干燥净化。喷雾干燥烟气脱硫技术是将碱性吸附剂（通常是石灰浆）喷雾干燥，然后捕集微细颗粒。这种方法简单，能耗和水耗低，而且废弃物处于干燥状态，无论用于低硫煤还是高硫煤，SO_2 的净化率均可达 90%以上。

在通常的运行条件下，NO_x 的净化极为有限，但美国匹兹堡能源技术中心的研究表明，提高喷雾干燥出口温度，并在石灰中添加 NaOH，可以明显地提高 NO_x 的净化率。美国阿贡国家实验室将这项技术用于工业规模（20MW）高硫煤（3.5%）烟气，图 2-5 为该工艺流程图。

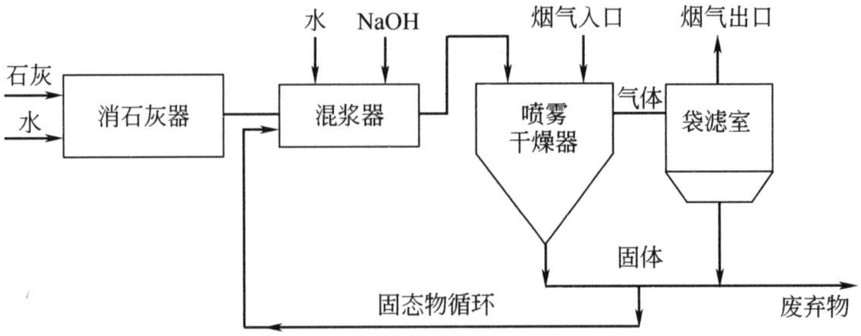

图 2-5 改良喷雾干燥净化工艺流程图

将喷雾干燥器出口温度从通常的 65℃提高到 82℃以上，这时，NO_x 净化过程开始。NaOH 的添加量占石灰量的 2.5%～10%时，可以提高 NO_x 的净化率，并可以减少用于 SO_2 净化的石灰石用量。大部分 NO_x 在袋滤室内被脱除，其净化率可达 50%。该工艺代表了一种综合性的 SO_2/NO_x 微细颗粒全面净化技术。但应注意到，提高温度可以促进 NO_x 净化，同时也会抑制 SO_2 的捕集，这使得该工艺很难达到 NO_x 和 SO_2 的同时优化净化。

c. 导管吸附喷射。有些净化工艺采用导管吸附喷射技术，以取得同时净化 SO_2 和 NO_x 的效果。由美国科罗拉多公用事业公司研究的一项工艺方法已被美国能源部选定为洁净煤技术发展计划的第三轮试验对象。

为了达到较好的 NO_x 净化效果，该公司对一台 100MW 的机组进行改造，采用巴布科克·威尔科克斯公司生产的锅炉，通过将尿素喷射入燃烧室与过燃空气混合，并利用导管喷射钙基或钠基吸附剂，同时辅以空气湿润，主要用于 SO_2 净化。袋式除尘装置用于微粒捕集和残余 SO_2 净化，其目标是使 SO_2、NO_x 净化率均达 70%。对燃烧系统的测试结果表明，在满负荷生产条件下，NO_x 的净化率已达到 68%，若增加尿素喷射工艺，NO_x 的净化率可达到 78%。为使该技术更具吸引力，目前还正在研究硫酸钠的回收工艺。硫酸钠是一种极具商业价值的副产品。

d. NOXSO 净化技术。NOXSO 是一类干式、可再生烟气净化工艺（图 2-6），用于同时脱除烟气中 90%以上的 SO_2 和 70%～90%的 NO_x，烟气在通过温度为 120℃的钠饱和铝吸附剂流化床时被净化。微细颗粒的脱除在烟气净化前或净化后进行。复合反应过程使吸附过程中生成大量的含硫、含氮化合物。

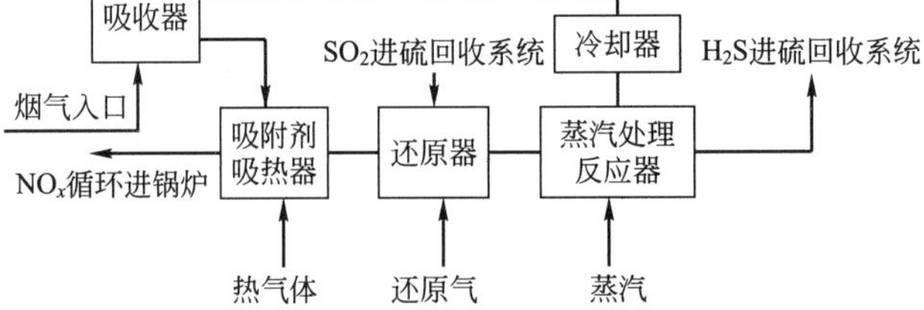

图 2-6 NOXSO 净化工艺

含有 NO_x 和 SO_2 的吸附剂的再生是分别进行的。当在第二级流化床中吸附剂加热至大约 620℃时，吸附的 NO_x 被释放，废气则循环进入燃烧室。燃烧室化学平衡的结果使 NO_x

的形成受到抑制，烟气中的 NO_x 浓度保持一种新的平衡状态。NO_x 净化的唯一副产物是 N_2。加热后的吸附剂经还原性气体（如甲烷）和蒸汽处理，产生浓缩的 SO_2 和 H_2S 蒸气，并分别进行硫回收处理。

e. SNOX 和 DESONOX 净化工艺。由 Haldor Topsoe 公司研发的 SNOX 净化工艺用于催化净化烟气中 95%以上的 SO_2 和 NO_x（图 2-7），用这种方法可生产出浓度为 93%的商品浓硫酸。尽管该工艺的能耗很大，但其大量的能源回收据称已使整个电厂的净能耗降低 1%～4%，这主要是由于硫酸形成过程中释放出大量热量。

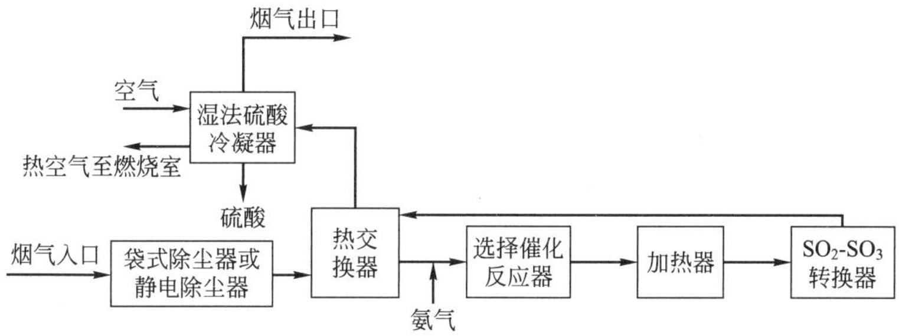

图 2-7　SNOX 净化工艺

从选择催化反应器逸出的氨在 SO_2 反应器中被氧化，从而避免外逸。选择催化反应器前面的袋式除尘器或静电除尘器（ESP）可以脱除大多数微细颗粒，其他遗漏的微粒则被 SO_2 反应器催化层所捕集，并由一个半自动化系统将其与催化剂筛分分离，定期清理。目前正以过去的试验结果为基础，研究寿命为 7～10 年的 SO_2 催化剂和寿命为 3～6 年的 NO_x 催化剂。

ABB 环境系统公司所进行的一项为期两年的试验表明，SO_2 和 NO_x 的净化率一般在 95%左右。硫酸产品的浓度稳定在 94%～95%，出售给当地的企业。

德国的德固赛公司研究出一种类似于 SNOX 技术的 DESONOX 方法。这种方法使用含有还原与氧化催化剂的单一反应塔，硫酸副产品的浓度极高，用于生产肥料。这套系统一直在蒙斯特公司的一台 98MW 机组上进行试验。低硫煤运行时的 NO_x 和 SO_2 净化率分别为 80%和 94%。

f. 氧化铜净化工艺。氧化铜工艺是将 SO_2 捕集与 NO_x 催化还原同时进行。NO_x 的催化还原通过吸收塔内的 NH_3 得以实现，吸收塔内含有铝基氧化铜吸附剂（图 2-8）。用还原气使吸附剂脱硫，可产生浓缩 SO_2 气流，经进一步处理，可作为副产品销售。

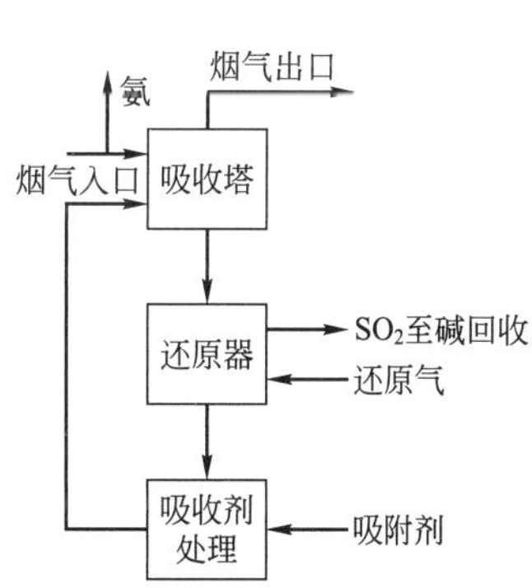

图 2-8　流化床氧化铜净化工艺流程图

g. 电子束净化工艺。电子束烟气净化技术的研究始于 1970 年，由日本荏原制作所提出，用电子束照射并添加氨时具有明显的脱硫脱硝效果，同时生成性能稳定的硫铵和硝铵副产品。从 20 世纪 80 年代至 90 年代，先后在日本、美国、德国、波兰等国家建立中试及工业示范项目。

目前所进行的电子束烟气净化技术的研究和装置的原理基本相同，均为干法路线，称为传统电子束法烟气净化工艺路线，其原理是烟气中的 SO_2、NO_x 被电子束轰击产生的自由基氧化生成硫酸和硝酸，再与 NH_3 发生中和反应生成硫酸铵及硝酸铵。传统电子束法工艺流程见图 2-9。

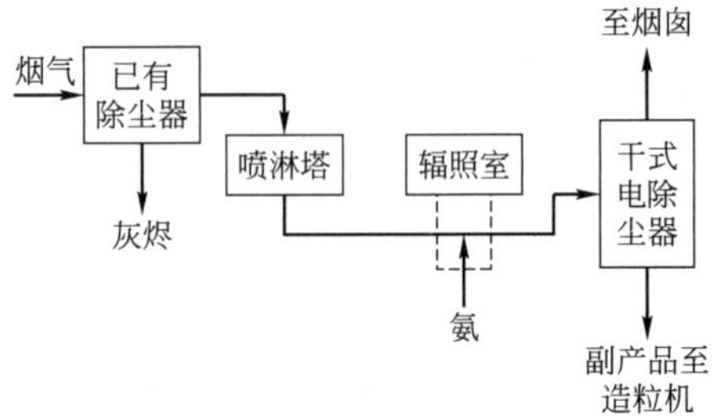

图 2-9 传统电子束法工艺流程图

其主反应路径为：

$$H_2O, N_2, O_2 \xrightarrow{e^-} \cdot OH、\cdot O、\cdot OOH, O_3, \cdots (O_x)$$

$$SO_2 \xrightarrow{O_x} H_2SO_4 \xrightarrow{NH_3} (NH_4)_2SO_4$$

$$NO_x \xrightarrow{O_x} HNO_3 \xrightarrow{NH_3} NH_4NO_3$$

电子束半干法烟气净化技术则采用一种新的技术路线，是针对传统电子束法烟气净化技术存在的问题提出的一种改进方法。

原理上，与传统方法的先氧化、再成盐的路径不同，新工艺的路线是创造有利的反应条件，充分利用热化学反应生成硫酸盐，再利用具有强氧化特性的自由基使之氧化成硫酸盐。主反应路径为：

$$H_2O, N_2, O_2 \xrightarrow{e^-} \cdot OH、\cdot O、\cdot OOH, O_3, \cdots (O_x)$$

$$SO_2 \xrightarrow{NH_3} (NH_4)_2SO_3 \xrightarrow{O_x} (NH_4)_2SO_4$$

根据新的化学反应路径，设计出如图 2-10 所示的电子束半干法烟气净化技术工艺流程。

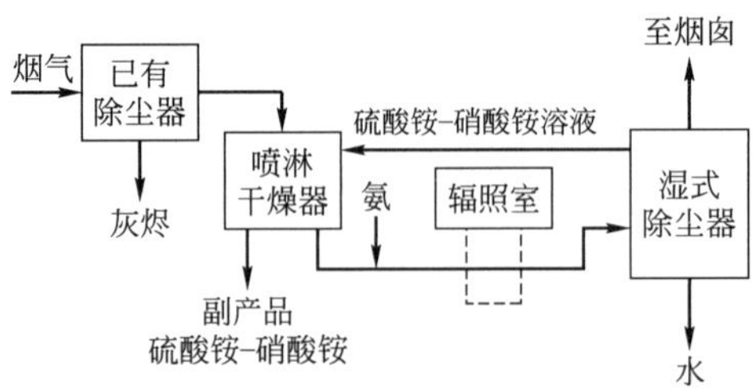

图 2-10 电子束半干法烟气净化技术工艺流程图

在该工艺中，烟气受电子束辐照后在后续流程中进一步被洗涤，因而该工艺称为电子束半干法烟气净化工艺。实验表明，该工艺有效地解决了工艺与设备之间的矛盾，使主反应可以按照规定的路径进行，降低了能耗，得到了很高的脱硫率。同时该方法解决了副产品收集难及氨逃逸的问题，提高了系统运行的可靠性。

h. 活性炭净化工艺。活性炭可以吸收 SO_2，并在用氨还原 NO_x 的过程中起催化作用，双重吸附床的使用使得脱硫脱硝均能达到最佳水平。消耗的吸附剂在高温下得以再生，产生的 SO_2 经处理可得到硫酸副产品，德国、日本的一些企业已将这种方法投入商用。据报道，SO_2 的净化率为 90%～99.9%，NO_x 为 50%～80%。然而，这种方法大多用于低硫、中硫煤情况。如果含硫量较高，则由于活性炭消耗太高而不适用这种方法。活性炭净化工艺的一个潜在优点是可选择脱除有毒气体。

最近，日本电力发展公司在流化床燃烧系统基础上研究出单一移动床活性炭工艺，用于

NO_x 和 SO_2 净化，中间试验所得到的净化率分别为 80％和 90％，其进一步发展存在的问题在于高 SO_2 净化率对 NO_x 净化的负面影响。

i. GR-SI 净化技术。燃气再燃烧-吸附剂喷射（GR-SI）技术是美国能源部洁净煤技术发展计划的一个组成部分。该技术将燃气再燃烧技术与吸附剂喷射技术结合起来用于同时控制 SO_2 和 NO_x。燃烧火焰减少 NO_x 的概念已形成二十多年。人们发现，将甲烷喷入燃烧物中可以降低 NO_x 的含量，NO_x 炉内再燃烧控制已在日本运用多年。

如图 2-11、图 2-12 所示，整个燃烧过程分为以下三个阶段。

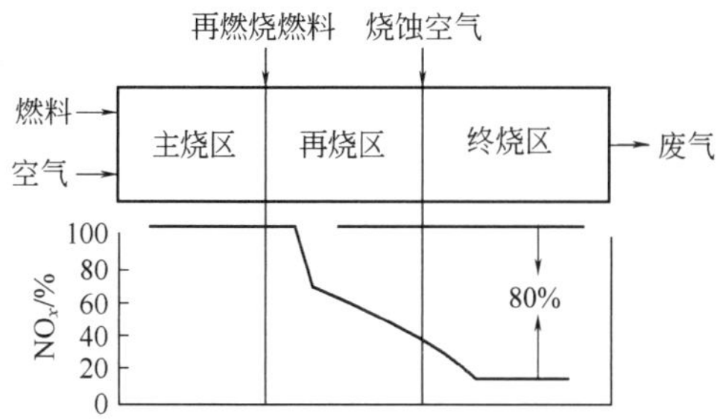

图 2-11　再燃烧工艺原理

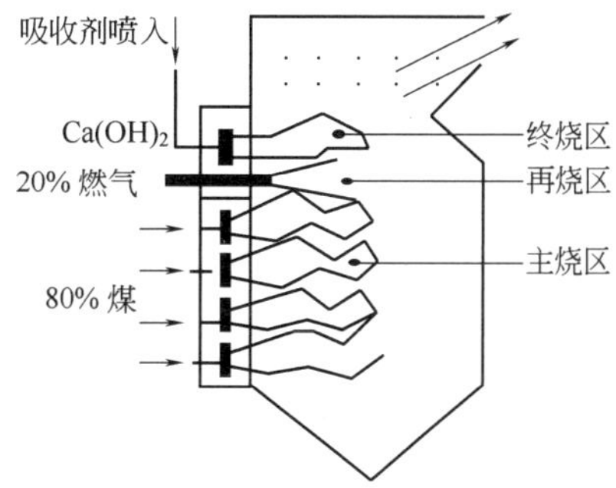

图 2-12　再燃烧-吸附剂喷射工作简图

(a) 主烧区。80％～85％的热量在该区释放，产生的 NO 与燃烧产物一起输送到再烧区。

(b) 再烧区。再燃烧燃料（通常占输入至锅炉内的总热量的 15％～20％）喷入，形成一个燃料富集的 NO_x 脱除区，在主烧区形成的 NO_x 与碳氢自由基反应，生成中间产物 HCN 和 NH_3 以及无污染的 N_2。

(c) 终烧区。输入额外的空气使剩余的燃料燃烧，剩余的含氮物质如 NH_3 和 HCN 被氧化成 NO 或还原成 N_2。

任何能产生碳氢自由基的燃料，如煤、油、燃气，均可视为再燃烧燃料，大量的试验证明，燃气的脱氮效率最高。

GR-SI 净化技术的另一组成部分是吸附剂喷射，其主要用于 SO_2 净化。其主要原理是将钙基吸附剂喷入燃烧产物中，并与 SO_2 反应，生成一种固态粉末，成分是硫化钙或硫酸钙，然后由静电除尘器或袋式除尘器捕集。如果可以用已有的飞灰捕集装置来收集这些固态粉末则较为理想。目前正在研究几种不同的吸附剂喷射技术，它们的主要区别在于喷射器所处的位置不同，研究的重点集中在炉顶吸附喷射。这种工艺方法所采用的吸附剂是钙基吸附剂——碳酸钙或氢氧化钙。吸附剂在高温燃烧产物中经煅烧生成活性氧化钙，氧化钙与 SO_2 和氧反应生成固态硫酸钙。两个主要参数——氧化钙反应性和硫酸化条件下燃烧停留时间对吸附剂中钙的利用率起着决定性作用。

j. 其他 NO_x/SO_2 净化技术。SOXAL 净化技术是一种在锅炉内同时进行尿素/甲烷喷射的钠基循环净化系统，其目标是使 SO_2、NO_x 的净化率均达到 90％，该项技术使用亚硫酸钠净化液吸收 SO_2，然后用双极膜进行电化学回收。尿素将 50％～70％的 NO 转变为 N_2，甲烷将剩余的 NO 氧化成 NO_2，然后在亚硫酸钠净化液中脱除。

还有一种镁吸附方法使用氧化镁涂膜膨胀蛭石颗粒作滤料，获得的 SO_2、NO_x 净化率分别为 90％和 40％，其主要原理是将烟气在 30℃接近绝热饱和温度条件下湿润，然后送入含有干燥剂氧化镁的离心过滤床进行净化，吸附剂在 600℃下用还原性气体再生。

上述各种烟气净化技术都有各自的优缺点，在利用过程中要结合煤质情况及实际情况进行有效选择，以获得最优的处理效果。目前较为流行的是整体煤气化联合循环（IGCC）技术。

IGCC发电技术把煤炭气化、煤气净化技术与联合循环发电技术结合在一起，具有以下明显特点：(a) 燃料适应性强，可利用高硫分、高灰分、低热值的低品位煤以及常规火力发电技术不能接受的劣质燃料（固体或液体）；(b) 发电效率高，可达45%以上，高于同容量的燃煤机组5个百分点以上；(c) 环保性能优良，粉尘排放浓度低于10mg/m^3，基本没有脱硫副产品的二次污染，与同容量的燃煤电站相比，NO_x 和 SO_2 排放量减少90%以上；(d) 耗水量较少，只有常规火电厂耗水量的50%～70%；(e) 可以实现多联产；(f) 可以为较经济地去除 CO_2 创造条件，在IGCC发电系统中，通过对合成煤气中CO进行转换并进行 CO_2 脱除，可实现 CO_2 零排放，是目前现有发电技术中减排温室气体最可行、最经济的方法。

实践证明，实施煤炭减量化和清洁化利用并举策略，在满足安全排放标准的前提下，高效、清洁地利用煤炭，是最具环境和成本效益的煤炭利用策略。

(4) 煤炭洗选技术　加强煤炭洗选是实现资源价值最大化和实现煤炭洁净利用的重要途径之一。我国原煤洗选加工中炼焦煤洗选占了很大比例，而真正进入洗煤系统的动力煤比例非常小。其结果一是导致锅炉热效率下降，造成能源浪费；二是加大运输负荷，造成运力浪费；三是排放烟尘量增加，造成大气污染。煤炭洗选技术主要有：三产品重介质及二产品重介质工艺，煤泥加压脱水工艺，喷射式浮选机及微泡浮选柱工艺技术等。煤炭洗选中存在的主要问题有：我国原煤入洗比例只有30%左右，与美、英、澳等发达国家（入洗比例达55%～95%）相差甚远；煤炭洗选过程产生的污染物需要妥善处理，以避免二次污染。

目前我国烟气脱硫技术的趋势是从石灰石-石膏法占据绝对主导地位向多种烟气脱硫工艺技术路线共同发展转变。烟气脱硫的环保政策和新的排放标准的实施，将对烟气脱硫市场及工艺技术发展方向产生重要引领作用。脱硫效率高、运行可靠、符合循环经济要求的脱硫工艺技术才能满足新形势的要求。湿法脱硫可以达到95%以上的脱硫效率，将是今后我国脱硫工艺技术发展的主要方向。

(5) 节约煤炭技术　煤炭不但是主要的一次能源，而且是产生温室效应和环境污染的一个主要污染源。因此，节约煤炭不但能够产生巨大的经济效益，而且还会带来重大的环境效益和社会效益。

据统计，中国发电能源中60%为煤，工业燃烧和动力中绝大部分用煤，燃烧设备和装置多种多样，提高其燃烧效率的方法也不尽相同，根据燃烧设备和装置的用途可提出相应的措施。

① 节约工业供热用煤技术。据不完全统计，我国燃煤供热供暖工业锅炉近48万台，各种窑炉约13万台，年耗煤约7.5亿吨。原先锅炉效率低、污染物控制设施简陋等原因导致实际燃烧效率及锅炉热效率较低，为此采用先进的锅炉燃煤节能技术，不仅能够有效降低能源消耗，减少城市大气污染，而且可以助力国家“双碳”目标早日实现。

分层给煤技术、锅炉辅助设备节能、锅炉配风系统自动控制、减少锅炉内阻力节能措施等都可以有效提高燃烧效率，达到节能效果。

② 节约发电用煤技术。我国电力工业以火力发电为主，而火力发电又是耗煤大户。因此，从节煤的角度看，迫切需要推进火电机组大型化、现代化，以提高其热效率，减少大气污染。

③ 节约工业炉窑用煤技术。我国工业炉窑类型繁多、数量巨大，因此，对工业炉窑进行技术改造，提高效率、降低能耗是十分必要的。

由于工业炉窑种类很多，功能不一，在对其进行改造时必须针对不同炉窑的特点采用不同的方法。但从总体上讲，为使工业炉窑高效化，可以采取工业炉窑大型化、现代化等措施，对小炉窑、自动化水平低的炉窑必须采取措施坚定予以淘汰。

为了进一步提高工业和发电用煤燃烧效率，减少燃烧过程的热损失也非常重要，如减少锅炉及工业炉窑的散热、不完全燃烧、灰渣及排烟热损失等，具体措施包括加强炉体隔热保温、低空气过剩系数燃烧、余热利用等。为了减少污染，还可采用先进的粉煤燃烧技术，如低 NO_x 燃烧技术、高浓度煤粉燃烧技术、流化床燃烧技术等。煤炭在相当长一段时间内仍是我国最主要的一次能源，因此加速实施和加快推广洁净煤技术和节约用煤技术是解决我国能源与环境问题的重要举措。

2.2.2　石油的清洁利用

石油在今天是人类生活中必不可少的能源，石油可以制成丰富的产品，人们的衣食住行都离不开石油。

地壳不停地运动，大量生物被埋藏在地下，在缺氧的还原性环境中，动物、微生物、植物的遗体承受着高温、高压，经过几亿年时间变成了煤炭和石油。它们储藏在岩石里，由于地壳的运动，一部分石油裸露于地表，古人发现石油可以用来烧火。后来裸露在地表的石油用完了，人类就开始挖井取油。

2.2.2.1　中国石油资源的基本情况

石油在国民经济中的地位和作用是十分重要的，被称为“黑色的金子”“工业的血液”，石油产品已遍及工业、农业、国防以及人民生活的各个领域。

(1) 中国石油工业发展现状　尽管石油的工业化生产只有一百多年的历史，但早在几千年以前，人类就已经发现和利用石油。中国是世界上最早发现和利用石油和天然气的国家之一，据已有的文字记载，已有三千多年的历史，但石油成为中国现代能源的支柱产业还是新中国成立以后的事情。

新中国成立 70 多年以来，经过几代石油地质工作者的艰苦努力，新中国的石油工业取得了巨大成就。新中国成立后，只用了短短十多年时间，就摘掉了“贫油国”的落后帽子，找到并陆续建成 10 多个大型、特大型油田，石油工业年平均增长速度比同期国民经济平均增长速度高出一倍多，连续保持 18.1%以上的高速增长势头，这在全国其他工业行业中是罕见的。2020 年，中国已探明的石油储量为 260 亿桶，石油产量保持在 390.1 万桶/天，产量居世界第六位。

除了陆上石油资源外，我国的海洋油气资源也十分丰富。2020 年全年，中国海油实现油气总产量 1.077 亿吨油当量，油品贸易量 1.28 亿吨，国内油气总产量 6530 万吨油当量，均创历史新高。其中，国内原油同比增产 240 万吨，占全国原油产量增幅的 80%以上，海上油气生产已经成为我国重要的能源增长极。

我国海域是世界海洋油气资源富集区之一，据调查，仅我国南沙蕴藏的石油资源，可开采的就达 350 亿吨以上。近十多年来，我国的海洋油气产业发展很快，初步形成了开发海洋油气资源的新兴产业，年产量已达 500 多万吨，产值已占我国海洋经济产值的 10%左右，而且还在以 25%的高速度增长。因此，海洋油气产业必将迅速发展成为我国海洋经济中的主导产业，对加速我国经济发展起到重要作用。

（2）中国石油资源分布

① 常规石油资源。2020 年我国石油新增探明地质储量 13.22 亿吨，同比增长 17.7%，2018 年以来保持持续增长，石油剩余技术可采储量为 36.2 亿吨。其中，新增探明地质储量大于 1 亿吨的盆地有 4 个，分别是鄂尔多斯、渤海湾（含海域）、准噶尔和塔里木盆地；新增探明地质储量大于 1 亿吨的油田有 2 个，分别是鄂尔多斯盆地的庆城油田、准噶尔盆地的昌吉油田。常规石油资源量的区域分布见表 2-9。

表 2-9 常规石油资源量的区域分布 单位：10^8t

地区	地质资源量	可采资源量	地区	地质资源量	可采资源量
东部区	324.41	100.25	青藏区	69.61	14.00
中部区	86.48	20.23	近海	107.36	29.27
西部区	175.13	47.87	全国总计	765.01	212.02
南方区	2.02	0.40			

石油资源量较大的盆地分布相对集中（表 2-10），渤海湾、松辽、塔里木、鄂尔多斯、准噶尔等 9 个含油气盆地地质资源量大于 10 亿吨，这 9 个盆地石油远景资源量 855.50 亿吨，地质资源量 641.78 亿吨，可采资源量 178.60 亿吨，分别占全国的 78.81%、83.89%、84.23%。图 2-13 为中国石油资源地区分布图。

表 2-10 常规石油资源量的主要盆地分布 单位：10^8t

盆地	地质资源量	可采资源量	盆地	地质资源量	可采资源量
渤海湾(含海域)	224.52	54.83	准噶尔	53.19	13.09
松辽	113.07	45.78	东海	7.23	2.95
鄂尔多斯	73.53	17.16	珠江口	21.95	7.58
塔里木	80.62	33.34	合计	587.02	182.31
柴达木	12.91	7.58			

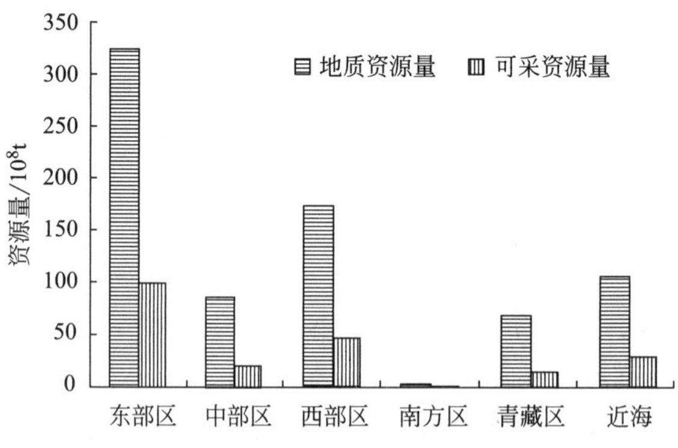

图 2-13 中国石油资源地区分布

全国拥有待发现的常规石油地质资源量约 490 亿吨，待发现的常规石油地质可采资源量 136 亿吨。在累计探明石油地质储量超过 1 亿吨的 15 个盆地中，待发现常规石油地质资源量 354 亿吨，待发现可采资源量 104 亿吨，分别占全国总量的 72.3%和 76.6%。在这 15 个盆地中，渤海湾、松辽、鄂尔多斯、准噶尔、塔里木和珠江口盆地待发现的常规石油地质资源量和可采资源量分别超过 15 亿吨和 5 亿吨，其中渤海湾盆地待发现的常规石油地质资源量和可采资源量最多。

② 非常规石油资源

a. 油砂油。我国具有比较丰富的油砂资源。根据 2007 年对 24 个含油砂盆地 106 个矿带的评价结果，我国油砂资源比较丰富，全国油砂地质资源量为 59.70 亿吨，可采资源量 22.58 亿吨。其中，西部地区（新疆、青海、西藏）资源量最多，地质资源量为 32.89 亿吨，占全国的 55.1%，可采资源量 13.61 亿吨，占全国的 60.3%；其次是青藏地区，地质资源量为 9.74 亿吨，占全国的 16.3%，可采资源量 2.25 亿吨，占全国的 10%。

油砂资源集中分布在 7 个重点盆地：准噶尔、柴达木、二连、松辽、四川、鄂尔多斯、塔里木。其油砂地质资源量为 52.92 亿吨，占全国油砂资源量的 88.6%；其可采资源量为 20.54 亿吨，占全国的 91.0%。

我国油砂油资源地区分布见图 2-14。

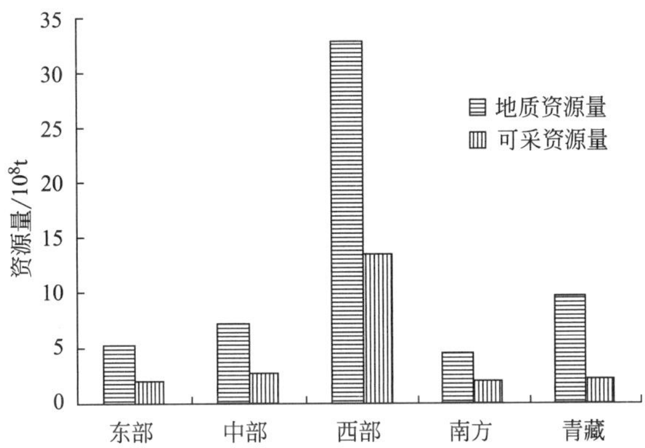

图 2-14　全国油砂油资源地区分布

b. 油页岩、页岩油。据 2007 年全国油气资源评价，我国油页岩资源量为 7199.37 亿吨，技术可采资源量为 2432.36 亿吨；页岩油资源量为 476.44 亿吨，可回收资源量为 159.72 亿吨。

油页岩资源遍布 20 个省和自治区，47 个盆地，80 个含矿区，主要分布在松辽、鄂尔多斯、准噶尔、柴达木、伦坡拉、羌塘、茂名、大杨树、抚顺等 9 个盆地，其中松辽、鄂尔多斯、准噶尔等 3 个盆地油页岩资源占全国的 74.24%，可回收页岩油占全国的 64.25%。吉林、辽宁和广东 3 个省份的储量最大。

2.2.2.2　石油清洁利用方法

石油作为人类不可缺少的能源，在人类生产、生活中占有十分重要的位置，但作为燃料，石油在使用过程中也对环境造成了破坏。为了保护环境，为了后代的发展，人类开始对石油的使用进行研究，寻找清洁使用石油的方法和途径。

传统的利用石油的方法主要是利用石油作燃料进行燃烧，但这样对环境的污染非常严重，因此，世界各国正在开发新的石油利用方法，减少对环境的污染，提高石油的利用率及燃烧值。下面主要介绍两种新的石油清洁利用方法。

(1) 燃料电池　燃料电池是一种不经过燃烧直接以电化学反应方式将富氢燃料的化学能转变为电能的连续发电装置，其基本原理与常规化学原电池类似，由阳极、阴极和电解质构成，两电极表面均涂覆有电催化剂，氢气（或富氢气体）进入阳极，氧气（或空气）进入阴极，分别在两个电极上进行电化学反应，当电极与负载相连接时，电极反应所生成的电子就能自阳极流向阴极，产生直流电，并放出热量。但是，燃料电池的工作方式与常规的化学电源不同，它的燃料和氧化剂由电池外的辅助系统提供，在运行过程中，要连续不断地向电池内输入燃料和氧化剂，排出反应产物，同时也要排出一定的余热，以维持电池工作温度的恒定。

燃料电池与常规发电过程对比如下：

燃料电池：化学能 → 电化学反应 → 电能

常规发电：化学能 → 锅炉 $\xrightarrow{\text{热能}}$ 透平（涡轮）$\xrightarrow{\text{动能}}$ 旋转发电机 → 电能

燃料电池是一种新型发电技术，具有传统火力发电厂和常规化学电源无法达到的优点。

① 效率高。燃料电池将燃料和氧化剂在电化学反应过程中所产生的吉布斯自由能直接转换成电能，没有传统发电流程中热能、机械能的转换过程，不受卡诺循环的限制，故发电效率高，一般可达40%～60%，加上余热利用，能量利用综合效率可达80%以上。

② 无污染。燃料电池在发电过程中没有燃烧，反应产物为水和CO_2，CO_2的排放量比常规火电厂减少40%～60%，SO_2和NO_x的排放量更低，比火电厂减少90%以上。主要装置无运动部件，转动设备少，故噪声小。

③ 占地少、建设快。燃料电池发电厂一般没有常规火电厂那样复杂的锅炉、汽轮发电机等大型设备，用水量也很少，因而占地面积很小，如1.5kW级质子交换膜燃料电池的外形尺寸仅为长0.19m、宽0.19m、高0.275m。由于是组件化设计，又没有大型设备，工程量大大减少，制造、安装十分方便，建设周期很短，扩建也容易，易于根据实际需要分期建设。

④ 适应负荷能力强，供电质量高。燃料电池能在数秒内从最低功率变换到额定功率以应对负荷的快速变动，适应负荷的峰谷变化。另外，由于占地面积小、无污染和噪声，因而选址不受限制，可建在用户处或用户附近，从而改善地区频率偏移和电压波动，减少输变线路损失。

⑤ 燃料广泛。甲醇、天然气、煤气、沼气、含氢废气、液化石油气、轻油、柴油、汽油等经过净化和重整后均可作为燃料电池的燃料。

目前已开发的多种民用燃料电池，按电解质分类，主要有磷酸燃料电池（PAFC）、熔融碳酸盐燃料电池（MCFC）、固体氧化物燃料电池（SOFC）和质子交换膜燃料电池（PEMFC）等基本类型。

① PAFC。它以浸有浓HNO_3的SiO_2微孔膜作为电解质，Pt/C为电催化剂，天然气、重整气为燃料，空气为氧化剂，工作温度为100～200℃，发电效率为35%～41%，热电联供时总效率为71%～85%。50～200kW级PAFC可供现场应用，1MW以上PAFC可作为区域性热电站，实际应用表明PAFC是高度可靠的电源，可作为医院、计算机站等场所的不间断电源。

② MCFC。它以浸有K_2CO_3、Li_2CO_3的$LiAlO_2$隔膜为电解质，净化煤气或天然气的重整气为燃料，工作温度为650～700℃，不需贵金属铂作电催化剂，而以Ni系催化剂为主。发电效率可达55%～58%，高温排气可与燃气轮机、蒸汽轮机联合循环，热电总效率可达70%或更高，可实现燃料在电池内重整，设备比外重整系统更紧凑简单。MCFC适用于区域性电站和联合循环发电。

③ SOFC。它以氧化性稳定的氧化锆为固体电解质，净化煤气或天然气为燃料，空气为氧化剂，工作温度高达900～1000℃。高温工作，不需使用贵金属催化剂，燃料可直接在电

池内重整且可以CO为燃料。发电效率为55%～65%，热电联供时，效率高达80%以上。SOFC宜与煤气化和燃气轮机、蒸汽轮机构成联合循环发电，进行区域性供电。

④ PEMFC。它以全氟磺酸质子交换膜为电解质，氢气或重整氢为燃料，空气为氧化剂，工作温度为室温至100℃，发电效率为50%左右，热电联供时综合效率更高。由于具有工作温度低、冷启动快、抗震性能好等特点，适用于电动汽车的动力源。

我国燃料电池研究始于20世纪50年代末，70年代国内的燃料电池研究出现了第一次高峰，主要是国家投资的航天用碱性燃料电池（AFC），如氨/空气燃料电池、肼/空气燃料电池、乙二醇/空气燃料电池等。80年代我国燃料电池研究处于低潮，90年代以来，随着国外燃料电池技术取得了重大进展，在国内又形成了新一轮的燃料电池研究热潮。后来随着科技的进步，PAFC技术逐渐成熟且进入商品开发阶段，我国开始投入大量人力、财力、物力进行燃料电池技术的研发。

燃料电池的开发是一个较大的系统工程，“官、产、研”结合是国际上燃料电池研究开发的一个显著特点，也是必由之路。目前，随着国家宏观能源结构调整的规划，以及“双碳”目标的提出，燃料电池将成为高效、合理利用资源和保护环境的重要途径之一，未来在燃料电池开发领域必将取得巨大成果。

（2）石油的生物技术利用　石油生物技术是指将微生物应用于采油技术形成的技术。微生物按照其进入油藏的方式分为油藏内自身固有的微生物和由油藏外进入的微生物。微生物可以降解高分子量的石油烃，主要是正构烷烃和脂环烃，改善其流动性，增加出油量。石油生物技术具有能耗低、产品质量高、污染物少等特点。

石油生物技术应用范围广泛，产品众多，主要有以下几个方面。

① 单细胞蛋白（SCP）。随着世界人口不断增加，可耕地面积日益减少，动植物蛋白来源严重不足已成为十分突出的问题。目前生产SCP多以淀粉、纤维素以及多种工业废液为原料。随着“石油发酵”热潮兴起，利用石油生产SCP得到大力开发，产品主要包括石蜡酵母和甲醇蛋白两种。但由于经济效益不佳、成本高、原料紧张等，石蜡酵母技术未能投入生产。

以甲醇为原料生产SCP，主要用作猪、鸡、牛和鱼等畜禽饲料蛋白，与其他饲料蛋白如鱼粉、大豆等天然动植物蛋白相比，优势明显。目前英、美、德、日都已经通过了中试，但较为成功的只有英国帝国化学工业有限公司（ICI）。我国SCP生产始于1922年，1986年在广东江门建成第一个SCP饲料厂并试产成功。1t甲醇蛋白可节省粮食3.5t，对解决我国养殖业及食品工业蛋白短缺问题和粮食问题具有重大战略意义。2012年我国义煤集团利用自有技术建成的甲醇蛋白中试装置成功产出合格产品，不仅开辟了甲醇研究与开发的新领域，还填补了我国大规模甲醇蛋白生产的技术空白，使我国成为继俄罗斯、英国后第三个拥有这项技术的国家。之后我国建成世界首条1000t甲醇蛋白-脂肪酶-木聚糖酶-蛋白纤维完整的高附加值产业链。

单细胞蛋白的开发与生产为解决食物和饲料问题开辟了新的途径。

② 聚β-羟基丁酸酯（PHB）。塑料已成为现代工业及人民生活的必需品，目前基本上是化学合成生产的，近来人们发现微生物具有合成塑料的能力。以甲醇为原料，利用嗜甲基菌可产生大量的PHB，产品具有可塑性，可生物降解，无毒性，耐紫外辐射，性能相当于聚丙烯均聚体。由于原料、价格和生产效率等原因，目前PHB成本比聚丙烯高1倍左右，ICI已开始小批量生产。该技术工业化的第一步是解决市场问题。利用PHB的特殊性质可以制造特殊高价产品，如利用生物降解性PHB做手术缝合线、医药和农药缓释制剂。很显然

PHB在近期还不能与常用塑料相竞争，但随着工艺改进和原料成本降低，在不远的将来能成为一种无污染的通用高聚物。该技术在我国大有潜力，一般每4～6t甲醇可生产1t PHB，如果将来甲醇的价格能够降低到丙烯一半的水平，则PHB成本降到聚丙烯水平是有可能的。

③ 丙烯酰胺。丙烯酰胺的重要用途是生产聚丙烯酰胺，广泛用于采油、造纸、纺织、化工等领域。我国是最大的生产国和消费国，2019年我国丙烯酰胺产量409834t。丙烯酰胺生产路线有硫酸水合、金属催化水合及微生物催化水合三种。微生物方法生产丙烯酰胺反应选择性高，产品纯度高，几乎不含杂质，转化率达99%以上，而且常温常压下反应，成本低。

④ 环氧化合物。环氧化合物是重要的石油化工原料，尤其是环氧乙烷和环氧丙烷。人们已发现气态烯烃通过微生物酶催化可生成环氧化合物。用微生物法生产，不需氯气或氮化物，也不需要碱，可大幅度降低原料成本，减少污染。该工艺的开发日益受到重视，只因目前菌种催化能力不高，细胞催化寿命短和产物对细胞具有毒性等问题没有解决而在工业化方面存在一定困难。

⑤ 加氧酶。加氧酶是一种能高效、专一催化分子氧掺入各种有机化合物的酶。按加氧方式分为双加氧酶和单加氧酶两种。加氧酶能使非反应烃转化为可利用烃，把烷烃转化为醇或脂肪酸，把烯烃转化为环氧化合物，使芳香烃开环等。若能利用微生物加工烃，前景及影响将是不可估量的。

⑥ 微生物法生产乙烯、异丁烯。乙烯是石油化工业最重要的基础原料，其生产能力是衡量一个国家经济实力的重要标志，目前主要用化学合成法生产。目前已发现某些微生物有合成乙烯的能力，使用再生资源生产乙醇经催化脱水制乙烯的路线也是可行的。

⑦ 利用烃类生产有机酸。微生物利用烃类可生产多种有机酸，大致分为三类：第一类是作为微生物代谢中间产物存在的有机酸，可进一步断裂，生成C_2、C_3化合物，这些酸有月桂酸、十四碳酸、己二酸、癸二酸等；第二类是由微生物代谢生成的C_2、C_3化合物合成的有机酸，多为三羧酸循环中的一元，如柠檬酸、苹果酸、琥珀酸、富马酸（反丁烯二酸）和谷氨酸等；第三类是由特定的烃类得到的有机酸，如萘生产水杨酸。近来，世界各国这方面的研究很多，利用微生物可由正烷烃生产二羧酸，由正烷烃生产脂肪酸，由石蜡烃生产柠檬酸，由正链烷烃生产琥珀酸。还可以用合成法生产生物产品乳酸，由微生物法生产γ-亚麻酸，用厌氧微生物合成醋酸。另外，利用微生物还可得到甲酸、α-酮戊二酸等。

⑧ 氨基酸。关于微生物分解利用石油原料生产氨基酸的研究很活跃，主要有谷氨酸、赖氨酸两种。

正烷烃在野生细菌作用下可发酵生产谷氨酸，虽然目前原料质量和价格还达不到工业规模要求，但将来完全有希望代替糖类发酵。乙酸在黄色短杆菌作用下也可产生谷氨酸，世界每年作为谷氨酸原料而消耗的乙酸为10万吨以上，这对于原先以废糖蜜和淀粉为原料的谷氨酸工业来说，原料供应更加稳定。

赖氨酸的生产方法有抽提法、合成法、发酵法和酶法。现在国内外主要采用发酵法生产，一般以糖蜜等可再生资源为原料，也可用醋酸、石蜡、乙烯、苯甲酸等原料经微生物发酵直接生成L-赖氨酸，值得重视的是酶法已成为近年研究的最有前途及生产潜力的方法。预计不久的将来，酶法将逐步取代发酵法。

⑨ 表面活性剂。微生物表面活性剂可作为提高石油回收率的一种潜在试剂，也可用于脱乳化学工业。最普遍的表面活性剂是糖脂，目前的研究大多停留在中试阶段，工业化还很少。研究表明，烃类化合物作为碳源对生物表面活性剂的生成起诱导作用，但有的烃对表面活性剂生成起抑制作用，可见不同碳源对生物表面活性剂活力产生不同影响。

⑩ 甲烷氧化菌。近来国际上一碳微生物学的研究很活跃。一碳微生物也叫甲基化合物营养菌，主要是利用甲醇和甲烷作为碳源和能源的微生物。一般认为甲醇或甲烷作为碳源较便宜，可大大降低成本。同时甲烷氧化菌可将有毒物质生物降解，有利于环保，还在防止瓦斯爆炸方面有独特功能，因而具有很大的工业价值。

另外还有从石油、废渣中提取金属的生物技术及微生物采油技术，可降低成本、节约能源。

生物技术应用于石油工业领域意义重大，其社会效益及经济效益十分显著。这是解决当今世界上粮食、环保、能源三大问题的有效途径之一，可最大限度地利用资源，大大改善目前石油化工业的生产状况，解决化学方法无法解决的问题。从长远观点看，生物技术应用于石油化工业势在必行，其发展前景广阔，发展应用领域还将日益扩大。

2.2.3 核能的利用

核能是能源供应的重要支柱之一。核能发电在技术成熟性、经济性、可持续性等方面具有很大的优势，同时相较于水电、光电、风电具有无间歇性、受自然条件约束少等优点，是可以大规模替代化石能源的清洁能源。目前核能主要用于发电，只有少数反应堆应用于核能供热和海水淡化。随着技术的发展，尤其是第四代核能系统技术逐渐成熟和应用，核能有望突破仅仅提供电力的角色。

第四代先进核能系统主要包括高温气冷堆、钠冷快堆、熔盐堆、超临界水堆和铅冷快堆，而颠覆传统设计的小型模块化第四代核反应堆，因具备固有安全性高、核燃料可循环、物理防止核扩散和更优越的经济性等特点，成为核能研发和投资的热点。例如，美国和加拿大近年陆续成立了十几家新型核能公司，包括加拿大陆地能源（Terrestrial Energy）、美国泰拉能源（TerraPower）等，并已经开始与电力公司和研究机构合作，推进小型模块化第四代核反应堆的示范应用。

第四代核能系统主要特征是经济性高、安全性好、废物产生量小，并能防止核扩散。而核能制氢、高温工艺热利用、核能供暖、海水淡化等非电应用则是第四代核能系统的主要应用目标。

钍基熔盐堆核能系统（TMSR）是第四代先进核能系统六个候选项之一，包括钍基核燃料、熔盐堆、核能综合利用三个子系统。钍基核燃料储量丰富，防扩散性能好，产生核废料更少，是长期能源供应的一种技术解决方案。

熔盐堆分为液态燃料熔盐堆（MSR-LF）和固态燃料熔盐堆（MSR-SF），后者也被称为氟盐冷却高温堆（FHR）。熔盐堆使用高温熔盐作为冷却剂，具有高温、低压、高化学稳定性、高热容等热物理特性，并且无须使用沉重而昂贵的压力容器，适合建成紧凑、轻量化和低成本的小型模块化反应堆。熔盐堆采用无水冷却技术，只需少量的水即可运行，可用于干旱地区实现高效发电。熔盐堆输出的 700℃以上高温核热可用于高效发电，同时由于其使用高化学稳定性和热稳定的无机熔盐作为传蓄热介质，非常适合长距离的热能传输，从而大幅度减轻对于核能综合利用安全性的顾虑，可以实现大规模的核能制氢，同时为合成氨等重要化工领域提供高品质的工艺热，进而有效缓解碳排放和环境污染问题。

保证反应堆的安全可靠运行是核能发展中最重要的先行目标。作为第四代核能系统，熔盐堆具有很高的固有安全性，堆内工作环境为近常压，极大地降低了主容器、堆内构件及安全壳等的承压需求，一些在水堆内发生的事故将可以得到避免。根据中国核能行业协会发布的《中国核能发展报告 2025》蓝皮书，截至目前，我国投入商业运行的核电机组 58 台，总装机容量 60.96GW，在建的核电机组 28 台，在建总装机容量 33.65GW，在建机组装机容量连续 18 年保持世界第一。

在确保安全的基础上高效发展核电，是当前我国能源建设的一项重要政策，对保障能源供应与安全、保护环境、实现可持续发展具有十分重要的意义。

从能源效率的观点来看，直接使用热能是更为理想的一种方式，发电只是核能利用的一种形式。随着技术的发展，尤其是第四代核能系统技术的逐渐成熟和应用，核能的非电应用如核能制氢、高温工艺热、核能供暖、海水淡化等各种综合利用形式，在确保全球能源和水安全的可持续发展方面将发挥巨大的作用。

未来核能的发展趋势之一是小型模块化反应堆（SMR），其电功率通常为数十兆瓦到百兆瓦，建设周期短，布置灵活，适应性强，选址成本低。此外，SMR 还可以节约资金成本，并降低环境和金融风险。

（1）核能发电　对于高运行温度的第四代先进核能系统，现阶段较为成熟的热功转换系统主要包括蒸汽轮机系统（基于兰金循环）以及闭式循环燃气轮机系统（基于闭式布雷顿循环）。与传统蒸汽循环相比，高温条件下的热循环发电系统，能够更充分地利用 700℃ 以上核能系统的高品质热量，实现高效发电。蒸汽轮机系统技术发展已有百年以上，成熟度最高，但其系统较为庞大和复杂，在运行维护过程中需要不断补充循环水，因此在水资源匮乏的地区不宜采用。

目前，火力发电常用的蒸汽轮机功率等级均在 300MW 以上，多采用超临界及超超临界机组，温度范围 538～610℃，压力范围 24～32MPa，效率约 41%～44%。700℃ 超临界是蒸汽轮机现阶段发展的瓶颈，因耐高温高压材料问题很难在短时间内突破且成本昂贵。

（2）核能制氢　第四代核能反应堆制氢方面的研究，其核心都是基于高温堆的工艺热。从核反应堆的角度来看，熔盐堆、超高温气冷堆等出口温度都超过 700℃，所提供的工艺热都可以满足高温制氢过程的需求，其系统效率和反应堆能提供的热能温度有很大的相关性。目前核能制氢主要有两种途径：热化学循环制氢和高温电解制氢。

① 热化学循环制氢。热化学循环制氢是通过水蒸气热裂解的高温热化学循环过程来制备氢气。这一过程中主要利用反应堆提供的高温热，在上百条热化学循环路线中，主要有 I-S 循环、Cu-Cl 循环、Ca-Br 循环、U-C 循环等可以与四代堆相匹配的技术路线。I-S 循环制氢效率受温度影响较大，在 900℃ 以上效率可超 50%，但随着温度降到 800℃ 以下，效率急剧下降。需要指出的是，热化学循环是一个典型的化工过程，其工艺的规模化放大还存在一定风险；同时，高温下的强腐蚀性对材料和设备也提出了较高的要求，生产厂房的占地面积也较大。因此，热化学循环制氢技术的主要挑战在于优化技术路线、提高整个过程的效率、解决反应器腐蚀等问题。

目前日本原子能机构完成 I-S 循环制氢中试，制氢速率达到 150L/h；我国清华大学建立了实验室规模 I-S 循环实验系统（60L/h），并已实现系统的长期运行。

② 高温电解制氢。高温电解水蒸气制氢（HTSE）以固体氧化物电解池（SOEC）为核心反应器，实现水蒸气高效分解制备氢气。高温电解制氢技术由于具有高效、清洁、过程简单等优点，近年来受到国内外研究者及企业的重视，已经成为与核能、风能、太阳能等清洁能源联用制氢的重要技术。

（3）海水淡化　淡水和能源资源对于人类社会生存和发展至关重要，是不可或缺的必需条件。海水淡化是获取淡水资源的一种重要途径，规模化的海水淡化需要消耗大量的能量。因此未来从环保和可持续发展等角度考虑，基于核能的海水淡化技术将占有越来越重要的位置。

（4）核能供热　我国60%以上的地区、50%以上的人口需要冬季供热。目前的供热方式主要为集中供热和分布式供热；其中，集中供热主要来自燃煤热电联产或者燃煤锅炉，每年需要消耗5亿吨煤炭。为了缓解用煤导致的环境污染，我国部分地区率先开始“煤改气”“煤改电”工程，但这也部分导致了天然气资源短缺、电网负担加重等困难。

核能作为清洁能源，在未来会成为重要的供热资源。核能供热的一大优势就是低碳、清洁、规模化。以一座400MW的供热堆为例，每年可替代32万吨燃煤或1.6亿立方米燃气，与燃煤供热相比，可减少排放二氧化碳64万吨、二氧化硫5000吨、氮氧化物1600吨、烟尘颗粒物5000吨。

目前核能供热主要有两种方式：低温核供热和核热电联产。经过多年的研究和发展，在低温核供热技术层面已经逐渐形成了池式供热堆和壳式供热堆两种主流类型。池式供热堆以游泳池实验堆为原型，壳式供热堆由目前主流压水堆核电站技术演变而来。核热电联产的最大优势是节能，实现了能源资源的优化配置，热电联产的综合能源利用率可以达到80%；其缺点是热电不能同时兼顾，因此需要与核供热协同形成优势互补。

2017年，由国家发改委、国家能源局、环境保护部等十部门共同制定的《北方地区冬季清洁取暖规划（2017—2021年）》就明确提出，研究探索核能供热，推动现役核电机组向周边供热，安全发展低温泳池堆供暖示范。中核集团推出了“燕龙”泳池式低温供热堆，中广核集团和清华大学推出了壳式低温供热堆，国家电投提出了微压供热堆，上述核能供热试点目前已经在黑龙江、吉林、辽宁、河北、山东、宁夏、青海等多个省（区）开展了相关厂址普选和产业推广工作。

核能供热战略布局可以有效解决我国北方多地的缺热情况。另外，引入大温差长途输热技术后，我国核能供热将不再受困于远距离输热的限制，核反应堆因此可以安置在核安全距离以外，并为城市提供安全、稳定的热能。

（5）核能高温工艺热利用　合成氨、煤气化和甲烷蒸汽重整等化工过程都需要700℃以上的高温热，这些传统化工行业的能耗巨大，而对于合成氨、煤液化以及石油裂解产物（如乙烯）的需求正在逐渐增长。面对越来越严苛的碳排放要求以及传统能源资源的日益匮乏，探索新的工业能源供给和耦合十分重要。如果能够直接利用反应堆产生的高温热，可以实现节能30%左右，在降低能源消耗总量的同时，可提高核能的经济性。

以熔盐堆为代表的第四代核反应堆，其出口温度可以达到700℃以上。未来可直接将反应堆产生的热作为工业生产过程的热源，用于天然气的蒸汽重整、煤的气化和液化、合成氨、乙烯生产等高耗能领域，而节约下来的化石燃料可以用作化工原料。

核能替代化石能源的前景及环保上的优越性是有目共睹的。但近年来由于发达国家经济的转型、常规能源利用率的提高和人们对核事故的恐惧，总体上发达国家核电发展在下滑。迫于民众的压力，一些国家已表示不再发展核电，如意大利、德国等。发展中国家出于对能源供应的可靠性和国家安全的考虑，正在稳步地发展核电。

总体上看核电的发展总趋势是难以阻挡的，目前核电发展迟滞的因素主要有两个，一是核安全，二是核废料的处理。随着技术的发展，这些问题都会得到圆满的解决。

2.2.4　可再生能源的合理开发

可再生能源（renewable energy）是指风能、太阳能、水能、生物质能、地热能等非化石能源，是清洁能源。可再生能源是绿色低碳能源，是中国多轮驱动能源供应体系的重要组成部分，对于改善能源结构、保护生态环境、应对气候变化、实现经济社会可持续发展具有重要意义。

2020 年，中国可再生能源发电量达 2214.8TW·h，同比增长约 8.4%。截至 2020 年底，中国可再生能源发电装机达到 934GW，同比增长约 17.5%。我国明确提出中国二氧化碳排放力争于 2030 年前达到峰值，努力争取 2060 年前实现碳中和，到 2030 年非化石能源占一次能源消费比重达到 25%左右，风电和太阳能发电总装机容量达到 1200GW 以上；还进一步指明了中国能源转型变革的战略方向，为中国可再生能源发展设定了新的航标。2020 年我国能源消费结构见图 2-15。

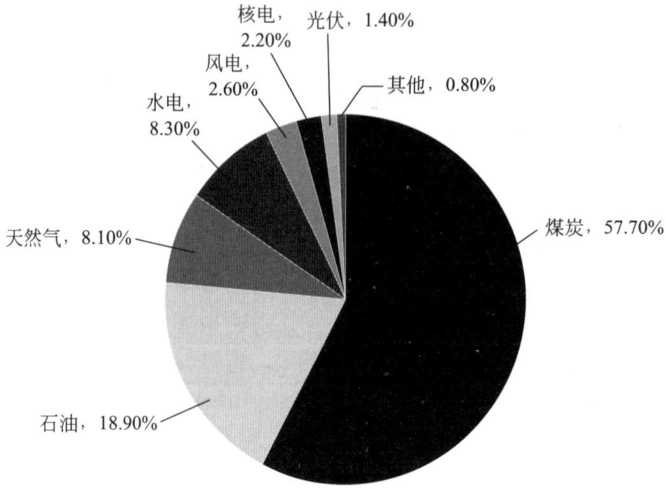

图 2-15 2020 年我国能源消费结构

（1）水电——重要的可再生能源 水电是重要的可再生能源，开发水电能源可显著减少温室气体的排放。截至 2019 年底，全球水电装机容量 1308GW，其中抽水蓄能电站装机容量 158GW，全年发电量 4306TW·h，全球水电开发程度按照年均发电量计算，约占技术可开发量的 27.3%。2020 年，我国水电开发量为 1355.2TW·h，较上年同比增长 4.1%。全球水电装机容量见图 2-16。

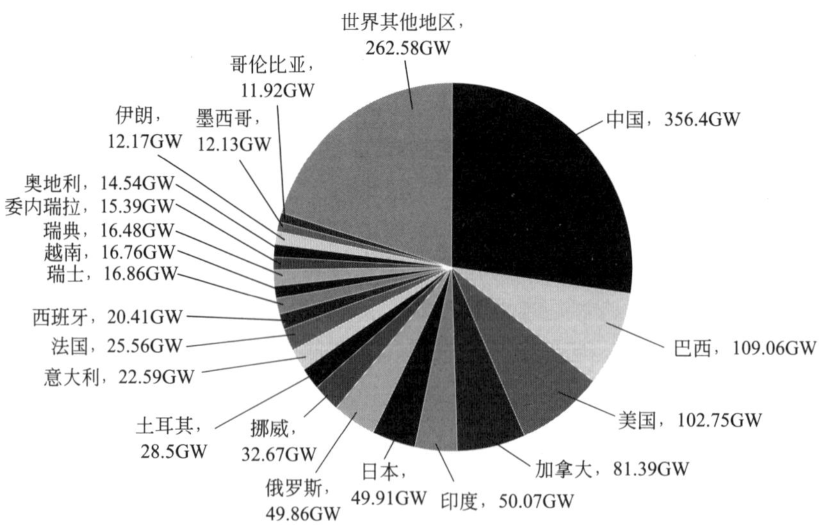

图 2-16 全球水电装机容量

中国的装机容量为 356.4GW，继续居世界首位，巴西和美国分别以 109.06GW 和 102.75GW 位于第二、三位。2016—2020 年中国水力发电量见图 2-17。

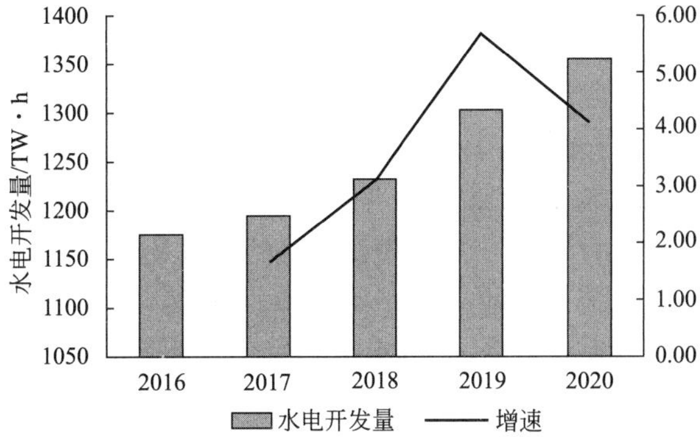

图 2-17　2016—2020 年中国水力发电量统计

为保证电网运行安全、经济，世界各国注重建设抽水蓄能电站，解决调峰问题。在电力系统负荷低谷时，利用电网富余电能抽水蓄能避免电能浪费，电站可在系统负荷处于高峰时发电。

中国是世界水电第一大国，水能资源量居世界第一，理论水能资源蕴藏量 676GW，技术可开发量 542GW，目前利用率不足 40%，低于发达国家 60%～70%的平均水平。全球主要国家水电开发程度对比见图 2-18。

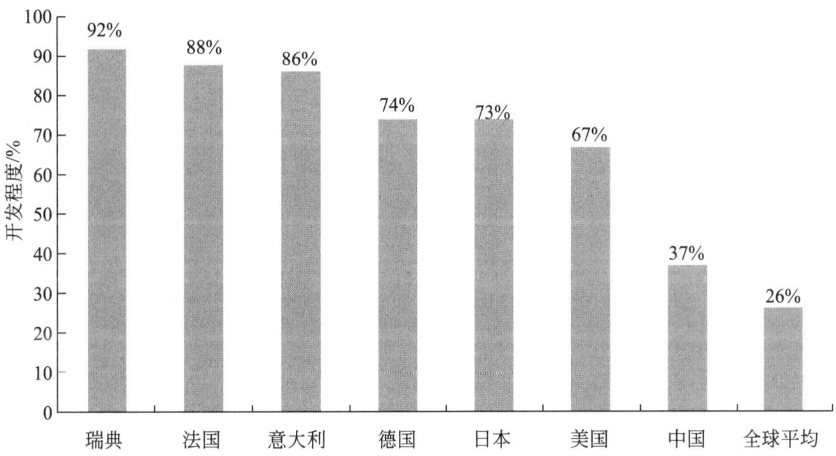

图 2-18　全球主要国家水电开发程度对比

水电站根据不同的分类依据可分为不同种类，具体分类见表 2-11。

表 2-11　水电站类型

分类方式	种类
按集中落差的方式	堤坝式水电厂，引水式水电厂，混合式水电厂，潮汐水电厂和抽水蓄能电厂
按径流调节的程度	无调节水电厂和有调节水电厂
按照水源的性质	一般称为常规水电厂，即利用天然河流、湖泊等水源发电
按水电站利用水头的大小	分为高水头(70m 以上)、中水头(15～70m)和低水头(低于 15m)水电站
按水电站装机容量大小	分为大型、中型和小型水电站。一般将装机容量在 5000kW 以下的称为小水电站，5000～100000kW 的称为中型水电站，100000kW 或以上的称为大型水电站或巨型水电站

水力发电原理是利用河流、湖泊等位于高处具有位能（势能）的水流至低处，将其中所含的位能转换成水轮机的动能，再以水轮机为原动力，推动发电机产生电能。水力发电在某种意义上讲是水的位能转变成机械能再转变成电能的过程。水力发电厂所发出的电力电压较低，要输送给距离较远的用户，就必须将电压经过变压器增高，再由架空输电线路输送到用户集中区的变电所，最后降低为适合家庭用户、工厂用电设备的电压，并由配电线输送到各个工厂及家庭。

水力发电是再生能源，对环境冲击较小。除可提供廉价电力外，还有下列优点：控制洪水泛滥，提供灌溉用水，改善河流航运，有关工程可同时改善当地的交通、电力供应和经济，尤其可以发展旅游业及水产养殖。但也存在一定的生态影响，例如水电项目会对周围区域上游和下游的水生生态系统造成影响，破坏生物的多样性，也可能导致周围地区栖息地的破碎化及水土流失的恶化，因此在建设水力发电项目时，尤其要开展环境影响评价，将环境负面影响降到最低。

(2) 生物质能——极有前途的可再生能源　生物质能是自然界中有生命的植物提供的能量，这些植物以生物质作为媒介储存太阳能，生物质能属再生能源。据计算，生物质储存的能量比世界能源消费总量大 2 倍。人类历史上最早使用的能源是生物质能。

截至 2020 年底，全国已投运生物质发电项目 1094 个，累计并网装机容量 29.52GW，其中，垃圾焚烧发电 15.33GW，农林生物质发电 13.30GW，沼气发电 0.89GW。2020 年生物质发电量为 132.6TW·h，同比增长 19.4%，占全部电源总发电量的 1.5%。发电年平均利用小时数达 5181h，生物质发电量显著提升，年利用小时数保持较高水平。2015—2020 年我国生物质发电装机总量及发电量见图 2-19，各类生物质发电装机容量见图 2-20。

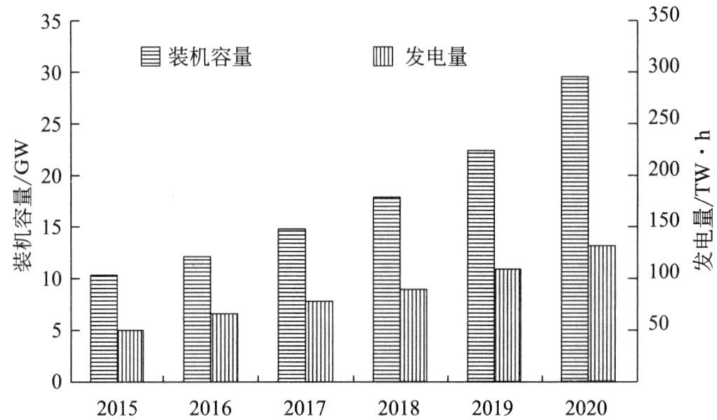

图 2-19　2015—2020 年我国生物质发电装机总量及发电量

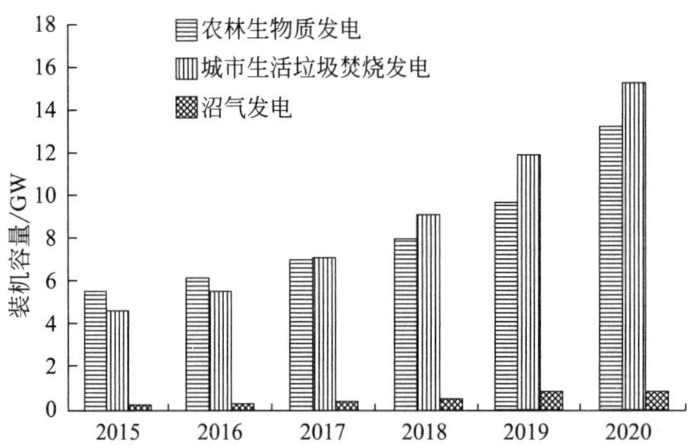

图 2-20　2015—2020 年我国各类生物质发电装机容量

生物质能源可以以沼气、压缩成型固体燃料、气化生产燃气、气化发电、生产燃料酒精、热裂解生产生物柴油等形式存在，应用于国民经济的各个领域。

① 生物质气化。生物质气化技术是将固体生物质置于气化炉内加热，同时通入空气、氧气或水蒸气，用于生产品位较高的可燃气体。该技术的特点是气化率可达 70%以上，热效率也可达 85%。生物质气化生成的可燃气经过处理可用于合成、取暖、发电等不同用途，这对于生物质原料丰富的偏远山区意义十分重大，不仅能改善生活质量，而且能够提高用能效率，节约能源。

② 液体生物燃料。由生物质制成的液体燃料叫作生物燃料。生物燃料主要包括生物乙醇、生物丁醇、生物柴油、生物甲醇等。虽然利用生物质制液体燃料起步较早，但发展比较缓慢，受世界石油资源和价格、环境保护趋势和全球气候变化的影响，20 世纪 70 年代以来，许多国家日益重视生物燃料的发展，并取得了显著的成效。

③ 沼气。沼气是各种有机物在隔绝空气（还原）并且温度、湿度适宜的条件下，经过微生物的发酵作用产生的一种可燃气体。沼气的主要成分是甲烷，是一种理想的气体燃料，它无色无味，与适量空气混合后即可燃烧。沼气作为燃料气体燃烧时可联合发电技术及燃料电池技术进一步利用，扩大沼气利用途径和领域。

④ 生物制氢。氢气是一种清洁、高效的能源，有着广泛的工业用途，潜力巨大，未来生物制氢将逐渐成为人们关注的热点，但将其他物质转化为氢并不容易。生物制氢过程可分为厌氧光合制氢和厌氧发酵制氢两大类。

⑤ 生物质发电技术。生物质发电技术是将生物质能源转化为电能的一种技术，主要包括农林废物发电、垃圾发电和沼气发电等。作为一种可再生能源，生物质发电在国际上越来越受到重视，在我国也越来越受到政府的关注和民间的拥护。

（3）潮汐能　潮汐能是海水周期性涨落运动中所具有的能量。其水位差表现为势能，其潮流的速度表现为动能。这两种能量都可以利用。潮汐能是一种可再生能源。由于在海水的各种运动中潮汐最具规律性，又涨落于岸边，也最早为人们所认识和利用，在各种海洋能中，潮汐能的利用是最成熟的。

潮汐能利用的主要方式是发电，潮汐发电的主要原理是利用天体引潮力导致海水发生水平流动的动能来产生电能。潮汐发电有以下三种形式。

① 单库单向电站：只用一个水库，仅在涨潮（或落潮）时发电。我国浙江省温岭市沙山潮汐电站就是这种类型。

② 单库双向电站：用一个水库，但是涨潮与落潮时均可发电，只是在平潮时不能发电。广东省东莞市的镇口潮汐电站及浙江省温岭市的江厦潮汐电站，就是这种类型。

③ 双库双向电站：用两个相邻的水库，使一个水库在涨潮时进水，另一个水库在落潮时放水，这样前一个水库的水位总比后一个水库的水位高，故前者称为上水库，后者称为下水库。水轮发电机组设置在两水库之间的隔坝内，两水库始终保持水位差，故可以全天发电。

中国部分潮汐能发电站现状见表 2-12。

表 2-12　中国部分潮汐能发电站现状

名称	所在地	装机容量/kW	总发电量/(GW·h)	发电方式	平均潮差/m
江厦潮汐电站	浙江	3000	10000	单库双向	5.08
幸福洋潮汐电站	福建	1280	3150	单向退潮式	4.54
白沙口潮汐电站	山东	40000	103	单库单向	2.5

续表

名称	所在地	装机容量/kW	总发电量/(GW・h)	发电方式	平均潮差/m
海山潮汐电站	浙江	150	310	双库单向	—
岳浦潮汐电站	浙江	—	0.31	单库单向	3.6
浏河潮汐发电站	江苏	150	0.25	双向发电	—

据不完全统计，全国潮汐能蕴藏量为190GW，其中可供开发的约38.5GW，年发电量87TW・h，大约相当于40多个新安江水电站。

据估计，世界上约有1000GW的潮汐能，我国约占20%。因此，开发利用潮汐能并不是异想天开。全球最大的潮汐能电站是法国朗斯潮汐能电站，位于法国北部英吉利海峡圣马洛湾的朗斯河口。

在碳达峰、碳中和目标的引领下，能源绿色低碳转型已成不可逆转之势。在此背景下，我国的能源供应主体将逐步向非化石能源过渡，可再生能源将持续快速发展。考虑到节能工作的根本目的在于节约和减少不可再生资源、能源的利用，减少污染物和碳排放，可再生能源是取之不尽、用之不竭的清洁能源，应大力鼓励积极开发利用可再生能源。

2.2.5 新能源的开发

为缓解世界能源供应紧张的矛盾，各国科学家都在努力研究，积极寻找新能源。

随着世界人口的增加和经济的发展，对能源的需求日益增加。如果人类生产生活全部使用化石燃料如煤、石油、天然气，未来资源将严重匮乏，无法满足人类的发展要求。因此，科学家从20世纪80年代开始，就在大力宣传“开源节流”，也就是在节约能源的同时开发新能源。

根据科学家预测，21世纪的能源主要为核能、太阳能、风能、地热能、氢能和潮汐能、海洋能，这一系列能源如能得到很好的开发、合理的利用，一定能解决长期困扰政府、科学家和大众的难题。

作为21世纪的新能源，普遍认为其需要具备的基本条件可包括以下四个方面：①应是可持续的永久性能源；②应是不给地球环境增加负荷的能源；③生产量（按石油换算）能达到供应1.5～2.5kL/(人・a)的程度；④价格不应大幅超过现在化石燃料的价格。

2.2.5.1 太阳能

太阳能是由太阳内部氢原子发生氢氦聚变释放出巨大核能而产生的，是来自太阳的辐射能量。人类所需能量的绝大部分都直接或间接地来自太阳。据估算，地球上每年接收的太阳能，相当于地球上每年燃烧其他燃料所获能量的3000倍，因此，大力开发利用太阳能是21世纪的重点领域。

地球上的风能、水能、海洋温差能、波浪能和生物质能都是来源于太阳；即使是地球上的化石燃料（如煤、石油、天然气等）从根本上说也是远古以来贮存下来的太阳能。所以广义的太阳能所包括的范围非常大，狭义的太阳能则限于太阳辐射能的光热、光电和光化学的直接转换。

太阳能既是一次能源，又是可再生能源。它资源丰富，既可免费使用，又无须运输，对环境无任何污染。太阳能为人类创造了一种新的生活形态，使人类社会进入一个节约能源、减少污染的时代。

（1）太阳能光热利用　基本原理是将太阳辐射能收集起来，通过与物质的相互作用转换成热能加以利用。目前使用最多的太阳能收集装置主要有平板型集热器、真空管集热器、陶瓷太阳能集热器和聚焦集热器（槽式、碟式和塔式）四种。通常根据所能达到的温度和用途的不同，把太阳能光热利用分为低温利用（＜200℃）、中温利用（200～800℃）和高温利用（＞800℃）。目前低温利用主要有太阳能热水器、太阳能干燥器、太阳能蒸馏器、太阳能采暖（太阳房）、太阳能温室、太阳能空调制冷系统等，中温利用主要有太阳灶、太阳能热发电聚光集热装置等，高温利用主要有高温太阳炉等。

我国的太阳能应用在北方和西部分布较广，成效显著。由于全球气候变化及“双碳”目标的制定，一些南方城市，甚至高寒高海拔地区也逐步进行太阳能光热利用，标志着我国开始大范围积极利用太阳能资源。

2020 年，全国太阳能热利用集热系统总销量 $2703.7\times10^4m^2$（折合 18926MW·h），与 2019 年 $2852.1\times10^4m^2$ 同比下降 5.2%；其中，真空管型太阳能集热系统销量 $2008.3\times10^4m^2$，与 2019 年同比下降 8.6%；平板型太阳能集热系统销量 $695.4\times10^4m^2$，与 2019 年同比增长 6%。我国 2020 年生产的太阳能集热器类型中，真空管型占 74.3%，平板型占 25.7%。

（2）太阳能发电利用　未来太阳能的大规模利用将是用来发电。利用太阳能发电的方式有多种。已实际应用的主要有以下两种。

① 光-热-电转换：利用太阳辐射所产生的热能发电。一般是用太阳能集热器将所吸收的热能转换为工质的蒸汽，然后由蒸汽驱动汽轮机带动发电机发电。前一过程为光-热转换，后一过程为热-电转换。

② 光-电转换：其基本原理是利用光伏效应将太阳辐射能直接转换为电能，基本装置是太阳能电池。

中国太阳能资源非常丰富，理论储量达每年 17000 亿吨标准煤。太阳能资源开发利用的前景非常广阔。大多数地区年平均日辐射量在 $4kW\cdot h/m^2$ 以上，西藏日辐射量最高达 $7kW\cdot h/m^2$。年日照时数大于 2000h。与同纬度的其他国家相比，太阳能资源与美国相近，比欧洲国家、日本优越得多，因而有巨大的开发潜能。

据国家太阳能光热产业技术创新战略联盟统计，截至 2020 年底，我国太阳能热发电累计装机容量为 538MW（含 MW 级以上规模的发电系统）。其中，槽式、塔式、线性菲涅耳（简称线菲）技术装机容量在全球主要国家和地区总量中的占比为 76%、20%和 4%。我国太阳能热发电量占全国总发电量的 10%左右，比 2019 年增长 1%左右。2016—2020 年我国太阳能热发电累计装机容量见图 2-21。

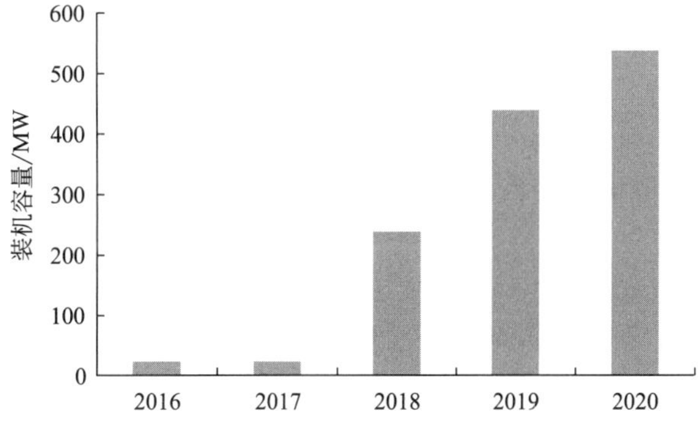

图 2-21　2016—2020 年我国太阳能热发电累计装机容量

（3）太阳能光化利用　这是一种利用太阳辐射能直接分解水制氢的光-化学转换方式，包括光合作用、光电化学作用、光敏化学作用及光分解反应。

光化转换就是由吸收光辐射导致化学反应而将光辐射能转换为化学能的过程。其基本形式有植物的光合作用和利用物质化学变化贮存太阳能的光化反应。

植物靠叶绿素把光能转化成化学能，实现自身的生长与繁殖，若能揭示光化转换的奥秘，便可实现人造叶绿素发电。太阳能光化转换正在积极探索、研究中。

（4）太阳能燃油利用　欧盟从 2011 年 6 月开始利用太阳光线提供的高温能量，以水和二氧化碳作为原材料，致力于“太阳能燃油”的研制生产。2014 年，世界上首次成功实现了实验室规模的可再生燃油全过程生产，其产品完全符合欧盟的飞机和汽车燃油标准，无须对飞机和汽车发动机进行任何调整和改动。

现在，科学家已开始研究太阳能发电卫星，这种卫星将成为人类未来获得能源的新途径。这种卫星主要由太阳能电池板和微波发射系统组成，卫星上的太阳能电池板始终对着太阳，把太阳的光和热转变成电能储存在电池内，再通过微波发射系统把电能转变为微波，从遥远的太空发回地面接收器，地面工作站再把微波转变成电能送到千家万户。如果建立空间太阳能电站，光强为 $1.353kW/m^2$，且 99%的时间为白天，具有很高的发电效率。太空发电卫星上同等面积的太阳能电池，其发电量可达地面发电量的 10～15 倍，地球同步卫星轨道 1km 宽度的面积每年接收的太阳能总量相当于人类剩余石油的总能量。以此推算，如果在地球同步轨道上建设太阳能电站，当其实际转换效率为 10%时，电站的总功率为 21TW。2007 年的数据显示，世界上所有的能源需求约为每年 15TW。这项技术随着航天技术的发展即将成为现实，到那时，就成为“电从天上来”了。

2.2.5.2　风能

风是地球上的一种自然现象，它是由太阳辐射热引起的。太阳照射到地球表面，地球表面各处受热不同，产生温差，从而引起大气的对流运动形成风。据估计，到达地球的太阳能中只有约 2%转化为风能，但其总量仍是十分可观的。全球的风能约为 2.74×10^9MW，其中可利用的风能为 2×10^7MW，比地球上可开发利用的水能总量还要大 10 倍。

风能与其他能源相比，既有明显的优点，又有突出的局限性。风能具有四大优势和三大劣势，四大优势是蕴藏量巨大、可以再生、分布广泛、没有污染，三大劣势是密度低、不稳定、地区差异大。

风能作为一种无污染和可再生的新能源有着巨大的发展潜力，特别是对沿海岛屿、交通不便的边远山区、地广人稀的草原牧场，以及远离电网和近期内电网还难以达到的农村、边疆，作为提供生产和生活能源的一种可靠途径，有着十分重要的意义。

即使在发达国家，风能作为一种高效清洁的新能源也日益受到重视。美国早在 1974 年就开始实行联邦风能计划。其内容主要是：评估国家的风能资源；研究风能开发中的社会和环境问题；改进风力机的性能，降低造价；研究农业和其他用户使用的小于 100kW 的风力机、为电力公司及工业用户设计的 MW 级的风力发电机组。丹麦、瑞典、德国、日本等国家已经相继开发利用风能，并逐年提高风能发电在全国发电量中的比例。

我国风能资源非常丰富，资源总量在 3.326×10^6MW 左右。其中，大概有 31.33%的风能资源可以被利用，很大一部分是海洋中的风能资源，占 75%左右；其余风能资源在陆地上，占可用资源的 25%。

2016—2020 年我国风电累计并网装机容量见图 2-22，风电发电量和增长率见图 2-23。

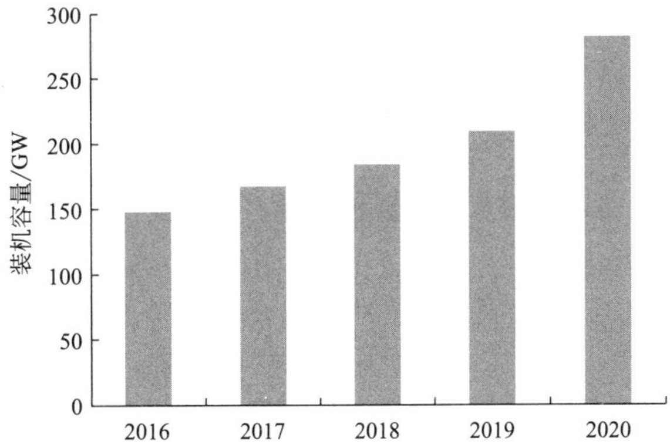

图 2-22　2016—2020 年我国风电累计并网装机容量

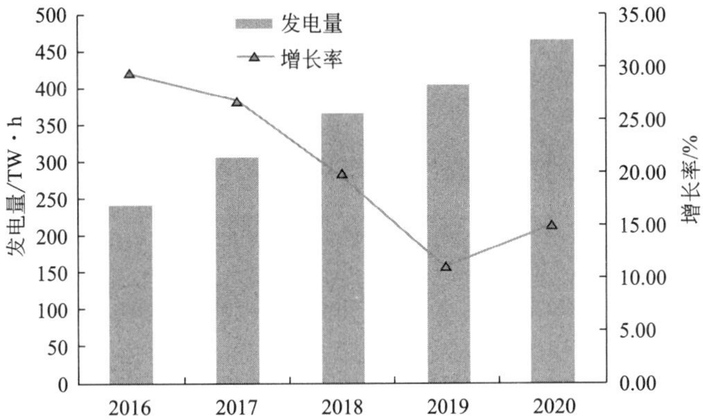

图 2-23　2016—2020 年我国风电发电量和增长率

根据国家能源局消息，截至 2025 年 6 月底，全国风电累计并网容量达到 5.73 亿千瓦，同比增长 22.7%，其中陆上风电 5.28 亿千瓦，海上风电 4420 万千瓦。我国风电装机容量连续 15 年稳居全球第一。

但是，风能本身具有明显的不稳定性与间歇性，而风能的高效储存又面临技术瓶颈，这两点构成了 21 世纪开发风能必须解决的难题。

2.2.5.3　地热能

地热能是来自地球深处的可再生热能。它来源于地球的熔融岩浆和放射性物质的衰变。地下水的深处循环和来自极深处的岩浆侵入地壳后，把热量从地下深处带至近表层。

地球可分为地壳、地幔和地核三层。地壳就是地球表面的一层，一般厚度为几千米至 70km 不等。地壳下面是地幔，大部分是熔融状的岩浆，厚度为 2900km。火山爆发一般是这部分岩浆喷出。地球内部为地核，地核中心温度为 2000℃，因此，整个地球就是一个大的热量储体，如果仅开采地下 3km 以内的地热资源，就相当于 29000 亿吨煤，可见地热是不可小看的资源。

我国地热能资源丰富，但资源探明率和利用程度较低，开发利用潜力很大。据统计，我国 336 个主要城市浅层地热能年可采资源量折合 7 亿吨标准煤，供暖（制冷）建筑面积可达 320 亿平方米。

我国 2015 年起浅层地热能利用规模开始居世界第一。根据国家地热能中心公布的数据，截至 2020 年底，我国地热能供暖（制冷）面积累计达到 13.9 亿平方米，其中，水热型地热能供暖 5.8 亿平方米，浅层地热能供暖（制冷）8.1 亿平方米，每年可替代标准煤 4100 万吨，减排二氧化碳 1.08 亿吨，稳居世界第一。地热能成为我国实现“双碳”战略目标非电利用的重要路径。

我国地热能资源探明储量分布及累计装机容量见图 2-24。

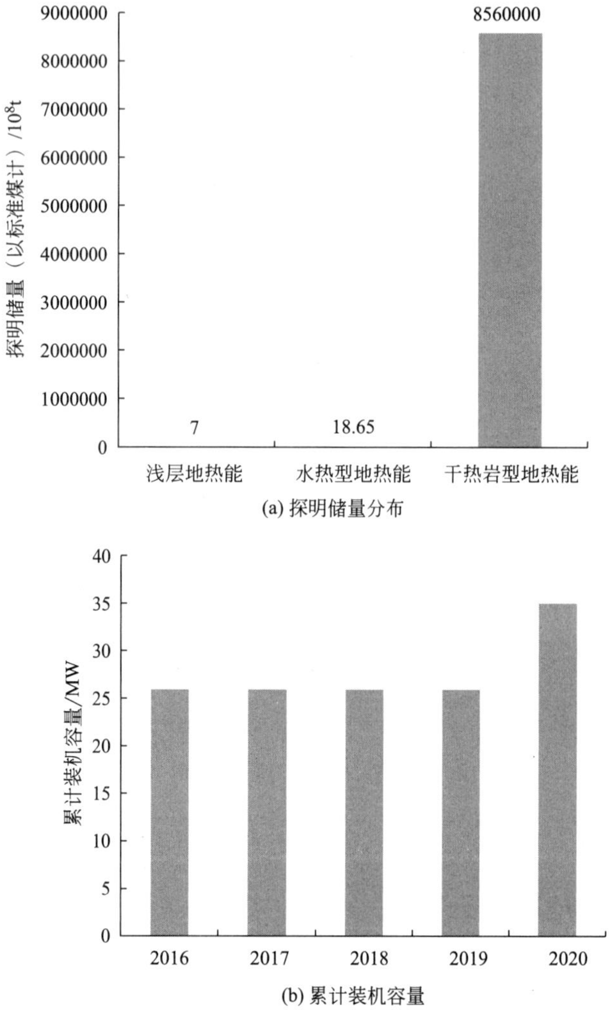

图 2-24　我国地热能资源探明储量分布及累计装机容量

相较于太阳能、水能、风能等其他清洁能源，地热发电成本更高，主要原因是我国地热能开发利用处于起步阶段，关键技术有待突破。目前，我国地热能开发主要集中在供暖、制冷以及浅层地热开发，近年来由于技术原因，地热发电发展处于停滞状态。

我国已经明确将地热能作为可再生能源发电、供暖的重要方式。2021 年 9 月，国家能源局等八部门印发的《关于促进地热能开发利用的若干意见》指出，到 2025 年，全国地热能供暖（制冷）面积比 2020 年增加 50%，在资源条件好的地区建设一批地热能发电示范项目，全国地热能发电装机容量比 2020 年翻一番；到 2035 年，地热能供暖（制冷）面积及地热能发电装机容量力争比 2025 年翻一番。

我国 2020—2050 年地热直接利用和地热发电中长期战略目标如图 2-25 和图 2-26 所示。

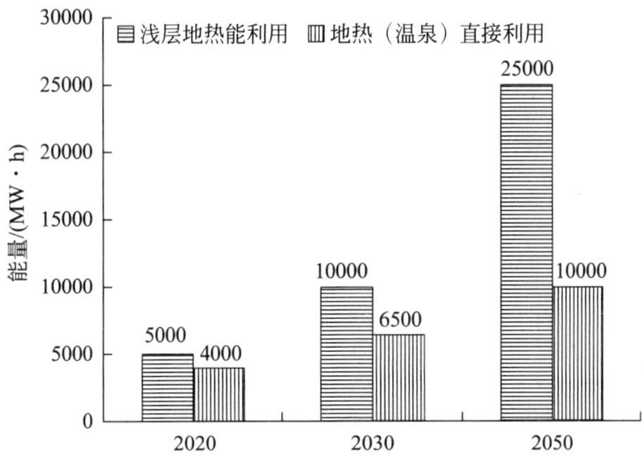

图 2-25　2020—2050 年地热直接利用中长期战略目标

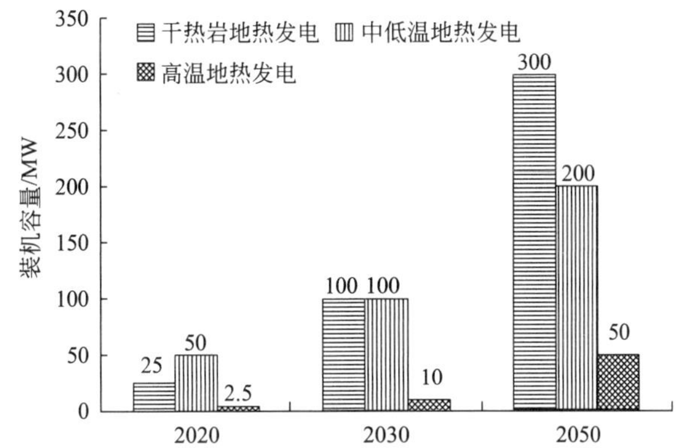

图 2-26　2020—2050 年地热发电中长期战略目标

2.2.5.4　海洋能

宽阔的海洋占了地球表面大部分面积。未来如果只依靠火力发电，要不了多久，地球上的能源就会所剩无几。因此，科学家对海洋能源的开发寄予极大期望。

海洋是一个巨大的能源宝库，仅大洋中的波浪、潮汐、海流等动能和海洋温度差能、盐度差能等的存储量就高达天文数字，这些海洋能源都是取之不尽、用之不竭的可再生能源。

海洋能的利用是指利用一定的方法、设备把各种海洋能转换成电能或其他可利用形式的能量。海洋能由于具有可再生性和不污染环境等优点，因此是一种亟待开发的具有战略意义的新能源。

从总体看，我国海洋能资源十分丰富，可开发利用量达 10 亿千瓦量级。其中，我国海岸的潮汐能资源总装机容量为 2179 万千瓦，波浪能理论平均功率为 1285 万千瓦，潮流能 130 个水道的理论平均功率为 1394 万千瓦，近海及毗邻海域温差能资源可供开发的总装机容量约为 17.47 亿～218.65 亿千瓦，沿岸盐度差能资源理论功率约为 1.14 亿千瓦；近海风能资源达到 7.5 亿千瓦。

除上述介绍的潮汐能外，现在主要开发波浪能和海水热能。统计显示，海浪每秒在 1 平方千米海面上产生 20 万千瓦的能量，全世界海洋中可开发利用的波浪能约为 27 亿～30 亿千瓦，而我国近岸海域波浪的蕴藏量约为 1.5 亿千瓦，可开发利用量约 3000 万～3500 万千瓦。一些发达国家已经开始建造小型的波浪能发电站。海水热能是海面上的海水被太阳晒热后，在真空泵中减压变为蒸汽，然后推动蒸汽轮机发电，与此同时，蒸汽又被引上来，冷却后回收为淡水。

波浪能利用是指将波浪能经过变换装置或设备转换为机械能，然后转换为电能，用电缆输送到陆地上与大电网连接供用户使用，也可把机械能转换为氢、碳氢化合物等化学能进行利用。按波浪能的利用方式，波浪能发电大致分为利用波浪能的垂直运动、利用波浪能的水平运动、利用波浪的水压、利用波浪水质点的运动等形式。波浪能利用装置按结构形式可分为振荡水柱式、摆式和聚波式三种装置，按基本原理又可分为利用物体在波浪作用下产生的振荡和摇摆运动、利用波浪压力的变化、利用波浪沿岸爬升时产生的水势能三种方式，而这三种方式也就是通常所指的气动式、液动式和蓄水式。波浪能发电的不同转换方式见图 2-27。

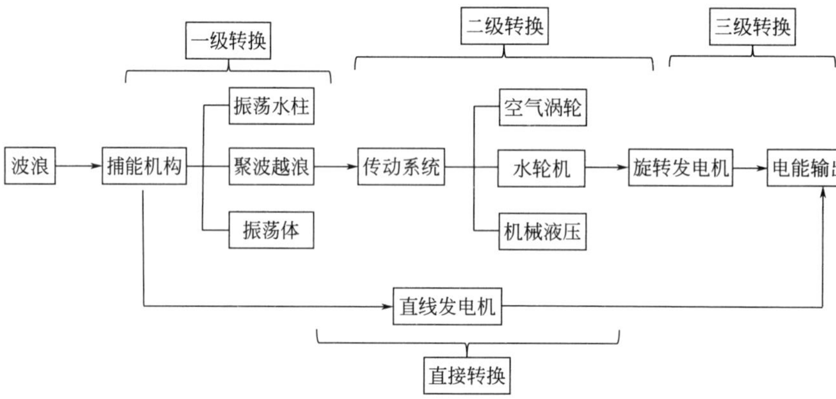

图 2-27　波浪能发电的不同转换方式

据调查统计，我国沿岸波浪能资源理论平均功率约为 1285.22 万千瓦，这些资源在沿岸的分布很不均匀。以台湾省沿岸最多，约为 429 万千瓦，占全国总量的 1/3；其次是浙江、广东、福建和山东沿岸，在 160 万～205 万千瓦之间，总量约为 706 万千瓦，约占全国总量的 55%；其他省市沿岸则很少，仅为 56 万～143 万千瓦；广西沿岸最少，仅 8.1 万千瓦。全国沿岸波浪能密度分布，以浙江中部、台湾、福建省海坛岛以北、渤海海峡为最高，达 5.11～7.73 千瓦每米。

现阶段的波浪能发电，无论设计水平还是工艺制造水平均已优于早期，波浪能发电装置是一项集海洋环境科学、流体力学、机电工程、材料科学等于一体的交叉技术，从开始采集波浪能到最终的发电传输使用，涉及方案设计、材料选择、强度校核、机械结构、能量转换和电力传输等各种问题，其中包含很多关键性的技术难题。从我国波浪能技术发展现状和科技研究成果来看，对于波浪能发电装置的理论体系和波浪能发电的技术研究尚未形成一套较为成熟和灵活的体系，相关的试验和分析工作仍需继续进行。

海水热能发电（温差能发电）的原理是海面上的海水被太阳晒热后，在真空泵中减压变为蒸汽，然后推动蒸汽轮机而发电。我国海域辽阔，东海、黄海、南海的平均水温都比较高，特别是南海夏日平均可达 36℃以上，且大部分海域水深在 1000m 以上，自表层向下 500～1000m 即可取得 5℃的冷水，具有利用海水温差发电的有利条件和广阔前景。

海洋中由于海水温度、盐度分布的不均匀而产生的海水密度和压力梯度，或由于海面上风的作用等原因产生的海水大规模的方向基本稳定的流动，称为海流。海流所具有的动能称为海流能。海流的能量与流速的二次方和流量成正比，因流量为流速和过流面积的乘积，故海流的能量与流速的三次方成正比。相对波浪而言，海流能的变化要平稳且有规律得多。海流能随潮汐的涨落每天两次改变大小和方向。一般来说，最大流速在 2m/s 以上的水道，其海流能具有实际开发的价值。

海流能的利用方式主要是发电，其原理和风力发电相似，几乎任何一个风力发电装置都可以改造成为海流能发电装置。但由于海水的密度约为空气的 1000 倍，且发电装置必须放置于水下，故海流发电存在一系列的关键技术问题，包括安装维护、电力输送、防腐、海洋环境中的载荷与安全性能等。此外，海流发电装置和风力发电装置的固定形式和涡轮设计也有很大不同。海流发电装置可以安装固定于海底，也可以安装于浮体的底部，而浮体通过锚链固定于海上。

中国海域辽阔，既有风海流，又有密度流；既有沿岸海流，也有深海海流。这些海流的流速多在 0.5n mile[1]/h，流量变化不大，而且流向比较稳定。若以平均流量 $100m^3/s$ 计算，中国近海和沿岸海流的能量可达 1 亿千瓦以上，其中以台湾海峡和南海的海流能量最为丰富，它们将为发展我国沿海地区工业提供充足而廉价的电力。

2.2.5.5 氢能

氢在地球上主要以化合态的形式出现，是宇宙中分布最广泛的元素，它构成了宇宙质量的 75%。氢气是二次能源。氢能在 21 世纪有可能成为一种举足轻重的能源，氢的制取、储存、运输、应用技术也将成为 21 世纪备受关注的焦点。氢具有燃烧热值高的特点，是汽油的 2.96 倍，乙醇的 5.26 倍，煤的 4.3 倍。氢燃烧的产物是水，是世界上最干净的能源。各种燃料热值比较见图 2-28。

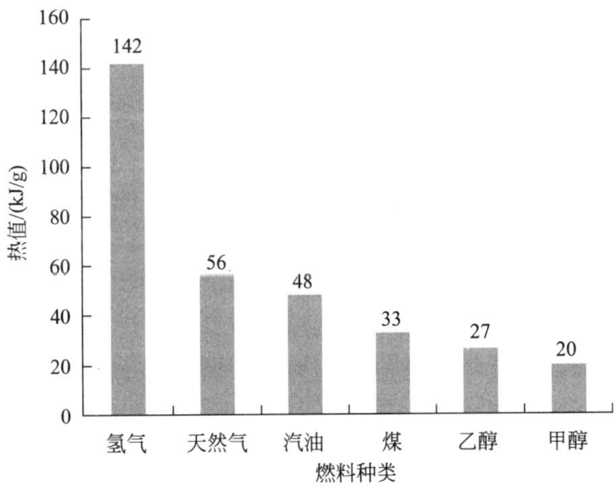

图 2-28 各种燃料热值比较

氢位于元素周期表之首，原子序数为 1，氢气在常温常压下为气态，在超低温高压下又可成为液态。作为能源，氢有以下特点。

① 所有元素中，氢质量最轻。在标准状态下，它的密度为 0.0899g/L；在 −252.7℃ 时，可成为液体；若将压力增大到数百个大气压，液氢就可变为金属氢。

[1] 1n mile（海里）≈1852m。

② 所有气体中，氢气的导热性最好，比大多数气体的热导率高出 10 倍，因此在能源工业中氢是极好的传热载体。

③ 氢在自然界分布广泛。据估计，氢构成了宇宙质量的 75%，除空气中含有氢气外，氢主要以化合物的形态贮存于水中，而水是地球上分布最广泛的物质。据推算，如果把海水中的氢全部提取出来，所产生的总热量比地球上所有化石燃料放出的热量还大 9000 倍。

④ 除核燃料外，氢的热值是所有化石燃料、化工燃料和生物燃料中最高的，为 142351kJ/kg，约为汽油的 3 倍。

⑤ 氢燃烧性能好，点燃快，与空气混合时有广泛的可燃范围，而且燃点高，燃烧速度快。

⑥ 氢本身无毒，与其他燃料相比，氢燃烧时最清洁。氢在空气中燃烧除生成水和少量氨气外，不会产生一氧化碳、二氧化碳、碳氢化合物、含铅化合物和粉尘颗粒等对环境有害的污染物，少量的氨气经过适当处理也不会污染环境，而且燃烧生成的水还可继续制氢，反复循环使用。

⑦ 氢能利用形式多样，既可以通过燃烧产生热能，在热力发动机中产生机械功，又可以作为能源材料用于燃料电池，或转换成固态氢用作结构材料。用氢代替煤和石油，不需对现有的技术装备做重大改造，现有的内燃机稍加改装即可使用。

⑧ 氢可以气态、液态或固态的金属氢化物形式贮存，能适应贮运及各种应用环境的不同要求。

我国氢气产量全球领先（图 2-29），2020 年达到 2500 万吨，2012—2020 年复合年均增长率（CAGR）约 5.74%。但是从下游应用来看，氢气在我国仍主要应用于化工领域，以氨、甲醇等大宗材料合成为主，在能源消费领域渗透较低。

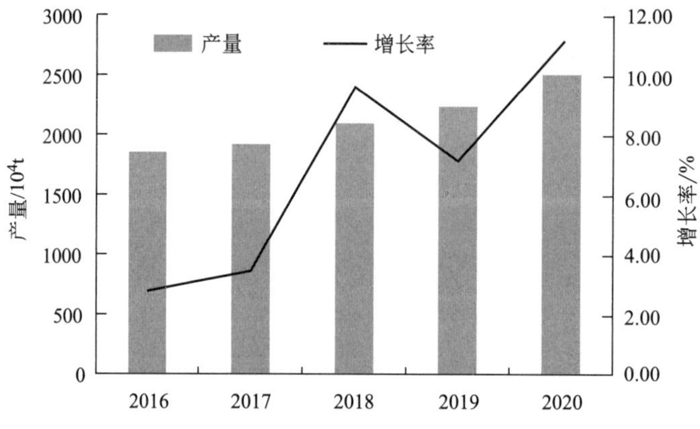

图 2-29　2016—2020 年我国氢气产量情况

在自然界中，氢和氧结合成水，必须用热分解或电分解的方法把氢从水中分离出来。如果用煤、石油和天然气等燃烧所产生的热或所转换成的电来分解水制氢，显然经济性很低。现在看来，高效率制氢的基本途径是利用太阳能。如果能用太阳能制氢，就等于把无穷无尽的、分散的太阳能转变成高度集中的清洁能源，其意义十分重大。目前利用太阳能分解水制氢的方法有太阳能热分解水制氢、太阳能发电电解水制氢、太阳光催化光解水制氢、太阳能生物制氢等。

最近，提取氢的方法又有了新进展，用氢作燃料的车辆已开始在道路上试运行。这种“氢车”不带油箱，不带太阳能接收板，而是在车内装有一排管道，管道中嵌入粉末合金块，以吸附和携带氢。粉末合金块称为“海绵铁”，是构成制氢装置的核心部件。其氢化过程可使水分解出氢，铁被氧化为氧化铁，然后氧化铁被氢还原成铁，如此周而复始地进行下去。这种反应最佳温度为 100～200℃，氢车上只要有 100kg 的海绵铁作床基，就能产生足够的氢保证汽车的需要。

科学家预测未来不仅“氢车”会普遍生产，而且“氢电站”也会建成，用于发电。住户中有氢气管道，与煤气一样供居民日常使用。

实现“双碳”目标，主要有两条路径：一是转变终端用能的生产工艺，从技术上、源头上减少甚至消除二氧化碳的排放；二是大幅提高可再生能源在一次能源中的占比。氢能作为完全零碳排放的清洁能源，将承担这一历史使命，氢能可以帮助人类脱碳、固碳，甚至实现负碳。对于终端用能来说，可以把氢能作为主要能源，通过氢电互补体系实现工业用能领域二氧化碳排放量的减少甚至消除。在交通等领域，以氢能代替柴油、汽油等能源，也可以实现碳减排。

2.2.5.6　其他清洁能源

除了前面介绍的核能、太阳能、风能、地热能、潮汐能、海洋能和氢能外，还有天然气水合物、化学能等清洁能源，它们一样也拥有广阔的应用前景。

天然气水合物（natural gas hydrate，gas hydrate）即可燃冰，是天然气与水在高压低温条件下形成的类冰状结晶物质，其外观像冰，遇火即燃，因此被称为“可燃冰”（combustible ice)、“固体瓦斯”和“气冰”。天然气水合物分布于深海或陆域永久冻土中，其燃烧后仅生成少量的二氧化碳和水，污染远小于煤、石油、天然气等，且储量巨大，因此在国际上被公认为石油等的替代能源。

可燃冰燃烧后几乎不产生任何残渣，$1m^3$ 可燃冰可转化为 $164m^3$ 的天然气和 $0.8m^3$ 的水。开采时只需将固体的可燃冰升温减压就可释放出大量的甲烷气体。

我国国内可燃冰主要分布在南海海域、东海海域、青藏高原冻土带以及东北冻土带，据粗略估算，其资源量分别约为 $64.97\times10^{12}m^3$、$3.38\times10^{12}m^3$、$12.5\times10^{12}m^3$ 和 $2.8\times10^{12}m^3$。已在南海北部神狐海域和青海省祁连山永久冻土带取得了可燃冰实物样品。

据专家估计，我国可燃冰的资源储量为 803.44 亿吨油当量，接近我国常规石油资源量，约是我国常规天然气资源量的两倍。据国土资源专家估计，我国陆域可燃冰远景资源量至少有 350 亿吨油当量，可供我国使用近 90 年。

2.2.6　我国可再生能源开发利用的特点

可再生能源具有高效、清洁、低碳、环保等特点，发展可再生能源有利于促进生态环境和社会经济可持续发展。所以，我国能源发展的核心和关键环节是加快发展可再生能源。

我国可再生能源开发利用存在以下特点。

一是可再生能源消费持续提速，推动能源结构优化升级。我国非水可再生能源消费量由 2010 年的 0.77EJ 增长至 2019 年的 6.63EJ，年均增长 27.25%；同期化石能源消费量增速放缓，年均增速仅为 2.58%。我国能源消费结构进一步优化，2010 年至 2019 年，化石能源消费量占一次能源消费量比重由 92.19%降至 85.14%，而同期非水可再生能源消费占比由 0.74%增至 4.68%，与全球非水可再生能源消费占比基本持平。

二是可再生能源利用水平提升，但消纳潜力依然巨大。我国水电、风电、光伏发电的累计装机规模和新增装机规模均居世界首位。截至 2025 年 6 月底，我国可再生能源发电装机容量达到 21.59 亿千瓦，同比增长 30.6%。但由于风能、太阳能等可再生能源资源分布与生产力发展格局不匹配，一些地区依然存在“重建设、轻利用”的现象，供给与需求呈现区域性不平衡、不协调，导致可再生能源的发展潜力还未得到充分挖掘，而充分消纳是可再生能源利用水平得以持续提升的关键。

三是技术进步带来可再生能源平均发电成本持续下降。我国主要可再生能源平均发电成本呈明显下降趋势，陆上风电、光伏发电成本快速下降，截至 2021 年底，二者平均度电成本较 2012 年分别下降 48%和 70%，产业竞争力持续提升，为可再生能源新模式、新业态蓬勃发展注入了强大动力。

四是可再生能源发展激励机制面临转型。我国早在 2006 年就确立了固定价格制(FIT)，目前，可再生能源电价附加收入是补贴可再生能源上网发电的主要资金来源。财政部、国家发改委、国家能源局共同制定了《可再生能源电价附加补助资金管理办法》，其中，由财政部确定新增可再生能源发电项目补贴总额；国家发改委、国家能源局在补贴总额内，确定各类需补贴的可再生能源发电项目新增装机规模。

随着可再生能源装机容量快速增加，补贴缺口日益增大、可再生能源发电的电网外送能力有限等问题逐步显现，可再生能源的消纳问题亟待解决。为促进可再生能源消纳，2019 年 5 月，我国正式提出建立健全可再生能源电力消纳保障机制，按省级行政区域确定可再生能源电力消纳责任权重，该机制的推出表明，我国可再生能源发展激励方式正在由财政激励向产权激励转型，即从固定价格制（FIT）转向配额制（RPS)。

但在可再生能源发展过程中也面临以下问题。

一是资源错配现象。我国太阳能、风能和水能资源丰富，但资源空间分布不均匀，长期存在资源错配问题。区域地形和气候条件差异决定了我国太阳能和风能在西部地区较为丰富，水资源储备则集中在西南地区。但是，我国东部区域技术条件成熟，太阳能、风能和水资源开发程度大。这就要求我国建立高水平的技术体系支持能源长途调配，加强资源合理配置。

二是发电成本过高而缺乏市场竞争力。可再生能源与传统能源相比，虽然在环境效益以及能源储量等方面优势很大，但一直解决不了生产成本过高的问题。可再生能源发电产业并没有达到市场自由竞争水平，目前可再生能源产业还依靠各类法律法规以及补贴政策的保护。有关部门应当使用科学合理的补贴手段和与其他政策相结合的规制措施，确保在缺乏市场竞争力时，可再生能源产业仍能发展良好。

三是“上网、并网”难，导致替代效率不高。分布式电源并网一直是难点问题。我国一些大型电源分布在人口少的区域，消纳能力低，很多电站因为无法并网而导致资源浪费。可再生能源是传统能源最佳的替代品，而其替代效应由于技术不成熟以及配套计划落后等因素，受到大幅削弱，因此许多地区消费者的消费偏好并未转移到可再生能源电力产品上。为加快可再生能源电力产业发展，亟须加快建设可再生能源电力配套设施并制定合理的消纳计划。

四是“短期过剩”与“长期不足”矛盾突显。学术界、企业界和有关部门均认为可再生能源产业存在产能过剩问题。基于长期考虑，当前可再生能源电力产业建设规模不能满足将来的市场需求，可再生能源行业还存在广阔的发展前景和空间。但是，由于市场的恶性竞争，可再生能源发电企业及其上游设备制造企业出现利润率低，甚至严重亏损等问题。为了可再生能源产业的科学、健康和可持续发展，必须化解可再生能源产业的短期产能过剩与长期产能不足的矛盾。

由上述问题可见，对可再生能源的开发利用并不是一帆风顺的，因此，需要不断更新技术，完善机制，合理地开发利用可再生能源。

2.3 提高能源利用率和能源效率

2.3.1 提高能源利用率的必要性

世界能源消费构成有四种类型：自给型、进口型、出口型、调剂型。我国属自给型，即95%以上的能源需求量立足于国内生产供应。新中国成立初期，煤炭比重大，占能源生产总量的96.3%；原油产量很少，1949 年仅 12 万吨，占能源生产总量的 0.7%，所需原油相当一部分靠进口。

能源工业作为国民经济的基础，对于社会、经济发展和提高人民生活水平都极为重要。在过去多年高速增长的经济环境下，我国能源工业面临经济增长、环境保护、资源节约、资源的合理开发与有效利用等多重压力。资源消耗多，环境污染严重，影响资源、环境与经济的协调发展，具体表现在如下几个方面。

① 资源消耗多。我国单位国民生产总值的能源消费量是发达国家的 4～14 倍；主要耗能产品的单位能耗远远高于发达国家；平均煤炭利用效率只有 30%左右，比国际平均水平低 10 个百分点。

② 环境污染严重。以燃煤型为主的区域性环境污染，特别是 SO_2 排放和由此引发的酸雨已成为影响许多地区经济社会发展的重要因素。

③ 供需矛盾突出。一是煤炭直接消费比例居高不下。我国煤炭大部分直接用于燃烧。煤炭仍为我国主要能源利用形式，且主要用于锅炉燃烧，也是大气煤烟型污染的主要原因。二是煤炭占终端能源消费比例过高。终端消费的能源种类和能源质量对大气污染的影响较大。煤炭终端消费总量大，对终端能源消费总量的影响较大。2021 年我国终端能源消费总量中，煤炭消费量（以标准煤计）29.34 亿吨，占 56.0%。三是燃煤质量普遍低下。第三次全国煤田资料数据显示，我国煤炭平均硫分可达到 1.1%，灰分为 17%，其中高硫和高灰分所占煤种比例较大。2021 年，我国原煤入洗率达到 74.7%，比 2015 年提高 8.8 个百分点。

④ 能源资源利用技术有待进一步提高。我国能源终端消费主要集中在工业部门，能源资源利用技术有待进一步提升。

综上所述，提高能源利用率具有多重意义。一是从宏观层面上看，可以有效减轻我国能源需求及能源安全压力，减少污染物和温室气体的排放，降低我国能源运输压力，缓解能源资源约束；二是从微观层面上看，可以降低企业生产成本，同时通过节能活动的开展促进企业创新，提高企业清洁生产和管理水平。

我国加入世界贸易组织（WTO）20 多年，世界各国之间的合作日益频繁，我国能源资源利用效率得到较快发展。

从能源消费看，2014 年以来，我国能源利用效率不断提升。单位国内生产总值能耗累计降低 20%，以年均约 2.9%的能源消费增长支撑了年均 6.2%的国民经济增长。

能源消费结构显著优化。煤炭消费比重从 2014 年的 65.8%下降到 2021 年的 56%，年均下降 1.4 个百分点，是历史上下降最快的时期。清洁能源消费比重同期从 16.9%上升到 25.5%，在能源消费增量中的份额超过 60%。

能源领域污染防治成效显著。全国超低排放煤电机组装机容量超过 10 亿千瓦。北方地区清洁取暖率达到 73.6%，替代散煤 1.5 亿吨以上。我国建成全球最大的充换电网络，累计建成充电设施 391.8 万台。

从能源供应看，供给能力和质量显著提升。2014 年以来，我国能源自主保障能力保持在 80%以上。全口径发电装机容量超过 24 亿千瓦，人均年用电量从 4000 千瓦时增长至近 6000 千瓦时，超过英国、意大利，接近德国、法国等国家。

2021 年我国可再生能源装机容量突破 10 亿千瓦，占全国电力装机容量的 44.8%，常规水电、抽水蓄能、风电、太阳能发电、生物质发电等装机容量均居世界第一；可再生能源发电量 2.48 万亿千瓦时，占全部发电量的 29.7%。可再生能源利用率不断提高，全年水电、风电、光伏发电利用率分别达到 97.9%、96.9%和 98%。

2.3.2 提高能源效率的意义

能源效率对实现可持续发展目标具有头等重要的意义。提高能源效率，能够以较少的投入取得巨大的经济效益、社会效益和环境效益，从而实现可持续发展。

① 提高能源效率，可延长不可再生能源资源的使用年限，为过渡到以可再生能源为基础的能源系统赢得时间。

② 可减轻能源生产利用对环境的损害。例如，目前我国每节电 100GW·h，可减排 SO_2 640t、CO_2 2.47t。

③ 可降低能源密集产品的生产成本，提高市场竞争能力。

④ 可减少能源需求，节省能源建设投资，缓解能源供应紧张，促进经济发展。

⑤ 可提高宏观经济效益，因为能源效率投入的收益率比能源开发高得多。例如，节电的投资成本（生命周期成本）仅为新增容量的 1/20～1/10。

⑥ 能源效率投资可提供更多的就业机会。分析表明，投资能源效率与增加油、气、电力供应相比，提供的工作岗位多一倍；如果再将提高能效所节省的资金用来发展经济，则比新建电厂提供的工作岗位多三倍。

目前我国能源系统的总效率仍有待提高，从开采、加工、转换、输送、分配到终端利用都有很大的提升空间。

我国人均能源资源占有量不足，能源总量保证的前景是严峻的。因此，必须改变经济增长方式，依靠科学技术提高能源效率。

提高能源利用率，一是靠管理，二是靠技术。技术是关键，管理是保证。开发推广高效节能技术将有助于管理水平的提高，管理节能最终也要落实到技术节能上。按照国家制定的能源战略，实现能源的可持续发展，必须大力开发、推广节能技术。

2.3.3 节能技术

2.3.3.1 提高能源效率与节能

在商品经济占主导地位的国家和社会里，产品的能源消耗历来被人们所关注和重视，因为能耗的高低直接反映在产品的成本和价格上，直接影响到产品的竞争能力和销路，甚至影响到企业的生存和发展。尤其到现代，随着能源价格的上涨，能源在产品成本中的比例越来越大。国际、国内竞争日趋激烈，能源消耗的问题日趋严重，降低产品单耗、提高能源利用率、节约能源，早已是人们关注的重点之一。因此，提高能效和节能是一个古老的话题。

能源效率和节能是两个联系紧密而又区分明确的概念。能源效率是指主要依靠技术手段提高能源资源的利用率，而节能则侧重于能源生产利用的经济效益。按照世界能源委员会的定义，节能是“采取技术上可行、经济上合理以及环境和社会可接受的一切措施，来更有效地利用能源资源”。这就是说，节能是旨在降低单位产值能耗的努力，为此要在能源系统的所有环节，包括开采、加工、转换、输送、分配到终端利用，从经济、技术、立法、行政、宣传、教育等方面采取有效措施消除能源的浪费，充分发挥在自然规律所决定的限度内存在的潜力。

2.3.3.2　节能技术定义和分类

节能技术可分为广义节能技术和狭义节能技术。广义节能技术包括对能源品种的规划，从能源开采到运输、使用整个系统的优化配置，用能系统的结构优化、能源品种的优选、能量等级的合理利用等；狭义节能技术即采用新的用能工艺和节能设备替代旧的能耗高的工艺设备实现某一过程的节能。广义节能技术只有与狭义节能技术结合起来才能达到最佳的效果。

按照实现节能的手段，可分为管理节能和技术节能两类。前者是通过加强能源管理、调整产业结构和产品结构达到节能的目的；后者则是依靠技术进步和技术改造，采用新工艺、新材料和新设备获得节能效果。

按采取节能措施对象的层次，又可分为单元节能和系统节能两种情况。单元节能是对某种单个技术、单元设备或过程中某个环节所开展的节能工作。系统节能则是着眼于整个系统。系统有不同的类型和规模，从类型来说，如电力系统、供热系统、城市交通系统等；从规模来说，小至流程、企业，大到城市、地区。

按能耗领域，又可分为工业节能、生活节能和运输节能。我国能源的80%用于工业生产，所以工业节能是节能的重点。生活节能包括炊事、照明、家用电器以及建筑物的节能。运输节能包括降低各种交通工具的能耗，建立低能耗的交通运输系统。

节能是个积极的概念。节能就是在提高国民经济发展速度、改善和提高人民生活水平、满足全社会各种物质和文化需要的基础上，在能源生产和消费过程中采取技术上可行、经济上合理、社会能够接受的一切措施，最大限度地有效利用能源。也就是说，既要生产和消耗，又要节约，以节约求增产。

2.3.3.3　工业部门节能

工业部门的能源系统是一个综合系统，包括许多方面。所谓系统节能是将工业生产中用能的全过程作为一个系统加以综合研究，分析系统内部各要素之间的相互关系和相互作用，找出薄弱环节，在此基础上产生提高系统能源利用率的技术方案和管理措施，进行评估后制定规划逐步实施。

我国工业领域能源消费约占全社会能源消费的2/3，是第一大用能部门，是节能重点领域和主战场之一。我国工业领域用能企业数量多、涉及面广，加快推进工业节能提效，不仅有利于提升企业能源资源利用效率，降低能源成本，还能够推动重点行业领域工艺流程、生产设备更新换代，提升行业绿色低碳发展水平。

从节能的实现方式看，通过调整行业和产品结构实现的节能约占工业部门节能潜力的70%～80%，依靠技术进步降低单位产品能耗实现的节能占20%～30%。因此，工业部门节能应实行技术进步与行业、产品结构调整相结合。通过修订节能设计规范，实行企业能源审计和报告、推进节能技术进步、建立能源管理信息系统、推行绩效合同等政策和措施，促进工业部门的节能。

2.3.3.4 商用/民用部门建筑节能

目前我国每年城乡新建房屋建筑面积近20亿平方米，其中80%以上为高能耗建筑；既有建筑近400亿平方米，95%以上是高能耗建筑。我国单位建筑面积能耗是发达国家的2～3倍，造成了沉重的能源负担，已成为制约我国可持续发展的突出问题。同时建设中还存在土地资源利用率低、水污染严重、建筑耗材高等问题。

与工业节能相比，建筑物节能的起步较晚，但已取得一定进展。截至2020年底，全国城镇当年新建绿色建筑占新建建筑比例达到77%，累计建成绿色建筑面积超过66亿平方米；累计建成节能建筑面积超过238亿平方米，节能建筑占城镇民用建筑面积比例超过63%。

按照我国奋斗目标，到2035年，我国人均GDP将达中等发达国家水平（2.5万美元），城镇化率75%以上，城镇人均住房建筑面积53.3平方米以上。随着人均收入的增加，提高居住的舒适度将成为影响建筑物能源需求非常重要的因素。如果以提高生活环境的舒适度为前提，人均住房建筑面积由2000年的21平方米增长到2035年的人均53.3平方米，公用建筑面积以年均6%的速度增长，2035年建筑物能源消费量将达19亿吨标准煤，占2020年全国能源消费的38%左右。但是如果加大建筑节能标准的执行力度，使新建建筑基本达到节能50%的标准，主要特大型城市执行节能65%的标准，在制订和出台鼓励高效建筑节能技术和产品市场化的政策及建立适应市场机制的建筑节能体制下，实现能源结构的优质化转变，到2035年全国建筑物的能源消费量可减少约3.4亿吨标准煤。

2.3.3.5 交通运输部门节能

交通运输业作为国民经济和社会发展的基础产业和服务行业，也是社会经济活动中物流和客流的载体，在国家经济和社会发展中具有重要的作用。同时，交通运输是石油消费的重点行业，是温室气体和大气污染排放的重要来源之一。2022年，我国交通运输、仓储和邮政业能源消费为4.04亿吨标准煤，占全部能源消费的7.5%。随着经济的发展和人们生活水平的提高，交通运输部门的能源消费比重将进一步提高。

在发达国家，交通运输部门排放的二氧化碳占总排放量的1/3左右。2019年美国交通运输领域二氧化碳的排放量为18.75亿吨，占28.60%，几乎全部来自各类车用化石燃料。2019年日本交通领域二氧化碳的排放量占全国总排放量的20%。2020年，我国交通领域碳排放约占我国碳排放总量的10%。尤其是公路运输，年均排放10亿吨二氧化碳，占交通行业排放总量的85%左右，是不折不扣的排放主体。加强交通运输业节能减排将成为缓解我国能源供应紧张、环境容量压力的必然选择之一。

因此，未来我国要采取切实措施，最大限度地降低油耗在整个交通运输行业中的比重，相应提高电耗比重，“以电代油”，最终实现能耗结构的优化。

2.3.3.6 节能材料

材料和能源是当代社会赖以迅速发展的最重要的两大物质基础，而它们之间又有密切的和相互制约的关系。

能源的开采、运输、转换和合理利用的各个过程都需要借助于各种工程结构材料、功能材料以及由它们构成的各种设备和系统。在许多情况下，能源能否得到尽快开发和高效利用往往取决于材料。

另外，从原始矿物的开采到制造出材料来，用材料再加工成生产设备以及这些生产设备的运行和维护等一系列过程中都需要消耗能源。

节能材料是指那些能增加能源生产或减少能耗的材料，是相对于另外一些材料而言的。采用节能材料往往能达到投资小、周期短、见效快的效果，因此积极开发、生产和推广应用各种节能材料对于促进节能工作具有极为重要的意义。

从绝大多数节能材料的作用机理分析，节能材料实际上是一些能够改变能流阻力（包括热阻、电阻、磁阻、机械阻尼、化学反应势垒及某些复合阻抗）、提高能源利用效率、促进余能利用的材料。目前常用的节能材料主要有如下几种。

① 改变热阻的材料。隔热材料、水垢清除剂、磁性去垢材料和远红外辐射材料等均属于改变热阻的材料。隔热材料通常用于设备的保温。它们是一些导热性差、热阻高的材料，采用之后将使整个过程和设备的热阻大大增加，在很大程度上减少热量传递的损失。因此，隔热材料的节能效果是十分显著的。许多学者估计，假使现有的隔热装置都采用新型的隔热材料，则可节能20%～30%。有人测定，直径50mm、长1m、内压为几个大气压的蒸汽管道，如不保温，则每年损失的能量折合标准煤0.5～1.0t；用适当的隔热材料保温后，每年则可节约0.25～0.5t标准煤，而其保温费用仅为10～13元。应当指出，利用隔热材料提高散热系统的热阻，并不意味着隔热层越厚越好，这里有个最佳厚度问题。水垢清除剂刚好相反，它用于除去传热面上的高热阻水垢，从而提高传热效率，达到节能的目的。远红外辐射材料能将热能通过辐射形式传递到被加热物质上，不必通过空气、水蒸气等载体间接地传递热能，而且其热射线能直接穿透到被加热物质内部，因而其总热阻往往比传导和对流传热形式低得多，从而提高热能利用效率。在选用得当的条件下，远红外辐射材料的节能效果是明显的。

② 改变电磁阻力的材料。高导电材料和超导材料等属于改变电流阻抗的节能材料。不必要的电流阻抗的存在会带来电能的损耗，通常包括铜损、铁损和绝缘介质损耗等多种情况。我国近几年成功研制出无氧铜和稀土铝合金导线材料，其电阻比国内一般材料标准低3%左右，从而减少了输电能量的损失。超导材料是最理想的高导电材料，但由于其特性，长期以来应用受到限制。但这表明了克服电阻节约电能的极限潜力，并为研制小体积、大容量的电机指出了努力方向。

典型的改变电磁阻力的另一类材料是低铁损材料，用于节能变压器和电机在国外已趋实用化，国内也在积极开发。其中用冷轧取向晶粒硅铁替代普通热轧硅钢片后，铁损降低50%～90%；若采用非晶硼硅铁合金，则又比冷轧取向晶粒硅铁减少2/3的铁损。

③ 改变固体摩擦阻尼的材料。固体减摩耐磨材料属于改变机械阻尼的节能材料，它能降低物体间的摩擦阻尼，从而节约能源。例如，尼龙、聚甲醛、填充聚四氟乙烯、聚酰亚胺等许多工程塑料和许多节能型固-液润滑剂具有优良的减摩和耐磨特性，因而用它们或者它们的复合材料替代传统的金属可以直接节约能源，且其使用寿命往往比较长。国内已有不少机械使用填充氟塑料活塞环代替铸铁活塞环，实现了无油润滑，既节约了电能，又节约了润

滑油。据报道，老鹰山煤矿 5 台风压机采用填充聚四氟乙烯活塞环实现无油润滑后，每年节约油脂 2t，节电 118MW·h。除了塑料，二硫化钼和石墨也是常用的固体减摩耐磨节能材料。

④ 改变流体摩擦阻尼的材料。流体减阻剂是另一类改变摩擦阻尼的节能材料，它主要用于降低流体运动时的内摩擦损失和边界摩擦损失。例如，有人把微量减阻剂聚环氧乙烷添加于被输送的流体（如水）中，取得了摩擦力下降 60%的减阻效果。在物质分离技术中，能改变流体扩散或传质阻力从而实现节能的材料也属此类，如新型的膜分离材料。

⑤ 改变化学势垒的材料。这是一种能降低化学势垒、加速化学反应从而节约能源的节能材料，主要是各种催化剂和高效催化剂。其中燃烧催化剂可富集可燃物质，降低可燃物浓度限和温度限，促进燃料氧化烧尽，从而达到节能和减排的目的。例如，广州某电器厂采用燃烧催化剂钯蜂窝陶瓷，可回收烘干绝缘漆的有机废气，达到了总节电 13.6%的效果。

本章重要知识点

- 资源、能源的定义及分类
- 能源效率的定义
- 能源利用与环境污染的关系
- 能源清洁利用的含义
- 可再生能源和新能源的开发和利用
- 节能的定义和途径
- 提高能源利用率的意义

复习思考题

1. 可再生能源和不可再生能源的核心区别是什么？分别举出两种典型能源。
2. 简述中国能源结构的特点及其面临的主要挑战。
3. 为什么煤炭被称为“不洁净能源”？其使用过程中可能产生哪些环境污染？
4. 什么是洁净煤技术？列举两种具体的煤清洁利用技术。
5. 提高能源利用率的意义是什么？
6. 中国在“双碳”目标下，能源结构将发生哪些变化？
7. 温室效应的形成机制是什么？哪些气体是主要的温室气体？
8. 为什么说可再生资源的可持续利用需要平衡开发量与再生量？
9. 请结合工业革命与信息革命的背景，分析能源内涵变化与社会需求的互动关系。
10. 有人认为“氢能是未来唯一终极清洁能源”，你是否同意？请从技术可行性、经济性、环境影响等角度展开讨论。
11. 如何通过系统节能理念优化工业园区能源利用？请提出一个包含技术、管理、政策的多维度方案。
12. 核能作为低碳能源，其发展面临安全与伦理争议。请从“技术风险”与“社会接受度”角度，探讨核能在“双碳”目标下的合理定位。
13. “生物质能的规模化开发可能引发‘与人争粮’或生态破坏问题”，请谈谈对这句话的看法。

第3章

碳足迹、水足迹和环境足迹

3.1 碳足迹的提出

3.1.1 环境问题、生态问题和温室气体问题

人类在生存和发展过程中与自然环境相互依存、彼此影响和制约。但是人类活动是具有主动性和重要影响的，当人类的活动影响到环境的生态平衡，同时也影响人类自身的发展时，就必须克制自身活动的方式和强度。社会的发展就是人类这样不断深入认识自然、逐渐克服困难的过程。

当人类在局部地区过度活动，引起环境污染而影响生存时，开始对自己的行为进行反思，并研究环境和保护环境，此时基本还处于就事论事解决实际问题的阶段；在研究过程中发现，地区性生态环境的破坏对人类生存和发展危害更大，因此将更多的注意力转向对保护地区生态的研究；进一步研究发现，由于大量使用煤和石油等化石燃料以及其他化学品，大量废气排放到大气层，其中以二氧化碳为代表的气体覆盖在地球表面，促使全球气温升高，如果继续下去，将对全球造成灾难性后果，学者提出了“碳足迹”和“低碳经济”的概念，并促使各国联合讨论应对方法。人类对自然的认识不会停止，在“碳足迹”之后，又提出了“水足迹”“环境足迹”或“生态足迹”的概念。

当然人类在发展过程中还面临其他许多问题，例如化学品的使用。以农业为例，农药和化肥的使用保证了农业持续高产，但也带来一些负面效应，虽然提倡生态农业，尽量不用化肥和农药，但是实际上这是一个无法逆转的过程，没有化肥，粮食产量会不足现在的50%，不用农药而人工除虫害更不能想象。人类社会发展，就是在这种复杂交织的矛盾中展开的——一边不断克服眼前的困难，一边催生新的矛盾，在“解决矛盾—产生矛盾”的循环里向前。人类社会发展可以简单归纳为以下过程：人类活动频繁—局部环境污染—环境保护—地区性生态保护—清洁生产—节能减排—气候变化—碳足迹（低碳经济）—水足迹—环境足迹或生态足迹。这一链条还在延伸，并且人类会更系统、更全面地考虑问题，不断改正错误，促使人类与环境慢慢地走向和谐。

温室效应（greenhouse effect）又称“花房效应”，是地球大气保温效应的俗称。当太阳

短波辐射到达地面时，地表向外放出的长波热辐射若被大气中二氧化碳等气体吸收，阻止其反射，就使地表与低层大气温度升高，因其作用类似栽培农作物的温室，故名温室效应。

温室气体（greenhouse gas，GHG）是存在于地球表面，以二氧化碳为主的具有温室效应的气体的总称。温室气体对地球生命起到有益作用，如果没有温室气体的保护，辐射到地球的射线全部反射，地表平均温度就会下降到－18℃，而实际千百年来地表平均温度为15℃，这是相对平衡的结果。但是自工业革命以来，这一平衡遭到了破坏，人类向大气中排入过量的二氧化碳和其他吸热性强的温室气体，大气的温室效应也随之增强，引起全球变暖等一系列严重问题。

温室效应主要是由于现代化工业社会过多地燃烧煤炭、石油和天然气放出大量的二氧化碳气体进入大气造成的。二氧化碳是数量最多的温室气体，大气中的体积分数约为0.03%。

根据历史记载，从1880年到2000年地球表面温度持续升高，冰川逐渐减少。温室气体产生及循环见图3-1。

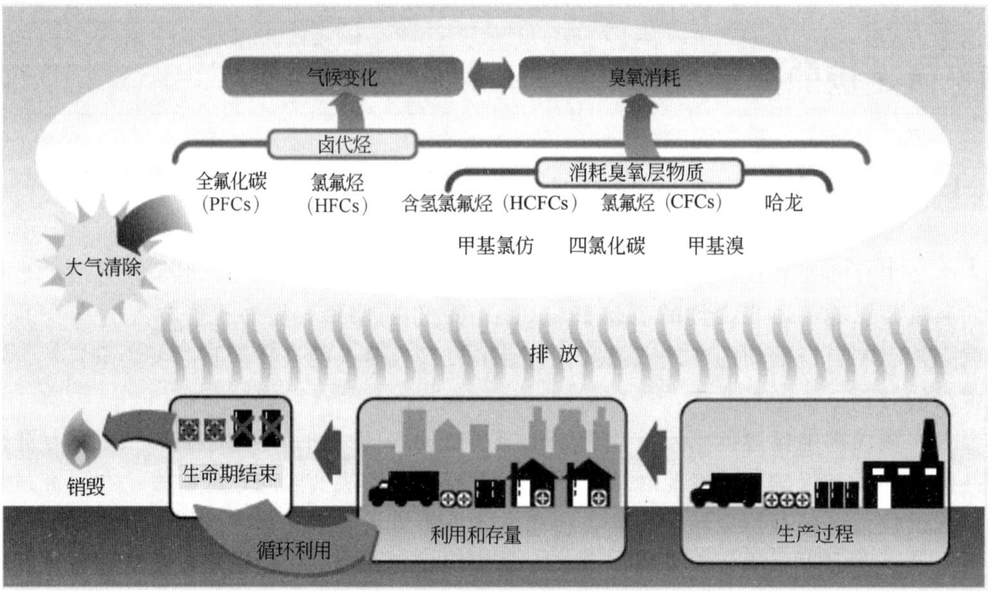

图3-1　温室气体产生及循环

《京都议定书》中规定了6类温室气体，分别是二氧化碳（CO_2）、甲烷（CH_4）、氧化亚氮（N_2O）、氢氟烃（HFCs）、全氟化碳（PFCs）、六氟化硫（SF_6）。这些温室气体所起的作用并不相同，因此人们提出了全球增温潜能值（GWP）的概念。它是指将单位质量的某种温室气体在给定的时间段内辐射程度的影响与等量二氧化碳辐射程度影响相关联的系数，全球增温潜能值的单位是二氧化碳当量（CO_2-e）。部分温室气体GWP值见表3-1。

表3-1　部分温室气体的全球增温潜能值（GWP）

温室气体	分子式	100年的GWP/CO_2-e
二氧化碳	CO_2	1
甲烷	CH_4	25
氧化亚氮	N_2O	298

这些温室气体的最大来源（约占58.6%）是化石燃料燃烧以CO_2的形式排放，因此习

惯上用“碳”代称温室气体，称“温室气体减排”为“碳减排”。其次是来自农业系统的 CH_4、N_2O，分别占 CO_2-e 总和的 14.3%和 7.9%。

温室效应分为自然温室效应和增强的温室效应。

① 自然温室效应：大气辐射向所有方向发射，包括向下方的地球表面的辐射。而温室气体有效地吸收地球表面、大气本身相同气体和云所发射出的红外辐射。温室气体将热量捕获于地面-对流层系统之内，该效应称为“自然温室效应”。

② 增强的温室效应：大气辐射的强度与其气体成分的温度高度相关。在对流层中，温度一般随高度的增加而降低。从某一高度射向空间的红外辐射一般产生于平均温度在－19℃的高度，并通过太阳辐射的收入来平衡，从而使地球表面的温度能保持在平均 14℃。温室气体浓度的增加导致大气对红外辐射的不透明能力增强，从而引起由温度较低、高度较高处向空间发射有效辐射，这就造成了一种辐射强迫，这种不平衡只能通过地面-对流层系统温度的升高来补偿，这就是“增强的温室效应”。

据估计，自 1850 年以来，已有约 3450 亿吨碳释放至大气。科学家认为，大气中 CO_2 浓度（体积分数）超过 350μL/L 这个警戒线（或称红线），则地球处于危险状态，而实际上目前已经处于危险状态。2011 年 4 月到 7 月测得的大气中 CO_2 浓度分别为 393.18μL/L、394.16μL/L、393.69μL/L 和 392.39μL/L，均超过 350μL/L 这个警戒线。若大气中 CO_2 浓度稳定在 450μL/L 左右，就可能使地面升温超过 2℃。更有多个预测模型的测定结果是 21 世纪内升温可能达到 4℃，如果上述假设变成现实，将导致灾难性后果。

温室效应的危害有如下几个方面。

① 地球表面气温升高、冰川融化引起海平面升高：1906—2005 年全球地表温度升高 0.74℃，预计到 21 世纪末上升 1.1～6.4℃。全世界大约有 1/3 的人口生活在距海岸线 60km 的范围内，这些地区经济发达，城市密集，一旦海堤冲垮，影响极大。

② 影响生态系统，特别是农业：随着二氧化碳浓度增加和气候变暖，可能会增强植物的光合作用，延长生长季节，使世界一些地区更加适合农业耕作。但全球气温和降雨形态变化迅速，这一平衡的破坏也可能使世界许多地区的生态系统和农业无法适应或不能很快适应这种变化而遭受很大的破坏性影响，造成大范围的森林植被破坏和农业灾害。

③ 气象灾害频发：气候变暖导致洪涝、干旱等气候灾害增多。全球平均气温略有上升，就可能带来频繁的气候灾害，如过多的降雨、大范围的干旱和持续的高温，造成巨大的灾害损失。有统计表明，根据气候变化的历史数据，近百年异常气候频率高于以往，有人推测气候变暖可能破坏海洋环流，引发新的冰河期，给高纬度地区造成严重的气候灾难。

《京都议定书》对发达国家提出了减排要求，因为其碳排放基本上是消费型的，且人均排碳量大，而发展中国家承担了生产必需品的任务，产生的二氧化碳以生产型为主。因此对发展中国家并没有明确指标，即对中国并没有明确减排义务。

但我国自我提出了严格的要求，承诺“二氧化碳排放力争于 2030 年前达到峰值，努力争取 2060 年前实现碳中和”的目标。这是对世界的重大贡献，因为中国的排碳量中，相当一部分是为世界各国生产产品而排放的。为实现“双碳”目标，我国主要从以下几个方面展开了工作。

① 能源结构的调整。我国能源消费结构以煤炭为主，建设新型电力系统，大力开发水力、风力、太阳能等清洁能源，能够减少煤炭的使用。我国已建成白鹤滩、乌东德两座超大型水电站，三峡大坝、溪洛渡和向家坝三座大型水电站，此外还有大大小小的水电站 5 万座左右。白鹤滩水电站装机容量为 16 吉瓦，每年可替代标准煤约 1968 万吨，减排二氧化碳约

5200 万吨。乌东德总装机容量为 10.2 吉瓦，每年可替代标准煤约 1220 万吨，减排二氧化碳约 3050 万吨。根据国家能源局发布的数据，截至 2024 年底，全国累计发电装机容量约 33.5 亿千瓦，同比增长 14.6%。其中，太阳能发电装机容量约 8.9 亿千瓦，同比增长 45.2%；风电装机容量约 5.2 亿千瓦，同比增长 18.0%。

② 植树造林、沙漠绿化，中和排放的二氧化碳。森林是陆地上最大的“碳汇”，因此，植树造林是目前主要的固碳途径，在缓解全球变暖中发挥着重要作用。据统计，一亩[1]林地每天可吸收 67kg 二氧化碳，并释放 49kg 氧气，产生氧气量可供 65 个成年人呼吸。目前，全国森林植被总碳储量达 92 亿吨，每年新增林业面积 1 亿多亩，占全球新增森林面积的 25%。除在华北、西北、西南地区植树造林外，沙漠绿化工程也是改善生态环境、减少碳排放量的重要措施。全国绿化委员会办公室 2025 年公布的《中国国土绿化状况公报》显示，2024 年全国完成营造林 444.6 万公顷，种草改良 322.4 万公顷，治理沙化石漠化土地 278.3 万公顷，森林覆盖率超 25%，森林蓄积量超 200 亿立方米。

③ 开发新的清洁能源，如地热能等。开发新的清洁能源是实现能源转型的重要举措。清洁能源主要包括地热能、海洋能、生物质能等。截至 2023 年，我国地热能发电装机量为 61.47MW。若利用地热能取暖面积为 1000 万平方米，每年可节约标准煤约 60 万吨，减排二氧化碳约 160 万吨。海洋能技术是指以海水为能量载体，利用潮汐、波浪、海流/潮流、温度差和盐度梯度等能量进行发电的技术手段。我国生物质能开发利用由来已久，其中生物柴油是化石柴油的优良替代品，1 吨生物柴油可减少 2.83 吨碳排放。

④ 节能减排，降低单位产品能耗。全国重点行业正在研究制定行业排碳计算方法和标准，制定减排目标。加快推进碳排放核算标准体系建设，加强碳排放市场机制顶层规划对于有效推进“双碳”目标的实现至关重要。企业节能减排就是通过节约能源，降低能源消耗，从而减少污染物排放。从能源消费行业来看，可以通过创新能源技术、提升能源利用率、采用先进的科技手段降低能源使用中的碳排放量。

⑤ 开发碳交易市场，鼓励并推动减碳技术的研究、开发和推广。2021 年 7 月，中国碳排放权交易市场正式上线启动，实现了地区试点向全国性交易的转变。全国碳排放权交易市场运行以来，截至 2024 年底，碳排放配额累计成交量 6.3 亿吨，累计成交额 430.33 亿元，市场运行总体平稳有序。排放权交易显著增加了中国上市企业的技术创新活动，随着时间推移，这种促进作用将不断增大。

3.1.2 世界气候会议和碳足迹的提出

局部地区环境污染往往影响该地区和周边地区。而温室效应影响全球，需要全世界共同努力。联合国为此召开了一系列气候变化大会，表 3-2 列举了部分气候大会及其成果。

表 3-2 部分气候大会及其成果

时间	地点	成果
1992 年	巴西里约热内卢	《联合国气候变化框架公约》，要求各国承担“共同但有区别的责任”，减少二氧化碳的排放
1997 年	日本京都	《京都议定书》，提出的目标是至 2012 年温室气体的排放量比 1990 年下降 5.2%

[1] 1 亩约合 666.67 平方米。

续表

时间	地点	成果
2007年	印度尼西亚巴厘岛	《巴厘路线图》，要求发达国家在2020年前将温室气体减排25%至40%
2009年	丹麦哥本哈根	《哥本哈根协议》，目标是拟定温室气体排放的全球框架取代2012年到期的《京都议定书》
2011年	南非德班	建立德班增强行动平台特设工作组，研究实施《京都议定书》第二承诺期，并启动绿色气候基金
2012年	5月德国波恩 11月卡塔尔多哈	决定实施《京都议定书》第二承诺期
2015年	法国巴黎	《巴黎协定》，是《联合国气候变化框架公约》下继《京都议定书》后第二份有法律约束力的气候协议，对全球应对气候变化有着重要意义
2021年	英国格拉斯哥	《联合国气候变化框架公约》第二十六次缔约方大会，各缔约方最终完成了《巴黎协定》实施细则，包括市场机制、透明度和国家自主贡献共同时间框架等议题的遗留问题谈判
2022年	埃及沙姆沙伊赫	成立了“损失与损害基金”，以帮助遭遇气候灾难打击最严重的国家和地区开展重建工作
2023年	阿联酋迪拜	就《巴黎协定》首次全球盘点、减缓、适应、资金、损失与损害、公正转型等多项议题达成“阿联酋共识”
2024年	阿塞拜疆巴库	就《联合国气候变化框架公约》《京都议定书》《巴黎协定》落实事项通过数十项决定，达成了名为“巴库气候团结契约”的一揽子成果，特别是形成了2025年后气候资金目标及气候融资安排，完成了《巴黎协定》第六条机制运行细则。这是全面落实《巴黎协定》的关键一步

国际上其他组织和活动主要列举如下。2003年英国政府正式发布题为《我们能源的未来：创建低碳经济》的白皮书；2006年，世界银行前首席经济学家尼古拉斯·斯特恩牵头做出的《斯特恩报告》指出，全球以占每年GDP 1%的投入，可以避免将来占每年GDP 5%～20%的损失，呼吁全球向低碳经济转型；2007年7月，美国参议院提出了《低碳经济法案》，表明低碳经济的发展道路有望成为美国未来的重要战略选择；2008年7月，八国集团（G8）峰会上八国表示将寻求与《联合国气候变化框架公约》的其他签约方一道共同达成到2050年把全球温室气体排放减少50%的长期目标；2008年年底，英国标准协会，节碳基金，英国环境、食品与农村事务部联合发布了新标准《产品与服务生命周期温室气体排放评估规范》（PAS 2050：2008），要求在公司产品上注明“碳足迹”。

温室效应发生的原因是生活水平提高和人口数量增加导致能源消费迅速增加。而排碳量（二氧化碳排放量，以下同）与生活水平有关。以2020年为例，人均排碳量美国13.5t，澳大利亚14.6t，中国6.9t，印度1.7t。发达国家属于享受型、消费型的排碳，而发展中国家往往为了生存，并且为发达国家生产消费品而排碳，这是有原则区别的。但是由于人口数量关系，中国和印度却是排碳总量较大的国家。

争论中一些发达国家认为排碳总量第一大国是中国的依据是不足的，这是因为：第一，中国的人均排碳量远低于发达国家，从历史和现实出发，发达国家均应负主要责任（表3-3），中国人民生活水平尚有待提高，特别是中西部地区，排碳总量在一段时间内必然要增加；第二，发达国家排碳是消费型的，而中国是生产大国，为发达国家生产消费品，人均消费排碳量低于人均排碳量，这部分排碳量差额不应该全部计算在生产国上，当然提高生产效率、实施低碳经济是必需的。

表 3-3 部分国家和地区人均历史累计排放量和人均累计消费排放量及 2005 年排放量

国家或地区	人均历史累计排放量/t	人均累计消费排放量/t	2005 年实际排放总量/10^8t	2005 年实际年人均排放量/t
欧盟	1137(含英国)	1186(含英国)	3864	7.86
美国	1101	966	5783	19.49
日本	344	433	—	—
罗马尼亚	318	144	—	—
中国	73	45	5101	3.94
印度	24	35	1148	1.05
世界(平均)	164	164	—	4.13

发展中国家与发达国家争论的焦点是是否承认应承担“共同但有区别的责任”。发达国家，特别是欧盟环保理念领先，低碳技术先进，是值得尊重和学习的，但是实际情况却是：发达国家在支持本国低碳经济的同时，通过设置技术、标准壁垒，通过主导节能环保标准的制定迫使发展中国家进口其价格极高的技术设备，用新一轮国际规则，确保其在国际竞争中对发展中国家的优势地位，企图导致发达国家对全球经济的控制合法化，以跨国公司占领产业链高端，以低成本套利方式获取发展中国家的资源。

为了定量而形象地表征人类活动所排放温室气体及对环境所造成的影响，专家提出了“碳足迹”这一概念。它是指个人或企业的能源意识和行为对自然界产生的影响，以二氧化碳为标准计算表示。其中“碳”，就是石油、煤炭、木材等主要由碳元素构成的自然资源，碳耗用得越多，导致全球变暖的二氧化碳也制造得越多。制造企业的供应链一般包括采购、生产、仓储和运输，其中生产、仓储和运输会产生大量的二氧化碳，这个概念以形象的“足迹”为比喻。

图 3-2 碳足迹示意图

在生产中定义碳足迹为某种产品（服务）在生命周期中所排放的 CO_2 以及其他温室气体转化的 CO_2 等价物的总和，图 3-2 是碳足迹示意图。

碳足迹可以分为企业（或产品）碳足迹和个人碳足迹。个人碳足迹可以分为第一碳足迹和第二碳足迹。第一碳足迹是因使用化石能源而直接排放的二氧化碳，如乘坐飞机和汽车出行，消耗燃油，排出二氧化碳，称为第一碳足迹。第二碳足迹是使用、消费各种产品而间接排放的二氧化碳，如消费一瓶饮用水或食物，因这些产品在生产和运输过程中产生的排放而带来第二碳足迹。

提出碳足迹有很大意义：它揭示了工业生产活动排放的温室气体；有助于识别产品在工业生产阶段的温室气体排放的关键环节；作为一项科学分析工具和方法，为企业提高产品工业生产过程能源利用效率提供依据；有利于行业及相关管理部门完善行业的温室气体排放与绩效评价体系，促进工业生产的可持续发展；可为政府进行区域可持续发展的产业决策提供科学依据；为消费者的消费选择提供新的参考，推动绿色消费。

碳足迹的计算有两种方法：第一种是利用生命周期评估（LCA）法，这种方法较准确也更具体；第二种是通过所使用的能源矿物燃料排放量计算。

例如：一件 200g 的全棉 T 恤，其消耗资源为工业加工用水 50L、农业用水 2000L、土地 $4m^2$、耗电 5kW · h、消耗蒸汽 4kg，平均消耗化学品 0.4kg，经计算共排放 CO_2 10kg，排碳量高于 T 恤本身质量的 50 倍（来源：意大利 Flainox 公司）。

2010 年科研人员曾计算中国个人碳足迹（排碳量）为穿衣 33.44kg，饮食 477.15kg，住房 902kg，交通出行 241.91kg，日用品 36.16kg，合计 1690.66kg。但是按全国能耗计算，中国人均为 6230kg，这也充分证明中国是制造大国，为世界生产大量产品，这部分碳足迹核算应该在全世界范围重新考虑。发达国家人均为 11460kg，发展中国家人均为 3380kg，全球人均为 4840kg，而要应对气候变化，则希望世界人均值为 2330kg。人类活动排放二氧化碳数量可用以下公式计算。①家居用电的二氧化碳排放量(kg)＝耗电量(kW · h)×0.785。②开车的二氧化碳排放量(kg)＝油耗(L)×0.785。③乘坐飞机的二氧化碳排放量：短途旅行，200km 以内排放量(kg)＝里程(km)×0.275；中途旅行，200～1000km 排放量(kg)＝55＋0.105×[里程(km)－200]；长途旅行，1000km 以上排放量(kg)＝里程(kg)×0.139。

温室气体减排可以从三个层面分析：针对国家或地区，主要分析产业结构以及能源使用结构；针对企业或组织，分析与自身相关的温室气体排放；针对个体，分析个别产品生命周期的温室气体排放以及个人活动过程的二氧化碳排放。

我国碳排放量最大的八大重点行业分别为石化、化工、建材、钢铁、有色、造纸、电力和航空，其碳排放量占全国一半。

3.1.3　减少碳足迹的途径

（1）节能减排　就个人而言，低碳实质上是一种生活态度，而不是能力；低碳也是一种生活习惯，一种自然而然地节约身边各种资源的习惯。例如，每人每年少买一件不必要的衣服可节约 2.5 千克标准煤，相应减排二氧化碳 6.4 千克。如果全国每年有 2500 万人做到这一点，就可以节约 6.25 万吨标准煤，减排二氧化碳 16 万吨。又如，换节能灯泡，11 瓦节能灯就相当于约 80 瓦白炽灯的照度，使用寿命更比白炽灯长 6～8 倍，不仅大大减少用电量，还节约了更多资源，省钱又环保。再如，空调的温度夏天设在 26℃左右，冬天设在 18～20℃，对人体健康比较有利，同时还可大大节约能源。其他还有购买不含氟利昂的绿色环保冰箱，丢弃旧冰箱时请厂商协助清理氟利昂，选择贴有“能效标志”的冰箱、空调和洗衣机，等等。

对于企业特别是生产企业，主要通过技术进步，采用先进工艺和先进设备减少单位产品的能耗来实现节能减排。但是单靠更换设备不一定有效，需要对设备进行能效检测（能源审计），在能源审计过程中可以发现是设备问题还是管理问题。

（2）使用低碳、无碳能源　二氧化碳的排放主要来源于煤、石油等的燃烧。太阳能、风能、水力能、地热能、核能、潮汐能等低碳、无碳能源的使用可以减少温室气体排放量。水力发电是目前廉价的能源，但受地理环境限制，有许多难题要攻克；太阳能、风能、地热能、潮汐能等目前运行成本还较高，需要提高成本效益；核能受自然条件约束少，需要研究如何提高安全防护水平。

（3）碳转换、碳补偿　植物可以吸收二氧化碳并将其转变成氧气，因此可以利用植树（绿化）来消除二氧化碳的影响，称为“碳补偿”。单位或个人可以通过植树，但一般委托国家认可的基金会或其他吸收二氧化碳的行为对自己曾经产生的碳足迹进行一定程度的抵消或补偿。一棵树一年吸收 18.3kg 二氧化碳，需种植树木(棵)＝二氧化碳排放量(kg)/18.3。

另外，近年来许多科学家致力于研究二氧化碳捕集、封存和利用。

3.1.4 产品碳足迹和碳审计

产品碳足迹是指产品在其整个生命周期内的碳排放，即从原材料一直到生产（或提供服务）、分销、使用和处置/再生利用等所有阶段的温室气体排放，其范畴包括二氧化碳（CO_2）、甲烷（CH_4）和氮氧化物（如 N_2O）等温室气体。

许多国家和地区已经出台自愿或强制的碳标签体系，要求在产品上标注环境信息。这使零售商、品牌商和供应商必须采取相应措施，在整个供应链中收集相关信息。由于消费者在选择商品时日益谨慎，更愿意选择秉持环保理念进行生产经营的品牌，因而与消费者进行沟通，传递自身在评估、管理和减少环境影响方面所做的努力，就成为企业在当今环保意识日益增强的社会中维护自身品牌形象、提升产品公信力必须具备的基本技能。

企业要实现碳信息披露，就必须对企业内温室气体排放和清除的信息实施量化和报告。通常称这种量化与报告活动为温室气体盘查（GHG inventory audit ），当这种盘查活动由企业外部专门机构提供服务时，则通常称为碳审计（carbon audit）。温室气体验证是由第三方验证机构依据验证标准、认可要求和验证机构工作程序，对 GHG 盘查结果进行系统的、独立的评价并形成文件的过程。针对组织层面 GHG 信息，这种验证通常称为核查。

企业温室气体核查一般依据《温室气体　第一部分：组织层次上对温室气体排放和清除的量化和报告的规范及指南》（ISO 14064-1：2018）进行；温室气体验证一般依据《温室气体　第三部分：温室气体声明审定和核查的规范及指南》（ISO 14064-3：2019）进行。我国在 2015 年颁布了《工业企业温室气体排放核算和报告通则》（GB/T 32150—2015）以及《温室气体排放核算与报告要求》（GB/T 32151—2015），后者涵盖了发电企业、电网企业、镁冶炼企业等 12 个行业企业的温室气体排放核算方法。为进一步规范全国碳排放权交易市场企业温室气体排放报告核查活动，生态环境部编制了《企业温室气体排放报告核查指南（试行）》，并于 2021 年 3 月印发。指南规定了重点排放单位温室气体排放报告的核查原则和依据、核查程序和要点、核查复核以及信息公开等内容，适用于省级生态环境主管部门组织对重点排放单位报告的温室气体排放量及相关数据的核查。

企业温室气体验证除了验证申请年度的温室气体排放量数据（均以二氧化碳当量 CO_2-e 表示）之外，还会验证温室气体有关的组织边界和运营边界确定是否合理，排放源和清除的汇识别是否充分，活动数据收集和控制体系是否合适，量化方法和计算公式是否准确、合理，所声称的温室气体盘查结果不确定度是否客观真实等内容，相关验证结果的陈述也都会写在《温室气体核查声明书》中。

3.2 低碳经济和节能减排的关系

低碳经济是指以低能耗、低污染、低排放为基础的经济模式，其实质是通过能源高效利用、清洁能源开发实现企业的绿色发展。这种经济模式不仅意味着企业要加快淘汰高能耗、高污染的落后生产能力，推进节能减排的科技创新，同时也要求企业以身作则，引导员工和公众反思哪些习以为常的消费模式和生活方式是浪费能源、增排污染的不良行为，从而充分发掘行业和消费生活领域节能减排的巨大潜力。

目前在世界范围内，很多知名企业已将“低碳经济”和“碳足迹”作为衡量企业社会责任（CRS）、实现企业新飞跃的发展方向。“碳足迹”作为最直观的环保新指标，是对企业理解和落实循环经济提出的更高实践标准，而低碳经济则是这种指标的具体落实。只有当企业和员工能同时自觉承担环境义务，进行自我约束和控制时，才能真正实现其对消费者、对国家以及整个人类生存环境的承诺。

低碳经济和节能减排的相同点：节约和减少能源使用，减少排放污染物和温室气体。

低碳经济和节能减排的不同点：提倡开发低碳、无碳排放的新能源，如风能、水能、潮汐能、地热能、太阳能、生物质能、核能等，加强碳转换；不仅从生产考虑，而且从消费方式、生存理念、生活方式等角度要求过低碳生活，保证地球和人类社会可持续发展。

3.3　碳税、碳关税和碳交易

从政府层面可以通过以下三种方法控制碳排放。

（1）碳税（carbon tax）　碳税是针对向大气排放二氧化碳而征收的一种环境税。对燃煤和石油下游的汽油、航空燃油、天然气等化石燃料产品，按其碳含量比例来征税，目的是希望通过削减二氧化碳的排放保护环境并减缓全球变暖的速度。其方法是先确定每吨碳排放量的价格，然后通过这个价格换算出对电力、天然气或石油的税费。征税使得污染性燃料的使用成本变高，这会促使公共事业机构、商业组织及个人减少燃料消耗并提高能源使用效率；碳税使得替代能源与廉价燃料相比更具成本竞争力，进而推动替代能源的使用。另外，征收碳税获得的收入可用于资助环保项目或减免税额。

北欧一些国家率先征收碳税，丹麦、芬兰、荷兰、挪威、波兰和瑞典等国已经开始推行不同的碳税政策。瑞典对私人用户征收全额碳税，而对工业用户减半征收，对公共事业机构则免征此税。瑞典全国所耗电能半数以上都是用于供暖，并且所有可再生能源（如由植物产生的能源）都免税，所以自1991年以来，生物燃料工业蓬勃发展。

我国在碳税方面，已对原油、天然气和煤炭等化石能源征收资源税，对成品油征收消费税，对大气污染物和水污染物征收环保税等，在降碳减排和促进低碳发展方面发挥了重要作用。

（2）碳关税（carbon tariff）　关税是指一个国家针对其他国家或地区征收的商品税，碳关税这个概念最早由法国前总统希拉克提出，用意是希望欧盟国家应针对未遵守《京都议定书》的国家（美国是其中之一）课征商品进口税，否则在欧盟碳排放交易机制运行后，欧盟国家所生产的商品将遭受不公平竞争。2009年中国政府明确表示反对碳关税。碳关税是指对高耗能产品进口征收特别的二氧化碳排放关税。“碳关税”不仅违反了WTO的基本规则，也违背了《京都议定书》确定的发达国家和发展中国家在气候变化领域“共同但有区别的责任”原则。WTO基本原则中有一条“最惠国待遇”原则，其含义是缔约一方，现在和将来给予任何第三方的一切特权、优惠和豁免，也同样给予其他成员。而征收“碳关税”，由于各国环境政策和环保措施都不同，对各国产品征收额度也必然差异甚大，这就会直接违反最惠国待遇原则，破坏国际贸易秩序。

航空碳税和航海碳税：欧盟自 2012 年起将航空运输业纳入碳排放交易体系（ETS），即所有在欧盟境内起降的航班必须为飞行中排放的温室气体付费。2012 年 2 月 22 日，俄罗斯、中国、美国、印度等 29 个国家在莫斯科签署《莫斯科会议联合宣言》，要求欧盟停止单边行动，回到多边框架下解决航空业碳排放标准问题。但是欧盟除坚持之外，还在 2012 年 6 月份增加“航海碳税”。

又如发达国家生产某一产品可能排碳量较低，他们以此为标准，对于从发展中国家进口此产品超过部分排碳量课以高额的碳关税。表面上是为了减排，实际上是既享受了廉价劳动力，又要求从他们那里进口昂贵的技术和设备，以降低排碳量，确保发达国家的技术优势和经济剥削。

（3）碳交易（carbon trading）　碳交易是以 CO_2 为主的温室气体排放权的交易。碳交易是以市场的方式达到减少温室气体排放目的的手段。碳交易不仅可以在一个国家内部进行，在国家之间也可以进行。碳交易的着眼点是宏观层面，而且价格有较大的波动性。

从立法体系考虑，中国已经颁布《中华人民共和国可再生能源法》《中华人民共和国清洁生产法》及《中华人民共和国循环经济促进法》，初步构成了中国当前低碳经济法律体系的重要内容，对保护和改善环境起到促进作用。但针对碳排放限定的相应措施和对策仍有待制定和实施，因此有必要以专门立法加以规范，完善碳排放权交易体系，引导中国低碳经济的发展。

2011 年以来，北京、天津、上海等地开展了碳排放权交易试点工作。2017 年底，中国启动碳排放权交易。2021 年 7 月 16 日全国碳排放权交易市场开市。建设全国统一碳排放权交易市场是利用市场机制控制和减少温室气体排放、推动经济发展方式绿色低碳转型的一项重要制度创新，也是加强生态文明建设、落实国际减排承诺的重要政策工具。

3.4 水足迹、塑料足迹和环境足迹

（1）水足迹　水足迹（water footprint）指的是一个国家、一个地区或一个人，在一定时间内消费的所有产品和服务所需要的水资源数量，形象地说，就是水在生产和消费过程中踏过的脚印。水足迹这个概念最早是由荷兰学者阿尔杰恩·胡克斯特拉在 2002 年提出的，其中包括国家水足迹和个人水足迹两部分。图 3-3 是两张水足迹示意图。

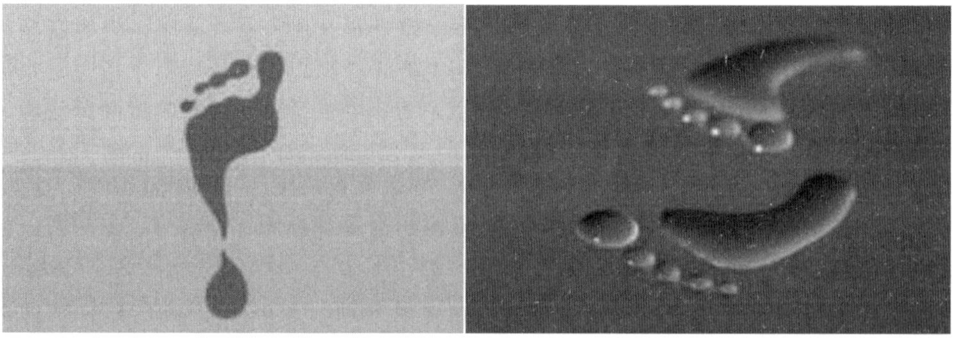

图 3-3　水足迹示意图

世界自然基金会（WWF）在2008年发布的《地球生命力报告》中首次引进这一概念，其中指出，国家水足迹包括用于农业、工业和家庭生活的河水、湖水、地下水以及供作物生长的雨水，分为内部水足迹和外部水足迹。个人水足迹计算的则是一个人用于生产和消费的总水量。除了家里水表上的具体数字，还有平时消费的产品和服务在生产过程中所耗费的大量看不见的水，就是所谓的虚拟水。如一个100g的苹果的水足迹为70L，一杯咖啡的水足迹为140L，而一个汉堡的水足迹是2400L。

荷兰特文特大学开发了水足迹计算网站，在“你的水足迹计算器”页面，只需选择国籍、性别和饮食方式，填写年收入，以及刷牙、淋浴、日常食物消费等各项用水内容，就可以比较准确地算出自己每天、每月或是每年的水足迹。还可以根据生活习惯，计算出个人每年所消耗的虚拟水。

美国水足迹为人均每年约2483立方米，为世界第一；意大利是排名第二的耗水大国，人均每年约2332立方米。我国排名第135名。也门则以人均每年约619立方米，成为人均水足迹最少的国家。

2021年联合国发布的《世界水发展报告》数据显示，在全球范围内，地下水消耗率从1960年至2000年翻了一番。根据水资源组织评估得出的结论，在正常运作的情况下，到2030年，全球可能面临40%的水资源短缺。这些惊人的数据，至今仍没有引起足够重视。

我国总体水足迹由1999年的14933.39亿立方米增加到2016年的22844.63亿立方米。全国人均水足迹由1999年的1186.05立方米增加到2016年的1652.16立方米。根据荷兰国际水文和环境工程研究所研究出的全球水足迹结果，全球的年人均水足迹为1240立方米。虚拟水用户最大的国家是印度、美国和中国。人均水足迹的变化很大，中非洲国家最小为29立方米，卢森堡最大为3290立方米。总体构成方面，我国的水足迹主要是农业水足迹，其占比一直在80%以上，2016年占比接近90%，工业生产用水在2011年达到最大值1447.30亿立方米后逐年减少，说明我国整体工业生产条件和环境条件得到改善，生活用水和生态用水呈现增长态势。膳食习惯也对水足迹的结果有一定影响，单位动物产品的虚拟水含量远高于植物产品。欧盟的研究表明，150克牛肉汉堡平均水足迹2350升，比同量的黄豆汉堡的158升高近14倍。因此，随着人民生活水平的不断提高、膳食结构的改善，特别是动物性产品的摄入量增多，我国人均水足迹将会有显著增长。从区域上看，我国北方地区的人均水足迹高于南方地区。主要原因有以下两点：一是气候条件的差异，北方地区农作物的虚拟水含量大于南方地区；二是北方地区农产品出现了较大剩余。一般而言，水资源丰富地区水的自给率应该较高，水资源紧缺的地区则更应该依靠虚拟水的调入来缓解区域的水资源紧张态势。但我国的情况正好相反。从全国看，我国是一个水资源高度自给的国家，水自给率达到了99%。虽然1999年我国有90亿立方米的虚拟水净进口，但仅占国内总用水量的1%。从区域看，北方地区实现了完全自给，尽管华北地区自给率仅为66%，但该地区的虚拟水调入来自北方的其他地区。南方地区的自给率只有90%，其中东南地区的水自给率只有69%，华南地区不到80%，说明这些地区较大程度上依赖于虚拟水的进口。我国农业资源特别是水土资源区域匹配条件不理想，农业生产力布局中对水资源因素考虑不足，以及传统的以满足供给为原则的水资源规划管理模式是导致这一局面的主要原因。

2009年7月，英国两家健康与食品游说组织建议，食品和饮料产品应附上一种新的标签，以便让消费者了解更多有关产品“水足迹”的信息——生产过程中的用水量，目的是在水资源日益紧张的今天给人以更直观的刺激。澳大利亚政府早在2006年就开始推行水效率标签计划，以国家行政力量强制将水效率标签应用于日常用水产品，成为呼吁节水的先行者。

但是也有对水足迹概念产生怀疑的。澳大利亚科学与工业研究中心的水资源专家布兰德瑞都特认为：食物和能源的生产占据了全世界水量消耗的90%。他选择两种常用的家庭食品阐释他的观点，一种是18盎司❶一瓶的Dolmio面酱，另一种是一小袋M&M花生。对于面酱来说，所需的水主要是种植西红柿、糖、大蒜和洋葱的水量，加起来大约为52加仑❷；而对于M&M花生而言，为了制作每种成分可能要消耗多达300加仑的水。参照传统的“水足迹”概念，人们会认为一小袋M&M花生所要耗费的水资源远远多于面酱，其对环境的影响也要大得多，但事实有可能是因为西红柿生长在典型的高温干旱地区，它们不能不和当地的人们“争水喝”(人们需要在自己不多的水源中分一部分灌溉它们)。可可豆和花生则生长在比较适宜的环境之中，在那里它们可以直接从土壤中汲取水分而不需要利用灌溉系统。布兰德瑞都特说，考虑到环境因素，人们可能会改变先前的看法，根据他的计算，面酱所耗费水量对于人类水资源的匮乏产生的影响超过一袋花生的10倍。

现在人们还不能够确定水资源对于全球环境的影响，因为对于地球水循环的了解还远远不够。诸如水足迹计算网站和世界自然基金会等组织仍然相信仅仅衡量耗费水资源的总量仍然是目前最好也是最简单的定义水足迹的方式。

(2) 塑料足迹　1909年，美籍比利时人贝克兰首次人工合成了酚醛塑料，被称作“塑料之父”。历经一百多年的历史，塑料制品已经随处可见，并且随着市场需求的增加，其产量和种类正不断增加。塑料已被广泛应用于日常生活、工业、农业、建筑、国防尖端工业等各个领域。例如，在农业中，大量塑料被用于制造地膜、大棚膜、排灌管道、渔网和养殖浮标等；在日常生活中，塑料的应用更加广泛，触手可及。1950年，全球塑料年产量就已经高达200万吨。联合国的最新数据显示，2024年全球塑料消费量据估突破5亿吨，其中3.99亿吨沦为废弃物。全球每年生产的塑料近一半是一次性使用，其中的18%～20%最终进入海洋。废塑料是一类难降解的高分子有机物，其进入环境中将造成严重的白色污染。

塑料可分为两大类。

① 热塑性塑料：加热时变软以至流动，冷却变硬，这种过程是可逆的，可以反复进行。例如聚乙烯、聚丙烯、聚氯乙烯、聚苯乙烯、聚甲醛、聚碳酸酯、聚酰胺、聚丙烯酸类塑料等。

② 热固性塑料：第一次加热时可以软化流动，加热到一定温度，发生化学反应交联固化而变硬，这种变化是不可逆的，此后，再次加热时，不能再变软流动。热固性塑料固化前是线型或带支链的，固化后分子链之间形成化学键，成为三维网状结构，不仅不能再熔融，在溶剂中也不能溶解。酚醛、不饱和聚酯、有机硅等塑料都是热固性塑料。

塑料已经是人类生活中不可或缺的材料，塑料污染的解决方法主要有以下两类。

① 研制可降解塑料，改善生物降解性。

② 研究塑料回收利用。目前正大力推进，主要问题是几种塑料或塑料与其他材料混合时较难回收利用，例如涤纶与棉混纺织物，废弃时较难回收利用。国内已开发出相关技术，通常是回收、拆分，分别利用或熔融后降低等级回用。

当前的塑料工业消耗了全球8%的石油，仅塑料制造阶段（将树脂制成塑料产品）就产生了全球1%的碳排放。若从全生命周期考虑，塑料生产和使用的碳排放则占到全球碳排放的3.8%。

(3) 环境足迹　人类对自己生活和生存环境之间关系的反思愈来愈深入，不止是碳足

---

❶ 1盎司约合28.35克。

❷ 1加仑（英）约合4.55升。

迹、水足迹和塑料足迹，实际上人类一切活动对环境都会有相应的影响，需要研究并以适当方式表达，因此也有学者提出“生态足迹”或“环境足迹”等概念以不断深入研究环境影响。

3.5 化学品与人类

在研究人类生存与环境之间的关系时，必须研究化学品与人类的关系。回顾近代人类发展过程，化学及化学品使用是一大特点。从生活到生产，大约有 600 万种新的化学品诞生，使现代高品质生活成为可能，但是新合成的化学品大多也对人类有负面影响，有的需要长时间才能适应，有的产生急性或慢性毒性，但是使用化学品已经是不可逆转的过程，因此正确评价和合理使用化学品是十分重要的课题。

现代生活必须控制带来疾病与破坏食物生产的某些虫类、病菌。如果没有发明合成氨、合成尿素和几代新农药的技术，世界粮食产量至少要减半，全球人口将有一半粮食不足。公元前 707 年到 1935 年，我国共发生蝗灾 769 次，即每 3～5 年一次，山东蝗灾曾使大量灾民迁移到大连。1845—1849 年，土豆病害绝收迫使 150 万爱尔兰人迁移到美国。斑疹伤寒是一种由虱子传播的传染病，常常伴随战争或天灾出现，在 1918—1922 年间，俄罗斯和东欧曾有 3000 万人患斑疹伤寒，约 300 万人死亡。第一次世界大战期间因军中虱子导致 4000 万人患斑疹伤寒，500 万人死亡。DDT（滴滴涕，即双对氯苯基三氯乙烷）的合成和使用是一个很好的例子。1874 年德国化学家蔡德勒（Zeidler）完成 DDT 的合成。当时并没有发现它有什么用途，直到 1939 年瑞士米勒（Müller）才发现 DDT 具有较好的杀虫活性。在第二次世界大战快结束时，1944 年，驻扎在意大利那不勒斯的盟军军队，突然也出现了斑疹伤寒，在试了很多办法都无法驱除虱子后，人们想到了 DDT，盟军向成千上万的士兵、难民、俘虏身上喷撒了这种粉剂。三个星期后，奇迹出现了，斑疹伤寒完全被控制了，DDT 避免了一场悲剧的出现。DDT 也被用来防治粮田棉田害虫、杀控蚊虫控制疟疾的流行、杀控军中虱子。但是随即人们发现了它的危害。被誉为美国国鸟的白头鹰（bald eagle）二战以后数量逐年减少，到了 20 世纪 60 年代初，美国本土仅存大约几百只。这种凶悍威猛飞得既高又远的大鸟，自然界中天敌极少，人类却在不经意中因使用 DDT 伤害了它。DDT 很难降解，残留在土壤中，经雨水冲刷至江河湖海，还能进入动物的体内，停留堆积在脂肪中。鱼类的身体易积累 DDT，而处于食物链较高位置的白头鹰食用了含 DDT 的鱼之后导致变异，产出的鹰蛋蛋壳过薄过软，造成小白头鹰夭折。因此必须禁用 DDT，同时新的毒性相对较小的杀虫剂也已经问世。

棉花、羊毛、丝、麻的产量有限，如果没有尼龙、涤纶、腈纶等大量合成纤维的生产，将很难解决人类的穿衣问题。但在合成纤维的生产过程中，有机溶剂、各种化学品也造成了有害影响。

如果马上全面停止化学农药的使用，世界将会是一幅什么样的景象？鼠害横行、害虫猖獗、病菌肆虐、杂草丛生、蚊蝇肆无忌惮，这些都是毫无疑问会出现的后果。食物不足和缺乏营养是当今世界面临的最大问题，不用化肥农药能行吗？英国皇家医学协会贝利（Berry）教授在研究因饥饿而死亡的人后说：“任何人只要看到这些因饥饿而死亡的尸体，就不会不支持使用农药，农药是人类与饥饿斗争的主要武器。”

中国人均可耕地面积只及世界人均水平的 25%。在耕地不断减少的压力下，为提高农产品产量，一是持续提高复种指数和使用良种，二是加大化肥和农药的施用量。现在我国已是世界上化肥施用量最大的国家：在不到世界10%的耕地上，施用了世界近30%的氮肥。2006年，我国平均每公顷耕地使用化肥量高达400kg以上，到2022年，每公顷农作物播种面积上施用的化肥折纯量为550.3kg，远远超出发达国家225kg的安全上限。其中，氮肥单位面积用量为世界平均水平的3倍。可以说，过量施用化肥和农药已到极限。我国氮肥施用量的一半在被农作物吸收之前就以气体形态逸散到大气中，或从排水沟渠流失到水体环境中，这是我国大量湖泊和河流富营养化的主要原因之一。长期过量施用化肥和农药，不但使生产成本增加，而且使土壤的物理、化学及生物属性退化。我国也是世界上农药施用量最大的国家，每年农药使用量在130万吨以上，单位面积用量为世界平均水平的2倍，农药残留和积累在蔬菜和粮食等农产品中，造成食品污染。农药的过量使用，破坏了农田生态平衡和生物多样性，导致抗药性害虫不断出现。

迄今，世界高分子材料的体积产量已远远超过钢铁和其他有色金属之和，高分子化工的产值已占整个石油化工产值的近70%。高分子材料虽然出现较晚，但其发展速度远远快于金属和无机材料。高分子的结构具有几乎无穷变化的可能性，其赋予材料性能的潜力远胜于其他物质，但是现在发现，塑料生产过程中需加塑化剂，塑料容器长期使用过程中，塑化剂在酸、碱、有机溶剂（例如酒精）等介质中会慢慢溶出进入水中，尽管是痕量水平，但是长期饮用可能存在风险隐患，发现此问题后，人们开始对食品接触用塑料中的塑化剂种类和限量进行规范和监管，酒类生产中禁用塑料容器和管道。

人类的出路何在？人类应当拒绝化学吗？我们能否控制虫害、病害而不危害生态呢？

设计更安全的替代化学产品可大大降低所合成物质的危害性，从而使其对环境相对友好。例如，美国DowAgroSci公司开发了一种杀白蚁的杀虫剂——氟铃脲（hexaflumuron），其作用机理是通过抑制昆虫外壳的生长来杀死昆虫。该化合物对人畜无害，是被美国环保署（EPA）登记的第一个无公害杀虫剂。预计原有的杀白蚁药物将被氟铃脲所代替，但随着科学技术的发展，也可能发现氟铃脲会有某种危害。

人类在不断探索。药物、农药和化学品在进入市场之前，要经过严格的毒理学试验、药效和药害研究、残留研究等，要进行详细的环境安全性评价。药物的环境安全性评价分为两个阶段，第一阶段是新药物开发的安全性预评价，第二阶段是药物使用后的安全性现状评价。前者是防止药物污染的超前控制；后者是跟踪监测药物在环境中的动态，可及时发现和处理问题，以确保农药对环境的安全性。

欧洲的《化学品注册、评估、许可和限制法规》（Registration，Evaluation，Authorization and Restriction of Chemicals，REACH）是一部安全使用化学品的法规，该法规于2007年6月1日正式生效。其主要内容是通过建立一个全面的化学品生产、进口监管系统，对欧盟境内生产、使用中和在市场上销售的化学品进行监控管理，目的在于保护人类健康和自然环境不受到化学品的负面影响。

国际上广泛关注具有生物毒性、环境持久性、生物累积性等特征的有毒有害物质，例如持久性有机污染物、内分泌干扰物、抗生素和微塑料等。目前这四类污染物被称为“新污染物”。这些污染物的排放和在环境中存在的问题由来已久，之所以称为“新”污染物，是相对于二氧化硫、氮氧化物、$PM_{2.5}$等常规污染物而言，更主要的原因是，此类污染物种类繁多，随着对化学物质环境和健康危害认识的不断深入以及环境监测技术的不断发展，此类污染物的种类可能还会持续增加。

国务院办公厅于2022年5月4日印发了《新污染物治理行动方案》（简称《行动方

案》)，为我国治理新污染物指明了方向。《行动方案》明确："到 2025 年，完成高关注、高产（用）量的化学物质环境风险筛查，完成一批化学物质环境风险评估；动态发布重点管控新污染物清单；对重点管控新污染物实施禁止、限制、限排等环境风险管控措施。有毒有害化学物质环境风险管理法规制度体系和管理机制逐步建立健全，新污染物治理能力明显增强。"

本章重要知识点

- 温室气体和温室效应的概念
- 碳足迹的概念和分类
- 碳足迹的意义
- 碳足迹的计算方法
- 减少碳足迹的途径
- 低碳经济的概念
- 低碳经济与节能减排的区别
- 碳税、碳关税、碳交易的概念
- 水足迹的定义
- 新污染物的定义和种类

复习思考题

1. 列举《京都议定书》中规定的六类温室气体，并简述其全球变暖潜势值（GWP）的差异。

2. 简述我国实现"双碳"目标的路径，并举例说明其中一项的具体措施。

3. 什么是"碳足迹"？说明第一碳足迹和第二碳足迹的区别，并各举一例。

4. 列举国际气候会议中的三项重要成果，并说明其对全球减排的意义。

5. 说明碳税、碳关税和碳交易的核心区别，并分析碳关税争议的焦点。

6. "水足迹"包含哪两部分？以一杯 300mL 的咖啡为例，解释"虚拟水"的概念。

7. 简述 REACH 法规的核心目标，并说明其对化学品管理的意义。

8. 解释"新污染物"的定义，并列举四类国际广泛关注的新污染物。

9. 分析发达国家与发展中国家在历史累计碳排放量上的差异及其争议原因。

10. 说明我国农业水足迹占比高的原因，并分析膳食结构变化对其未来趋势的影响。

11. "碳关税本质是发达国家对发展中国家的技术壁垒。"请谈谈对这句话的看法。

12. 对比欧盟碳排放交易体系（ETS）与中国全国碳排放权交易市场的运行机制，分析两者在配额分配、价格波动及覆盖行业上的异同。

13. 全球碳足迹核算是否应区分"生产型排放"与"消费型排放"？以中国为例，讨论这种区分对国际气候谈判的影响。

14. 塑料污染治理中，请针对"可降解塑料推广"与"回收技术突破"这两种技术，评价其成熟度、成本及政策支持度。

15. 若全球温升突破 2℃阈值，推测其对我国农业水足迹和粮食安全的具体影响，并提出适应性对策。

第4章

清洁生产

4.1 清洁生产的定义、内容

4.1.1 清洁生产的定义

环境问题一直伴随着人类文明的进程，尤其随着科技与生产力水平的提高，人类干预自然的能力大大增强，社会财富迅速膨胀，环境污染日益严重。20 世纪上半叶，世界上许多国家因经济高速发展而造成了严重的环境污染和生态破坏，并导致了一系列举世震惊的环境公害事件。到了 20 世纪 80 年代后期，环境问题已由局部性、区域性发展成为全球性的生态危机，如酸雨、温室效应（气候变暖）、生物多样性锐减等，成为危及人类生存的最大隐患。

清洁生产（cleaner production）是国际社会在总结工业污染治理经验教训的基础上提出的一种新型污染预防和控制战略。随着清洁生产实践的不断深入，其定义一再更新，其内容又逐步扩展到服务业、农业、产品、消费等方面，不仅广泛应用于废水、废气、固体废物的污染防治，而且还延伸到技术改造、生产管理、经济结构调整、环保产业、环境贸易和法治建设等领域，并开始探索建立“循环经济”和“循环社会”等。清洁生产是污染控制模式中由被动反应向主动行动的转变，是实现可持续发展的必由之路。

20 世纪 60 年代，工业化国家开始通过各种方法和技术对生产过程中产生的废弃物和污染物进行处理，以减少其排放量，减轻对环境的危害，这就是所谓的“末端治理”。随着末端治理措施的广泛应用，人们发现末端治理并不是一个真正的解决方案。很多情况下，末端治理需要投入昂贵的设备费用、惊人的维护开支和最终处理费用，其工作本身还要消耗资源、能源，并且这种处理方式会使污染在空间和时间上发生转移而产生二次污染。人类为治理污染付出了高昂而沉重的代价，收效却并不理想。因此，从 20 世纪 70 年代开始，发达国家的一些企业相继尝试运用“污染预防”“废物减量化”“减废技术”“源削减”“零排放技术”“零废物生产”和“环境友好技术”等方法和措施，提高生产过程中的资源利用效率、削减污染物以减轻对环境和公众的危害。清洁生产在不同的发展阶段或者不同的国家有不同的叫法，包括“无废工艺”“污染预防”“废物减量化”“清洁技术”等，但其基本内涵是一致的，都体现了一种基本精神，即对产品和产品的生产过程采用预防污染的策略来减少或消除污染物的产生，从而满足生产可持续发展的需要。

联合国环境规划署（UNEP）在总结各国开展的污染预防活动并加以分析总结后，于1989 年正式提出清洁生产的定义，将清洁生产上升为一种战略，该战略的作用对象为生产工艺和产品，其特点为持续性、预防性和一体性，得到了国际社会的普遍认可和接受。1996 年 UNEP 又对清洁生产重新进行定义，认为清洁生产是关于产品生产过程的一种新的、创造性的思维方式。清洁生产意味着对生产过程、产品和服务持续运用整体预防的环境战略，以期提高生态效率并降低人类和环境的风险。对于产品，清洁生产意味着减少产品从原材料使用到最终处置的全生命周期的不利影响；对于生产过程，清洁生产意味着节约原材料和能源，取消使用有毒原材料，在生产过程排放废物之前降低废物的数量和毒性；对于服务，要求将环境因素纳入设计和所提供的服务中，这种对服务的要求，补充和强调了对产品的最终处理。

1997 年，联合国环境规划署将清洁生产重新定义为在工艺、产品、服务中持续地应用整合和预防的环境策略，以增加生态效益和减少对人类与环境的危害和风险。

1994 年 3 月 25 日，国务院第十六次常务会议审议通过《中国 21 世纪议程》。《中国 21 世纪议程》将清洁生产定义为：既可满足人们的需要又可合理使用自然资源和能源并保护环境的实用生产方法和措施，其实质是一种物料和能耗最少的人类生产活动的规划和管理，将废物减量化、资源化和无害化，或消灭于生产过程之中，同时对人体和环境无害的绿色产品的生产亦将随着可持续发展进程的深入而日益成为今后产品生产的主导方向。

2002 年 6 月 29 日第九届全国人民代表大会常务委员会第二十八次会议通过《中华人民共和国清洁生产促进法》，对清洁生产的定义为：不断采取改进设计、使用清洁的能源和原料、采用先进的工艺技术与设备、改善管理、综合利用等措施，从源头削减污染，提高资源利用效率，减少或者避免生产、服务和产品使用过程中污染物的产生和排放，以减轻或者消除对人类健康和环境的危害。2004 年发布《清洁生产审核暂行办法》，建立了系统的清洁生产审核制度，规定了“双超双有”（超标、超总量、使用有毒有害原料、产生有毒有害废物）企业必须强制实施清洁生产审核。2005 年国务院发布《关于加快发展循环经济的若干意见》，将清洁生产定位为发展循环经济的重要手段和基础。2012 年对《清洁生产促进法》进行了修订，进一步强化了清洁生产审核的强制性要求，并扩大了强制审核的企业范围。2016 年工信部发布《工业绿色发展规划（2016—2020 年）》，将清洁生产作为实现工业绿色转型的关键技术手段。2021 年国家发改委、生态环境部等十部委联合印发《“十四五”全国清洁生产推行方案》，这是新时期指导清洁生产工作的纲领性文件，提出了系统化、一体化的推进思路。

从上述清洁生产的定义可以看到，清洁生产包含了生产者、消费者、社会对于生产、服务和消费的希望。清洁生产包括清洁的产品、清洁的生产过程和清洁的服务三个方面，主要内容有以下几点。

① 从资源节约和环境保护两个方面对工业产品生产从开始设计到产品使用过程直至最终处置给予全过程的考虑并提出要求。

② 不仅对生产，而且对服务也要求考虑对环境的影响。

③ 对工业废弃物实行费用有效的源削减，一改传统的不顾费用有效或单一末端治理的办法。

④ 可提高企业的生产效率和经济效益，与末端治理相比，更能受到企业的欢迎。

⑤ 着眼于全球环境的彻底保护，为全人类共建一个洁净的地球带来了希望。

因此，清洁生产可以通俗地表达成：清洁生产不是将注意力放在末端，而是将节能减排的压力消解在生产过程中，清洁生产是人类在进行生产活动时首先考虑防止和减少污染产生；对产品的全部生产过程和消费过程的每一环节，都要统筹考虑和控制，使所有环节都不产生或尽量少产生危害环境的物质，不对人体健康构成威胁。

4.1.2 清洁生产的内涵

清洁生产是指通过产品设计、能源和原料选择、工艺改革、生产过程管理和物料内部循环利用等环节，实现源头控制，使企业生产最终产生的污染物最少的一种工业生产方法。清洁生产既包括生产过程少污染无污染，也包括产品本身的“绿色”，还包括这种产品报废之后的可回收和处理过程的无污染。

清洁生产概念中包含了以下四层内涵。

① 清洁生产的目标是节省能源、降低原材料消耗、减少污染物的产生量和排放量，包括清洁的、高效的能源和原材料利用，清洁利用矿物燃料，加速以节能为重点的技术进步和技术改造，提高能源和原材料的利用效率。

② 清洁生产的基本手段是改进工艺技术，强化企业管理，最大限度地提高资源、能源的利用水平和完善产品体系，更新设计观念，争取废物排放量最少及将环境因素纳入服务中，包括：采用少废、无废的生产工艺技术和高效生产设备；尽量少用、不用有毒有害的原料；减少生产过程中的各种危险因素和有毒有害的中间产品；组织物料的再循环；优化生产组织和实施科学的生产管理；进行必要的污染治理，实现清洁、高效的利用和生产。

另外还要保证：产品具有合理的使用功能和使用寿命；产品本身及产品使用过程，对人体健康和生态环境不产生或少产生不良影响和危害；产品失去使用功能后，应易于回收、再生和复用等。

③ 清洁生产审核是实施清洁生产的关键工具之一，即通过审核发现排污部位、排污原因，并筛选消除或减少污染物的措施及进行产品生命周期分析。

清洁生产要求两个“全过程”控制：一是产品生命周期的全过程控制，即从原材料加工、提炼到产品产出、产品使用直到报废处置的各个环节采取必要的措施，实现产品整个生命周期资源和能源消耗的最小化；二是生产的全过程控制，即从产品开发、规划、设计、建设、生产到运营管理的全过程，采取措施，提高效率，防止生态破坏和污染的发生。

④ 清洁生产的最终目标是保护人类与环境，提高企业自身的经济效益。清洁生产的最大特点是持续不断地改进。清洁生产是一个相对的、动态的概念，所谓清洁的工艺技术、生产过程与清洁产品是和现有的工艺、过程与产品相比较而言的。

4.1.3 实施清洁生产的途径和方法

实施清洁生产的主要途径和方法包括合理布局、产品设计、原料选择、工艺改革、节约能源与原材料、资源综合利用、技术进步、加强管理、实施生命周期评估等许多方面，可以归纳如下。

4.1.3.1 调整和优化经济结构和产业产品结构

合理布局，调整和优化经济结构和产业产品结构，以解决影响环境的“结构型”污染和资源能源的浪费。同时，在科学区划和地区合理布局方面，进行生产力的科学配置，组织合理的工业生态链，建立优化的产业结构体系，以实现资源、能源和物料的闭合循环，并在区域内削减和消除废物。

4.1.3.2 重视产品设计和原料选择

在产品设计和原料选择过程中，优先选择无毒、低毒、少污染的原辅材料替代原有毒性较大的原辅材料，以防止原料及产品对人类和环境造成危害。

4.1.3.3 改革工艺，开发新技术

改革生产工艺，开发新的工艺技术，更新生产设备，淘汰陈旧设备。采用能够使资源和能源利用率高、原材料转化率高、污染物产生量少的新工艺和设备，代替那些资源浪费大、污染严重的落后工艺设备。优化生产程序，减少生产过程中资源的浪费和污染物的产生，尽最大努力实现少废或无废生产。

4.1.3.4 节约资源和原材料

尽量提高资源和能源的利用水平，做到物尽其用。通过资源、原材料的节约和合理利用，使原材料中的所有组分通过生产过程尽可能地转化为产品，消除废物的产生，实现清洁生产。

4.1.3.5 开展资源综合利用

开展资源综合利用，尽可能多地采用物料循环利用系统，如水的循环利用及重复利用，以达到节约资源、减少排污的目的，使废弃物资源化、减量化和无害化，减少污染物排放。

4.1.3.6 提高企业技术创新能力

依靠科技进步，提高企业技术创新能力，开发、示范和推广无废、少废的清洁生产技术装备。加快企业技术改造步伐，提高工艺技术和装备水平，通过重点技术进步项目（工程），实施清洁生产方案。

4.1.3.7 强化科学管理，改进操作

国内外的实践表明，工业污染有相当一部分是由于生产过程管理不善造成的，只要改进操作，改善管理，不需花费很大的经济代价，便可获得明显的削减废物和减轻污染的效果。主要方法是：落实岗位和目标责任制，杜绝跑冒滴漏，防止生产事故，使人为的资源浪费和污染排放降至最低；加强设备管理，提高设备完好率和运行率；开展物料、能量流程审核；科学安排生产进度，改进操作程序；组织安全文明生产，把绿色发展理念渗透到企业文化之中，等等。推行清洁生产的过程也是加强生产管理的过程，它在很大程度上丰富和完善了工业生产管理的内涵。

4.1.3.8 开发、生产对环境无害、低害的清洁产品

从产品的设计开始抓起，将环保因素预防性地注入产品设计之中，并考虑其整个生命周期对环境的影响。

以上这些途径可单独实施，也可互相组合起来加以综合实施，应采用系统工程的思想和方法，以资源利用率高、污染物产生量小为目标，综合推进这些工作，并使推行清洁生产与企业开展的其他工作相互促进、相得益彰。

4.1.4 清洁生产与可持续发展

可持续发展（sustainable development）理论的形成经历了相当长的历史过程。20 世纪

50—60 年代，人们在经济飞速增长、工业化、城市化等所造成的人口、资源的压力下，对“增长＝发展”的模式产生了怀疑。1987 年，世界环境与发展委员会发表了《我们共同的未来》报告，提出了“可持续发展”的概念。1992 年的联合国环境与发展大会上，将可持续发展定义为：“既能满足当代人的需要，又不对后代人满足其需要的能力构成危害的发展。”中国在《中国 21 世纪议程：中国 21 世纪人口、环境与发展白皮书》(《中国 21 世纪议程》)中首次把可持续发展战略纳入中国经济和社会发展的长远规划，并确定为“现代化建设中必须实施”的战略。

根据中国的具体国情，中国对可持续发展的认识和理解，主要强调以下几个方面。

(1) 可持续发展的核心是发展　从历史的经验和教训出发，中国把发展经济放在首位。无论是社会生产力的提高、综合国力的增强，还是资源的有效利用、环境和生态的保护，都依赖于经济发展和物质基础。

(2) 将环境保护作为一项战略任务和基本国策　可持续发展的重要标志是资源的永续利用和良好的生态环境。因此，中国把环境保护作为一项战略任务和基本国策。

(3) 可持续发展是一种新的发展模式　可持续发展要求既要考虑当前发展的需要，又要考虑未来发展的需要，不以牺牲后代人的利益为代价。中国现阶段实施可持续发展战略的实质，是要开创一种新的发展模式，实现经济增长方式由粗放型向集约型转变，使国民经济和社会发展逐步走上良性循环的道路。

(4) 可持续发展从整体上转变人们的观念和行为规范　实施可持续发展战略必须转变思想观念和行为规范。要正确认识和对待人与自然的关系，用可持续发展的新思想、新观点、新知识，改变人们传统的不可持续发展的生产方式、消费方式、思维方式，从整体上转变人们的观念和行为规范。

《中国 21 世纪议程》明确指出，推行清洁生产是中国实施可持续发展战略优先考虑的重点领域之一。清洁生产是主动的、积极的环境治理方式，是实现可持续发展的必经之路，而末端治理是被动的、消极的环境治理方式，是不可持续的。中国政府已认识到这种预防性战略必须贯穿于重大经济和技术政策、社会发展规划以及重大经济开发计划的制订过程中。清洁生产已被世界各国公认为实现可持续发展的技术手段和工具，是可持续发展的一项基本途径，是可持续发展战略引导下的一场新的工业革命，是现代工业发展的基本模式和现代工业文明的重要标志。联合国环境规划署将清洁生产从四个层次上形象地概括为技术改造的推动者、改善企业管理的催化剂、工业运行模式的革新者、连接工业化和可持续发展的桥梁。

4.2 清洁生产的工艺、清洁产品

4.2.1 清洁原料、清洁生产工艺、清洁产品

清洁生产从本质上来说，就是对生产过程与产品采取整体预防的环境策略，减少或者消除它们对人类及环境的可能危害，同时充分满足人类需要，使社会经济效益最大化的一种生产模式。具体措施包括：不断改进设计；使用清洁的能源和原料；采用先进的工艺技术与设备；改善管理；综合利用；从源头削减污染，提高资源利用效率；减少或者避免生产、服务和产品使用过程中污染物的产生和排放。清洁生产的观念主要强调以下三个重点。

（1）清洁原料　清洁原料的第一个要求是可以在生产中被充分利用。生产产品所用的大量原材料中，通常只有部分物质是生产中需要的，其余部分在生产转换过程中常常作为废物被丢弃，即原料未能得到充分利用。如果选用纯度高的原材料，则杂质少、转换率高，废物的排放量相应减少。第二个要求是清洁的原料中不含有毒、有害物质。如果原料中含有有毒、有害物质，在生产过程和产品使用过程中常常产生毒害和环境污染，清洁生产应当通过技术分析，淘汰有毒、有害的原材料，采用无毒或低毒的原料。

（2）清洁生产工艺　清洁生产工艺可以将生产过程中可能产生的废物减量化、资源化、无害化，甚至将废物消灭在生产过程中。废物的减量化，就是改进生产技术和工艺，采用先进的设备，提高原料利用率，使原材料尽可能转化为产品从而使废物量达到最小。废物资源化是将生产环节中的废物综合利用，转化为下一步生产的资源，变废为宝。废物无害化就是降低或消除将要离开生产过程的废物的毒性，使之不危害环境和人类。

清洁生产工艺包括：尽可能不用或少用有毒、有害原料和采用无毒、无害的中间产品，对原材料和中间产品进行回收，改善管理，提高效率；选用少废、无废工艺和高效设备；尽量减少生产过程中的各种危险性因素，如高温、高压、低温、低压、易燃、易爆、强噪声、强振动等；采用可靠和简单的生产操作和控制方法；对物料进行内部循环利用。

（3）清洁产品　清洁产品就是有利于资源的有效利用，在生产、使用和处置的全过程中不产生有害影响的产品。对清洁产品的要求包括：产品设计应考虑减少原材料和能源使用，少使用昂贵和稀缺的原料；以不危害人体健康和生态环境为主导因素，考虑产品的制造过程甚至使用之后的回收利用；产品包装合理；产品使用后易于回收、重复使用和再生；使用寿命和使用功能合理。清洁产品应遵循三个原则：零件精简，容易拆卸；稍经整修可重复使用；经过改进能够实现创新。

4.2.2　绿色和绿色产品

4.2.2.1　绿色和绿色产品的含义

与环保有关的事物国际上通常都冠以“绿色”，“绿色”是环保的象征，例如绿色建筑指能提供舒适而又安全的室内环境，同时又具有与自然环境相和谐的良好外部环境的建筑。绿色产品是 20 世纪 80 年代末期世界各国为适应全球环保战略，进行产业结构调整的产物。绿色产品是同传统产品相对应的，绿色产品是指生产过程及其本身节能、节水、低污染、低毒、可再生、可回收的一类产品，也是绿色科技应用的最终体现。绿色产品能直接促使人们消费观念和生产方式的转变，其主要特点是以通过市场调节方式实现环境保护为目标。绿色产品与传统产品相比，还多一个最重要的基本标准，即符合环境保护要求。可以说，绿色产品与传统产品的根本区别在于其改善环境和社会生活品质的功能。由于人们从不同的角度出发对绿色产品有不同的理解，因此绿色产品有以下多种定义。

① 绿色产品是指以环境和环境资源保护为核心概念设计生产的可以拆卸并分解的产品，其零部件经过翻新处理后可以重新使用。

② 绿色产品是指那些旨在减少部件、合理使用原材料并使部件可以重新利用的产品。

③ 绿色产品是当其使用寿命完结时，部件可以翻新和重复利用，或能安全地被处理掉的产品。

④ 绿色产品是从生产到使用乃至回收的整个过程都符合特定的环境保护要求，对生态环境无害或危害极少，以及利用资源再生或回收循环再用的产品。

上述定义虽然侧重点不同，但其实质基本一致，即绿色产品应有利于保护生态环境，不产生环境污染或使污染最小化，同时有利于节约资源和能源，且这些特点应贯穿于产品生命周期全过程。综合上述定义，绿色产品就是在其整个生命周期过程中，符合特定的环境保护要求，对生态环境无害或危害极少，对资源利用率最高、能源消耗最低的产品。绿色产品从功能上可分为两大类：一是“绝对绿色产品”，指能够改善环境条件的产品，如用于清除污染的设备及净化、保健服务等；二是“相对绿色产品”，指那些可以减少对社会和环境损害的产品，如可降解的塑料制品和再生纸等。

4.2.2.2 发展绿色产品的意义

绿色产品是伴随环境保护的需要应运而生的一类新型产品，它是环境保护的必然产物。发展绿色产品，有着重要的战略意义。

（1）发展绿色产品是保护环境的需要　当今世界，全球面临的环境问题主要是人类经济发展的“副产品”，因此，要解决环境问题，还需从人类本身出发，绿色产品正是顺应这一要求而产生的。绿色产品由于其生产过程符合环境保护的要求，不产生污染物，也就不会造成环境污染和生态破坏。发展绿色产品，可以减少生产过程中对环境造成的污染和破坏，从而可减轻对环境的压力，因此是积极防治污染的有效办法。目前，环境保护已成为全世界的热门话题和行动主题，为适应环境保护事业的需要，有人提出未来的工业生产应该“生态化”，而且人类社会应该建立新的“生态文明”。所有这些要求人们的各项活动除追求经济效益（质量和成本）外，还应符合环境保护的要求。环境保护高潮已在全球范围内掀起，发展绿色产品是发展生态化工业和建立生态文明的重要措施。

（2）绿色产品有着广阔的市场前景　随着经济的发展，人们的环境意识逐渐提高，“绿色消费”（即消费绿色产品）将逐渐成为消费的主流，因而绿色产品也将成为未来市场的主导产品。在未来市场竞争中，绿色产品将占据优势。

（3）发展绿色产品是经济发展的需要　绿色产品的开发有较高的经济效益，这是因为虽然发展绿色产品可能使产品成本上升，但是绿色产品与同类产品相比具有价格优势，因而经济效益很好。由于绿色产品将在市场上占主导地位，为适应这一形势，必须发展绿色产品。

4.2.3 产品的环境标志

随着公众环保意识的提高和环境保护工作的深入开展，出现了社会呼唤绿色消费和公众期待绿色产品的新形势。为帮助消费者识别真正的绿色产品，一些国家政府机构或民间团体先后组织实施环境标志计划，引导市场向着有益于环境保护的方向发展。环境标志产品最早出现于20世纪70年代末期。1978年，联邦德国政府最先开始环境标志产品认证，并对其国内市场上的多种产品发放名为“蓝色天使”的环境标志；1988年起，加拿大、美国、日本等国开始进行环境标志产品认证；1991年，法国、瑞士、芬兰、澳大利亚等国开始实行环境标志产品认证；1992年，欧洲共同体达成协议，在欧共体内实行统一的环境标志产品认证，并发放统一的“生态标签”（Eco-label），同时还特制定一套含义确切的、统一的评价标准。之后，国际标准化组织（ISO）将上述“生态标签”“环境标签”等统称为“环境标志”。

4.2.3.1 环境标志概念

环境标志是指由政府管理部门、社会或民间团体依据一定的环境标准，向有关申请者颁发证明其产品或服务符合要求的一种特定的标志。环境标志通常被看作用来补充环境保护方面强制性法律和规章不足的一种重要的市场手段。

环境标志是一种标在产品或其包装上的标签，是产品的“证明性商标”，它表明该产品不仅质量合格，而且在生产、使用和处理处置过程中符合特定的环境保护要求，对生态环境和人类健康均无损害。与同类产品相比，贴有环境标志的产品具有低毒少害、节约资源等环境优势。

发展环境标志的最终目的是保护环境，它通过两个具体步骤得以实现：一是通过环境标志向消费者传递一个信息，告诉消费者哪些产品有益于环境，并引导消费者购买、使用这类产品；二是通过消费者的选择和市场竞争，引导企业自觉调整产品结构，采用清洁生产工艺，使企业环保行为遵守法律、法规，生产对环境有益的产品。

环境标志一般由商会、生产企业或其他团体申请注册，并对使用该标志的商品具有鉴定能力和保证责任，因此具有权威性；因其只对贴标产品具有证明性，故有专证性；考虑到环境标准不断提高，标志每3～5年需重新认定，所以又具有实效性；有标志的产品在市场中的比例不能太高，因此还有比例限制性。

实施环境标志的国家在环境标志立法保证的基础上，政府参与管理机构设置，同时也参与环境标志计划的实施。国际上环境标志计划一般由三个机构管理：一个技术机构或专家委员会负责初审产品种类建议，起草、修改和制定产品标准；一个代表各界利益团体的委员会负责确定产品标准；一个办事机构负责与企业签订合同及管理标志使用。在所有国家的环境标志计划中，政府都不同程度地参与。这种参与的涉及面很广，从提供资金到具体的行为管理。在日本的环境标志计划中，负责实施环境标志的两个委员会均是环境省下属或受其管理的机构，因此日本环境标志的决定权掌握在政府手中。在德国、加拿大，这些职能则由政府部门和民间机构分别承担。德国的环境标志评审委员会对确定产品的种类和产品标准具有绝对的决策权，加拿大的评审委员会同样负责确定产品种类和制定产品标准，但增加了标准最后由国家环境部部长颁布这一步骤。澳大利亚的环境标志计划由消费者组织和民间机构分别承担。而在挪威、瑞典和芬兰，必须将评审委员会评审出的产品类别与标准交北约联盟环境协调委员会作最终裁决。在法国，环境标志计划依赖于标准化协会，该协会负责全过程管理，但标准必须由政府批准颁布。

4.2.3.2 环境标志产品的范围

环境标志产品是以保护环境为宗旨的，从理论上讲，凡是对环境造成污染或危害，但采取一定措施即可减少这种污染或危害的产品均可以成为环境标志的对象，由于食品和药品更多地与人体健康相联系，因此，国外在实施环境标志制度时一般不包括食品和药品。根据产品环境行为的不同，环境标志产品可分为以下几种类型。

① 节能节水低耗型产品。

② 可再生、可回用、可回收产品。

③ 清洁工艺产品。

④ 可生物降解产品。

⑤ 低污染低毒产品。

4.2.3.3 环境标志进展

德国的“蓝色天使”环境标志计划于1977年由政府制定，到1992年底，已有800多家企业（包括外国企业）生产的3300多种标志产品通过认证，涵盖71个产品类别；到1999年底，德国的环境标志产品所认证的产品类别已达到100个。德国环境标志见图4-1(a)。

(a) 德国环境标志(蓝色天使)　　(b) 加拿大环境标志(环境选择)

图4-1　德国和加拿大的环境标志

加拿大环境标志“环境选择”于1988年由加拿大环境部宣布实施，这个计划至1999年底已包括50个产品类别［图4-1(b)］。1989年日本环境厅（现环境省）开始实施“生态标志”计划，1999年底，该计划已有68个产品类别，约4400种生态标志产品。

北欧部长级委员会于1989年11月决定实施北欧环境标志计划“北欧天鹅”［图4-2(a)］，该标志在芬兰、冰岛、挪威和瑞典都可以使用。1999年底，这项计划已有58个产品类别，1200多种标志产品上市。欧共体（欧盟前身）于1992年3月开始实施生态标志计划“欧洲之花”，该计划没有排除或改变成员国各自的标志计划，并有希望成为欧共体唯一的环境标志［图4-2(b)］。发展到1999年，该计划共包括了希腊、英国等多个欧共体国家，并已开展了23类产品的认证。

(a) 北欧环境标志(北欧天鹅)　　(b) 欧盟环境标志(欧洲之花)

图4-2　北欧和欧盟的环境标志

其他国家（组织）的环境标志彩图见书后附录。

4.2.3.4　中国环境标志

国家环保局于1993年7月23日向国家技术监督局申请授权，由国家环保局组建“中国环境标志产品认证委员会”，1993年8月中国推出了自己的环境标志图形，1993年9月国家技术监督局正式批复同意申请。中国环境标志产品认证委员会于1994年5月17日成立，它标志着中国环境标志产品认证工作的正式开始。认证委员会由环保部门、经济综合部门、科研院校、质量监督部门和社会团体等方面的专家组成，是代表国家对环境标志产品实施认证的唯一合法机构，它的成立使中国的环境标志产品认证工作有了组织保证；同时《中国环境标志产品认证委员会章程（试行）》《环境标志产品认证管理办法（试行）》《中国环境标志产品认证证书和环境标志使用管理规定（试行）》《中国环境标志产品认证收费办法（试行）》等一系列工作文件的出台，为环境标志产品的认证奠定了基础。2002 年 5 月，中国环境标志产品认证委员会与其他相关机构整合成立中环联合（北京）认证中心（CEC），负责中国环境标志认证工作。2008 年 9 月 27 日环境保护部发布《中国环境标志使用管理办法》（环境保护部公告 2008 年第 48 号），该文件明确了“中国环境标志是由环境保护部确认、发布，并经国家工商行政管理总局商标局备案的证明性标识”。

最早启用的中国环境标志为中国环境十环标志，见图 4-3(a)，由中心的青山、绿水、太阳及周围的十个环组成。图形的中心结构表示人类赖以生存的环境，外围的十个环紧密结合，环环紧扣，表示公众参与，共同保护环境；同时十个环的“环”与环境的“环”同字，其寓意为“全民联合起来，共同保护人类赖以生存的环境”。

(a) 中国环境十环标志　(b) 中国台湾省环境标志　(c) 中国香港特别行政区环境标志

图 4-3　中国环境标志

2006 年 10 月，财政部和国家环保总局联合颁布《关于环境标志产品政府采购实施的意见》（财库〔2006〕90 号），该意见规定各级国家机关、事业单位和团体组织用财政性资金进行采购的，应当优先采购环境标志产品，不得采购危害环境及人体健康的产品。2007 年 6 月，针对国家节能减排工作的严峻形势，国务院又下发了《节能减排综合性工作方案的通知》（国发〔2007〕15 号），其中第四十五条明确规定要加强政府机构绿色采购，认真落实《关于环境标志产品政府采购实施的意见》，进一步完善政府采购环境标志产品清单制度，不断扩大环境标志产品政府采购范围。经过多年实践，环境标志产品政府采购规模不断扩大，至 2021 年已达 1.3 万亿元，其中 2020 年政府采购的环境标志产品达到 813.5 亿元，占同类产品采购的 85.5%。中国环境标志已成为国家推动循环经济战略的重要手段。

4.2.4　环境标志的作用

德国首先实施环境标志计划后，加拿大、日本、法国、丹麦、芬兰、冰岛、挪威、瑞典等国相继实施环境标志；一些亚洲国家如新加坡、马来西亚、韩国以及我国也已开展了环境标志工作。目前世界许多国家和地区已实施或正在积极准备实施环境标志，可以说，环境标志已在全球范围内刮起一场环境保护的旋风。环境标志的作用主要有以下三个方面。

4.2.4.1 提高公众环境意识

公众参与是环境标志生存的沃土，是环境标志大厦构造的基石。而实施环境标志，又为公众参与环境保护提供了一个好的方式，它扩大了环境保护在公众中的影响，拉近了环境与人们日常生活之间的距离，无形中提高了环境保护在人们心目中的地位，这一点已在国内外几十年以来实施环境标志的经验中得到了证实。

在较早实施环境标志的国家中，通过环境意识教育，公众清楚地意识到当前所面临的严重的环境问题，意识到以破坏环境为代价换取眼前利益带来的恶果，理解了人类与环境相互作用的复杂性，使公众对环境标志这一新生事物表示赞同和支持。

发达国家的民意测验表明，大部分消费者愿意为环境清洁接受较高的价格，其中多数人愿意挑选和购买贴有环境标志的产品。在瑞典，对第二大零售店中的消费者进行民意测验，结果表明，85%的消费者愿意为环境清洁支付较高的价格；在加拿大，80%的消费者宁愿多付10%的钱来购买对环境有益的产品；40%的欧洲人喜欢购买环境标志产品而不是传统产品。在英国，1988年9月出版的《绿色消费指南》，在9个月内居最畅销书的首位，出售了30万册以上。而德国环境数据服务公司（ENDS）2004年完成的一项名为《环境标志，在绿色欧洲的产品管理》的研究报告则认为，环境标志培养了消费者的环境意识，强化了消费者对有利于环境的产品的选择。美国著名的盖洛普民意测验发现，绝大多数人认为环境保护比经济增长更具战略意义。

2021年，中国社科院生态文明研究所的一项研究对10038份网络问卷调查、350多万份公开热帖和评论样本进行了大数据分析，分析显示，不仅近90%的消费者表示会选择环境友好企业的产品，而且在选择就业时，对生态环境和文化因素等非货币因素的考虑也超过了对收入因素的考虑。

4.2.4.2 引导市场和产品向着有益于环境的方向发展

消费者是市场的核心主体，消费者的购买倾向直接影响着产品的发展方向。

过去，消费者在购买商品时，通常考虑的是价格和商品本身的使用价值，很少关注消费过程中的环境影响以及商品对消费者自身健康的作用。环境标志产品是具有环境友好性和健康有益性品质的绿色产品，既有利于人类生存环境的改善，也有利于公众生活质量的提高。环境标志产品是联系公众与可持续发展的一个纽带，是推进与拉动可持续绿色消费的一种方式。

环境标志的环保引领性表现在有利于提高企业和大众的环保理念。环保技术领先的生产企业为绿色产品找到有效的价值证明，在获得环保认证标志的同时，提升了企业形象，增加了消费者对该品牌的信任度，这也极大地提升了企业绿色生产的积极性，进而有助于推进绿色生产。

4.2.4.3 环境效益显著

实施环境标志，其环境效益十分显著。绿色消费已成为当代社会的新时尚，在这种条件下，企业只有开发有利于环境保护的产品，才能为企业的长远发展奠定坚实的基础。

德国颁布了水基漆环境标志，与传统漆相比，该产品有机溶剂含量少，无气味，对人体无害，所以很快就占据了市场，传统的溶剂漆不久就被淘汰，市场上60%的产品达到排放标准，由此带来的环境效益很明显，推行水基漆后，德国为此每年少排放4000吨有机溶剂。

在加拿大，由于实施了环境标志，废油、废纸、废塑料的排放明显减少。

据 ENDS 报告，德国实施环境标志之后，很多公司推广建立再生纸生产线，包括卫生纸、面巾纸和厨房用纸，可以节约大量的填埋空间和森林资源。在日本，由于致力于废旧物回收利用，其单位 GNP（国民生产总值）所消耗的能源和材料比 20 世纪 70 年代减少了 40%。

环境标志的上述效益，都是在市场中，依靠对购买者的直接引导实现的。因为公众的购买倾向无疑会影响商品的设计与生产，环境保护成为衡量产品销路的一个重要因素。40%的欧洲人对传统产品不感兴趣，而是倾向于购买环境标志产品；日本 37%的批发商发现顾客愿意挑选和购买环境标志产品。德国推出了一种不含汞、镉等有害物质的电池，在获得蓝色天使标志之后，市场份额从 10%迅速上升到 15%并出口英国，不久就占据了英国超市同类产品 10%的营业额。在当今竞争激烈的国际贸易市场上，环境标志就像一张“绿色通行证”在经济贸易中扮演着越来越重要的角色。

实施环境标志，公众看到的是标志，根据标志识别哪些产品的环境行为更好，买哪些产品对保护生态环境更有利。而对于生产环境标志产品的企业来说，则应对产品从设计、生产、使用到处理处置全过程（也称“从摇篮到坟墓”）的环境行为进行控制，不但要求尽可能地把污染消除在生产阶段，而且要求最大限度地减少产品在使用和处理处置过程中对环境的危害。

可以说，环境标志以其独特的经济手段，让广大公众行动起来，将购买力作为一种保护环境的工具，促使生产商从产品的生产到处置的每个阶段都注意减少对环境的影响，从而达到预防污染、保护环境、增加效益的目的。

4.2.5　环境标志的法律保证

环境标志从产生到现在方兴未艾，最终需要以一种具有稳定性、普遍性的社会规范形式存在，这种社会规范就是法律。环境标志制度借助市场经济的竞争机制，生产经营者在自愿基础上生产和销售被认定为有益环境的产品，以增强该产品在市场上的竞争力；同时，消费者在选择商品时以个人的环保意识和直接的参与行为来影响生产经营者努力增加在产品的生产、处置各环节的环保投入，以此达到经济效益和环境效益的最佳。

经济手段是保护环境的有效方法，法律规定则是环境保护、环境标志制度顺利实施的可靠保证。

4.2.5.1　国外环境标志的立法保证

虽然各国的法律体系不尽相同，但在环境标志计划上却有很多相似的法律规定——大部分国家的环境标志计划都聘请法律顾问，依照法律规定把环境标志登记注册为商标，与标志使用者签订合同，防止标志使用错误，保障环境标志计划的顺利实施。

环境标志被登记注册为商标，以便保护其非行政性和防止不正当使用，各国的做法不完全相同。在德国，商标所有权归联邦环境自然保护和核安全部；在日本，所有权归环境协会。实践证明，这种商标保护方式对防止假冒的环境标志产品是非常必要的。例如 1988 年，德国的质量保证与标志协会（RAL）控告了错误使用环境标志的零售商，因为该零售商在宣传产品时，把环境标志用在允许使用产品之外的商品上。同样，每一个标志计划均要求标志的资格申请者签署法律合同，这种合同一经签订，即明确了使用环境标志的权利和义务，具有法律效力，双方当事人必须遵守履行。这些合同是格式合同，通常一种产品和另一种产品间只有微小差别，这种合同的使用也有其有效期，在德国、加拿大为三年，日本则是两年，在合同期满时可以续签。合同期的长短是基于环境标志产品的标准需要不断修订和环境标志产品的普及情况而确定的。

许多环境标志计划中也建立了后续行为法律程序，对于不当使用环境标志的行为都制定了处罚措施，以保证环境标志的正确使用。例如澳大利亚的标志计划中建立了仲裁机构，由四个标志评审团成员组成，决定对不当使用标志的行为做出适当反应，该机构可以决定警告违反合同的团体或提出调停。不管仲裁机构的决定如何，商家均可在法庭上控告其认为是对其采取了不正当竞争行为（如未获环境标志而自行张贴标志的行为）的违法者。

在德国的环境标志计划中，如果标志使用不合适（一般包括在广告中把限于单个产品使用的环境标志扩展使用到整条生产线所生产的其他产品上，或使用相似的标志侵犯了商标权），无论质量保证与标志协会（RAL），还是联邦环境署（FEA）的立法人均可以采取行动。如果使用标志的合同签订有误，由 RAL 负责处理；FEA 作为政府的代表，负责处理所有未经许可就使用标志的情况。错误使用标志的行为一般是由商业竞争者告发的，RAL 收到这类信息或在监督管理中发现问题，就会及时通知错误使用标志的企业，并要求其保证今后不再犯类似的错误。仅 1989 年一年，RAL 的工作人员就以这种方式进行了大约 70 次干预。

加拿大的做法是，环境代表随时对已签订标志使用合同的生产经营者进行监督，监督其是否遵守协议。加拿大政府认为，依照法律遵守规章，对保护标志计划是十分必要的，政府在推行环境标志计划的过程中，必须保证标志授予活动的公平性。

4.2.5.2 环境标志的商标保护

我国环境标志计划的实施尽量应用了国家现行法律、法规的有关规定，以约束环境标志产品的生产经营者的行为，并保障环境标志的正确使用。因此，借鉴国外经验，我国的环境标志计划采取的法律保障措施主要是对环境标志进行商标注册、与申请使用环境标志的生产者签订环境标志使用合同书，相应受《中华人民共和国商标法》和《中华人民共和国民法典》中合同有关条款的保护。

（1）环境标志商标属证明商标　证明商标（certification mark），美国称之为“保证商标”（guaranty mark），爱尔兰称之为“统一质量商标”（common quality mark），欧共体委员会（现欧洲联盟委员会，简称欧委会）建议称为“担保商标”（guarantee mark）。各国虽然叫法不同，含义却大同小异，都是证明生产某产品的厂商的身份、商品的原料、商品的功能或商品的质量的标记。使用这种商标的商品，其生产、经营者自己不得注册，须由商会、生产企业或其他团体申请注册，申请人（商标所有人）对于使用该证明商标的商品质量具有鉴定能力，并负有保证其质量的责任。大多数国家的商标法中规定，证明商标不得转让、租借、抵押，不得作为强制执行措施的对象，同时还对使用证明商标者违反该商标章程的行为和假冒证明商标的行为应当承担的法律责任作出明确规定。

一般来说，使用证明商标的商品已通过鉴定或已按某项标准进行生产，因而该商品已具备某项质量特点或功能。使用证明商标，可使商品对消费者具有更大的吸引力，有利于打开销路，占领市场。商标所有人可以是某一社团如劳动者同盟、商会和标准局等，也可以是国家、省、市等政府部门或由其组建的专业机构，如质量监督委员会、专业标志认证委员会等。证明商标所有人将其商标公之于众，专为别人使用，经过产品鉴定，如符合规定的标准，该商标所有人便发放使用证明（如认证证书等），准许生产厂家（企业）使用其商标。正是因为有以上这些特点，证明商标目前已发展成国际上的一种重要商标，如纯羊毛标志、产品质量认证标志等。

中国环境标志符合证明商标的所有条件，是一种典型的证明商标。2008 年环境保护部发布的《中国环境标志使用管理办法》，对标志的所有权归属及认证机构、企业使用等做了详细的约定。中国科学院生态环境研究中心 2024 年发布的《中国环境标志三十年发展绩效评估报告》显示，经过 30 年的探索与发展，中国环境标志已成为我国最具影响力的环境认证之一。中国环境标志产品供给逐年增长，认证产品型号数量已达到 366 万种，形成每年高达万亿元产值的绿色市场。每年有 200 多万个产品型号中国环境标志产品进入政府采购范围，为政府绿色采购提供保障。中国环境标志提升了我国公民的可持续消费意识及实践，同时促进了我国企业的可持续生产能力，开展中国环境标志产品认证上市公司数量呈显著上升趋势。

（2）中国法律对环境标志的商标保护　环境标志已进行商标注册，为证明商标，因此其图形及使用权应得到我国现有有关法律的保护，一般说来，大致有以下两种情况。

① 环境标志受商标法保护。现行的《中华人民共和国商标法》规定：经商标局核准注册的商标为注册商标，包括商品商标、服务商标和集体商标、证明商标；商标注册人享有商标专用权，受法律保护。

《中华人民共和国商标法》中还明确了证明商标的定义：证明商标，是指由对某种商品或者服务具有监督能力的组织所控制，而由该组织以外的单位或者个人使用于其商品或者服务，用以证明该商品或者服务的原产地、原料、制造方法、质量或者其他特定品质的标志。

以上规定为中国环境标志的注册、管理和商标专用权的保护提供了基本的法律依据。

《中华人民共和国商标法》第 43 条对需要使用注册商标的人要与商标注册人签订“商标使用许可合同”，并保证使用该注册商标的商品的质量进行了规定：“商标注册人可以通过签订商标使用许可合同，许可他人使用其注册商标。许可人应当监督被许可人使用其注册商标的商品质量。被许可人应当保证使用该注册商标的商品质量。”

上述规定，无疑对我国环境标志工作的推动起到了保驾护航的作用。

② 环境标志受产品质量法保护。《中华人民共和国产品质量法》不仅在“总则”中作为一条原则规定“禁止伪造或者冒用认证标志等质量标志”，还在第二章“产品质量的监督”中第 14 条第二款、第 19 条对产品质量认证制度的建立原则和方法、产品质量检测机构等作出规定；第三章规定“生产者不得伪造或者冒用认证标志等质量标志”；第五章“罚则”还对违反有关规定的行为进行处罚的办法作出规定。由于我国环境标志制度走的是认证的道路，环境标志亦属于“认证标志”，因此，以上规定为环境标志商品权的保护、环境标志认证制度的顺利实行奠定了基础。

这些法律的出台与实行，为环境标志的实施创造了良好的环境，使环境标志产品刚一进入市场就得到保护。对已取得或即将取得标志的产品生产经营者来说，市场秩序的稳定使产品有保障，标志产品可在市场上以自身的优势得到广大消费者的青睐，由此，生产经营者和消费者的合法权益都有了法律保障。

4.2.5.3 环境标志的合同保障

（1）环境标志产品认证合同的出台　为了环境标志的实施更具合理性与合规性，借鉴国外环境标志计划经验，制订了中国的“环境标志产品认证合同”，该合同属格式合同，在甲方（产品生产企业）和乙方［中环联合（北京）认证中心有限公司］之间建立了一个共同的具有法律和债务责任的合同，其中主要对甲方如何使用环境标志、合同期限及乙方对甲方的认证监督方面作了规定。

（2）企业必须依法签订合同、使用环境标志　自愿申请使用环境标志的企业，按照《中国环境标志使用管理办法》中的程序提出申请，经中国环境标志产品认证合格后，须与中环联合（北京）认证中心签订环境标志使用合同。合同一经签署，即具有法律效力，因此合同对于双方都是有效的法律约束武器。尤其是对于企业，在履行合同期间，必须明确合同规定的权利和义务，以保证依法履行合同，正确使用环境标志，其中最值得强调的是生产经营者只能在经认证合格的产品上粘贴标志，而不能使用在自己生产的其他未经许可的产品上，否则必须承担法律责任。

4.2.6　ISO 14020 系列标准——环境标志及声明

各国或组织分别拥有自己的环境标志，为了规范“绿色产品”，国际标准化组织 1999 年出台了 ISO 14000 环境管理体系标准中的 ISO 14020 系列标准。ISO 14020 系列标准对世界各国产品和服务的环境行为评价原则和方法作出规定，对俗称的绿色产品、绿色服务、绿色市场的科学定位和内涵予以规范。ISO 14000 系列标准以 ISO 14020 为基础，并发展了 ISO 14024（Ⅰ型）、ISO 14021（Ⅱ型）、ISO 14025（Ⅲ型）三种环境标志计划，对绿色市场的所有绿色认证、绿色声明、绿色信息都予以规范，在防止贸易技术壁垒的总目标下构筑了一个完整的环境标志计划体系。

ISO 14020 系列标准环境标志与中国环境十环标志不同。中国环境十环标志是政府标识，代表政府对环境标志事业的导向与对产品和服务环境行为的最高认定；Ⅰ型、Ⅱ型、Ⅲ型环境标志的标识，是认证、验证、评估单位对应国际标准的技术标识，是 ISO 14020 系列标准合格评定的表达形式之一。

4.2.6.1　ISO 14020 系列标准的主要内容

（1）ISO 14020 标准　ISO 14020 标准包括 9 条通用原则，规定了环境标志和声明方面各国都应共同遵守的原则，核心是产品和服务的环境标志和声明应防止贸易技术壁垒、准确、无误导。

（2）ISO 14024 标准　ISO 14024 标准规定了产品和服务的第三方认证要求，称为Ⅰ型环境标志。认证方需先颁布认证标准，公开信息，被认证方自愿申请获得通过后，许可使用Ⅰ型环境标志标识，领取认证证书。

（3）ISO 14021 标准　ISO 14021 标准《环境管理　环境标志和声明　自我环境声明Ⅱ型环境标志》规定了对自我环境声明的要求（环境声明包括与产品有关的说明、符号和图形）；有选择地提供了环境声明中一些通用的术语及其适用的限定条件；规定了对自我环境声明进行评价和验证的一般方法，以及对本标准中所选用的声明进行评价和验证的具体方法。本标准不排斥、取代或以其他任何方式改变法律要求提供的环境信息、声明或标志，以及其他任何适用的法律要求。为增强声明的可信度，是否经第三方验证，由声明者自愿签约。在自我环境声明验证通过后，许可使用验证方的Ⅱ型环境标志标识，颁发验证证书。

（4）ISO 14025 标准　ISO 14025 标准规定了产品和服务的生命周期信息公告要求，称为Ⅲ型环境标志。该标准规定了生命周期信息公告的两种方法，需要第三方检测、评估，证明产品和服务的信息公告符合实际后，准予颁发评估证书。

4.2.6.2 环境标志及声明应遵循的原则

环境标志及声明是环境管理的工具之一，是 ISO 14000 系列标准的一个主题。环境标志及声明就产品及服务的总体环境特性、特定环境因素或其他多种因素提供信息。购买方和潜在的购买方可利用这一信息，基于环境及其他方面的考虑，选择所期望拥有的产品或服务。产品或服务的供应方希望其环境标志或声明能对购买方产生有效的影响，选择其产品或服务。如果环境标志或声明具有这一作用，将提高产品或服务的市场份额，并促使其他供应方对自己的产品或服务的环境因素加以改进，从而能够使用环境标志或环境声明，最终将减少该类产品或服务所带来的环境压力。

环境标志及声明应遵循的具体原则如下。

① 环境标志及声明必须是准确的、可验证的、具有相关性的和非误导性的。

② 用于环境标志及声明的程序和要求的制订、采纳和应用，不得以制造不必要的国际贸易壁垒为目的，或产生此类效果。

③ 环境标志及声明必须以足够严谨、科学的方法学为基础，该方法学应足够彻底、全面，从而能够支持所作声明，并能获得准确的和可再现的结果。

④ 用来支持环境标志及声明的程序、方法学和准则的信息必须具有可得性，并可应所有相关方的要求予以提供。

⑤ 环境标志及声明的制定，必须考虑产品生命周期的所有相关因素。

⑥ 环境标志及声明不得阻碍能够保持环境行为或具有改善环境表现潜力的革新。

⑦ 任何与环境标志及声明有关的行政要求或信息需求，都必须保持在符合适用准则和标准所需的限度。

⑧ 环境标志及声明的制定过程应是开放的，有相关方参与，在此过程中应作出必要的努力以求得共识。

⑨ 购买方和潜在购买方必须能从使用环境标志或声明的一方获得与该环境标志或声明有关的产品和服务的环境因素信息。

(1) Ⅰ型环境标志　中国Ⅰ型环境标志就是前面介绍的十环标志。

ISO 14024（《环境管理　环境标志和声明　Ⅰ型环境标志　原则和程序》）由国际标准化组织（ISO）于 1999 年 4 月正式颁布，目前世界各国开展的环境标志计划主要为此种类型。中国于 2001 年正式将 ISO 14024 标准等同转化为国家标准 GB/T 24024。

Ⅰ型环境标志计划（执行 ISO 14024 标准）是一种自愿的、基于多准则的第三方认证计划，以此颁发许可证授权产品使用环境标志证书。Ⅰ型环境标志对每一类产品配备一套完整的具有高度科学性、可行性、公开性、透明性的标准，凡是符合标准的产品即表明其基于生命周期考虑，具有整体的环境优越性。Ⅰ型环境标志用科学的标准和严格的评定程序确立了第三方认证程序的范本。

① Ⅰ型环境标志遵循的原则

a. 自愿性：这反映了在市场经济条件下环境管理政策已由过去的“命令控制”转变为以市场调节为主要特征。一方面，消费者出于环境和自身健康考虑，愿意购买环境标志产品；另一方面，生产企业在此需求压力下，必须生产环境友好和健康的产品来满足消费者的需求。这样自愿性原则就会很好地利用市场驱动来持续改善环境状况。

b. 选择性：一般而言，环境标志只授予某种产品或服务种类中的最优秀者，获得认证产品的比例通常控制在同类产品的 5%～30%。

c. 产品的功能性：如果获得环境标志的产品与同类产品相比不能体现高质量和合理的功能特性，则环境标志和环境标志计划的可信度将会受到质疑。环境标志产品只有在保证产品质量和功能特性的前提条件下才能发挥作用。

d. 符合性和验证性：ISO 14024 指出，Ⅰ型环境标志计划的制订和实施的各个阶段都应具有透明度。这意味着Ⅰ型环境标志的程序在其发展和运行的全过程中的所有信息均可被相关方所获取，并受到审查和评价。

e. 可得性：主要指环境标志计划的开放性和可获得性。环境标志机构应是一个中立机构，环境标志计划的申请和参与应对所有潜在的申请者开放，这意味着无论申请企业是国有或民营、集团公司或小公司、国外公司或国内公司都应得到同等待遇。

f. 保密性：环境标志申请人所提供的信息资料中有可能会涉及企业的技术机密和核心数据。因此，对于所有标识为密级的信息必须加以保密，并予以文件化，从而保证企业在申请和使用环境标志标识的同时，不会因其提供的密级资料和信息的泄露而受到任何不利的影响。

② Ⅰ型环境标志的特点

a. 公开透明：主要指环境标志计划相关信息的可获得性。Ⅰ型环境标志计划的制订和实施的各个阶段都应具有透明度，所有满足给定产品种类的产品环境准则和其他计划要求的申请者都必须有资格能被授予环境标志许可证并获得授权使用标志。

b. 第三方认证：经独立的第三方认证机构严格履行 ISO 14024 国际标准，按照“公正、公开、公平”原则进行严格的审核。通过独立第三方制定标准和进行审核，消费者可以确信生产商的产品或服务真正有利于环境改善。

c. 产品的规模效应：所有认证企业均应具备较强的生产能力以及较大的生产规模，以确保认证产品的持续稳定性并维护消费者的利益。

d. 其他国际通行标准：在国际标准框架下的通行标准，可被直接借鉴引用于环境标志产品认证计划，以避免重复劳动并提高产品认证的效率。

e. 明确的环境标志产品准则：Ⅰ型环境标志须预先制定产品准则，以作为产品认证的技术依据，由此决定了环境标志准则在Ⅰ型环境标志计划中的核心地位。

③ Ⅰ型环境标志产品技术要求。截至 2021 年，我国已公布的Ⅰ型环境标志产品技术要求有重型汽车、水性涂料、灭火器、家用微波炉、生态纺织品、节能灯等共 108 项。

④ Ⅰ型环境标志计划的实施需要配套技术标准。ISO 14024 标准面向所有的产品和服务，它只规定了各国建立Ⅰ型环境标志计划的原则和程序，给计划搭建了一个框架，没有具体到产品和服务的层次上，客观决定了标准在实施过程中不具有可操作性，因为开展环境标志计划的组织不可能按照一种原则和程序去评定具体的产品和服务，因此，ISO 14024 只有在配套技术标准的支持下，才能真正发挥计划应有的作用。

ISO 14024 标准 6.4 “产品环境准则的选择和制定”中明确规定了具体产品和服务标准制定的原则、指标属性、指标值的确定方法、测试和验证方法的选取原则以及标准的发布和修订程序。实际上，ISO 14024 标准明确要求各国实施Ⅰ型环境标志计划的组织应按照该标准的规定，依据不同的产品种类和范围分别建立基于生命周期评价的多重准则的技术标准，以便在不同产品种类中区别于环境表现优越的产品。

ISO 14024 配套技术标准的数量直接决定了市场上可提供的环境标志产品的种类，从而决定了消费者对环境标志产品的可得性，Ⅰ型环境标志计划规范绿色市场、发挥绿色导向的作用，都必须以环境标志产品的可得性为前提。因此，ISO 14024 的实施迫切需要大量的配套技术标准，这些标准应该涵盖产品和服务两个领域，原则上没有边界。

⑤ ISO 14024 配套技术标准制定方法。完全无害的产品是不存在的，任何产品都可能在某些方面或多或少地以这样或那样的方式危害环境，因此，一种具有环境标志的产品只是相对其他同类产品而言环境影响较小。但即使是做这种同类产品之间的比较，也需要通过对一种产品的总体环境影响进行评价，进而设立一定的环境要求，也就是要建立符合 ISO 14024 国际标准要求的针对某类具体产品的配套技术标准。一般情况下，配套技术标准的制定程序包括以下三个步骤：产品种类选择；对选择的产品种类进行整个生命周期的环境影响评价；建立适当的衡量产品环境表现的指标限值。

a. 产品种类选择。确定适合环境标志的产品种类的过程中，要遵循的首要原则是实施环境标志的产品与同类产品相比能够大幅度地降低产品的环境危害，因为在同类产品中，必然有一些产品会对环境造成很大的危害，而另一些产品相对来说对环境的危害较轻。这个原则对于判别诸如充电电池这样的情况是显而易见的（锂电池优于镍氢，而镍氢又优于镉镍），但对于某些产品种类范围的选择就不一定明显，而这种困难很多情况下来自需要判断在为消费者提供信息的目标和鼓励制造商为改进产品的环境影响而竞争的目标之间哪一个更重要。例如：氯氟烃类（CFCs）在气溶胶喷雾中被用作挥发剂，它对臭氧层有破坏作用，所以在德国环境标志的除臭剂产品类别中，环境标志只能授予那些不使用 CFCs 的喷雾式除臭剂，因为这些气溶胶除臭剂比使用 CFCs 的除臭剂对环境的危害要小。但是，在市场上还存在一种滚动式除臭剂，既不含 CFCs，通常又比无 CFCs 的气溶胶对环境更为友好（因为无 CFCs 的除臭剂通常包含易挥发的有机组分和其他污染物）。德国环境标志计划认为滚动式除臭剂并不属于这个产品类别，因为它没有足够的竞争力与气溶胶除臭剂进行竞争。假设一个消费者面临选择两者中的任何一种都可以满足要求的情况，如果在环境标志的影响下，消费者选择了无 CFCs 喷雾式除臭剂而没有选择滚动式除臭剂，则环境标志计划的目标明显没有实现，因为它正在使消费者产生误解，认为有标志的喷雾式除臭剂在环境保护方面的表现优于滚动式除臭剂。但如果从鼓励制造商为获得环境标志而从喷雾剂中去除 CFCs 这点考虑，环境标志计划又可以说取得了成功。如果为了从更大的范围更好地告知消费者产品的环境影响，将两者都包括在相同的产品类别中，由于滚动式除臭剂的环境表现优于喷雾式除臭剂，考虑到这一点，喷雾式除臭剂的制造商替换 CFCs 的热情将减低。总之，为消费者提供信息的目标和鼓励制造商之间为改进产品的环境影响而竞争的目标两者基本上不可能同时实现，只能通过判定哪一个目标更为重要来作出困难的决定。

另外，根据通常的法则，环境标志不考虑那些本身就危害人类健康、易燃、易爆的产品。同样，食品和药品一般也不在考虑之列，因为这两类产品有不同的监管体系与要求。

b. 生命周期环境影响评价。一旦产品种类和范围确定下来，就需要对这类产品的特性以及由该产品引起的环境影响进行评价，正确的环境影响评价需要对整个产品的生命周期进行分析。产品的生命周期包括生产（包括原材料的使用）、分配、使用和处理阶段，在这四个阶段中，产品以不同的方式和程度影响环境。因此，一个完整的评价必须包括产品的环境影响总和，包括产品在四个阶段中对三种介质（大气、水体和土壤）的影响，而且要考虑不可再生资源和能源的利用，产品的耐用性、易修理性和安全性。生命周期评价通常被称为“从摇篮到坟墓”评价。

目前还没有一种令人满意的方法可用以比较和总结不同的环境危害类型，在研究产品整个生命周期的影响方面的经验更是十分有限。评价产品生命周期在不同方面、不同污染类型方面的影响，经常使用一种简化的替代方法——二维分析法。这种二维矩阵的方法是一种非定量的方法。如表 4-1 所示为一个 9×4 的矩阵（产品生命周期四个不同阶段的环境影响），每个矩阵元素通过对四方面严格的环境影响评价给出，这种分析只能定性给出整个产品生命周期最主要的环境影响。

表 4-1 某产品生命周期分析二维矩阵

项目	生产	分配	使用	处理
有害物质	○	—	•	•
排放物进入的介质：水	○	—	•	•
气	○	—	•	○
土壤	○	—	•	○
噪声	○	—		○
废物	○	•	•	•
资源保护	—	○	•	—
合理利用		○	•	•
安全			•	—

注：• 为要求考虑；○为不要求考虑；—为无关。

考虑到环境相互作用的复杂性，特别是目前没有一种通用的、令人满意的解决这类问题的方法，环境标志只是在同类产品的环境影响评价中集中对很少的几个影响重大的部分进行研究，这意味着环境标志并不是要找出同类产品中对环境“最好”的产品，而只是通过设立几项环境要求，作为选择同类产品中具有最大环境效益的最好方法。一般情况下，这样的一些要求已经可以反映这类产品的环境特性。

c. 选择指标限值。根据 ISO 14024 国际标准要求，一个产品在获得Ⅰ型环境标志的过程中必须满足相应的配套技术标准的要求，这些配套技术标准是Ⅰ型环境标志计划的核心。在产品的环境影响评价中鉴别出产品最有可能对环境产生影响的阶段和方面，下一步就要找出单个产品的差异，从而建立产品环境要求（产品技术标准）。也就是说，一项技术标准中对产品的环境要求的多寡取决于单个产品的差异大小，例如两个同类产品的差异仅存在于处置阶段，即其中的一个属于可回收型，则技术标准中的环境要求只可能建立在产品可回收性基础上。

确定了产品的环境要求项目，接着就应该确定该项目的控制指标阈值，此时关键问题就变成需要确定有多少产品能够满足标准要求。根据经验，阈值的确定首先必须保证市场上能够有产品达到要求，因为建立那种没有产品可以达到的标准是没有意义的。其次，一般应选择具有 20%～30%市场份额的产品能够达到的限值。这一点相当重要，因为环境标志不仅鼓励制造商为标志而竞争，也希望获得公众的信任与支持，如果标准要求太低，会导致对消费者、制造商的吸引力受到损害。随着制造商全面改善其产品的环境表现，环境标志产品会逐渐获得更大的市场份额。此时，标准需要进一步严格，阈值需要进一步提高，从而保证环境标准的先进性。

d. ISO 14024 配套技术标准分类编号方法。全球生态标志网（GEN）组织根据产品类别，将环境标志产品分为 19 大类，分别为电池、燃烧炉、洗涤剂、纺织品/服装、建筑材料、家用电器、办公用品（非纸类）、办公用品/文具、纸产品、个人用品、家居养护用品、容器/包装（非纸类）、灯、太阳能产品、汽车/燃油、节水产品、农业和园艺、服务业和其他。

为便于今后开展国际互认，实现国际接轨，我国实施的ISO 14024标准（GB/T 24024）也采纳GEN的产品种类划分方法。ISO 14024环境标志配套技术标准编号表述为CEL 14024—×××—×××。该编号中CEL 14024表明该标准遵守ISO 14024标准要求，为Ⅰ型环境标志配套技术标准；中间段为GEN产品分类号，表明产品类别；最后为产品的顺序号，例如充电电池编号就可以表示为“CEL 14024—1100—001”。

表4-2是部分ISO 14024配套技术标准示例汇总。需要注意的是，这些产品标准仅为示例性的，目前正在研究以及已经制定、实施的标准还有很多，例如在服务领域还有装饰装修、零售业、汽车服务等环境标志标准。另外，环境标志标准本身也不是固定的，将随着国际和国内技术的发展和标准的变化不断增加和改进。

表4-2　部分ISO 14024配套技术标准示例汇总

GEN产品分类号	产品类型	具体产品及顺序号
1100	电池	001-充电电池和干电池，002-工业电池
1200	燃烧炉	001-节能低排放燃气锅炉
1300	洗涤剂	001-洗涤剂
1400	纺织品/服装	001-无漂白毛巾，002-防虫蛀毛纺织品，003-生态纺织品，004-鞋类，005-地毯，006-床垫
1500	建筑材料	001-可调节式低噪声便器，002-建筑用塑料管材，003-水性涂料，004-塑料门窗，005-卫生陶瓷，006-人造板及其制品，007-黏合剂，008-轻质墙体板材，009-建筑砌块，010-低辐射饰面材料，011-壁纸，012-隔热玻璃，013-再生石膏制品，014-热绝缘材料，015-再生铺路材料，016-吸声屏障，017-木制户外家具
1600	农业和园艺	001-有机肥料，002-可降解地膜，003-农业资源产品，004-低噪声草坪割草机，005-低噪声割灌机，006-土壤保水剂，007-卫生添加剂
1700	家用电器	001-家用制冷器具，002-洗衣机，003-节能低噪声房间空气调节器，004-节能低排放燃气灶具，005-家用微波炉，006-非铝制压力炊具，007-彩色电视机，008-低辐射手机，009-电磁炉，010-手持式头发吹风机，011-燃气热水器，012-洗碗机，013-消毒碗柜，014-家庭垃圾处理设备
1800	家居养护用品	001-卫生杀虫气雾剂，002-防虫蛀剂，003-无烟盘式蚊香，004-消毒剂，005-棉药签，006-蜡烛，007-热水箱，008-灭蚊蝇器具
1900	灯	001-节能灯，002-节能电子镇流器
2000	办公用品/文具	001-墨水笔，002-铅笔，003-修正带，004-涂改液及稀释剂，005-印刷油墨，006-磁带
2100	办公用品（非纸类）	001-家具，002-替代卤代烷灭火器，003-静电复印机，004-微型计算机及显示器，005-传真和传真/打印多功能一体机，006-打印机，007-可回收墨粉盒，008-计算机鼠标，009-计算机键盘，010-计算机主机，011-冷热饮水器
2200	容器/包装（非纸类）	001-重填物的包装或容器，002-包装制品，003-包装用纤维干燥剂，004-与食物接触的陶瓷、微晶玻璃和玻璃餐具制品，005-购物袋，006-塑料袋密封品，007-留置式拉环的饮料罐，008-再生聚乙烯零售用袋、垃圾袋，009-纸质餐饮具
2300	纸产品	001-未漂白过滤纸，002-办公用纸，003-信封、商用表格和其他深加工的纸质产品，004-期刊印刷品，005-印刷用纸，006-节约资源型纸制品

续表

GEN 产品分类号	产品类型	具体产品及顺序号
2400	个人用品	001-个人保健品，002-布尿片，003-可降解卫生用品，004-卫生巾，005-肌肤清洁剂，006-洗发精
2500	服务业	001-酒店服务
2600	太阳能产品	001-光动能手表，002-太阳能收集器
2700	汽车/燃油	001-非石棉的摩擦材料，002-低污染型摩托车，003-低污染型轻型汽车，004-润滑油，005-低噪声柴油机，006-液压油，007-燃料油，008-环保动力车，009-汽车轮胎，010-无石棉运输部件，011-翻新轮胎，012-低噪声建筑机械，013-低噪声链条锯，014-节能电机，015-生物柴油，016-乙醇汽油，017-船舶发动机，018-汽车保养用品
2800	节水产品	001-节水淋浴喷头，002-个人电子淋浴系统，003-节水灌溉滴灌管，004-节水灌溉微灌滴头，005-节水灌溉微灌喷头，006-节水灌溉微灌筛网过滤器，007-节水灌溉微灌管、微灌带，008-节水灌溉喷灌机，009-喷灌用金属薄壁管及管件
2900	其他	001-儿童三轮车，002-儿童玩具，003-无氯氟烃工商用制冷设备，004-磁电式防垢水处理器，005-金属焊割气，006-干式电力变压器，007-无汞医用体温计，008-培养皿，009-用再生碎玻璃制造的产品，010-用废橡胶制成的产品，011-喷射液，012-人造珠宝，013-婴儿学步车，014-儿童自行车，015-婴儿推车，016-气雾剂，017-防冻处理剂，018-机场除冰装置，019-低噪声变压器，020-低噪声混凝土搅拌机，021-自毁型一次性使用无菌注射器，022-节能、低噪声风机，023-节能电梯，024-海面溢油分散剂，025-无卤低烟阻燃电缆

（2）Ⅱ型环境标志

① Ⅱ型环境标志的适用范围及作用。ISO 14021 环境标志国际标准（Ⅱ型环境标志）于 1999 年 9 月 15 日颁布，1999 年 11 月正式成为国际标准。

中国于 2001 年正式将 ISO 14021 国际标准等同转化为 GB/T 240241 国家标准（标志见图 4-4）。它规定了对产品和服务的自我环境声明的要求，理论上是无边界的，自我环境声明包括与产品有关的说明、符号和图形；有选择地提供了环境声明中一些通用的术语及其使用的限制条件；规定了对自我环境声明进行评价和验证的一般方法，以及对选定的 12 个声明进行评价和验证的具体方法。为增强声明的可信度，是否经第三方验证，由声明者自愿签约。自我环境声明验证通过后，许可使用验证方的Ⅱ型环境标志标识，颁发验证证书。

图 4-4 中国Ⅱ型环境标志

国际标准化组织于 2016 年 3 月正式发布了第二版 ISO 14021，即《环境标志和声明 自我环境声明（Ⅱ型环境标志）》（ISO 14021：2016），在原有的 12 个自我环境声明的基础上，修订后的标准新增了 4 个声明。

适用范围：Ⅱ型环境标志明确规定了目前正在使用或今后可能被广泛使用的 16 类自我环境声明的限定条件，从声明类型的角度而不是产品类别的角度来阐述。因此，每一类声明都对应数种产品甚至是行业，再加上对产品的市场寿命也没有提出要求，相对于中国环境标志来讲，Ⅱ型环境标志适用范围较广泛。

企业：Ⅱ型环境标志除少数必要的指标需要检测外，仅对证明文件进行验证，费用较低，充分考虑了小型企业的需求，更便于标志计划的开展。

用途：在宣传上，自我环境声明除了图形外，一般使用特定术语和解释性说明来为产品的环境特性做宣传，更具体、直观地表达出更深层次上的“环保”，可作为消费者进行较为慎重的购买选择时的依据。

另外，无论是循环经济，还是清洁生产或是绿色设计，它们最终都归结到绿色产品（或服务）上来，而ISO 14021环境标志国际标准的16个具体的环境声明恰恰就是对绿色产品的上述环境属性的规范。对于循环经济、清洁生产和绿色设计，Ⅱ型环境标志更能体现促进作用。

作用力度：Ⅱ型环境标志明确规定了19条自我环境声明通用术语和17条自我环境声明常用术语，对诸如“绿色”“对环境安全”等语言加以限制，禁止使用这种无意义、不准确和带有误导性的语言，从这种意义上来讲，Ⅱ型环境标志更能起到规范市场声明的作用。

Ⅱ型环境标志针对某一特定要求进行自我环境声明，快速直接地反映公众的某项需求和企业的某项承诺，在贴近企业和公众方面提供了更加有效的补充。

② ISO 14021 Ⅱ型环境标志自我环境声明具体要求概述。世界范围内通用的16个自我环境声明包括：可堆肥、可降解、可拆解设计、延长寿命产品、使用回收能量、可再循环、再循环含量、节能、节约资源、节水、可重复使用和充装、减少废物量、可再生材料、可再生能源、可持续以及与温室气体排放相关的。其中“与温室气体排放相关的”又包括“产品‘碳足迹’”和“碳中和”。

由于具体声明只能在确定的特性和条件下才能使用，因此标准中第7.2～7.17条对这16个自我环境声明分别给出了限定条件。在应用声明时，必须满足这些限定条件。

值得注意的是，声明者有可能选用相近的术语来规避由于滥用这16个声明所应负的责任，对此，标准中第7.1.1条规定：“声明者遵守本章所规定原则的责任不因其换用相近的术语而减少。”

16条自我环境声明大致划分为：产品生产过程中适用的自我环境声明类型（如：使用回收能量、再循环含量、节约资源、可再生材料、可再生能源）、产品使用过程中适用的自我环境声明类型（如：延长寿命产品、节能、节水）、使用到废弃阶段适用的自我环境声明类型（如：可重复使用和充装）、废弃到再生产阶段适用的自我环境声明类型（如：可堆肥、可降解、可拆解设计、可再循环），以及适用于反映产品全生命周期的自我环境声明类型（如：可持续、产品碳足迹、碳中和）。

16项自我环境声明充分体现了循环经济的全部内涵，除了体现减量化、再使用、再循环的3R原则外，更顺应了当前应对全球气候变化和温室气体减排的迫切需求，对可再生材料、可再生能源、可持续、碳足迹、碳中和等与温室气体减排乃至人类可持续发展密切相关的自我环境声明类型提出了明确要求，这对于实现“双碳”目标进程中更加规范地运用环境标志和声明这一环境管理工具，有效提升组织、产品和服务在全生命周期中的环境绩效，改善环境影响具有重大的现实意义。

（3）Ⅲ型环境标志

① 中国Ⅲ型环境标志。中国Ⅲ型环境标志见图4-5。

中国Ⅲ型环境标志强调产品质量指标与环境指标的双优，通过对产品和服务的各个阶段（如设计、生产、使用、废弃等阶段）按照生命周期评价理论进行系统的分析，开列出所有与产品和服务有关的环境影响清单（声明数据表），并检测和计算出相应的量化结果，向消费者、经销商提供产品和服务的可比环境信息，同时在市场上树立企业的“绿色”形象。

图4-5 中国Ⅲ型环境标志

中国Ⅲ型环境标志是一个量化的产品性能和环境信息的数据清单，由企业提供，经由有资格的独立第三方依据 ISO 14025 环境标志国际标准进行严格的审核、检测、评估，证明产品和服务的信息公告符合实际后，向消费者提供量化的环境信息。

② ISO 14025 国际标准的方法基础。用来发展Ⅲ型环境声明的符合 ISO 14020 原则的方法必须以科学与工程性方法为基础，而这些方法可以准确反映出声明中的环境因素及信息。Ⅲ型环境标志声明中的信息应从生命周期评价中获取，关于生命周期评价（LCA）方法，国际标准化组织已经制定了一套相应的标准：ISO 14040～ISO 14043。在 ISO 14025 标准草案中为Ⅲ型环境声明提供了两种方法（图 4-6）：一种是生命周期清单（LCI）方法；另一种是生命周期影响评价（LCIA）方法。此外，也可以选择使用其他环境分析工具。

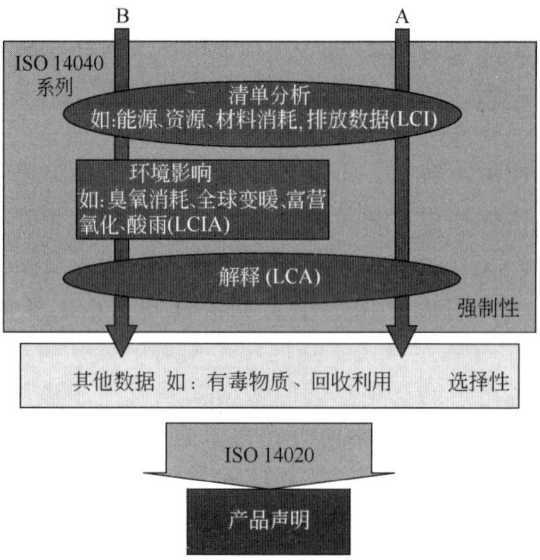

图 4-6　Ⅲ型环境声明的两种方法

选择 A：生命周期清单分析（LCI，依据 ISO 14040＋ISO 14041＋ISO/FDIS 14043）

选择 B：LCI 后的生命周期影响评价（LCIA，依据 ISO 14040＋ISO 14041＋ISO/FDIS 14042＋ISO/FDIS 14043）

也就是说，在Ⅲ型环境标志声明中至少可以包含三种类型的信息：通过生命周期清单分析获得的生命周期清单信息，通过生命周期影响评价获得的生命周期影响评价信息，通过其他环境分析工具获得的其他环境信息。各个国家和组织可以根据实际情况，选择声明其中一种信息、两种信息或全部三种信息。根据目前已经开展的Ⅲ型环境标志计划，主要出现了以下几种情况。

a. 三种信息全部包括，但是以生命周期清单信息和生命周期影响评价信息为主，瑞典、挪威、芬兰、波兰、意大利等国的多数Ⅲ型环境标志声明属于这种类型。

b. 只包括生命周期清单信息和生命周期影响评价信息，日本的Ⅲ型环境标志声明属于这种类型。

c. 包括生命周期清单信息和其他环境信息，以其他环境信息为主，我国目前所开展的Ⅲ型环境标志认证属于这种类型。

当前，我国之所以选择以有毒物质、回收利用等其他环境信息为主，原因有以下几个方面。

(a) 公布系统完整的生命周期清单分析信息和生命周期影响评价信息，必须建立在先进、成熟的 LCA 方法基础上，同时还必须有公开的 LCI 数据库作为支撑。国外 LCI 数据库主要有瑞士 Ecoinvent、欧洲生命周期文献数据库 ELCD、德国 GaBi 扩展数据库（GaBi Databases）、美国 NREL-USLCI 数据库（U. S. LCI）、韩国 LCI 数据库（Korea LCI Database）等。瑞士 Ecoinvent 数据库作为一个 LCI 数据库，其数据主要源于统计资料以及技术文献，支持各种类型的可持续性评估。该数据库包含各种常见物质的 LCA 清单数据，是国际 LCA 领域使用最广泛的数据库之一，也是许多机构指定的基础数据库之一。2021 年发布了最新版本 Ecoinvent 3.8，包含欧洲及世界多国的 18000 多个单元过程数据集以及相应产品的汇总过程数据集，其中包括农业和畜牧业、建筑、化工和塑料、能源、林业和木材、金属、纺织、运输、旅游住宿、废物处理和回收以及供水等工业部门。

我国从 20 世纪 90 年代初开展 LCA 相关研究，在 1998 年全面引进 ISO 14040 系列标准，将其转化为 GB/T 24040 系列国家标准。进入 21 世纪以来，随着我国生态环保力度加大，政府部门出台多项政策文件来推动 LCA 应用。工业和信息化部、科技部、财政部在 2012 年联合发布了《关于加强工业节能减排先进适用技术遴选、评估与推广工作的通知》，提倡采用包括 LCA 在内的定量化技术评估工具，以提高评估结果的科学性。国务院在 2015 年印发的《中国制造 2025》以及工业和信息化部在 2016 年印发的《工业绿色发展规划（2016—2020 年）》均提出要“强化产品全生命周期绿色管理”。目前，我国 LCA 的应用研究已涉及多个领域，包括金属冶炼、能源、废物处置、建筑和农业等。

中国生命周期基础数据库（CLCD）是一个基于中国基础工业系统生命周期核心模型的行业平均数据库，目标是代表中国生产技术及市场平均水平，2022 年发布了 CLCD 0.9 版。CLCD 数据库包括国内 600 多个大宗的能源、原材料、运输的清单数据，支持完整的 LCA 分析和节能减排评价指标，包含中国本地化的资源特征化因子、归一化基准值、节能减排权重因子等参数。

（b）虽然瑞典、日本等国的Ⅲ型环境标志既面向专业的采购商，也对普通消费者公开，但它们实际上更加侧重于针对专业的采购商，因为它们所声明的输入输出清单信息和影响评价当量信息，普通消费者其实是很难看懂的，要从中获取有益的信息就更难了。瑞典、日本等国现在也已经开始意识到这个问题，并希望通过一些简化的方法来表示这些数据，如指数或比率，然而效果并不是很理想。我国Ⅲ型环境标志目前主要针对的就是普通消费者，因此，就更需要通过一种简洁明了的方式向消费者传递有效的信息，现在我国也正在研究怎样通过一种简洁明了的方式来声明产品生命周期清单信息。因而，目前我国的Ⅲ型环境标志更加侧重于体现生命周期思想的其他环境信息。

③ Ⅲ型环境标志的原则、特点和作用

Ⅲ型环境标志的原则如下。

a. 自愿性：体现企业在环境改善上的主动性和保护人体健康的自觉性。

b. 双优性：同时公布产品的性能指标和环境指标，增加产品的市场竞争力。

c. 协商性：所有声明的信息需要经多方协商、合作共同完成。

d. 透明性：声明信息应能为相关方获取。

e. 可得性：申请者可获得发表信息声明和使用环境标志证书的权利。

f. 科学性：以严格的 ISO 14025 环境标志国际标准为审核依据，准确地反映和传达声明中所包含的环境信息。

g. 机密性：保证被确认为机密等级的信息的机密性。

Ⅲ型环境标志的特点如下。

a. Ⅲ型环境标志满足国际一致性，便于国际互认。

b. Ⅲ型环境标志信息清单是一个随时与产品发展保持一致的“活”文件。

c. Ⅲ型环境标志可以广泛适用于各种产品和服务。

d. 采用数据表的形式公布信息，便于消费者选择“双优”产品。

e. 产品环境声明并不要求互相一致，可以各取所需；只要告诉市场自己的产品是优中之优、公布的产品信息有益于公众认识自己即可。

Ⅲ型环境标志的作用如下。

a. 突出声明产品的销售亮点，增加公众对该商品的认可度。

b. 有利于创造经济和环境效益的“双赢”，为企业创造经营业绩。

c. 搭建一座绿色桥梁，便于公众的市场选择和监督。

d. 体现企业的科学、诚信和服务，做到产品质量和环境行为的持续改进。

e. 构建生命周期评价思想，提升企业管理水平。

此外，Ⅲ型环境标志除公布量化的产品性能和环境信息外，还可以公布非数字化的管理信息（如获得 ISO 9001:2000、ISO 14001:1996 等管理认证）。信息量的大小、繁简、公布方式均由声明者考虑决定。

依据 ISO 14025 环境标志国际标准而声明的信息清单出现在商品市场中，企业真实地公布数据，诚恳地接受监督，努力做到持续改进，给商品市场带来了科学和诚信，给公众带来了权威认证的可靠性和选择产品的可比性，企业家的社会责任和公众的消费权利在声明信息清单上得到充分反映，声明信息清单成为企业家注重科学和诚信、公众注重环保和健康的互动纽带。

(4) Ⅰ型、Ⅱ型、Ⅲ型环境标志的区别与联系　Ⅰ型、Ⅱ型、Ⅲ型环境标志的认证、验证和评估都是自愿性的，涵盖范围都包括产品和服务，理论上是无边界的。

Ⅰ型偏重于产品和服务的终端是否达标；Ⅱ型偏重于产品和服务过程的环境行为是否先进；Ⅲ型则覆盖产品和服务的生命周期过程，把质量指标与环境指标融为一体。三种环境标志的认证组成了一套完整的环境行为评价系统，给生产方呈现自身环境、社会、经济优势的机会，给公众和采购方选择环境、社会、经济效益的便利，是推动循环经济和可持续发展的市场化手段。

一般来说，Ⅰ型环境标志在使用时，仅向消费者传达一种信息，那就是该种产品或服务符合一定的标准，得到认证。具体符合什么样的标准，表面上看不出来。而且，各国的标准存在差异，容易造成绿色贸易壁垒。今后，随着国际交流更加频繁，国际互认不断完善，形成绿色贸易壁垒的可能性将逐步消除。

对于Ⅱ型环境标志，ISO 14021 标准允许有 16 类声明，其形式可以是出现在产品或包装标签上，或是写于产品文字资料、技术公告、广告、出版物、电话销售及数字或电子媒体（如因特网）等中的说明及符号或图形。这种环境标志在使用时能明确地给消费者传达其环境优越性的信息，便于消费者购买产品时参考。这些说明、符号或图形没有地域性差别，从表观上确定了不可能造成绿色贸易壁垒。

Ⅲ型环境标志，其形式是一个量化的产品环境生命周期信息简介，内容详细，便于消费者购买产品时参考，但仅针对专业人士，对普通消费者而言则难以理解。如果在量化的产品信息简介上附加解释性说明，便可解决这一问题。但是，由于各国的检验方法和技术水平的不同，仍存在形成绿色贸易壁垒的隐患，有待通过检验方法和机构的国际互认来消除。

分析三种环境标志，有以下三个操作要点。

① Ⅰ、Ⅱ、Ⅲ型环境标志都依靠第三方体现诚信。Ⅰ型环境标志计划要经过独立的第三方认证；Ⅱ型环境标志计划仅需要经独立的第三方文件验证后，直接由制造商、进口商、分销商、零售商或任何能获益的人进行声明；Ⅲ型环境标志则需要第三方组织检测后向社会公告信息。第三方的作用是非强制性的，但是对于实现 WTO/TBT 协定《技术性贸易壁垒协定》“防止贸易欺诈”的目标发挥着关键作用。

② Ⅰ、Ⅱ、Ⅲ型环境标志共同组成产品绿色评价体系。

Ⅰ型环境标志计划是对每一类产品配备一套完整的具有高度科学性、可行性、公开性、透明性的标准，凡是符合标准的产品都具有整体的环境优越性。

Ⅱ型环境标志计划中没有像Ⅰ型环境标志计划那样给每类产品配备单独的检验标准，它只是“采用国际标准、国际公认标准（可包括区域标准或国家标准）或经同行评审的工业（贸易）方法，如果不存在现成的方法，声明方可自行制定”，但规定了 16 类自我环境声明的验证标准，对针对生产和处置阶段的一项或数项环境因素作出的自我环境声明给出了文件验证，要求主要体现生产、处置环节的环境优越性。

Ⅲ型环境标志计划是一个量化的产品环境生命周期信息简介，以根据 ISO 14040 系列进行的生命周期评价为基础，体现了对产品环境信息的定量评估。

③ Ⅰ、Ⅱ、Ⅲ型环境标志遵从的程序不同。

Ⅰ型环境标志涉及一个认证程序，包括：a. 认证产品申请方提出认证申请，提交相关文件资料；b. 认证机构对文件资料进行审查；c. 认证机构人员对生产现场进行检查；d. 认证机构对申请认证的产品进行型式检验；e. 认证结果评价与批准；f. 获证后对产品进行型式检验和现场监督检查。

Ⅱ型环境标志的认证程序与Ⅰ型环境标志类似，但审查的重点是自我环境声明的内容，因此没有产品的型式检验。

Ⅲ型环境标志要求相关方提供一个量化的生命周期信息简介，经有资格的独立的第三方组织检测，并进行严格评审，确定是否符合公开颁布的信息限值。

三种环境标志计划相互补充，共同构筑规范绿色市场的国际性标尺，正所谓“尺有所短、寸有所长”，三种环境标志计划在今后的执行过程中必将相得益彰。

4.3 清洁生产评价

4.3.1 城市清洁生产评价

随着全球范围内社会和经济的迅猛发展，人口逐年膨胀，工业化加速推进，一系列环境问题摆在我们面前——生态环境失衡，自然资源濒临枯竭，能源匮乏，这些问题的出现反过来又严重制约着人类经济的发展，危害着人类自身的生存。在此形势下，清洁生产开始由企业或产业层次发展为城市层次的需求。

城市是一个国家或地区经济活动与社会活动的中心，随着生产力水平的提高和经济的发展、社会的进步，人口越来越向城市集中，这是历史的客观规律。城市里聚集了绝大多数的现代工业和第三产业，蕴藏了社会重要的生产力，为人类创造和储存了最主要的物质财富，对国家整体经济实力至关重要。城市又是一个极其复杂的社会、经济、物质大系统，它具有多方面多层次的结构内容。城市经济结构的合理与否直接决定城市的可持续发展能否实现，并进一步影响整个国家可持续发展战略的顺利实施。

清洁生产的理论基础主要是物质平衡理论、最优化理论和社会化大生产理论。

① 物质平衡理论。世界上本无废物，有的只是放错位置的资源。在人类的生产活动中，物质是遵循平衡定理的：一方面，一个生产过程所产生的废物将变为另一个生产过程开始所需要投入的原料；另一方面，清洁生产可以使废物的生成量最小化，即资源得到最有效的利用。所以资源和废物是相对的，可以相互转化。

② 最优化理论。清洁生产实际上是如何满足特定生产条件下使物料消耗最少，而使产品产出率最高的问题。这一问题的理论基础是数学上的最优化理论，在很多情况下废物最小量化可表示为目标函数，求它在约束条件下的最优解。但是，清洁生产还涉及改变原料和产品的物理化学性质、生物过程等，这些问题是不能用一般的数量关系来优化求解的。

③ 社会化大生产理论。马克思主义认为，用最少的劳动消耗生产出最多的满足社会需要的产品，是社会建设的最高准则。当今世界生产的社会化、集约化和科学进步，为清洁生产提供了必要的条件，有利于经济增长方式由粗放型向集约型转变，为推行清洁生产的发展提供了条件。

4.3.1.1 清洁生产方式与城市经济结构调整

（1）城市系统的可持续发展与城市经济结构调整　人类的发展经历了一个从“经济增长理论”到“经济社会综合协调发展理论”再到“可持续发展理论”渐进深化的过程。可持续发展是一个涉及经济结构协调发展、人口与资源环境负荷相适应，社会关系和谐文明，人与社会全面发展的新的人类发展战略。它在满足当代人需要的同时，还为后代人提供再发展所需求的环境、经济及社会等物质、精神基础，以适度的城市规模、合理的城市容量和城市结构来不断提高城市质量、增强城市功能、保持良好的城市环境和促进人与城市社会的全面发展，从而既满足当代人日益提高的物质文明和精神文明需要，同时又为后代人创造具有良好发展条件的城市。

（2）清洁生产与城市经济结构调整　合理的城市经济结构的目的和标准应该是：能够比较充分和有效地利用人力、物力、财力以及自然资源；国民经济各部门能够协调发展，社会扩大再生产能够顺利进行，技术能够不断进步，劳动生产力能够不断提高；人民生活水平不断提高。清洁生产是促进经济与环境协调发展的全新的生产方式，对调整和优化城市经济结构意义深远，是实现城市经济结构合理化的必由之路。通过推行清洁生产优化城市经济结构的具体措施内容如下。

① 城市产业结构的优化

a. 城市产业结构实现优化需注重城市可持续发展，使城市产业结构有利于推动人口、资源、环境、经济社会之间的持续协调发展，满足就业、资本吸纳、生态环境保护等多元化的需求。

b. 立足本地实际，与本地所拥有的资源相结合，通过推行清洁生产确立产业关联度强的支柱产业，形成能够结合本地资源特色的、专业化水平较高的、比较优势最大的产业或产业集群，最大限度地发挥城市综合优势。

c. 大力发展高新技术产业，用高新技术改造传统产业的生产设备，提高设备效率和原材料利用率。改革传统产业的生产工艺，由排废工艺改革成为少废或无废工艺并且能够依照技术要求适时自动调整，随时保持城市产业结构的先进性；大力依靠科技进步，逐步改造老企业、摒弃旧技术，引进清洁生产技术装备和科学管理经验，提高城市产业整体水平。

d. 使第一、第二、第三产业的比例关系合理化，大力发展第三产业。优化第三产业内部结构，提高第三产业中为清洁生产服务的新兴产业的比重。

e. 以清洁生产为目标，着力培育具有高成长性和市场潜力的新的产业增长点，并能适应对外开放的要求，努力形成兼具创汇能力和较高国际经济参与水平的发展格局，较多地通过外部分工获取比较收益。

② 城市产品结构优化。一个城市生产产品层次的高低是衡量城市工业增长质量的一个重要指标。如果一个城市的工业增长主要是依靠精深加工、增值程度和技术含量都较高的产业来推动的，表示该城市的工业增长质量较高；反之，则表明该城市的工业增长质量较低。随着经济条件和外部环境的变化，各城市应重视城市产品结构的更新换代，并利用各自的资源优势，以市场为导向，采取资源转换战略和清洁生产方式，调整产品结构，生产清洁产品。即逐渐用不对环境产生危害的产品或不使用高毒性原材料的产品取代有毒有害的旧产品；不断延长加工链，大力发展一些产品生命周期处在创新和发展阶段的“高、精、深、新”产品的加工工业，以取得比较优势和竞争优势。

③ 城市技术结构的优化。从全社会的角度看，技术进步包括两方面内容：一是各个部门、各个行业、各种生产所使用的各项技术本身的进步；二是整个国民经济中各种技术手段之间的比例和联系的改善。前一个过程可称为科学技术的现代化过程，后一个过程可称为技术结构的合理化过程，这两个过程是互相紧密联系的。科学技术的现代化过程影响着技术结构的合理化过程，而技术结构的合理化过程又推动着并在一定程度上包含着科学技术的现代化过程。清洁生产作为人类可持续发展的先进生产方式，其实施将全面促进科学技术的现代化进程。同时，清洁生产由于可促进企业的技术改造，淘汰技术工艺水平低、资源消耗高、环境污染严重、产品质量低劣的落后生产设备，因此有助于推动技术结构趋于合理化。

④ 城市经济组织结构优化。城市经济组织结构优化调整的方向主要包括以下几个方面。a. 要通过“抓大放小”，重点抓好一批具有规模和竞争优势的大型企业集团，增强其经济实力和国际竞争能力，以充分发挥其在清洁生产技术创新、清洁新产品开发以及参与国际竞争方面的带头作用。b. 积极放开搞活小型国有企业，引导和鼓励小型企业采用清洁生产方式，充分发挥它们能够吸收较多劳动力和体制灵活的优势。c. 加强对企业职工的技术培训，鼓励已实现清洁生产的大企业有意识地选择一批小企业进行清洁生产专业技术方面的合作，促使它们向清洁生产专业化方向发展。d. 增强大型企业清洁生产的研究与开发能力，不断开发清洁产品，提高产品质量，并在政策上鼓励其向“高、精、新”方向发展，逐步把清洁生产的链条扩散到周围小企业。

⑤ 城市所有制结构优化。调整城市所有制结构有两个基本原则：一是生产关系一定要适合生产力发展的需要；二是所有企业应具有平等竞争的外部环境。清洁生产内涵的核心是实行源头削减和对产品生产实施全过程控制，它的最终完善必须通过技术创新来达到，在技术创新面前，各种所有制形式一律平等。

⑥ 城市投资结构的优化。合理安排城市投资结构，既要考虑各方面的需要，使分配合乎比例，又要突出重点，保证重点建设资金所需。具体内容包括以下几点。a. 城市投资结构应遵循清洁生产原则，使农业、轻工业、重工业保持协调发展。b. 通过城市产业结构、产品结构的合理化，即通过发展清洁生产产业、生产清洁产品来实现城市投资结构的合理化。c. 合理配置投资，促进城市清洁生产企业结构的合理化，推动清洁生产以更细密的社

会分工向专业化、联合化的纵深迈进。

4.3.1.2 城市清洁生产评价指标体系确定的基本原则

城市清洁生产评价指标体系，是城市清洁生产水平和效益检验科学化、规范化和数量化的标志，也是全面落实清洁生产规划任务的依据。

所谓指标体系是由一系列从各个侧面揭示被描述事物的数量、质量、状态等规定性的指标形成的有机评价系统。确定城市层次的清洁生产指标体系是一项全新的研究和探索课题，目前尚处于研究阶段，构建城市清洁生产评价指标体系的基本原则如下。

（1）价值观念和指标构建的原则 在构建城市清洁生产评价指标体系的过程中，应避免由于不同的价值观念而导致指标取向的分异性，使评价指标构建在同一性、共质性的基础上。构建城市清洁生产评价指标体系的目的在于寻求一系列具有代表性而又能充分反映清洁生产在城市水平上的综合目标，并且能够科学表达对清洁生产战略认识的特征指标。

（2）层次性、整体性和系统性原则 城市清洁生产评价指标体系不同于企业或行业或部门清洁生产评价指标体系，其特点是层次高、范围广、系统复杂。制订过程中，必须在全面了解低层次的广泛信息的基础上，全面考查，整体排序，系统分析，抓住重点，兼顾一般。为此，必须采用系统工程的研究方法和思路来研究城市清洁生产评价指标体系。

（3）与实际相结合的原则 城市清洁生产评价指标体系必须建立在城市产业结构、环境质量和社会经济发展水平的实际情况基础上。脱离这一原则，将失去针对性、实用性和可操作性。所以确定城市清洁生产评价指标体系必须从实际出发，要具有可操作性、实用性。

（4）获取翔实、可信的现状资料和信息原则 清洁生产评价指标体系是否具有科学性、代表性和层次性，关键就在于原始数据和资料的获取及其可靠性。为此，必须进行大量的调查研究，对行业、企业和产品等不同层次全面考查，并广泛收集国内外有关政府、专家和民众的建议和意见。

（5）分层次、分阶段实施原则 城市清洁生产评价指标体系要与城市清洁生产近期计划、中远期规划相适应。指标体系的定位、时间和空间层次的分割与衔接应当注重时效性和完整性，按照轻重缓急、主从先后，分阶段制定不同层次的清洁生产评价指标。

（6）内涵明确性和现实可操作性原则 指标的简明性、描述的确定性是清洁生产评价指标体系构建的重要技术原则。一般情况下，城市清洁生产的指标涉及面广，评价过程所伴生的随机性和模糊性，易使指标选择因追求全面性而重复表述，内涵重叠。因此在指标设置中必须明确指标的内涵规定性、分组配置的合理性和简便性。每项指标应该是可观、可测、简洁和可比的，其名称、含义、检测技术、计算范围和统计方法等必须有统一的标准，能同时满足指标纵向（时序）的可比性和横向（企业、部门和地域）的可比性。

4.3.1.3 城市清洁生产评价指标体系的构建

下面以我国某重要的能源重化工城市为例，构建城市清洁生产评价指标体系。该市以能源与原材料生产为主，生产方式所带来的环境污染问题已制约社会经济可持续发展。

根据城市清洁生产评价指标体系确定的基本原则，结合清洁生产的基本概念和该市清洁生产实施步骤，从清洁生产在城市层次的内涵和发展入手，并依据科学性、整体性、层次性、代表性、实用性和可操作性等方面的相互关系，把该市清洁生产评价指标体系分解为六个子体系。由于各子体系及其指标组合有显著差异，同一子体系中的每一项指标的重要性也不是等同的。根据城市清洁生产的特点和可持续性，结合该市的环境现状和清洁生产中、远期规划目标，采用专家评分法给出权重值（表 4-3）。

表 4-3　城市清洁生产评价指标体系的权重

序号	子体系名称	权重
1	城市实施清洁生产企业的数量和审核通过率的评价指标子体系	0.20
2	城市环境质量水平的评价指标子体系	0.25
3	有关清洁生产的政策、地方性法规制定和建设的评价指标子体系	0.15
4	城市实施清洁生产的全民教育和民众意识水平的评价指标子体系	0.10
5	企业采用先进工艺和技术的评价指标子体系	0.20
6	城市环境基础设施和城市生态建设水平的评价指标子体系	0.10

（1）城市实施清洁生产企业的数量和审核通过率的评价指标子体系　实施清洁生产企业数量和审核通过率的评价指标子体系是城市清洁生产直接对象和基本单元的指标性描述，表现为实施清洁生产的普遍性和效益的显著性，通过开展清洁生产企业的数量和审核通过的企业数量的多少，直接反映城市层次的清洁生产水平。评价指标包括采用先进工艺、淘汰落后设备、节水和水资源综合利用、清洁能源利用和节能、洁净煤技术以及煤炭的综合利用等（表 4-4）。

表 4-4　城市实施清洁生产企业的数量和审核通过率的评价指标子体系

序号	评价指标名称	指标特征	权重
1	总产值	反映城市的生产力水平	0.05
2	人均产值	反映城市的生产力水平	0.05
3	万元产值能耗	反映资源利用和环境贡献	0.15
4	能源结构	反映城市清洁能源的利用率	0.20
5	万元产值耗水量	反映资源利用和环境贡献	0.15
6	开展清洁生产企业数量	反映清洁生产实施程度	0.20
7	清洁生产审核通过率	反映清洁生产的水平	0.20

（2）城市环境质量水平的评价指标子体系　城市环境质量水平的评价指标子体系是清洁生产效益在城市整体环境状况改善方面的指标性描述，开展清洁生产的根本目的之一就在于改变环境污染严重的局面，因此，城市环境质量的水平必然反映城市开展清洁生产的水平（表 4-5）。

表 4-5　城市环境质量水平的评价指标子体系

指标类型	序号	评价指标名称	指标特征	权重
环境质量指标	1	环境空气	反映清洁生产的效益	0.08
	2	地表水		0.08
	3	地下水		0.06
	4	噪声		0.04
排放指标	5	废气排放达标率	反映清洁生产的效益	0.07
	6	废水排放达标率		0.07
	7	噪声达标率		0.04

续表

指标类型	序号	评价指标名称	指标特征	权重
总量控制指标	8	汞	反映清洁生产的效益	0.02
	9	镉		0.02
	10	铅		0.02
	11	砷		0.02
	12	六价铬		0.02
	13	氰化物		0.02
	14	COD		0.05
	15	石油类		0.02
	16	SO_2		0.05
	17	粉尘		0.03
	18	烟尘		0.05
有毒-有害和稀缺物料及产品的管理指标	19	有毒有害物料的管理制度	反映清洁生产的管理水平	0.05
	20	有毒有害物料使用的数量		0.05
	21	稀缺物料的用量		0.04
	22	对环境有害的产品产量		0.05
	23	有毒有害物料的替代率		0.05

（3）有关清洁生产的政策、地方性法规制定和建设的评价指标子体系　有关清洁生产的政策、地方性法规制定和建设的评价指标子体系是城市保证清洁生产持续性和规范化的描述性指标，主要反映城市层次开展清洁生产的力度和保障度，主要指标包括有关清洁生产政策、地方性法规的制定和实施，如奖励开展清洁生产企业的制度、优先采购开展清洁生产企业商品的制度、技改工程贷款和资助经费制度（包括一定比例开展清洁生产的经费制度）、税收优惠制度和建设清洁生产园区制度等（表 4-6）。

表 4-6　有关清洁生产的政策、地方性法规制定和建设的评价指标子体系

序号	评价指标名称	指标特征	权重
1	有关清洁生产的地方性法规	反映清洁生产的保障度	0.25
2	有关清洁生产的条例	反映清洁生产的保障度	0.25
3	有关清洁生产的其他文件	反映清洁生产的保障度	0.05
4	行业清洁生产的条例、制度	反映清洁生产的保障度	0.15
5	企业清洁生产的条例、制度	反映清洁生产的保障度	0.15
6	公众清洁生产的建议和意见的采纳率	反映清洁生产的力度	0.15

（4）城市实施清洁生产的全民教育和民众意识水平的评价指标子体系　实施清洁生产的全民教育和民众意识水平的评价指标子体系是社会参与清洁生产广泛性以及城市清洁生产发展水平的指标性描述，主要反映教育和传媒等对清洁生产的宣传力度和市民对清洁生产认识程度的水平，主要指标有清洁生产会议、宣传活动、教育培训、组织机构、舆论监督等（表 4-7）。

表 4-7　城市实施清洁生产的全民教育和民众意识水平的评价指标子体系

序号	评价指标名称	指标特征	权重
1	清洁生产基础知识教育	反映清洁生产意识水平	0.15
2	清洁生产的宣传报道	反映清洁生产意识水平	0.20
3	清洁生产的报纸、杂志	反映清洁生产意识水平	0.10
4	清洁生产的研究论文	反映清洁生产意识水平	0.05
5	清洁生产的典型企业宣传	反映清洁生产普及程度	0.20
6	清洁生产的培训和教育	反映清洁生产的力度	0.20
7	清洁生产的领导机构	反映清洁生产的组织水平	0.10

(5) 企业采用先进工艺和技术的评价指标子体系　采用先进工艺和技术的评价指标子体系是清洁生产实施程度和清洁生产主要内容的主题化特征，主要反映清洁生产对企业的结构调整和技术改造的贡献度、清洁生产推动生产力发展的作用、清洁生产对提高产业地位的引导力，主要指标包括不同类型企业采用先进工艺和先进技术的数量及其规模、科技创新的能力及其规模等（表 4-8）。

表 4-8　企业采用先进工艺和技术的评价指标子体系

序号	评价指标名称	指标特征	权重
1	全市主要企业工艺技术水平	反映清洁生产效益	0.70
2	清洁生产的技术创新	反映清洁生产的创新能力	0.30

(6) 城市环境基础设施和城市生态建设水平的评价指标子体系　城市环境基础设施和城市生态建设水平的评价指标子体系是城市可持续发展水平的综合体系，城市层次清洁生产的主要表现应该是城市环境基础设施齐全，生态环境洁净、舒适、优美、安全，城市清洁生产的目标就是要建成资源节约型生态城市，主要指标包括给水排水、污水处理、垃圾处理、交通、能源等设施，城市绿化与美化，植被组成，生物多样性，等等（表 4-9）。

表 4-9　城市环境基础设施和城市生态建设水平的评价指标子体系

序号	评价指标名称	指标特征	权重
1	废水处理率	反映城市生态环境水平	0.20
2	工业固体废物综合利用率	反映城市生态环境水平	0.20
3	城市绿地覆盖率	反映城市生态环境水平	0.05
4	人均公共绿地面积	反映城市生态环境水平	0.05
5	人均道路面积	反映城市基础设施水平	0.05
6	每万人公共交通拥有量	反映城市基础设施水平	0.05
7	居民燃气普及率	反映城市清洁能源普及水平	0.20
8	生活垃圾处理率	反映城市基础设施水平	0.20

根据各指标赋予的数值，最后确定各子体系的得分，各子体系得分的加和即为某一阶段城市清洁生产得分，再依据得分值的高低，确定该城市在某一阶段是否达到清洁生产的目标。但是，如果其中主要指标如能耗、水耗、清洗生产审核通过率、环境质量等有一项不符合要求，应视为清洁生产的目标没有实现。

4.3.1.4 城市生态建设水平的评价指标体系构建

以下具体介绍城市生态建设水平的评价指标体系构建。

（1）城市生态建设及其意义　城市生态建设是应用生态学的基本原理和方法，合理利用城市的空间资源，使人与人、人与环境的关系高度协调，充分展现城市生态系统的结构特征与功能效益，为城市人群创造一个安全、清洁、美丽、舒适的工作、居住环境。因此，城市生态建设的基点是合理配置环境资源、科学调控环境容量、充分发挥综合功能，这是城市生态建设的出发点和最终归宿。

（2）城市生态建设指标的确定原则　城市生态建设是一个多目标、多功能、结构复杂的综合体系。因此，城市生态建设的评价指标体系，应具有评价和控制的双重功能，依据这种目的，城市生态建设评价指标的确定应遵循以下几条原则。

① 可查性。被选指标应相对稳定，指标的定量属性具有易获得性和可查询性。任何迅速变化、振荡、发散、无法把握的指标都不能列入评价指标体系。

② 可比性。被选的每一指标应具有横向与纵向的可比性，有利于客观显示城市清洁生产的水平。

③ 定量性。被选的每一指标应能够定量描述，以利于进行数学处理或建立模型。

④ 客观性。评价指标能客观和真实地反映城市生态建设水平，能较好地量度城市清洁生产主要目标实现的程度。

⑤ 独立性和相关性。一方面，各指标之间应保持相互独立，使整个体系比较简明，可避免重复计算；另一方面，各指标之间具有一定的内在关联，否则无法确定各指标的权重。

⑥ 动态性和稳定性。指标是一种随时空变动的参数，不同发展水平的城市应采用不同的指标体系，同时又应保持指标在一定时期内的稳定性，以便于评价。

城市生态建设评价指标体系的结构还受城市性质和规模、城市现状生态环境质量、城市现代化水平等因素影响，根据以上原则，结合该能源化工城市生态建设的实际，选择表 4-9 中的指标，构建该市生态建设评价指标体系。

表 4-9 中的各项指标对城市清洁生产评价均具有具体的内涵和作用。人均道路面积、每万人公共交通拥有量、居民煤气普及率反映了城市基础设施状况和清洁能源普及水平，是城市现代化水平的标志，基础设施越完善，城市现代化水平越高。人均公共绿地面积、城市绿地覆盖率是城市绿化的标志。工业固体废物综合利用率、废水处理率、生活垃圾处理率是城市污染防治的重要内容，只有通过环境污染的有效治理，才能形成并维持高质量的城市生态系统，为城市的清洁生产打下坚实的基础。

（3）指标体系的分数计算　根据 1994—1998 年和 2001 年的数据，采用外推法预测 2005 年、2010 年的指标值，具体指标值见表 4-10。

表 4-10 中指标说明：人均道路面积指每一位城市人口占有的道路面积；每万人公共交通拥有量指每一万城市人口所占有可营运的公共交通车辆数；居民煤气普及率指使用煤气（包括人工煤气、液化煤气、天然气）的城市人口数与城市人口总数之比；工业固体废物综合利用率指工业固体废物综合利用量与工业固体废物排放量之比；污水处理率指各种废水（包括工业废水、生活废水）处理量与废水排放量之比；生活垃圾处理率指城市生活垃圾处理量与生活垃圾排放量之比；人均公共绿地面积指城市人口占有供游览休息的各种公园、动物园、植物园、陵园以及花园、游园和供游览休息用的林荫道绿地、广场绿地面积；城市绿地覆盖率指城市公共绿地、专用绿地、生产绿地、防护绿地、郊区风景名胜区的全部面积占

城市总面积之比。

表 4-10　城市清洁生产评价指标值

<table>
<tr><th rowspan="2" colspan="2">年份</th><th colspan="8">指标</th></tr>
<tr><th>人均道路面积/m²</th><th>每万人公共交通拥有量/标台</th><th>人均公共绿地面积/m²</th><th>城市绿地覆盖率/%</th><th>污水处理率/%</th><th>工业固体废物综合利用率/%</th><th>生活垃圾处理率/%</th><th>居民煤气普及率/%</th></tr>
<tr><td colspan="2">1994</td><td>6.7</td><td>7.2</td><td>3.5</td><td>20.16</td><td>13</td><td>42</td><td>89.5</td><td>84.8</td></tr>
<tr><td colspan="2">1995</td><td>6.8</td><td>7.2</td><td>3.8</td><td>21</td><td>15</td><td>43.9</td><td>95</td><td>84</td></tr>
<tr><td colspan="2">1996</td><td>8.41</td><td>5.03</td><td>3.66</td><td>23.4</td><td>14</td><td>45</td><td>95</td><td>85</td></tr>
<tr><td colspan="2">1997</td><td>6.7</td><td>7.2</td><td>3.5</td><td>24.8</td><td>15.43</td><td>47</td><td>98</td><td>88</td></tr>
<tr><td colspan="2">1998</td><td>7.7</td><td>7.9</td><td>4.2</td><td>24.8</td><td>16</td><td>48</td><td>96</td><td>88</td></tr>
<tr><td colspan="2">2001</td><td>7.9</td><td>6.4</td><td>5.6</td><td>23.41</td><td>20</td><td>50</td><td>99</td><td>96.6</td></tr>
<tr><td colspan="2">2005</td><td>8.5</td><td>7.9</td><td>6.50</td><td>28</td><td>35</td><td>60</td><td>100</td><td>97</td></tr>
<tr><td colspan="2">2010</td><td>10.2</td><td>8.73</td><td>8.00</td><td>35</td><td>60</td><td>65.7</td><td>100</td><td>98.3</td></tr>
<tr><td rowspan="5">1998</td><td>北京</td><td>5.86</td><td>19.62</td><td>8.18</td><td>34.91</td><td>22.38</td><td>76.8</td><td>67.4</td><td>95.4</td></tr>
<tr><td>天津</td><td>7.88</td><td>8.20</td><td>4.06</td><td>22.8</td><td>28.6</td><td>91.25</td><td>100</td><td>95.7</td></tr>
<tr><td>上海</td><td>6.24</td><td>19.98</td><td>2.75</td><td>18.8</td><td>53.1</td><td>92.9</td><td>82.3</td><td>98.3</td></tr>
<tr><td>重庆</td><td>4.62</td><td>8.24</td><td>2.29</td><td>19.9</td><td>7</td><td>61.78</td><td>94.2</td><td>72.13</td></tr>
<tr><td>全国平均</td><td>8.26</td><td>8.60</td><td>6.06</td><td>31.85</td><td>14.9</td><td>41.7</td><td>90</td><td>78.78</td></tr>
</table>

确定各时期打分的标准，其公式为：

$$\frac{X-\text{mid}}{\max-\text{mid}}>0.5 \text{——100 分}$$

$$\left.\begin{aligned}&\frac{X-\text{mid}}{\max-\text{mid}}<0.5\\&\frac{X-\min}{\text{mid}-\max}>0.5\end{aligned}\right\}\text{——80 分}$$

$$\frac{X-\min}{\text{mid}-\min}<0.5 \text{——60 分}$$

式中　X——各指标值；

max——各指标在各时期的最大值；

min——各指标在各时期的最小值；

mid——各指标在各时期的中间值。

确定最大值、最小值及中间值：由于在 2005 年以前该市仍处于清洁生产初级阶段，故采用 2010 年的各指标值作为最大值；2005 年的评价取 1994 年作为最小值；到 2010 年，该市清洁生产仍在继续，为了更加与国际靠拢，最大值尽量采用国际先进城市的标准，但由于数据难统计，个别标准作了修改，最小值采用 2005 年的数据。2005 年和 2010 年各指标最大、最小和中间值见表 4-11。

评价结果：根据上述评价方法，并为了能够使纵向与横向具有可比性，1995—2001 年该市各指标值与各直辖市的指标值均采用 1994 年作为标准。纵向比较结果见表 4-12。横向比较结果见表 4-13。

表 4-11 2005 年和 2010 年各指标最大、最小和中间值

年份	标准值	指标名称							
		人均道路面积/m^2	每万人公共交通拥有量/标台	人均公共绿地面积/m^2	城市绿地覆盖率/%	污水处理率/%	工业固体废物综合利用率/%	生活垃圾处理率/%	居民煤气普及率/%
2005	min	6.7	7.2	3.5	20.16	13	42	89.5	84.8
	mid	8.45	7.95	5.8	27.58	36.5	53.85	95	92.5
	max	10.2	8.73	8.0	35	60	65.7	100	98.3
2010	min	8.5	7.9	6.5	28	60	60	99	98
	mid	12.08	13.94	21.43	39	80	77	99.5	99
	max	16.65（海南省水平）	19.98（上海市水平）	36.35（国际先进水平）	50（国际先进水平）	100（国际先进水平）	92.9（上海市水平）	100（国际先进水平）	100（国际先进水平）

表 4-12 本例中该市清洁生产评价的纵向比较值

年份	1994	1995	1996	1997	1998	2001	2005	2010
分值	61	65	65	70	75	82	92	69

表 4-13 1998 年本例中该市与国内某些大城市清洁生产评价的横向比较值

直辖市	本例中该市	北京	天津	上海	重庆	全国均值
分值	75	82	88	91	62	68

结果分析：该市 1998 年的分值为 75 分，与北京、上海、天津还有一定差距。形成差距的原因主要表现在该市工业固体废物综合利用率仅为 48%、居民煤气普及率为 88%，北京、上海的每万人公共交通拥有量分别为 19.62 标台、19.98 标台，远远高于该市的 7.9 标台，即该市基础设施远没有达到国内先进城市的水平。但是，该市目前的分值却略高于全国平均值，城市绿化率也有了一定的改善。

该市 2005 年的分值为 92 分，与上海 1998 年的分值接近，主要体现在：人均道路面积增大，城市绿地覆盖率增加，生活污水处理率、居民煤气普及率都有了很大的提高，说明该市的基础设施、城市绿化取得了很大的成绩，正在向清洁生产城市靠近。

该市 2010 年的分值只有 69 分。由于到了 2010 年，随着清洁生产水平的提高，评分的标准也在提高（主要标准采用了国际先进城市的水平），因此，该市的分值相对降低了。

从城市清洁生产来看，该市从 1994 年以来分值一直在增加，特别是 1998—2001 年分值大幅度增加，说明该市的生态建设正在向良性的方向发展，这有利于城市清洁生产的健康发展。

在城市生态建设评价指标体系中还存在理论与实践的统一问题，有些更好的指标因无法统计或不可获得等原因而难以利用。同时因为各城市的市情特点、功能存在差异，所以城市生态建设评价指标体系不能完全通用，需根据各城市的特点选择具有代表性的指标来评价各城市的生态建设。本例中所选用的评价指标对于城市清洁生产评价指标体系构建具有参考意义。各评价指标的权重值因选择的专家不同可能略有差异。

4.3.2 绿色 GDP

4.3.2.1 绿色 GDP 的含义

了解一个国家或一个城市在一定时期的宏观经济总量，都要看这个国家或城市的国内生

产总值（gross domestic product，GDP）。GDP 能较准确地说明一个国家的经济产出总量，较准确地表达一个国家国民收入的水平。GDP 代表着目前世界通行的国民经济核算体系。GDP 作为核心指标，成为衡量一个国家发展程度的统一标准。但是，从 GDP 中，只能看出经济产出总量或总收入的情况，却看不出这背后的环境污染和生态破坏。

经济发展中的生态成本有多大？目前世界各国还没有一个准确的核算体系，没有一个数据使我们对环境污染和生态破坏的情况一目了然。环境和生态是一个国家综合经济的一部分，由于没有将环境和生态因素纳入其中，GDP 核算法就不能全面反映国家的真实经济情况，核算出来的一些数据有时会很荒谬，因为环境污染和生态破坏也能增加 GDP。例如，发生了洪灾，就要修堤坝，这就造成投资的增加和堤坝修建人员收入的增加，GDP 数据也随之增加。又如，环境污染使病人增多，这明显是痛苦和损失，但同时医疗产业大发展，GDP 也跟着大发展。总之，GDP 统计存在一系列明显的缺陷，只反映了经济活动的正面效应，而没有反映负面效应的影响，因此是不完整的，是有局限性的，是不符合可持续发展战略的。

20 世纪中叶开始，随着环境保护运动的发展和可持续发展理念的兴起，一些经济学家和统计学家尝试改革现行的国民经济核算体系，对环境资源进行核算，这便是绿色 GDP。绿色 GDP 是绿色国内生产总值，是指一个国家或地区在考虑自然资源（主要包括土地、森林、矿产、水和海洋）与环境因素（包括生态环境、自然环境、人文环境等）影响之后经济活动的最终成果，即将经济活动中所付出的资源耗减成本和环境降级成本从 GDP 中予以扣除。它是对 GDP 指标的一种调整，对环境资源进行核算，从现行 GDP 中扣除环境资源成本和对环境资源的保护服务费用，其计算结果可称为“绿色 GDP”。绿色 GDP 这个指标，实质上代表了国民经济增长的净正效应。绿色 GDP 占 GDP 的比重越高，表明国民经济增长的正面效应越高，负面效应越低，反之亦然。

4.3.2.2 开展绿色 GDP 核算的意义

传统 GDP 是衡量经济发展水平和分析经济发展态势的重要指标，但是传统 GDP 在统计中存在一定缺陷，低估了经济过程中的投入价值，高估了经济过程中的产出价值，并不能全面反映社会经济的全面发展。例如，滥用资源、砍伐森林、污染水体、草原退化、水土流失、沙漠化、河川径流量减少和耕地面积锐减等带来的 GDP 增长显然是一种损失，应该从 GDP 核算中扣除。“绿色 GDP”对传统 GDP 修正的一个重要方面就是核算中扣除自然资源（特别是不可再生资源）耗减成本以及环境污染损失，它可以作为衡量经济可持续发展的标准，可以有效约束经济行为主体的扩张冲动，同时为经济增长提供可持续的内在动力。

20 世纪 80 年代，随着人口数量的增加和物质消费水平的提高，人类社会的发展与资源、环境产生了深刻而又广泛以至不可调和的对立、冲突。环境生产力难以为继，环境承载力也无法消纳人类弃入的越来越多的废弃物。人类社会面临着严重的环境危机，“可持续发展”的概念应运而生。“可持续发展”是经济可持续发展、社会可持续发展、生态可持续发展的综合协调。其中，经济可持续是基础，生态可持续是条件，社会可持续才是目的。实现可持续经济，就能保护和改善地球生态环境，保证以可持续的方式使用自然资源，降低环境成本，将人类的发展控制在地球承载能力之内，达到生态可持续。生态可持续发展同样强调环境保护，但不同于以往将环境保护与社会发展对立的做法。可持续发展要求通过转换发展模式，从人类发展的源头，从根本上解决环境问题，强调发展的本质应包括改善人类生活质量，提高人类健康水平，创造一个保障人类平等、自由、教育、人权和免受暴力的社会环境，这也是我们所追求的可持续社会。

英国著名经济学家沃夫德提出，一个国家要维持可持续发展必须以国家的总体资本（包括物质资本、人力资本与环境资本）不枯竭为前提，以总体资本增加为基础。如果只有物质资本增加而环境资本减少，总资本就可能是零甚至是负值，发展就是不可持续的。可持续发展的核心是实现社会经济发展与资源环境相协调，从传统的单纯追求数量增加的发展模式向注重发展质量和后代人福利的可持续发展模式转变。这就要求我们改变传统的以“高投入、高消耗、高污染”为特征的生产模式和消费模式，实施清洁生产和文明消费，不能片面强调经济增长和国内生产总值的增加，忽视自然资源包括生态环境资源的补偿和持续利用。

为了探索环境保护和资源持续利用的方法，确保可持续发展目标的实现，《中国 21 世纪议程》中明确提出：“研究并试行把自然资源和环境要素纳入国民经济核算体系，使有关统计指标和市场价格能较正确地反映经济活动所造成的资源和环境的变化。”把自然资源和环境要素纳入国民经济核算体系即绿色核算。“绿色核算”可以通过绿色国内生产总值 GGDP（green GDP）或绿色国内生产净值（environmentally adjusted domestic product，EDP，EDP＝GGDP－固定资产折旧）等形式来表现。

（1）绿色 GDP 与可持续发展　GDP 是指在一定时期内（一个季度或一年），一个国家或地区的经济中所生产出的全部最终产品和劳务的价值，常被公认为衡量国家经济状况的最佳指标。它不但可反映一个国家的经济表现，还可以反映一个国家的国力与财富。目前 GDP 核算的局限性至少有两个方面：a. 没有把自然资源的利用作为经济过程的投入来看待，忽视了支撑经济生产可持续的资源基础；b. 没有将人类不合理的生产和消费方式所造成的对环境的破坏以及为恢复适宜的环境所作的努力加以适当的考虑，忽视了生产活动和消费活动导致的环境成本，忽视了国民的健康成本和生活质量。

以上问题导致了对经济规模和经济增长的过高估计，造成了一种扭曲的、虚假的经济图像，使得 GDP 指标难以真正反映某一国家或地区的国民经济状况和福利水平及其变化。王树林、李静江在《绿色 GDP——国民经济核算体系改革大趋势》一书中，对北京市 1997 年的环境质量和资源资产的经济价值、GGDP 进行了实际测算，得出初步结论：北京市 1997 年的 GGDP 等于 GDP 的 74.9%；EDP（绿色国内生产净值）等于 NDP（国内生产净值）的 99.87%（按“NDP＝GDP－固定资产折旧”计算）。同时，经济活动对他人或公众造成了影响，这些影响却没有计入生产成本、交易成本和价格当中，这不仅导致了经济成本的外部性，显然也不利于正确认识环境问题的严峻性。

绿色核算将 GGDP、EDP 作为考核经济发展水平的重要指标。我国实行绿色 GDP 核算对于实现经济发展与环境质量协调、维持可持续发展具有重大的理论意义和现实意义。

① 绿色 GDP 核算符合可持续发展对 GDP 的要求，是实施可持续发展的前提条件。在实际经济活动中，一方面，一些企业只注意自身发展的直接成本和增加值，无视其经济活动对资源和环境的巨大破坏，形成了所谓的市场失灵；另一方面，宏观调控管理部门在实施宏观调控时需要对经济的真实运行状况进行分析和判断，有必要从社会层次上对社会成本进行补充核算。以 GGDP 作为衡量经济增长的标准，既可以通过绿色会计的核算，有效约束各个经济行为主体的扩张冲动，又可为经济增长提供可持续的内在动力。因此，GGDP 在宏观、微观领域的应用和推广是实施可持续发展的前提条件。

② 有利于客观反映社会财富的变化，正确评价经济活动的效果。GGDP 把资源环境纳入会计科目和国民经济统计中，将环境污染所造成的环境质量下降、长期生态退化所造成的损失、自然灾害所引起的经济损失、资源稀缺性所引发的成本等从 GDP 中扣除，用以表示社会真实财富的变化和资源环境状况，有利于正确地衡量和客观地评价经济发展水平和经济

活动的效果。

③ 有利于加快经济增长方式的转变。我国经济增长方式正在从以粗放型、数量型、速度型为主向集约型、效益型、结构型转变。这种方式的转变不仅意味着技术进步，更是意味着实现人与自然和谐共生的关系，总体上是一种经济、资源和环境多方位优化的增长方式，其内涵与可持续发展的目标是一致的。GGDP 既是可持续发展的客观要求，也是加快经济增长方式转变的外在动力。

④ 有利于正确地制定和实施西部大开发战略。我国的西部大开发为西部欠发达地区提供了难得的历史机遇。目前西部的真正优势在于丰富的矿产资源、草地资源、水能、太阳能等，资源开发潜力大，这是西部地区发挥比较优势、缩小地区差距的真正跳板。忽视这一点，西部地区不仅难以赶上发达地区，而且自身发展也会因为资源、环境和经济之间的尖锐矛盾而难以为继。西部的整体状况决定了其发展的思路是打基础，而不是实施赶超。GGDP 的理念和 GGDP 的核算，可以让我们正视西部地区的自然条件、资源状况和要素发育条件，认清发展速度与发展可能的关系，从而选择适宜的缩小地区差距的西部发展战略。

（2）绿色 GDP 是可持续发展的衡量尺度　关于环境与发展孰重孰轻，历来争论颇多。大致可概括为三种观点：第一种是此消彼长的矛盾关系；第二种是先污染后治理的阶段性关系；第三种是相互促进的和谐关系。三种看法反映出人们对自己生存环境（包括社会和自然两个方面）的认识存在明显分歧。库兹涅茨认为，经济发展与环境状况之间存在一种倒“U”形的关系（倒 U 曲线，库兹涅茨曲线，库氏曲线）。经济发展既为环境保护提供了条件，也可能会使环境恶化。随着经济增长，环境状况会逐步恶化，但经济继续增长到一定水平后，环境又会逐步好转，污染会逐步减轻。也就是说经济增长与污染水平之间存在一个“临界点”。在“临界点”之前，污染是逐步增加的，污染增加阶段人均 GDP 介于 400 美元至 1200 美元之间。但库氏曲线并不适用于所有的环境污染问题。世界银行的研究认为，影响城市环境问题的一个重要因素是收入水平。随着城市经济的增长，许多类型的环境破坏问题先是加剧，随后会减轻以至消失，这些环境现象基本符合库氏曲线的变化，但也有些环境问题则随财富增加而加剧，不能用库氏曲线解释。

20 世纪 80 年代以来，人们逐渐认识到环境问题的加剧是与传统的经济发展模式或发展战略密切相关的，不变革这种传统模式本身，单靠对环境问题采取事后补救性的治理，环境恶化这一顽疾就无法得到根治。通过建立客观、准确、完整、科学的可持续发展指标体系，对一个地区或一个国家在某个时期的经济活动与宏观决策是否符合可持续发展的原则做出大致定量的衡量和判断，也是可持续发展理论不可或缺的重要内容。目前国内外学者在可持续发展测度方面的研究大致可分为以下四类。

① 从国民生产净值（NNP）的角度衡量。根据传统的核算原则，国民生产净值可表示为“NNP＝GNP－折旧”。在传统的经济核算中，并未将由于经济增长带来的对环境资源的消耗和破坏等因素考虑在内。20 世纪 80 年代以来，经济学家在许多国家对环境污染和生态破坏导致的人体健康损失、农业产量减少和质量降低、自然资源的破坏等经济损失进行了估算，由此得出了将自然资源和环境因素考虑在内的新的国民生产净值（NNP）概念。新的 NNP 的具体计算公式是：NNP＝消费＋在物质资产中的净投资＋人力资本净变化的价值＋自然资源存量净变化的价值－当前环境破坏的损失。

② 从财富的角度衡量。1995 年世界银行制定了一种把经济、社会和环境因素综合起来计算各国财富的新方法。这是对只考虑收入的国际办法的一种重要补充，也是首次计算世界上几乎所有国家的财富。基本要素包括：自然资本——土地、水源等；创造的资产——机

器、工厂、基础设施等；人力资源——人们的生产能力所代表的价值；社会资本（尚未单独统计）——不是以个人为代表而是以集体形式出现的家庭和社区之类的人员组织和机构的生产价值。根据这种新方法，世界银行确定了192个国家前三类财富——自然资本、创造的资产和人力资源——每一类按美元计算的价值，并确定了其中90个国家25年间的时间数列。这些计算方式比任何一个国家的名次重要得多，因为名次可能随着数据的改变以及世界银行完善这种仍在制定中的计算方法而发生变化。

③ 从综合指标体系的角度衡量。可持续发展涵盖的范围很广，建立综合的反映可持续发展的指标体系是行之有效的办法。国内外目前已聚集了一大批可持续发展的研究专家，其中不少人均开出了关于可持续发展评价的指标体系“菜单”，如联合国可持续发展委员会等机构在1996年提出了一个初步的可持续经济发展核心指标框架，这个框架是在“驱动力-状态-反应”概念模型基础上形成的，该体系共包括145个指标，其中驱动力指标41个，状态指标65个，反应指标39个。

④ 从“绿色账户”的角度衡量。在可持续发展观念的引导下，传统的经济账户和国民经济核算体系正日益受到挑战和冲击。研究人员试图采用“扩展的国民账户（augmented national accounts）”来修订已被广为采用的GNP指标所存在的种种缺陷，使统计数据能真实地反映经济所提供的、能给国民带来福利和满足的产品的产出数量。新账户扩展了传统账户的核算边界，使其能涵盖一些重要的非市场交易行为，并修正那些被传统账户忽略和遗漏了的有害的经济活动。这种绿色账户由世界银行于20世纪80年代初提出，80年代末确立并试行的新型账户，代表着经济账户的发展趋势。开展绿色账户和绿色GDP核算既有必要，也有可能。

（3）绿色GDP是对GDP核算的补充和完善　绿色GDP能真正反映经济的净增长。现行GDP容易过高地估计经济规模和经济增长。特别是对依赖于开发矿产资源、土地资源、水产资源和森林资源获得重要收入的发展中国家来说，开展资源环境核算，对GDP进行相应的调整就更为重要。在经济分析中，不能只看到发展、繁荣的一面，还要看到对资源环境的消极影响的一面。所以要反映经济的净增长，就必须在GDP核算中考虑资源环境因素，开展绿色GDP核算。

（4）符合工业经济向知识经济转轨的当代经济发展的时代特征　工业经济时代经济发展水平的评价指标主要为GDP、人均产值和人均收入等，主要围绕资本、技术、劳动效率等因素展开经济理论研究，并指导经济发展，客观上鼓励企业追求经济效益最大化，而忽视企业的社会效益和环境效益，甚至不考虑以牺牲环境质量为代价的负面影响。当代经济将知识、环境、自然资源纳入经济理论研究范畴，进而将经济效益、社会效益和环境效益三者协调发展作为发展水平的评价指标，使工业经济时代朝着以追求可持续发展为目标的知识经济时代转轨。突出绿色GDP的核算，注重企业的社会效益和环境效益，符合当代经济发展的时代特征。

（5）引导人们改变观念　绿色GDP核算引导人们增强环境资源保护意识，自觉地走可持续发展之路。目前核算的GDP，没有反映出取得产值过程中资源的耗减和环境破坏所产生的负效应。在这一核算制度下，人们普遍认为自然资源是“取之不尽、用之不竭”的“自由取用物品”和“免费商品”。当今人类社会的发展面临包括环境危机在内的诸多危机，实质上是人类社会的生存活动能否持续下去的问题，其重要根源在于工业革命以来人类社会形成的经济体系。从物质流的角度来看，这一经济体系的基本特点是：先是从环境中索取大量的物质；然后是将索取的自然资源加工成产品；之后是通过流通将这些产品交由消费者消费；最后则是将消费过的产品（被称为废物）弃置于环境。这一经济与资源环境的矛盾难以通过现行经济体系的内部调整来解决，必须通过构建新的经济体系，通过可持续发展战略从根本上解决。通过开展绿色 GDP 核算，改造现有经济体系，通过将环境污染与生态恶化造成的经济损失货币化，能使人们懂得资源有价、环境有价，并从中清醒地看到经济开发活动给生态环境带来的负面效应，看到伴随 GDP 的增长付出的环境资源成本和代价，从而引导人们在追求经济增长的同时自觉珍惜资源，保护环境，走可持续发展之路。

4.3.2.3 实施绿色 GDP 核算体系面临的困难

实施绿色 GDP 核算体系，面临着技术和观念上的两大难点。

（1）技术上的难点 GDP 通常以市场交易为前提，产品和劳务一进入市场，其价值就由市场供求关系来决定，它传达出来的是以货币为手段的市场价格信号。即市场供求规律所决定的自由市场价格，是 GDP 权威性的唯一来源。但如何衡量环境要素的价值呢？环境要素并没有进入市场买卖。例如砍伐一片森林，卖掉原木，原木的销售价即可表现出价格，就可以纳入 GDP 统计。但因为森林砍伐而导致依赖森林生存的许多哺乳动物、鸟类或微生物灭绝，这个损失是多大呢？因为森林砍伐而造成的大面积水土流失，这个损失又该如何核算呢？这些野生的鸟类、哺乳动物、微生物与流失的水土并没有市场价格，也没有货币符号，难以用数据来确定它们的价值。专家们提出过许多办法，其中一个是倒算法，按市场成本来估算一个专题。例如，使黄河变清要花多少钱？恢复一片原始森林要花多少钱？如果做不到，那就是价值无限，不准破坏，不准砍伐。

（2）观念上的难点 绿色 GDP 意味着观念的深刻转变，意味着全新的发展观与政绩观。GDP 是单纯的经济增长观念，它只反映出国民经济收入总量，而不统计环境污染，不统计生态破坏，不反映经济增长的可持续性。绿色 GDP 则力求将经济增长与环境保护统一起来，综合性地反映国民的经济活动的成果与代价，包括生活环境的变化。绿色 GDP 建立在以人为本、协调统筹、可持续发展的观念之上。一旦实施绿色 GDP，人们心中的发展内涵与衡量标准就变了，扣除了环境损失成本，当然会使一些地区的经济增长数据大大下降。一旦实施绿色 GDP，必将带来政府官员考核体系的重大变革。过去一些地区政府官员往往以单纯的 GDP 增长为业绩衡量标准，现在要将经济增长与社会发展、环境保护放在一起综合考评，这会形成诸多阻力。随着绿色 GDP 的研究和实施，环境保护必成为选拔干部的一项重要标准。

4.3.2.4 绿色 GDP 核算在国内外的实践

绿色 GDP 核算虽然存在困难，但还是取得了很大成绩。

挪威 1978 年就开始了资源环境的核算，重点是矿物资源、生物资源、流动性资源（水力）、环境资源，还有土地、空气污染以及两类水污染物（氮和磷）。为此，挪威建立起了包括能源核算、鱼类存量核算、森林存量核算，以及空气排放、水污染物（主要为生活和农业污染物）、废旧物品再生利用、环境费用支出等项目的详尽统计制度，为绿色 GDP 核算体系奠定了重要基础。

芬兰也建立起了自然资源核算框架体系。其资源环境核算的内容有三项：森林资源核算、环境保护支出费用统计和空气排放调查。其中最重要的是森林资源核算。森林资源和空气排放的核算采用实物量核算法，环境保护支出费用的核算则采用价值量核算法。

特别值得一提的是墨西哥。墨西哥虽然是发展中国家，但也率先实行了绿色 GDP 核算。1990 年，在联合国支持下，墨西哥将石油、各种用地、水、空气、土壤和森林列入环境经济核算范围，再将这些自然资产及其变化编制成实物指标数据，最后通过估价将各种自然资产的实物量数据转化为货币数据。由此在传统国内生产净值（NDP）基础上，得出了石油、木材、地下水的耗减成本和土地利用变化引起的损失成本。然后，又进一步得出了环境退化成本。与此同时，在资本形成概念基础上还产生了两个净积累概念：经济资产净积累和环境资产净积累。印度尼西亚、泰国、巴布亚新几内亚等国纷纷仿效这些方法，并也立即开始实施。

1995 年，世界银行首次公布了用“扩展的财富”指标作为衡量全球或区域发展的新指标。扩展的财富概念中包含“自然资本”“生产资本”“人力资本”“社会资本”四大组要素，“财富”的内涵更为丰富了。

至 2004 年 9 月，中国绿色 GDP 核算体系框架已初步建立：《中国资源环境经济核算体系框架》提出了中国资源环境经济核算体系的基本框架，探讨了进行资源环境经济核算可能采取的方法和理论依据，同时还分析了该理论框架在实施和应用阶段有待完善和研究的问题；《基于环境的绿色国民经济核算体系框架》不但提出了构建我国基于环境的绿色国民经济核算体系的总体原则，建立了环境实物量核算、环境价值量核算、环境保护投入产出核算和经环境调整的绿色 GDP 核算四个具体的表式核算框架，还阐明了核算思路、方法与基本内容，对核算表式作出了明确的定义，提出了近期可能开展的具体核算内容，是一份可以为全国及局部地区进行环境核算提供具体指导的框架性指南，具有较强的可操作性。这两份报告构筑出了我国绿色 GDP 的基本理论框架，为绿色国民经济核算制度的建立与实施奠定了坚实的基础。

2015 年 1 月 1 日，《中华人民共和国环境保护法》（新《环境保护法》）正式实施，要求地方政府对辖区环境质量负责，建立资源环境承载能力监测预警机制，实行环境保护目标责任制和考核评价制度，制定经济政策应当充分考虑对环境的影响。为加快推进生态文明建设，有效推动新《环境保护法》落实，环境保护部启动绿色 GDP 研究工作，主要包括四方面内容：一是环境成本核算，同时开展环境质量退化成本与环境改善效益核算，全面客观反映经济活动的“环境代价”；二是环境容量核算，开展以环境容量为基础的环境承载能力研究；三是生态系统生产总值核算，开展生态绩效评估；四是经济绿色转型政策研究，结合核算结果，就促进区域经济绿色转型、建立符合环境承载能力的发展模式提出中长期政策建议。

4.3.2.5 绿色 GDP 核算的途径

1995 年，世界银行首次采用“自然资本”“生产资本”“人力资本”和“社会资本”四大要素构成“扩展的财富”的新指标。专家们公认“扩展的财富”比较客观、公正、科学地反映了世界各地区发展的真实情况，为国家拥有的真实“财富”及其发展随时间的动态变化提供了一种可比的统一标尺。目前，许多国家都在研究 GGDP 核算方法。GGDP 核算（绿色 GDP 核算）是建立在 GDP 核算的基础之上的，在完善 GDP 核算和建立起资源环境实物量核算基础之后，逐步建立综合环境和经济核算体系，开展 GGDP 核算。绿色 GDP 核算目前有以下两种途径。

途径之一：在传统的国民经济账户表中加入反映自然资源和环境成本的信息，通过调整传统的 GDP 得到 GGDP。联合国统计委员会已构建出环境和经济核算体系（SEEA），作为国民经济核算体系（system of national account，SNA）的附属核算体系。在国内生产总值中扣除自然资本的消耗，得到经过环境调整的 GDP，也就是 GGDP；在国内生产总值中扣除生产资本的消耗，得到国内生产净值（NDP）。从国内生产总值中同时扣除生产资本消耗和自然资本消耗，得到经环境调整的国内生产净值，也称绿色国内生产净值（EDP），这就是联合国综合环境与经济核算体系的核心指标。虽然缺少国际通行的转换资源利用和环境退化成本信息的做法，但一些国家正利用 SEEA 框架建立环境资源（如水、森林、能源等）的卫星账户，作为国民经济核算体系的补充，以对原有国民经济账户进行调整，这样调整后得到的“环境国民经济账户”能进行国内产品和财富的绿色衡量，其中包括三种调整账户：一是自然资源账户，通过国民经济平衡账户，连接到国民经济核算体系；二是资源和污染流账户，通过实物形式连接到卫星账户；三是环境费用账户。综上所述，SEEA 对各种国民经济账户之间的调整合成很有用，可以很方便地获得 GGDP 的指标。

途径之二：利用投入产出技术描述和计算绿色 GDP。其基本方法是考虑环保活动（资源恢复和污染处理），在投入产出表中增加资源消耗、污染排放、资源恢复和废物治理四部门。从产出方向看，传统 GDP 等于各传统产业最终产品之和，各部门最终产品等于总产品减中间产品，然而各部门在生产过程中不仅生产出了满足自身需要的产品（正效应），而且产生了由生产活动外部不经济性所带来的生存环境损害（负效应）。同时，开展环保活动（资源恢复和污染治理）又必须有相应的资源环境消耗，包括进行环保活动而新产生的资源消耗和环境污染等“自然品”的消耗。另外，由环保部门所创造的增加值（新创造价值），应被视为产出新增部分。

因此，绿色 GDP 可按下列公式计算：GGDP＝GDP－资源环境损害＋环保部门新创造价值。无论是第一种途径还是第二种途径都存在一个难题，这就是资源的消耗和环境损失的货币化问题，因为资源耗减和环境污染很难找到一个合适的价格。资源环境的基本核算通过两种手段来实现，一是实物量核算，二是价值量核算。目前我国正在进行自然资源和环境的实物量核算研究，但对资源环境损失进行货币化估价还没有一个共同的、可理解的度量标准。一个总的原则是，能够通过市场交易的资源用市场交易价格来估价，不能交易的按净现值方法通过未来收益来估价，污染按治污成本来估价。

2003 年开始，中国国家统计局对全国的自然资源进行了实物核算，实物核算是绿色 GDP 核算的重要基础。2004 年开始，国家统计局和国家环保总局成立了绿色 GDP 联合课题小组，组织力量积极进行研究和试验。2006 年 9 月发布了第一份全国性的研究报告——《中国绿色国民经济核算研究报告 2004》，显著提升了我国对环境经济核算工作的重视程度，并促使核算方向从“绿色 GDP”转向更务实的“GEP”（评估生态效益）和“SEEA 实物量核算”（摸清自然资源家底）。

联合国统计委员会协调各国绿色 GDP 的核算行动，制定国际通行的核算标准，从而解决国家间的对比性问题。目前联合国统计委员会 SEEA 体系的新框架中，绿色 GDP 成为核心指标。对于绿色 GDP 的核算内容，世界各国并无一致的看法。联合国统计委员会的 SEEA 体系并不扣除 GDP 中的不良物品和服务，只扣除资源耗减和环境降级所造成的损失，因此它一方面没有打乱 GDP 原有的核算模式和框架，另一方面又将资源环境核算纳入进来形成一个新的核算模式和框架，新的框架中包含了原有框架。

总之，实施绿色 GDP 核算必须从实际出发，由易到难，分步实施。下列四个 GGDP 从Ⅰ级到Ⅳ级难度递增，其具体含义如下：

GGDP(Ⅰ)＝现行 GDP－自然资源损耗与生态环境退化降级成本；

GGDP(Ⅱ)＝现行 GDP－外部不经济活动(自然资源损耗与生态环境退化降级成本＋自然灾害＋城市拥挤所带来的不舒适等损失)＋漏统部分(地下经济活动、非市场交易的自给性生产与服务等)±时间资产与闲暇活动等；

GGDP(Ⅲ)＝GGDP(Ⅱ)－人文虚数(毒品及烟草生产与服务、部分国防与警察开支、犯罪所造成的损失等)；

GGDP(Ⅳ)=GGDP(Ⅲ)±其他部分。

总之，GGDP绝不是在现有GDP前简单地加上“green”（绿色的），变成一个所谓的环保GDP或生态GDP，严格来讲，它是一个可持续发展的GDP。

4.3.3 企业清洁生产评价标准及评价方法

为了达到清洁生产的目的，企业可提出多个清洁生产技术方案，在决策前，需对各个方案进行科学客观的评价，筛选出既有明显经济效益又有显著环境效益的可行性方案，这个过程称为清洁生产评价。清洁生产评价是通过对企业的生产从原材料的选取、生产过程到产品服务的全过程进行综合评价，评定出企业清洁生产的总体水平以及每一个环节的清洁生产水平，明确该企业拟建生产过程、产品、服务各环节的清洁生产水平在国际和国内所处的位置，并针对其清洁生产水平较低的环节提出相应的清洁生产措施和管理制度，以增加企业市场竞争力，降低企业的环境责任风险，最终达到节约资源、保护环境的目的。

4.3.3.1 企业清洁生产评价标准

由于清洁生产技术方案涉及企业技术和管理的多个方面，因此在对其进行评价时，所采用的评价方法应能处理多层次、多属性的问题，并要保证评价过程的客观性、科学性，尽量减少或避免评价结果受主观偏好的影响，同时要保证筛选出的清洁生产技术方案能体现出其技术的先进性及经济效益与环境效益的统一性。

对于清洁生产的评价，至今还没有公认的、法定的方法，还处在不断探讨和完善的过程中。清洁生产评价标准，应是若干项综合的原则，这些原则带有鲜明的政策指导性，同时也具有行业和地区特点。每项原则可以是若干条定性条文，也可以是若干个定量指标。国家环保总局从2001年开始在全国范围内组织编制各行业清洁生产审核技术指南和各行业清洁生产技术要求，为开展清洁生产做好方法和评价的技术准备。

我国清洁生产相关标准是随着清洁生产政策的颁布逐步发展和完善的，其发展历程大致可以分为清洁生产技术要求、清洁生产标准和目前主要实行的清洁生产评价指标体系三个阶段。标准也由最初的国家环境保护总局或国家发展和改革委员会独立发布，发展到目前的国家发展和改革委员会、生态环境部与工业和信息化部联合发布。

以纺织行业为例，在每个发展阶段都发布了相关标准。

（1）纺织行业清洁生产技术要求　国家环境保护总局于2001年9月印发了《关于开展清洁生产审计机构试点工作的通知》（环发〔2001〕154号），2002年1月又印发了《关于公布清洁生产审计试点单位并开展试点工作的通知》（环发〔2002〕2号），拉开了全国清洁生产审计工作的序幕，而清洁生产标准是保障审计工作顺利实施的重要支撑。

2002年，国家环境保护总局发布了《清洁生产技术要求　氨纶产品（征求意见稿）》《清洁生产技术要求　化纤行业（腈纶）（征求意见稿）》《清洁生产技术要求　棉印染业（征求意见稿）》，公开征求意见。这三部征求意见稿对清洁生产做出了定义，把清洁生产技术要求分为国际清洁生产先进水平、国内清洁生产先进水平和国内清洁生产基本水平三级，并提供了各类数据的采集和计算方法。但由于各种原因，这三项纺织行业清洁生产技术要求未正式颁布。

（2）纺织行业清洁生产标准　在《清洁生产技术要求　棉印染业（征求意见稿）》的基础上，2006年7月，国家环境保护总局发布《清洁生产标准　纺织业（棉印染）》（HJ/T 185—2006），并于同年10月1日起实施。

作为我国正式颁布实施的第一个纺织行业清洁生产标准，《清洁生产标准　纺织业（棉印染）》（HJ/T 185—2006）对前处理工艺、染色工艺、印花工艺、整理工艺以及规模按照清洁生产的三级分类提出了具体要求，对机织和针织印染产品的资源能源利用指标、废水产生量和 COD 产生量按照三级分类提出了定量要求。

2007 年 8 月，基于《清洁生产技术要求　氨纶产品（征求意见稿）》的相关内容，国家环境保护总局发布《清洁生产标准　化纤行业（氨纶）》（HJ/T 359—2007），并于同年 10 月 1 日起实施。《清洁生产标准　化纤行业（氨纶）》（HJ/T 359—2007）相较于《清洁生产技术要求　氨纶产品（征求意见稿）》在内容上更丰富，指标更合理。例如，在生产工艺与装备要求方面，由征求意见稿的 4 点扩充至 7 点，工艺合理性和设备更换为原料贮存、原料准备、聚合、废液贮运和自动控制，公用工程节能要求及事故性泄漏防范装置也更加翔实；在资源能源利用指标方面，则由征求意见稿的 8 点简化至 5 点，其中耗新鲜水量指标更加严格，消耗蒸汽、电、燃料和氨气指标则整合为万元产值能耗，更符合实际生产状况；在污染物产生指标方面，征求意见稿中的 DMF（二甲基甲酰胺）产生量在生产标准中被划分为 DMF 产生量和 DMAc（二甲基乙酰胺）产生量，并且生产标准在废水、废气和固废三个方面的指标都变得更加严苛；在废物回收利用指标方面，生产标准溶剂回收率指标比生产技术要求更加严格，并将固体废物处置途径分为废液、废渣和废丝三类，分别作出要求。

2008 年 4 月，环境保护部发布《清洁生产标准　化纤行业（涤纶）》（HJ/T 429—2008），并于同年 8 月 1 日起实施。但该标准仅适用于采用对苯二甲酸直接酯化法生产聚酯和以聚酯为原料生产涤纶纤维的企业清洁生产审核和清洁生产潜力与机会的判断，一些未采用此工艺的行业企业无法参照此标准进行清洁生产评价。

（3）纺织行业清洁生产评价指标体系　2006 年 12 月，国家发展和改革委员会发布了《印染行业清洁生产评价指标体系（试行）》。“清洁生产评价指标体系”依据综合评价所得分值，将企业清洁生产等级划分为两级，即代表国内先进水平的“清洁生产先进企业”和代表国内一般水平的“清洁生产企业”。该评价指标体系构建了定量和定性两种评价指标体系，制定了相应的评价基准值和权重分值，并提供了印染企业清洁生产评价指标的考核评分计算方法，具有量化指标丰富的优点。

为统一规范、强化指导，国家发展和改革委员会、环境保护部、工业和信息化部组织编制了《清洁生产评价指标体系编制通则》（试行稿），于 2013 年 6 月 5 日发布，并自发布之日起施行。该编制通则对一些清洁生产术语作出定义，阐述了评价指标体系的编制原则，说明了清洁生产评价指标体系框架、指标选取、指标权重和指标基准值的选择，并提供了评价指标的计算和采集方法，开启了由清洁生产标准向清洁生产评价指标体系发展的新阶段。

国家发展和改革委员会、生态环境部与工业和信息化部于 2018 年 12 月 29 日联合发布了《合成纤维制造业（氨纶）清洁生产评价指标体系》《合成纤维制造业（锦纶 6）清洁生产评价指标体系》《合成纤维制造业（聚酯涤纶）清洁生产评价指标体系》《合成纤维制造业（维纶）清洁生产评价指标体系》《合成纤维制造业（再生涤纶）清洁生产评价指标体系》《再生纤维素纤维制造业（粘胶法）清洁生产评价指标体系》。2023 年，国家发改委等部门联合印发《工业重点领域能效标杆水平和基准水平（2023 年版）》，科学设定了棉印染精加工、化纤织物染整精加工、针织或钩针编织物印染精加工和粘胶短纤维的能效基准水平和标杆水平，将有效指导纺织行业深入实施节能降碳战略，对推进行业绿色低碳发展具有重要意义。

4.3.3.2　清洁生产评价的基本原则

（1）系统整合原则　评价必须具备系统的观念，必须强调生产全过程整合和目标的统一。系统分析是正确评价生产和管理结构是否合理、设施的功能是否有效、污染控制目标和措施是否协调的基础。

（2）生产过程废物最小量化原则　生产过程每一个相对集中的具有物质和能量转化功能的生产单元，都可以看作一个清洁生产评价对象。每个单元以产出废物最小量化为原则，对生产过程中的操作行为、工艺先进性、设备有效性、技术合理性进行评价，提出清洁生产方案。

（3）强化对污染物“源头和中间控制”原则　评价过程中通过分析，调整原料利用方式或寻求废物可分离、可回收利用的技术方案，力争从源头或生产过程中间减少污染物的产出，以降低末端治理难度。

（4）相对性和阶段性原则　由于受生产规模、工程复杂性、科技水平、经济基础、生产者素质等因素制约，清洁生产具有相对意义。清洁生产评价中树立的目标和参照的标准应把握一定的适用范围和条件；评价中提出的清洁生产措施应本着因地制宜、适时适度、低费高效的原则推荐实施。对不确定或暂时不易行方案应按目标化管理要求，提出分阶段实施的持续清洁生产对策和建议。

4.3.3.3　清洁生产评价与常规环境影响评价的联系和区别

清洁生产是目前公认的工业污染控制最佳途径，国家生态环境主管部门已明确要求将其纳入建设项目环境影响评价，环评工作中也常见到清洁生产的内容。

环境影响评价是旨在预防拟建项目环境污染问题的一项环境管理制度。清洁生产是以污染预防为核心，将工业污染防治重点由末端治理改为生产全过程削减的全新生产方式。环境影响评价和清洁生产均旨在预防污染，这是两者相容性的基础。清洁生产虽具有节能、降耗和减污等诸多优点，但目前推行情况却不尽如人意。将清洁生产纳入环境影响评价，有利于清洁生产有效推行，同时也丰富了环境影响评价的内容，提高了环境影响评价的实用性。所以，两者的结合可以起到相得益彰的作用。

清洁生产评价与常规环境影响评价是相辅相成的，其主要区别表现在以下几点。

① 从评价依据看，常规环境影响评价主要依据工程可行性研究或设计报告，清洁生产评价却不拘于此。

② 从评价对象和内容看，常规环境影响评价主要针对拟定的整体工艺过程，进行末端产污、治污、排污评价，清洁生产评价则主要针对生产过程单元的污染控制进行分析，并增加了原料和产品评价。

③ 从评价目标和重点看，常规环境影响评价以污染物达标排放为主，清洁生产评价则以削减污染物排放量和降低废物毒性为主。

然而，环境影响评价和清洁生产均追求对环境污染的预防，无论是预防污染物排放对环境的污染，还是预防污染物的产生，其最终目标是一致的。

将清洁生产概念引入环境影响评价中，在环境影响评价报告中对清洁生产予以定量评价，对于加强环境影响评价在环境管理中的作用具有重大意义。

4.3.3.4　清洁生产评价与清洁生产审核的区别

对新建、扩建、改建项目进行清洁生产评价与对现有工程进行清洁生产审核是有一定区别的。清洁生产评价是针对拟建工程的计划和方案，以有效预防污染为主要目的，其评价结果主要以对策形式出现，带有相对明显的战略性，评价方法主要采用系统分析法、类比调查法、统计分析法、资料查询法、专家咨询法和模拟实验等。清洁生产审核是针对工程现状，以事实为依据，以现状整改、提高效益为主要目的，其审核结果主要以具体措施形式出现，带有相对明显的战术性，审核方法主要为现场监测考察、物料衡算、技术经济分析等。在实践操作中，清洁生产评价更注重划分评价单元和筛选评价因素，清洁生产审核则更注重确定审核重点和筛选清洁生产方案。

4.3.3.5　清洁生产评价基本内容

从科学性、工程性、可操作性等多方面考虑，清洁生产评价基本内容大致包括以下几个方面。

（1）清洁原料评价

① 评价原料毒性、有害性。

② 评价原料在包装、储运、进料和处理过程中是否安全可靠，有无潜在的浪费、暴露、挥发、流失等风险污染问题。

③ 对大众化原料，进一步分析原料纯度、成分与减污的关系。

④ 对毒害性大、潜在污染严重的原料应提出更清洁的替代方案或清洁生产措施。

（2）清洁工艺评价

① 指明拟选生产工艺与国家产业发展有关政策的关系。

② 指明拟定工艺特殊性，如是否简捷、连续、稳定、高效，设备是否易于配套，自动化管理程度高低，等等。

③ 筛选可比工艺方案，通过物耗、能耗、水耗、收率、产污比等指标比较分析，评价拟定工艺的先进性和合理性。

④ 通过评价，对工艺中尚存的问题提出改进意见，对主要评价单元（如车间、工段、工序）生产过程进行剖析，采用化学方程式和流程图评价包括废物在内的物质流状况和特征，找出清洁生产机会以及进行闭路循环或采用回收利用技术和措施的可行性，提出资源综合利用措施或途径及废物在生产过程中减量化的有效方案。

（3）设备配置评价

① 评价主要生产设备的来源、质量和匹配性能、密闭性能、自动化管理性能。

② 分析拟定配置方案的弹性和与原料转化的关系。

③ 从节能、节水、环保等角度，评价设备的空间布置合理性。

（4）清洁产品评价　通过对产品性能、形态和稳定性的分析，评价产品在包装、运输、储藏以及使用过程中是否安全可靠，评述产品在其生命周期中潜在的污染行为。

（5）二次污染和累积污染评价

① 分析废物在处理处置过程中的形态变化和二次污染影响问题。

② 明确废物最终转化形态和毒害性。

③ 分析废物最终处置方式对环境的累积污染影响。

（6）清洁生产管理评价

① 对生产操作规范化、设备维护、物料和水量计量办法进行评述。

② 对原料和产品泄漏和溢出、次品处理、设备检修等造成的无组织排污提出监控措施。

③ 对建立企业岗位环保责任制和审核制度提出要求。

（7）推行清洁生产效益和效果评价

① 通过对比分析，说明清洁生产在节水、节能、降耗、减污、增效方面可能产生的效益和效果。特别分析清洁生产对预防污染、减轻末端治理压力的可能贡献。

② 通过类比分析，提出拟建工程清洁生产应达到的基本目标。

4.3.3.6 清洁生产评价指标

清洁生产评价指标提供了一个清洁生产绩效的比较标准，是对清洁生产技术方案进行筛选的客观依据，具有标杆的功能。

（1）清洁生产评价指标的选取原则　一般来说，评价指标既是管理科学水平的标志，也是定量比较的尺度。清洁生产的评价指标是指国家、地区、部门和企业，根据一定的科学、技术、经济条件，在一定时期内规定的清洁生产所必须达到的具体目标和水平。为此，可以确定指标选取的基本原则如下。

① 全过程评价原则。全过程评价原则就是借助生命周期评价的方法确定清洁生产指标的范围，不但对整个生产过程实行全分析，即对原材料、能源、污染物产生及毒性进行分析评价，还要对产品本身的清洁程度和环境经济效果进行评价，充分体现“节能、降耗、减污、增效”的宗旨。

② 污染预防的原则。指标范围不需要涵盖所有的环境、社会、经济等指标，但应主要反映出项目实施过程中所使用的资源量及产生的废物量，包括使用能源、水或其他资源的情况。

③ 定量原则。由于指标涉及面比较广，为了使所确定的清洁生产指标反映目标项目的主要情况，又简便易行，在设计时要充分考虑指标体系的可操作性，为清洁生产指标的评价提供有力的依据。

④ 目标明确原则。应规定实现指标的时间，可以是长远的规划目标，也可以是短期目标；规定执行指标的具体地区、行业、企业和车间等；每项指标必须与经济责任制挂钩，指标值可以分解落实，从地区到企业、车间、班组都有与其责任相应的目标值，容易获得较全面、较客观的数据支持。

⑤ 规范性原则。指标必须有统一规范、例行性和程序化的管理。

（2）清洁生产评价指标体系　为全面推行清洁生产，评价企业的清洁生产水平，2006 年 2 月国家质量监督检验检疫总局和中国国家标准化管理委员会发布了《工业清洁生产评价指标体系编制通则》（GB/T 20106—2006），这是我国关于清洁生产评价指标体系的第一项国家标准。同年 6 月，国家发展和改革委员会与国家环境保护总局联合发布了《钢铁行业清洁生产评价指标体系（试行）》《氮肥行业清洁生产评价指标体系（试行）》《电镀行业清洁生产评价指标体系（试行）》等三个行业的清洁生产评价指标体系。此后又陆续发布了包装、火电、磷肥等多个行业的清洁生产评价指标体系。

为进一步统一、规范行业清洁生产评价指标体系的内容，国家发展改革委、环境保护部与工业和信息化部组织编制了《清洁生产评价指标体系编制通则》（试行稿），并于 2013 年 6 月发布（国家发展改革委公告 2013 年第 33 号）。截至 2021 年 12 月，国家发展改革委、生态环境部与工业和信息化部共发布了钢铁、水泥、化学原料药制造、硫酸行业等 50 余项行业清洁生产评价指标体系。

2023 年 11 月，国家标准《清洁生产评价指标体系编制通则》（GB/T 43329—2023）正式发布。该标准在《清洁生产评价指标体系编制通则》（试行稿）基础上，顺应绿色低碳循环发展对清洁生产的新要求，明确清洁生产评价指标体系的编制原则、体系框架和评价方法，补充了减污降碳指标。该标准可用于指导工业、农业、服务业企业开展清洁生产工作，并为减污降碳协同控制、清洁生产绩效评价提供技术支撑。

根据《清洁生产评价指标体系编制通则》，行业清洁生产评价指标体系由一级指标和二级指标组成。其中，一级指标包括生产工艺及装备指标、能源消耗指标、水资源消耗指标、原/辅料资源消耗指标、资源综合利用指标、污染物产生与指标指标、产品特征指标和清洁生产管理指标等九类指标，每类指标又由若干个二级指标组成。二级指标中含有若干限定性指标。限定性指标为对节能减排有重大影响的指标，或者法律法规明确规定应严格执行的指标。原则上，限定性指标主要包括但不限于单位产品综合能耗、单位产品取水量、单位产品有毒有害物质限量，行业准入性指标以及单位产品的二氧化硫、氮氧化物、挥发性有机物、颗粒物、化学需氧量、氨氮等污染物的产生量和排放量。因行业性质不同，根据具体情况可作适当调整。根据行业特点，对一级指标和二级指标给出权重。一级指标的权重之和为 1，每个一级指标下的二级指标权重之和也为 1。可采用层次分析法（AHP 法）或专家咨询法（Delphi 法）确定权重。

① 生产工艺及装备指标　应从有利于引导采用节能、节水、节材、减污、降碳的先进适用技术装备，促进技术改造和升级等方面提出指标及要求。具体可包括装备要求、生产规模、工艺方案、主要设备参数、自动化控制水平、污染治理设施效率等指标，因行业性质不同根据具体情况可作适当调整。

② 能源消耗指标　应从有利于减少能源消耗、提高能源利用效率等方面提出指标及要求。具体可包括能源类型、单位产品综合能耗、非化石能源消耗占比、清洁能源消耗占比、余热余压利用率等指标。

③ 水资源消耗指标　应从有利于减少水资源消耗、提高水资源利用效率等方面提出指标及要求。具体可包括单位产品取水量、工业用水重复利用率等指标。

④ 原/辅料资源消耗　应从有利于减少生产过程中原/辅料资源消耗、提高原/辅料利用效率等方面提出指标及要求。具体可包括单位产品主要原材料消耗量、单位产品主要辅料消耗量、单位产品低挥发性有机物（VOCs）含量原辅材料使用量、单位产品有毒有害原料使用量等指标。

⑤ 资源综合利用　应从有利于废弃物或副产品再利用、资源化利用等方面提出指标及要求。具体可包括一般工业固体废物综合利用量、一般工业固体废物综合利用率、危险废物综合利用量、危险废物综合利用率等指标。

⑥ 污染物产生与排放　应从有利于源头减少污染物产生、有毒有害物质替代等方面提出指标及要求。具体可包括单位产品二氧化硫产生量和排放量、单位产品氮氧化物产生量和排放量、单位产品挥发性有机物产生量和排放量、单位产品颗粒物产生量和排放量、单位产品化学需氧量产生量和排放量、单位产品氨氮产生量和排放量、单位产品重金属产生量和排放量、单位产品固体废物产生量、单位产品危险废物产生量、厂界环境噪声等指标。

⑦ 温室气体排放　应从有利于减少温室气体排放等方面提出指标及要求。具体可包括单位产品二氧化碳排放量、单位产品氧化亚氮排放量、单位产品甲烷排放量、单位产品氢氟氯碳化物排放量、单位产品全氟碳化物排放量、单位产品六氟化硫排放量等指标。

⑧ 产品特征　应从有利于产品绿色设计、绿色制造、包装材料再利用等方面提出指标及要求。具体可包括单位产品有毒有害物质限量、易于回收和拆解的产品设计、产品合格率等指标。

⑨ 清洁生产管理　应从有利于提高资源能源利用效率、减少污染物产生与排放等方面提出管理指标及要求。具体可包括清洁生产审核制度执行情况、清洁生产管理制度执行情况、强制性清洁生产审核政策执行情况、清洁生产部门设置和人员配备、环境管理体系实施情况、能源管理体系实施情况等指标。

根据当前各行业清洁生产技术、装备和管理水平，将二级指标的基准值分为三个等级：Ⅰ级为清洁生产先进（标杆）水平；Ⅱ级为清洁生产准入水平；Ⅲ级为清洁生产一般水平。应根据当前行业清洁生产情况，合理确定Ⅰ级、Ⅱ级和Ⅲ级基准值。以当前国内5%的企业达到该基准值要求为取值原则，确定Ⅰ级基准值；以当前国内20%的企业达到该基准值要求为取值原则，确定Ⅱ级基准值；以当前国内50%的企业达到该基准值要求为取值原则，确定Ⅲ级基准值。

（3）清洁生产的定性和定量评价指标　根据清洁生产评价指标的性质，可分为定量指标和定性指标两种。应以定量指标为主，对一些技术、工艺和管理等指标无法定量时，可采用定性指标。

定量指标选取有代表性的，能反映“节能”“降耗”“减污”和“增效”等有关清洁生产最终目标的指标，综合考评企业实施清洁生产的状况和企业清洁生产程度。定性指标根据国家有关推行清洁生产的产业发展和技术进步政策、资源环境保护政策规定以及行业发展规划选取，用于考核企业有关政策法规的符合性及清洁生产工作实施情况。

4.3.3.7 清洁生产定量评价方法

清洁生产评价具有多属性、多层次性以及随机性和模糊性的特点，决定了相关的评价方法种类较多。对清洁生产的评价方法主要有综合评价指数法、百分制法、灰色关联分析法、贝叶斯网络法、层次分析法和模糊评价法等，这些方法因操作方式不同分别具有不同的特点，具体见表4-14。

表4-14　清洁生产综合评价方法

序号	评价方法名称	评价方法内容	优点	缺点
1	综合评价指数法	把评价指标无量纲化，转化成同一尺度上可以相互比较的量，通过转换使得各评价指标具有统一的标度。即以正负均值为基准，求每项指标的折算指数，再汇总成综合指数	简明方便，易于应用	类比参照值较难获取
2	百分制法	根据确定的评价基准值和评价指标类别的权重值对各评价指标进行科学计分和评分，通过总分值的高低直观定量地反映清洁生产的程度。评价过程为：首先专家对各评价指标按等级评分标准进行打分，若有分指标则按分指标打分，然后分别乘以各自的权重值，最后累加起来得到总分	操作简便，考虑因素全面	主观随意性较大，不能反映各指标之间的关系
3	灰色关联分析法	灰色关联分析法是根据序列曲线几何形状的相似程度来判断其联系是否紧密。曲线几何形状越相似，对应关联度将越大，反之越小。将灰色关联分析法应用于清洁生产评价，即通过评价对象的清洁生产水平与清洁生产标准的比较，分析两者的关联程度，从而确定评价对象的清洁生产水平	原理简单，应用较广	参考数据序列代表性不够，评价结果不具代表性
4	贝叶斯网络法	贝叶斯网的通常用法是先利用专家经验或机器学习方法构建贝叶斯网，然后通过贝叶斯网的推理作出某些决策。贝叶斯网的推理是指在设定一组证据变量确切值的情况下，计算一组查询变量的概率分布	具有坚实的理论基础，能够结合专家的先验知识，能够处理不完备数据	评估函数构建、计算繁杂

续表

序号	评价方法名称	评价方法内容	优点	缺点
5	层次分析法	将决策问题按总目标、各层子目标、评价准则直至具体备选方案的顺序分解为不同的层次结构，然后用求解判断矩阵特征向量的办法，求得每一层次的各元素对上一层次某元素的优先权重，最后再用加权和的方法递阶归并各备选方案对总目标的最终权重，此最终权重最大者即为最优方案	简单明了，适用于存在不确定性和主观信息的情况，逻辑性强	主观性较大，评估结果客观性差
6	模糊评价法	首先设给定论域 U，U 上一个模糊子集 A，对于任意元素 $x\in U$，都能确定一个正数 $\mu_A(x)\in[0,1]$，用其表示 x 属于 A 的程度。$\mu_A(x)$ 表示 U 中元素隶属 A 的程度。模糊关系矩阵中的单个元素代表了该指标对相应评价等级的隶属度。因此可以把隶属度看成评价指标对应评价标准的函数；对应不同形式的函数，评价等级的隶属度也不同	客观性、系统性强	多级评价缺乏通用准则

依据《清洁生产评价指标体系编制通则》，我国的清洁生产指标评价方法主要采用综合评价指数法，即采用限定性指标评价和指标分级加权评价相结合的方法，对企业的清洁生产水平进行综合评价。在限定性指标全部达到 Ⅲ级水平的基础上，采用指标分级加权评价方法，计算行业清洁生产综合评价指数。根据综合评价指数，确定清洁生产等级。具体计算方法如下。

（1）指标无量纲化　建立原始指标的隶属函数，如式（4-1）所示。

$$Y_{g_k}(x_{ij})=\begin{cases}100, & x_{ij}\in g_k\\ 0, & x_{ij}\notin g_k\end{cases} \tag{4-1}$$

式中，x_{ij} 表示第 i 个一级指标下的第 j 个二级指标；g_k 表示二级指标基准值，其中 g_1 为Ⅰ级水平，g_2 为Ⅱ级水平，g_3 为Ⅲ级水平；$Y_{g_k}(x_{ij})$为二级指标 x_{ij} 对于级别 g_k 的隶属函数。

根据式（4-1），若指标 x_{ij} 属于级别 g_k，则隶属函数的值为 100，否则为 0。

（2）综合评价指数计算　通过加权平均、逐层收敛可得评价对象在不同级别 g_k 的得分 Y_{g_k}，如式（4-2）所示。

$$Y_{g_k}=\sum_{i=1}^{m}\left[w_i\sum_{j=1}^{n_i}w_{ij}Y_{g_k}(x_{ij})\right] \tag{4-2}$$

式中，w_i 表示第 i 个一级指标的权重；w_{ij} 表示第 i 个一级指标下的第 j 个二级指标的权重，其中 $\sum_{i=1}^{m}w_i=1,\sum_{j=1}^{n_i}w_{ij}=1$；$m$ 为一级指标的个数；n_i 为第 i 个一级指标下二级指标的个数。另外，Y_{g1} 等同于 $Y_{\text{Ⅰ}}$，Y_{g2} 等同于 $Y_{\text{Ⅱ}}$，Y_{g3} 等同于 $Y_{\text{Ⅲ}}$。

（3）等级条件　Ⅰ级清洁生产水平［清洁生产先进（标杆）水平］应满足的条件为：$Y_{\text{Ⅰ}}\geqslant 85$，且限定性指标全部满足Ⅰ级基准值要求，非限定性指标全部满足Ⅱ级基准值要求。Ⅱ级清洁生产水平（清洁生产准入水平）应满足的条件为：$Y_{\text{Ⅱ}}\geqslant 85$，且限定性指标全部满足Ⅱ级基准值要求，非限定性指标全部满足Ⅲ级基准值要求。Ⅲ级清洁生产水平（清洁生产一般水平）应满足的条件为：$Y_{Ⅲ}=100$。

某化学原料药制造企业清洁生产水平评价实例如下。

根据《化学原料药制造业清洁生产评价指标体系》（发改环资规〔2020〕1983号）中表1合成法原料药企业清洁生产评价指标项目表，对某企业的清洁生产水平进行评价，具体分析情况见表4-15。

表4-15 某化学原料药制造企业清洁生产指标评价情况

序号	一级指标	一级指标权重	二级指标	二级指标权重	Ⅰ级基准值	Ⅱ级基准值	Ⅲ级基准值	该企业评价情况
1	生产工艺及装备指标	0.15	工艺类型	0.60	使用催化剂，中温与低温反应，离子交换纯化，微反应技术，不使用一类溶剂，二类溶剂使用量不超过使用溶剂总量的20%		使用催化剂，中温与低温反应，不使用一类溶剂，二类溶剂使用量不超过使用溶剂总量的40%	中温反应与低温反应，二类溶剂量占比25%。 $Y_{g1}(x_{1-1})=$ $Y_{g2}(x_{1-1})=0$， $Y_{g3}(x_{1-1})=100$
2			装备设备	0.40	使用封闭式操作，采用密闭设备、密闭原料输送管道，膜分离或多效浓缩，自动控制系统和生产监控系统，微通道反应器，封闭式离心机、过滤机、载气循环干燥器、浮顶式溶剂储存回收、冷凝回收设备、连续离子交换等设备，安装挥发性气体收集处理装置		使用膜分离或多效浓缩，封闭式离心机、过滤机、载气循环干燥器、浮顶式或专用溶剂储罐等	使用密闭式操作，采用密闭设备、密闭原料输送管道，膜分离或多效浓缩，自动控制系统和生产监控系统，封闭式冷凝回收设备，安装挥发性气体收集处理装置 $Y_{g1}(x_{1-2})=0$， $Y_{g2}(x_{1-2})=$ $Y_{g3}(x_{1-2})=100$
3	资源能源消耗指标	0.15	单位产品综合能耗[①]（以标煤计）/(t/t)	0.30	≤5	≤9	≤15	16.74t/t $Y_{g1}(x_{2-1})=$ $Y_{g2}(x_{2-1})=$ $Y_{g3}(x_{2-1})=0$
4			单位产品取水量[①]/(t/t)	0.30	≤500	≤700	≤1000	453.13t/t $Y_{g1}(x_{2-2})=$ $Y_{g2}(x_{2-2})=$ $Y_{g3}(x_{2-2})=100$
5			单位产品原辅料总消耗/(t/t)	0.30	≤40	≤60	≤80	27.75t/t $Y_{g1}(x_{2-3})=$ $Y_{g2}(x_{2-3})=$ $Y_{g3}(x_{2-3})=100$
6			物料损失率/%	0.10	≤1	≤3	≤5	0.89% $Y_{g1}(x_{2-4})=$ $Y_{g2}(x_{2-4})=$ $Y_{g3}(x_{2-4})=100$

续表

序号	一级指标	一级指标权重	二级指标	二级指标权重	Ⅰ级基准值	Ⅱ级基准值	Ⅲ级基准值	该企业评价情况
7	资源综合利用指标	0.20	化学溶剂回收率/%	0.50	≥80	≥70	≥60	85.89% $Y_{g1}(x_{3-1})=$ $Y_{g2}(x_{3-1})=$ $Y_{g3}(x_{3-1})=100$
8			水重复利用率/%	0.40	≥95	≥90	≥85	98.3% $Y_{g1}(x_{3-2})=$ $Y_{g2}(x_{3-2})=$ $Y_{g3}(x_{3-2})=100$
9			产品外包装可再生或降解率/%	0.10	100	≥95	≥90	使用纸箱，纸箱可降解率≥92.00% $Y_{g1}(x_{3-3})=$ $Y_{g2}(x_{3-3})=0$, $Y_{g3}(x_{3-3})=100$
10	污染物产生指标	0.20	单位产品废水产生量[①]/(t/t)	0.40	≤5	≤15	≤30	28.12t/t $Y_{g1}(x_{4-1})=$ $Y_{g2}(x_{4-1})=0$, $Y_{g3}(x_{4-1})=100$
11			单位产品固体废物产生量/(kg/t)	0.20	≤30	≤50	≤70	38.60kg/t $Y_{g1}(x_{4-2})=0$, $Y_{g2}(x_{4-2})=$ $Y_{g3}(x_{4-2})=100$
12			单位产品挥发性有机物产生量[①]/(kg/t)	0.10	≤20	≤30	≤40	18.50kg/t $Y_{g1}(x_{4-3})=$ $Y_{g2}(x_{4-3})=$ $Y_{g3}(x_{4-3})=100$
13			单位产品COD产生量[①]/(kg/t)	0.20	≤200	≤300	≤400	412.62kg/t $Y_{g1}(x_{4-4})=$ $Y_{g2}(x_{4-4})=$ $Y_{g3}(x_{4-4})=0$
14			单位产品氨氮产生量[①]/(kg/t)	0.10	≤130	≤180	≤270	85.12kg/t $Y_{g1}(x_{4-5})=$ $Y_{g2}(x_{4-5})=$ $Y_{g3}(x_{4-5})=100$
15	产品特征指标	0.15	有毒有害原材料使用种类[①]/种	0.40	0	≤3	≤5	4种 $Y_{g1}(x_{5-1})=$ $Y_{g2}(x_{5-1})=0$, $Y_{g3}(x_{5-1})=100$
16			化学溶剂使用种类/种	0.30	≤3	≤5	≤8	4种 $Y_{g1}(x_{5-2})=0$, $Y_{g2}(x_{5-2})=$ $Y_{g3}(x_{5-2})=100$
17			精制收率/%	0.30	≥85	≥80	≥75	83.77% $Y_{g1}(x_{5-3})=0$, $Y_{g2}(x_{5-3})=$ $Y_{g3}(x_{5-3})=100$

续表

<table>
<tr><th>序号</th><th>一级指标</th><th>一级指标权重</th><th>二级指标</th><th>二级指标权重</th><th>Ⅰ级基准值</th><th>Ⅱ级基准值</th><th>Ⅲ级基准值</th><th>该企业评价情况</th></tr>
<tr><td>18</td><td rowspan="8">清洁生产管理指标</td><td rowspan="8">0.15</td><td>环保法律法规执行情况①</td><td>0.10</td><td colspan="3">符合国家和地方有关环境保护法律、法规，企业污染物排放总量及能源消耗总量满足国家及地方政府相关标准，满足环评批复、环保“三同时”制度、总量控制和排污许可证管理要求</td><td>污染物与能耗满足相关标准
$Y_{g1}(x_{6-1})=$
$Y_{g2}(x_{6-1})=$
$Y_{g3}(x_{6-1})=100$</td></tr>
<tr><td>19</td><td>产业政策符合性①</td><td>0.10</td><td colspan="2">生产规模符合国家和地方相关产业政策，不采用国家禁止、限制、淘汰类的生产工艺、装备，不生产国家限制、淘汰类的产品</td><td>生产规模符合国家和地方相关产业政策，但采用国家限制类的生产工艺、装备，或生产国家限制类的产品</td><td>生产规模符合产业政策，无禁止、限制、淘汰类工艺、装备，无限制、淘汰类产品
$Y_{g1}(x_{6-2})=$
$Y_{g2}(x_{6-2})=$
$Y_{g3}(x_{6-2})=100$</td></tr>
<tr><td>20</td><td>清洁生产管理</td><td>0.10</td><td colspan="3">按照GB/T 24001建立并运行环境管理体系，建有专门负责清洁生产的领导机构，各成员单位及主管人员职责分工明确；有健全的清洁生产管理制度和奖励管理办法，有执行情况检查记录；制定有清洁生产工作规划及年度工作计划，对规划、计划提出的目标、指标、清洁生产方案，认真组织落实；资源、能源、环保设施运行统计台账齐全；建立、制定环境突发性事件应急预案（预案要通过相应环保部门备案）并定期演练。按行业无组织排放监管的相关政策要求，加强对无组织排放的防控措施，减少生产过程无组织排放</td><td>已建立环境管理体系和清洁生产制度，有规划和执行，环境预案已备案且定期演练
$Y_{g1}(x_{6-3})=$
$Y_{g2}(x_{6-3})=$
$Y_{g3}(x_{6-3})=100$</td></tr>
<tr><td rowspan="2">21</td><td rowspan="2">清洁生产审核</td><td rowspan="2">0.10</td><td colspan="3">按政府规定要求，制订有清洁生产审核工作计划，对原料及生产全流程定期开展清洁生产审核活动</td><td rowspan="2">已完成一轮清洁生产审核，且中、高费方案实施率为100%
$Y_{g1}(x_{6-4})=$
$Y_{g2}(x_{6-4})=$
$Y_{g3}(x_{6-4})=100$</td></tr>
<tr><td>中、高费方案实施率≥80%</td><td>中、高费方案实施率≥60%</td><td>中、高费方案实施率≥50%</td></tr>
<tr><td rowspan="2">22</td><td rowspan="2">节能管理</td><td rowspan="2">0.10</td><td colspan="3">按国家规定要求，组织开展节能评估与能源审计工作</td><td rowspan="2">节能改造项目已全部完成
$Y_{g1}(x_{6-5})=$
$Y_{g2}(x_{6-5})=$
$Y_{g3}(x_{6-5})=100$</td></tr>
<tr><td>实施节能改造项目完成率为90%</td><td>实施节能改造项目完成率≥70%</td><td>实施节能改造项目完成率≥50%</td></tr>
<tr><td>23</td><td>污染物排放监测</td><td>0.10</td><td colspan="3">满足国家相关监测技术规范要求；按照排污许可证规定的自行监测方案自行或委托第三方监测机构开展监测工作，安排专人专职对监测数据进行记录、整理、统计和分析，公开自行监测信息</td><td>满足要求，已落实自行监测，且已公开
$Y_{g1}(x_{6-6})=$
$Y_{g2}(x_{6-6})=$
$Y_{g3}(x_{6-6})=100$</td></tr>
</table>

续表

序号	一级指标	一级指标权重	二级指标	二级指标权重	Ⅰ级基准值	Ⅱ级基准值	Ⅲ级基准值	该企业评价情况
24	清洁生产管理指标	0.15	危险化学品管理①	0.10	符合《危险化学品安全管理条例》相关要求			符合要求 $Y_{g1}(x_{6-7})=$ $Y_{g2}(x_{6-7})=$ $Y_{g3}(x_{6-7})=100$
25			计量器具配备情况	0.10	计量器具配备满足符合国家标准 GB 17167、GB 24789 三级计量配备要求			符合要求 $Y_{g1}(x_{6-8})=$ $Y_{g2}(x_{6-8})=$ $Y_{g3}(x_{6-8})=100$
26			固体废物处理处置	0.10	应制定并向当地生态环境主管部门备案危险废物管理计划，申报危险废物产生种类、产生量、流向、贮存、处置等有关资料。制定意外事故防范措施预案，并向当地环保主管部门备案。根据《危险废物规范化管理指标体系》综合评估，危险废物规范化管理情况为“达标” 对一般工业固体废物加以循环利用，且按照 GB 18599 相关规定对暂时不利用或者不能利用的一般工业固体废物进行贮存或处置			一般工业固体废物全部由回收公司循环利用 $Y_{g1}(x_{6-9})=$ $Y_{g2}(x_{6-9})=$ $Y_{g3}(x_{6-9})=100$
					一般工业固废利用率高于 80%	一般工业固废利用率高于 60%	一般工业固废利用率低于 60%	
27			土壤污染隐患排查	0.05	参照国家有关技术规范，建立土壤污染隐患排查制度，保证持续有效防止有毒有害物质渗漏、流失、扬散			已建立制度并开展排查 $Y_{g1}(x_{6-10})=$ $Y_{g2}(x_{6-10})=$ $Y_{g3}(x_{6-10})=100$
28			运输方式	0.05	物料公路运输全部使用达到国五及以上排放标准的重型载货车辆（含燃气）或新能源汽车；厂内运输车辆全部使用达到国五及以上排放标准的重型载货车辆（含燃气）或新能源汽车；厂内非道路移动机械全部达到国三及以上排放标准或使用新能源机械	物料公路运输达到国五及以上排放标准的重型载货车辆（含燃气）或新能源汽车比例不低于 70%，其他车辆达到国四排放标准；厂内运输车辆达到国五及以上排放标准的重型载货车辆（含燃气）或新能源汽车比例不低于 70%，其他车辆达到国四排放标准；厂内非道路移动机械达到国三及以上排放标准或使用新能源机械比例不低于 70%	物料公路运输达到国五及以上排放标准的重型载货车辆（含燃气）或新能源汽车比例不低于 50%，其他车辆达到国四排放标准；厂内运输车辆达到国五及以上排放标准的重型载货车辆（含燃气）或新能源汽车比例不低于 50%，其他车辆达到国四排放标准；厂内非道路移动机械全部达到国三及以上排放标准或使用新能源机械比例不低于 50%	物料公路运输国五重型载货车辆及新能源汽车总比例已达到 70%，其他车辆达到国四排放标准；厂内仅涉及叉车，电动叉车比例为 86% $Y_{g1}(x_{6-11})=0$， $Y_{g2}(x_{6-11})=$ $Y_{g3}(x_{6-11})=100$

① 为限定指标。

依据式（4-2），该企业清洁生产评价指标得分$\{Y_{g1},Y_{g2},Y_{g3}\}=\{46.75,66.50,91.50\}$，由于单位产品综合能耗、单位产品COD产生量两项限定性指标未能满足Ⅲ级基准值，该企业未达到清洁生产要求。

4.3.3.8 清洁生产模糊数学评价

在清洁生产评价工作中，有时由于时间、人力、经费等客观原因限制，并不可能对所有相关企业逐一进行细致的清洁生产审核，没有大量的详细测试和审核数据，就无法给出确切定量的评价结果。事实上，对有些问题而言，往往并不需要很详细的评价资料，半定量评价结论足以说明有关问题，因此，清洁生产半定量评价方法也是实用、必要的。

（1）清洁生产系统分析 清洁生产强调策略和措施的综合性，包括使用专门技术、改进原料或产品、改进生产工艺或生产设备，或者通过改进企业管理方式等；此外还强调效益和效果整体性，局部提高、整体恶化不属于清洁生产。显而易见，清洁生产是一项系统工程，系统由多个层次、多个要素综合而成，系统层次之间、要素之间有密切相关性，而且系统整体目的和功能必须明确。

从环保角度看，主要关注清洁生产废物减量化、资源化、无害化的功能，考虑到生产过程的可操作性，可以把清洁生产大系统简化为原料、工艺、设备、“三废”利用、管理和“三废”处理六个子系统（目标层），各子系统下再进行组成要素划分（操作控制层），经归纳，可以筛选出18项作为系统基本组成要素（图4-7）。

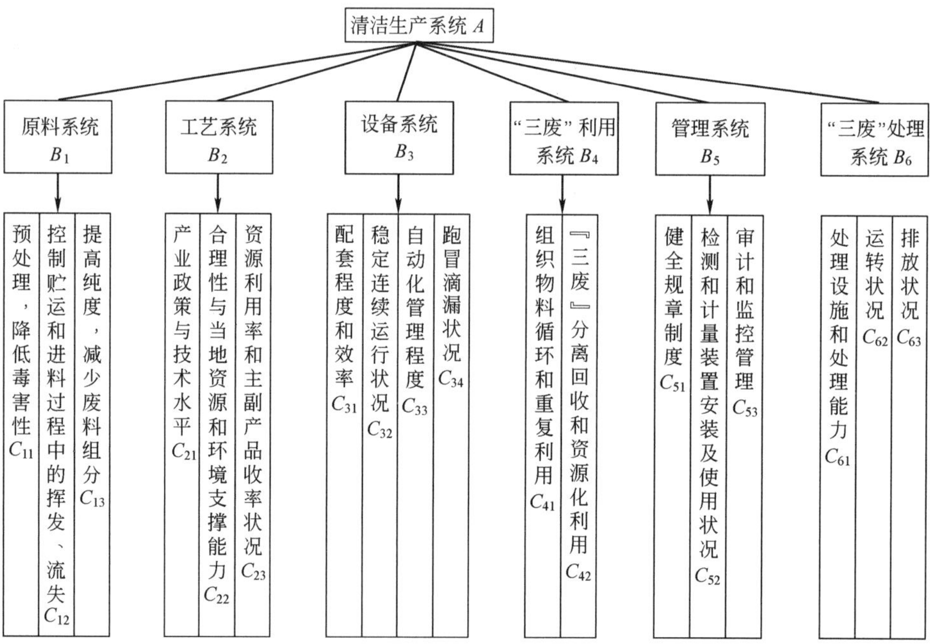

图4-7 清洁生产系统结构和要素划分

（2）清洁生产模糊数学评价方法

① 评价模式。对系统进行评价，实质上是对系统要素进行综合分析。评价中既要考虑要素自身的特征，也要考虑要素之间的内在联系性和不同要素对系统整体功能作用的大小。

设系统的论域为评价因素X和评价水平等级Y，R为X与Y的模糊关系，则有模糊评价矩阵：

$$\boldsymbol{R}=\begin{pmatrix} r_{11} & r_{12} & \cdots & r_{1n} \\ r_{21} & r_{22} & \cdots & r_{2n} \\ \vdots & \vdots & \vdots & \vdots \\ r_{m1} & r_{m2} & \cdots & r_{mn} \end{pmatrix}$$

式中，r_{ij} 为第 i 个评价因素隶属第 j 个评价水平等级的可能程度，$\sum_{j=1}^{n} r_{ij}=1(i=1,2,3,\cdots,m;j=1,2,3,\cdots,n)$。

另设 $\boldsymbol{K}$ 为表示评价因素相对重要性的权重分配子集，$\boldsymbol{K}=(K_1,K_2,\cdots,K_m)$，$\sum_{i=1}^{m} K_i=1$，则系统综合模糊评价模式为：

$$\boldsymbol{A}=\boldsymbol{K}\cdot\boldsymbol{R}=(K_1,K_2,\cdots,K_m)\cdot\begin{pmatrix} r_{11} & r_{12} & \cdots & r_{1n} \\ r_{21} & r_{22} & \cdots & r_{2n} \\ \vdots & \vdots & \vdots & \vdots \\ r_{m1} & r_{m2} & \cdots & r_{mn} \end{pmatrix}=(a_1,a_2,\cdots,a_n)$$

$\sum_{i=1}^{n} a_i=1$。a_i 越大，说明相应评价对象出现的问题越突出。

② 评价参数。采用模糊数学方法进行清洁生产评价，关键在于确定模糊关系矩阵中的评价因素隶属度和评价因素权重。由于清洁生产系统结构有层次划分，需至少考虑进行二级评价。一级评价先进行子系统评价，系统要素作为评价因素；二级评价进行母系统评价，子系统作为评价因素。

确定隶属度和权重一般采用专家咨询打分的方法，具体方法如下。

a. 隶属度：列出一张系统要素与评价水平等级对应关系咨询表（表 4-16），让参加咨询的每位专家进行唯一对应结果选择，然后按各个要素统计每种等级选择结果的概率，以此作为该要素的隶属度。经一级评价得出的子系统评价结果可作为二级评价中评价因素的隶属度。

表 4-16　隶属度判断专家咨询表

等级	要素																	
	C_{11}	C_{12}	C_{13}	C_{21}	C_{22}	C_{23}	C_{31}	C_{32}	C_{33}	C_{34}	C_{41}	C_{42}	C_{51}	C_{52}	C_{53}	C_{61}	C_{62}	C_{63}
较高																		
高																		
一般																		
较差																		
差																		

b. 权重：权重也叫功效系数。首先列出评价因素相对重要性判断矩阵表（表 4-17），由专家进行相对重要性标度，然后采用 AHP（层次分析法）方根法计算判断矩阵特征向量，经一致性检验，确认收敛后，以此作为评价因素的相对权重。

表 4-17 计算权重判断矩阵专家标度表

项目	C_1	C_2	…	C_j
C_1	C_{11}	C_{12}	…	C_{1j}
C_2	C_{21}	C_{22}	…	C_{2j}
…	…	…	…	…
C_j	C_{j1}	C_{j2}	…	C_{jj}

（3）评价实例　某厂经专家考察咨询，确定其清洁生产系统评价因素的权重分配见表4-18，清洁生产水平划分成五个等级。子系统模糊评价矩阵分别为：

$$C_1=\begin{pmatrix}0.1 & 0.8 & 0.1 & 0.0 & 0.0\\0.0 & 0.4 & 0.5 & 0.1 & 0.0\\0.0 & 0.1 & 0.8 & 0.1 & 0.0\end{pmatrix}\qquad C_2=\begin{pmatrix}0.0 & 0.2 & 0.8 & 0.0 & 0.0\\0.0 & 0.0 & 0.5 & 0.5 & 0.0\\0.0 & 0.1 & 0.7 & 0.2 & 0.0\end{pmatrix}$$

$$C_3=\begin{pmatrix}0.0 & 0.0 & 0.1 & 0.4 & 0.5\\0.0 & 0.1 & 0.6 & 0.3 & 0.0\\0.0 & 0.0 & 0.3 & 0.7 & 0.0\\0.0 & 0.0 & 0.1 & 0.3 & 0.6\end{pmatrix}\qquad C_4=\begin{pmatrix}0.1 & 0.2 & 0.5 & 0.2 & 0.0\\0.0 & 0.0 & 0.2 & 0.7 & 0.1\end{pmatrix}$$

$$C_5=\begin{pmatrix}0.0 & 0.1 & 0.7 & 0.2 & 0.0\\0.0 & 0.0 & 0.1 & 0.7 & 0.2\\0.0 & 0.0 & 0.2 & 0.6 & 0.2\end{pmatrix}\qquad C_6=\begin{pmatrix}0.0 & 0.1 & 0.4 & 0.5 & 0.0\\0.0 & 0.0 & 0.1 & 0.7 & 0.2\\0.0 & 0.0 & 0.1 & 0.3 & 0.6\end{pmatrix}$$

表 4-18 某厂评价因素权重分配

子系统	要素						权重
	C_{11},C_{12},C_{13}	C_{21},C_{22},C_{23}	$C_{31},C_{32},C_{33},C_{34}$	C_{41},C_{42}	C_{51},C_{52},C_{53}	C_{61},C_{62},C_{63}	
B_1	0.4,0.3,0.3						0.1
B_2		0.5,0.3,0.2					0.1
B_3			0.4,0.2,0.2,0.2				0.2
B_4				0.6,0.4			0.2
B_5					0.4,0.3,0.3		0.3
B_6						0.4,0.4,0.2	0.1

各子系统相应评价结果为：

$B_1=(0.0\quad 0.5\quad 0.4\quad 0.1\quad 0.0)$

$B_2=(0.0\quad 0.1\quad 0.7\quad 0.2\quad 0.0)$

$B_3=(0.0\quad 0.0\quad 0.2\quad 0.5\quad 0.3)$

$B_4=(0.1\quad 0.1\quad 0.4\quad 0.4\quad 0.0)$

$B_5=(0.0\quad 0.0\quad 0.4\quad 0.5\quad 0.1)$

$B_6=(0.0\quad 0.0\quad 0.2\quad 0.6\quad 0.2)$

依此进一步构建母系统模糊评价矩阵为：

$$B=\begin{pmatrix} 0.0 & 0.5 & 0.4 & 0.1 & 0.0 \\ 0.0 & 0.1 & 0.7 & 0.2 & 0.0 \\ 0.0 & 0.0 & 0.2 & 0.5 & 0.3 \\ 0.1 & 0.1 & 0.4 & 0.4 & 0.0 \\ 0.0 & 0.0 & 0.4 & 0.5 & 0.1 \\ 0.0 & 0.0 & 0.2 & 0.6 & 0.2 \end{pmatrix}$$

母系统相应评价结果为 $A=(0.0 \quad 0.0 \quad 0.4 \quad 0.5 \quad 0.1)$。

通过以上评价，可以得出以下基本结论。

① 该厂清洁生产现状总体水平处于中等偏下，基本定位在较差水平。

② 由子系统评价可以看出，该厂设备系统、“三废”处理系统清洁生产水平明显偏低，这是影响全厂清洁生产水平的主要原因。

③ 该厂推行清洁生产首先应以设备整修和“三废”治理为重点，同时，应强化管理技术水平的提高，并适时进行“三废”利用和工艺技术改造，以全面提高清洁生产整体水平。

（4）清洁生产模糊数学评价应注意的问题

① 专家意见代表性。为使评价结论更具有代表性，咨询专家组应由清洁生产审核专家、生产工艺专家、环境工程专家、企业管理专家共同组成，人数以10人左右为宜。首轮咨询后，应进行信息综合和归纳，并反馈到各咨询专家，如果意见分歧和离散性较大，还应适当进行讨论，然后进行第二轮咨询。如此经过反复归纳，使意见最终趋于集中。

② 把握好几项原则

a. 清洁生产强调生产全过程整合和目标的统一。从事清洁生产评价必须对有关参议专家强调系统分析的观念，使其了解清洁生产系统结构的划分依据及其所涵盖内容的具体实践意义。

b. 废物最小量化原则。清洁生产各个子系统和子系统下各要素的功能和联系特性是不一样的，对母系统功能的贡献有大有小，其组合在一起，功效往往也不是简单的线性叠加，因此，评价中必须考虑不同子系统和不同要素的影响权重，判断依据主要是对产出废物最小量化的贡献大小。

c. 主次分明原则。有些项目比较复杂，污染因素和污染因子较多，进行清洁生产评价应重点抓住毒害性大、治理难度大、产出量较集中，或外环境没有容量的特征因子作为主导评价因子，一般不多于3个，与其相关的生产因素应作为主要评价对象。

d. 强调“污染物源头和中间控制”原则。清洁生产提倡对污染物进行源头和生产过程中间控制。因此，评价中应更加重视估量物料闭路循环利用、废物二次回收利用或分离后再利用的可行途径和措施。

e. 客观公正、适度易行原则。清洁生产评价应以促进企业整体减污增效为目的，由于受生产规模、工程复杂程度、地区科技水平和经济基础、职工素质等各种因素制约，清洁生产在许多方面带有不确定性，评价依据和标准也在不断发展变化，因此评价中应考虑清洁生产相对特征，本着技术可行、因地制宜、适时适度、措施低费高效的原则客观公正地进行统筹分析，不宜片面强调清洁生产的某一方面。

③ 评价依据和参考标准。清洁生产是一种理性化准则。由于受多种因素制约，清洁生产具有综合性、相对性、阶段性等特点。因此，评价中应将与清洁生产相关的多项原则或指标综合起来作为参考标准。对于这些参考标准，应充分考虑其政策性、科学性、技术性、针对性、工程性，同时也要考虑行业和地区特点。

所以，对企业开展清洁生产评价是衡量企业清洁生产状态和水平、促进企业推行清洁生产的必要措施，同时，也是加强企业环境管理的有效方法。采用模糊数学方法进行清洁生产评价，简明扼要，方便易行，而且结论直观明了。其基本方法既可用于清洁生产审核中的综合分析，亦可用于快速清洁生产评判，评价过程节约时间和经费，适合在环境管理中推行清洁生产的需要。清洁生产评价带有一定的综合性和复杂性，评价中必须全面考虑一些基本原则，标准也应灵活掌握，客观公正。

4.3.4 生命周期评价

4.3.4.1 生命周期评价的定义

生命周期评价也称作生命周期分析（life cycle analysis，LCA），是一种用于评价产品在其整个生命周期中，即从原材料的获取，产品的生产、使用直至产品使用后的处置过程中，对环境影响的技术和方法。这种方法被认为是一种“从摇篮到坟墓”的方法。按国际标准化组织的定义，“生命周期分析是对一个产品系统的生命周期中的输入、输出及潜在环境影响的汇编和综合评价”。

越来越多的事实表明，环境问题不仅仅是生产末端的问题，在整个生产过程及其前后的各个环节都有产生环境问题的可能。如对汽车的生产和使用进行比较，使用过程中产生的环境污染问题比生产过程要高得多。生命周期分析是一种分析工具，它可帮助人们进行有关如何改变产品或如何设计替代产品的环境决策，即由更清洁的工艺制造更清洁的产品。例如，生命周期分析的结果表明，某种产品能耗低，寿命长，不含有毒化学物质，其包装及残余物体积小，从而占用较少的填埋场空间，这就成为我们进行产品选择的依据。此外，生命周期分析能够确定产品的哪些组成部分将造成不利的环境影响，提醒生产者改进。

产品的生命周期分析是国外已广泛应用的一种清洁生产分析工具。生命周期分析能够帮助工业生产企业在进行生产决策时，确定使用哪些原材料和能源来减少废物排放。借助生命周期分析可以阐明在产品的整个生命周期中的各个阶段对环境造成影响的性质和影响的大小，从而发现和确定预防污染的机会。企业采用生命周期分析方法可以增加其产品有利于环境的特性，从而提高市场竞争力。

最早的生命周期分析可追溯到 20 世纪 60 年代，美国可口可乐公司用这一方法对不同种类的饮料容器的环境影响进行分析。20 世纪 70 年代，由于能源的短缺，许多制造商认识到提高能源利用效率的重要性，于是开发出一些方法来评估产品生命周期的能耗问题，以提高总能源利用效率。后来这些方法进一步扩大到资源和废弃物方面。

到了 20 世纪 80 年代初，一方面，工业生产对环境影响的增加以及严重环境事件的发生，促使企业要在更大的范围内更有效地考虑环境问题；另一方面，随着一些环境影响评价技术的发展，例如温室效应和资源消耗等环境影响定量评价方法的发展，生命周期分析方法日臻成熟。

进入 20 世纪 90 年代后，由于“美国环境毒理学和化学学会”（SETAC）和欧洲“生命周期分析开发促进会”（SPOLD）的推动，该方法在全球范围内得到广泛应用。1992 年，SETAC 出台了生命周期分析的基本方法框架，该框架被列入 ISO 14000 的生命周期分析标准草案中。1992 年，欧共体开始执行“生态标签计划”，将生命周期的概念作为产品选择的一个标准。

1997 年国际标准化组织正式出台了《环境管理　生命周期评价　原则与框架》（ISO 14040—1997），以国际标准形式提出了生命周期分析方法的基本原则与框架。

生命周期分析在清洁生产中的应用主要有以下两个方面。

一是生产的改善。生命周期分析被用于确定生产过程的哪些环节需要改善，从而减少对环境的不利影响。例如，一个计算机公司的产品包括阴极射线管、塑料机壳、半导体、金属板等。通过生命周期分析可以得出各种产品的环境影响。废物处置问题主要涉及阴极射线管，可能造成有毒有害物质排放的主要是半导体的生产过程，能量消耗最多的是产品的使用阶段，原材料消耗最多的是半导体的生产。这样，企业就可以作出降低生产过程中的物耗、能耗以及减少废物排放的决策。生命周期分析对于改善生产的作用就在于它能够帮助生产企业确定产品的整个生命周期过程中对环境影响最大的阶段，了解产品的整个生命周期过程所造成的环境风险，从而使企业在废物的产生过程、能源的使用过程以及产品的设计过程中都考虑到对环境的影响，作出改善生产，使之对环境影响最小的决策。

二是产品的比较，例如产品1和产品2的比较，老产品和新产品的比较，新产品带来的效益和没有这种产品时的比较，等等。国际上较著名的研究案例有塑料杯和纸杯的比较，聚苯乙烯和纸制包装盒的比较，等等。

作为新的环境管理工具和预防性的环境保护手段，生命周期评价主要应用于通过确定和定量化研究能量和物质利用及废弃物的环境排放来评估一种产品、工序和生产活动造成的环境负荷，评价能源材料利用和废弃物排放的影响以及评价环境改善的方法。

生命周期评价的过程是：首先辨识和量化整个生命周期过程中能量和物质的消耗与环境释放，然后评价这些消耗和释放对环境的影响，最后辨识和评价减少这些影响的机会。生命周期评价注重研究系统在生态健康、人类健康和资源消耗领域的环境影响。

生命周期评价的总目标是比较一个产品在生产过程前后的变化或比较不同产品的设计，为此应满足以下原则：①运用于产品的比较；②包括产品的整个生命周期；③考虑所有环境因素；④环境因素尽可能定量化。

4.3.4.2 生命周期评价的技术框架

ISO 14040标准将生命周期评价的实施步骤分为目标与范围的确定、清单分析、影响评价和结果解释四个部分，如图4-8所示。

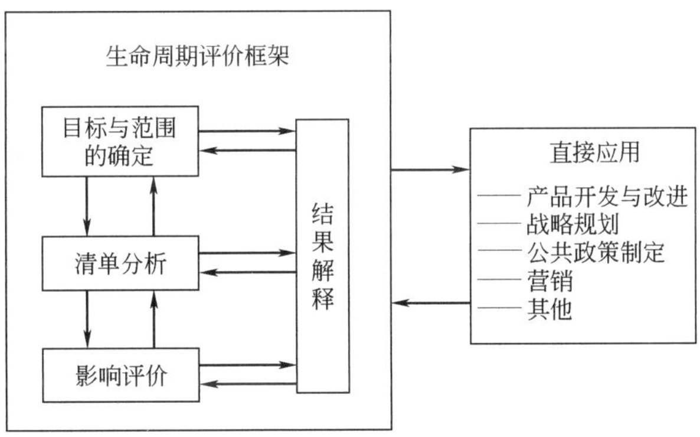

图4-8 生命周期评价技术框架

4.3.4.3 目标与范围的确定

目标定义是要清楚地说明开展此项生命周期评价的目的和意图，以及研究结果的可能应用领域。研究范围的确定要足以保证研究的广度、深度与要求的目标一致，涉及的项目有系统的功能、功能单位、系统边界、数据分配程序、环境影响类型、数据要求、假定的条件、限制条件、原始数据质量要求、对结果的评议类型、研究所需的报告类型和形式等。生命周期评价是一个反复的过程，在数据和信息的收集过程中，可能修正预先确定的范围来满足研究的目标，在某些情况下，也可能修正研究目标本身。

4.3.4.4 清单分析

清单分析是量化和评价所研究的产品、工艺或活动在整个生命周期过程中资源和能量使用及环境释放的过程。一种产品的生命周期评价将涉及每个部件的所有生命周期阶段，包括采集原材料和能源，把原材料加工成可使用的部件，中间产品的制造，将材料运输到每一个加工工序，所研究产品的制造、销售、使用和最终废弃物的处置（包括循环、回用、焚烧或填埋等）等过程。清单分析的主要流程有数据的收集与确认、数据与单元过程的关联、数据与功能单位的关联、数据的合并、系统边界的修改，以及数据的反馈，最后完成清单。

4.3.4.5 生命周期影响评价

国际标准化组织、美国环境毒理学和化学学会及美国环保署都倾向于将影响评价定义为一个“三步走”的模型，即分类、特征化和量化。

（1）分类　分类是将清单中的输入和输出数据组合成相对一致的环境影响类型。影响类型通常包括资源耗竭、生态影响和人类健康三大类，在每一大类下又有许多亚类。生命周期各阶段所使用的物质和能量以及所排放的污染物经分类整理后，可作为胁迫因子，在定义具体的影响类型时，应该关注相关的环境过程，这样有利于尽可能地根据这些过程的科学知识进行影响评价。

（2）特征化　特征化主要是开发一种模型，这种模型能将清单提供的数据和其他辅助数据转译成描述影响的叙词。目前国际上使用的特征化模型主要有负荷模型、当量模型、固有的化学特性模型、总体暴露-效应模型、点源暴露-效应模型。

（3）量化　量化是确定不同环境影响类型的相对贡献大小或权重，以期得到总的环境影响水平。

4.3.4.6 结果解释

生命周期解释的目的是根据生命周期评价的前几个阶段的研究发现，以透明的方式来分析结果、形成讨论、解释局限性、提出建议并报告生命周期解释的结果。生命周期解释具有系统性、重复性的特点，包含三个要素：识别、评估和报告。最终根据研究目的和范围提供对 LCA 或 LCI 研究结果易于理解的、完整的和一致的说明。结果解释量化到每一个细节，给予综合化的评价，采用 ISO 14040/ISO 14044 作为评估标准。

生命周期分析方法对全球环境的改善起到了积极的作用，近年来温室效应越发严重，因此生命周期分析的结果之一——全球增温潜能值（GWP）为世界各国所瞩目。

4.3.4.7 生命周期评价的应用

生命周期评价作为一种评价产品、工艺或活动的整个生命周期环境后果的分析工具，迄今为止在企业和公共领域都有不少应用，生命周期评价还用来制定政策、法规和刺激市场等。

在企业方面，生命周期评价主要用于产品的比较和改进，典型的案例有布制和易处理婴儿尿布的比较、塑料杯和纸杯的比较、聚苯乙烯和纸质包装盒的比较等。

在公共领域方面，生命周期评价主要用于公共政策的制定，其中最为普遍的是用于环境标志或生态标准的确定，许多国家和国际组织都要求将生命周期评价作为制定标志、标准的方法。

清洁生产、绿色产品、生态标志的提出和发展进一步推动了生命周期评价的发展。目前，各国政策重点已从末端治理转向控制污染源、进行总量控制，这在一定程度上反映了现有法规、制度无法单独承担环境和公共卫生的危机，从另一侧面也反映了生命周期评价将成为未来制定解决环境问题长期政策的基础。生命周期评价反映了现有环境管理已转向“各类污染源最小化—排放最小化—负面影响最小化”的管理模式，这对实现可持续发展具有深远意义。

4.3.5　清洁生产体系

清洁生产体系的作用，是为了贯彻实施《中华人民共和国清洁生产促进法》，适应环境管理由末端控制为主向全过程控制与末端控制相结合转变的需要，真正把清洁生产的思想和要求融入环境管理的各项制度与标准之中。

4.3.5.1　清洁生产行为特点和面临的主要问题

清洁生产涉及两个全过程控制——生产的全过程控制和产品生命周期的全过程控制，通常指对生产的全过程控制，即强调在生产过程中采用先进技术，配以各种方法和手段，提高资源利用率，减少有毒有害材料的使用，使“三废”排放量最少，从而获得清洁的生产过程。从目前已获得的实践经验来看，在现阶段，企业的清洁生产行为特点及所面临的问题和障碍主要表现在以下几个方面。

(1) 清洁生产应具备的行为　与传统的末端治理不同，清洁生产并不是以污染物的达标排放为唯一目的，而是强调通过管理和技术上的手段，尽可能减少污染物的产生，降低污染物的处理处置费用，追求经济效益和环境效益的统一。因此，企业清洁生产的实现，不仅需要有关清洁生产的技术，还必须具备一系列行为，具体包括以下几项。

① 决策：获得企业高层人员的支持。

② 培训：对有关人员进行清洁生产的知识培训。

③ 组织：筹建清洁生产审核小组。

④ 实施：开展清洁生产审核。

⑤ 持续：制订下一步清洁生产计划。

(2) 实施清洁生产的主要障碍　根据对实施清洁生产和完成清洁生产初步审核企业的跟踪调查，企业在推行清洁生产时面临的主要问题和障碍列于表 4-19。

表 4-19　现阶段企业在推行清洁生产时面临的主要问题和障碍

障碍类型	主要内容
观念障碍	没有认识到清洁生产是综合性的污染预防措施，而单纯将其视为减少污染产生的技术改造
组织障碍	企业领导对清洁生产的参与流于形式，往往表现出以企业环保人员为主参与的特征
资金障碍	在外来资金渠道不畅的情况下，企业未能将自有资金自觉自愿地投入清洁生产中
技术障碍	工艺和设备落后，缺乏有关清洁生产工艺的知识，不能解决存在的关键技术问题，人才缺乏是这一障碍存在的主要原因之一
信息障碍	缺乏获得清洁生产信息的途径和能力，妨碍了企业了解清洁生产的最新发展动态和应用最新的成果

（3）采取的措施　由于障碍的类型涉及实施清洁生产的各个方面和环节，既有企业外部的原因，也有企业内部的原因，有客观的原因，也有主观的原因，因此，必须以系统的而非就事论事的方式作为缓解或消除上述障碍的对策。

阻碍企业推行清洁生产的内部障碍，可以归结为企业对环境行为缺乏深层次的认识以及不能保证实施环境改善行为时所需的资源投入。

在实施生产管理的同时，使环境管理制度化、规范化才是解决实施清洁生产时所面临问题和障碍的根本途径，即要提高清洁生产总体意识、加强环境管理体系的建设。

4.3.5.2　清洁生产与 ISO 14000 系列环境管理标准的关系

为帮助企业改善环境行为，消除贸易壁垒，促进贸易发展，1992 年 12 月，在国际标准化组织（ISO）“环境问题特别咨询组”的建议下，ISO 技术委员会决定制定一个与质量管理体系方法相类似的环境管理体系方法。为此，ISO 借鉴其成功推行 ISO 9000 的经验，总结了各国环境管理标准化的成果，尤其是参考了英国环境管理体系标准 BS 7750（BS 7750 是“一种环境管理体系的规范，旨在保证企业的环境行为符合其所确定的环境方针与环境目标”），于 1996 年底正式颁布了 ISO 14000 环境管理系列标准。ISO 14000 系列标准颁布以后，立即被世界各国广泛采用，作为本国标准推广实施。

ISO 14000 系列标准是一个系列的环境管理标准，它包括了环境管理体系、环境审核、环境标志、生命周期评价等国际环境领域内的许多焦点问题。国际标准化组织给 ISO 14000 系列标准预留了 100 个标准号，其中的 ISO 14001～ISO 14009 为环境管理体系的相关标准。

清洁生产与 ISO 14000 系列环境管理标准两者存在相同或相似之处。即它们都是以污染预防为基本原理，都努力通过加强规划和管理，并通过方案或计划实施，促进资源的合理利用，减少废物和污染的产生，实现企业和社会的可持续发展。从时间上看，尽管清洁生产提出在前，ISO 14000 颁布在后，但两者都体现了现代环境管理思想从“末端治理和命令控制”向“源头管理、污染预防和持续改进”转变的过程，并且都是这一思想转变过程的产物。然而，两者之间也存在区别，并且由于两者是实践性较强的概念和标准，因此应该从理论和实践两方面同时进行分析。

（1）标准与非标准　ISO 14000 是国际标准，等效转化为中国的国家标准，因此，它具有标准的一切基本属性，例如统一性、权威性、规范性等。各种用户只有严格遵照该标准执行，才有可能通过审核获得认证。同时，这套标准还有助于消除由于世界各国的环境或生态标准不同所导致的非关税国际贸易壁垒。而清洁生产目前来看只是一个概念或方法，国际上尚未对其作出统一的定义，不同的国家、组织或个人在实践中对其的理解也可能不一样，因此清洁生产在实践中具有较大的弹性。

（2）应用范围和对象　ISO 14000 适用于处在各种地理、文化和社会条件下的任何类型和规模的组织。具体地说，ISO 14000 的用户是全球商业、工业、政府、非营利性组织和其他一切类型的组织，因此它具有广泛的适用性。然而，清洁生产在实际应用中主要是面向生产性的工业企业，而对于一些服务性行业（如银行、饭店、邮政等）和其他类型的组织（如政府机构、大学、研究所等）影响不大或无关。因此，ISO 14000 比清洁生产具有更广泛的应用范围和适用对象。

（3）技术内涵　清洁生产的技术内涵比较广泛，从消除有毒原材料的使用、减少排放物与废物的数量和毒性、改进工艺流程、优化资源配置、节省能源和原材料消耗、强化企业管理、提高全员素质等多方面进行考虑，提出经济和技术上可行的行动方案，并付诸实施，以实现持续性的污染预防。而 ISO 14000 的技术内涵一般表现在对环境因素的分析上，更多的是管理方面的内涵，其核心就是建立符合国际规范的标准化环境管理体系和管理运行机制。

（4）管理支持的保障　在企业内部运行和保持一个环境管理体系需要有最高管理层的参与和支持，这对于清洁生产和 ISO 14000 来说都是一样的。然而不同的是，没有最高管理层的参与，清洁生产计划也能实施，但不能够保持，并在实际中极有可能演变成一次性的举措，因此，企业最高管理层对清洁生产计划的支持和承诺是使其可持续的基础。与清洁生产不同的是，ISO 14000 包括一个规范化的框架来要求和确保最高管理层制定组织的环境方针，积极参与环境管理体系的规划、批准、运行、评审，并对持续改进作出承诺。

（5）环境影响的识别和管理　清洁生产与 ISO 14000 都要求进行企业经营评价，以识别工艺和服务所产生的环境影响。然而，与清洁生产方法不同的是，ISO 14000 还要求开发和实施一些程序、文件控制、监测、报告和改进计划来管理所识别的每一种重要环境因素。这与单用清洁生产方法相比，能对环境因素进行更完善、更全面的管理，并且 ISO 14000 环境管理体系方法同时涵盖清洁生产原则和末端治理原则，提供了一体化的环境管理方法。

（6）内部管理实践　清洁生产方法虽然通过促进发展和利用内部管理实践来支持该系统的持续评议和改善，但并没有强制要求这些机制。因此，如果某个企业选择了省略内部管理实践的清洁生产计划，那么该计划的可持续性将显著降低。ISO 14000 与清洁生产的显著区别在于，它不仅依靠自愿的内部管理实践来促进持续的管理评审和改进，而且将其列为认证的先决条件而使这些实践制度化，并通过认证过程促进标准化环境管理体系的不断改进，从而使企业的环境影响持续减少和降低。

（7）预期目标　清洁生产是以不断提出污染物削减或污染预防方案为手段实现清洁生产的可持续化，并使企业获得环境、经济和社会综合效益。ISO 14000 则是通过建立和运行一个合规、有效、规范的环境管理体系对环境因素实行持续控制并将这种控制程序化、制度化、文件化，在获得第三方认证后取得向公众及其他相关方展示的证明，赢得商业机会和提高市场竞争力。

（8）商业推动力或机会　实践证明，开展清洁生产不仅能够改善企业的环境绩效，而且能够产生广泛的经济效益和社会效益。但实际上，工业界在开展清洁生产方面仍是缓慢和被动的。已经开展的清洁生产活动大多是围绕着非政府组织和政府发起的推广和示范项目开展的，其中的关键就在于没有同企业的经营管理和市场竞争切实地联系起来。而企业实施 ISO 14000 不仅可以建立起先进的内部环境管理体系和改善企业环境绩效，而且可以通过获得认证，提高企业的环境形象，增强产品的市场竞争力，满足相关方的环境要求，顺利进入国际市场和避免贸易风险。这一切无不同企业特别是出口企业的经营管理和市场竞争力密切相关，因此实施 ISO 14000 具有强大的商业推动力，并可以为企业带来众多潜在的商业机会。这已经通过 ISO 14000 试点认证阶段中国企业积极响应和踊跃参与的表现得到证实。

ISO 14000 与清洁生产虽然在许多方面都存在区别，但两者绝不是互相矛盾或冲突的。实际上，它们是相互补充、相互促进的。企业实施 ISO 14000 有助于推动清洁生产在企业内的开展，而开展清洁生产又有助于企业建立起有效的环境管理体系，进而获得 ISO 14000 环境管理体系认证。这两者是相互促进的过程，既有共性，又有区别。因此，应该重点研究如何将两者有机地结合起来，共同实现加强工业企业环境管理和污染控制的目标。

就工业企业而言，这种清洁生产与 ISO 14000 一体化的实施方法在实际中根据实施角度的不同，可以采取两种方式。一种方式是首先从污染预防、全过程控制和清洁生产审核入手，进行产品生命周期分析，寻求废物减量和最小化，在此基础上以ISO 14000为规范建立标准化的环境管理体系，使该体系成为可持续清洁生产的管理保证。并且，在确立企业环境方针时可纳入污染预防，将已确定的不合理排污点位作为ISO 14000的环境因素加以分析，将一些清洁生产措施作为环境目标，等等，将获得的污染削减控制方案纳入ISO 14000的管理运行方案中，作为企业管理的组成部分，从而在此基础上按ISO 14000的要求建立完整的环境管理体系并取得认证。另一种方式是从实施ISO 14000入手，按照ISO 14001的要求逐项建立相应的系统成分，如确定环境方针，把符合国家法规标准作为目标，对企业整体环境因素进行剖析，这种剖析可以借用清洁生产审核的方法，从生产流程开始进行全方位分析，然后制定管理方案，并将削减和控制措施纳入欲建立的标准化企业环境管理体系中，将污染控制切实纳入规范化的管理行为中，进而实现可持续的清洁生产，并获得ISO 14000认证。

4.3.5.3 企业环境管理体系（ISO 14001）

ISO 14001标准是ISO 14000系列标准的主体标准。它规定了组织建立、实施并保持的环境管理体系的基本模式和17项基本要求。该体系适用于任何类型和规模的组织，并适用于各种地理、文化和社会条件。这样一个体系可供组织建立一套机制，通过环境管理体系的持续改进实现组织环境绩效的持续改进。该标准的总目的是支持环境保护和污染预防，协调它们与社会需求和经济需求的关系。

（1）ISO 14001标准的特点

① ISO 14001标准是认证性标准。ISO 14001标准是对一个组织的环境管理体系进行认证、注册和自我声明的依据。一个组织可以通过展示对该标准的成功实施，使相关方确信它已建立了妥善的环境管理体系。

② ISO 14001标准遵循自愿原则，不增加或改变组织的法律责任。各类组织是否实施ISO 14001标准，是否建立和保持环境管理体系，是否进行环境管理体系认证审核都取决于组织自身的意愿，不能以行政或其他方式要求或迫使组织实施，实施过程中也不应改变组织原有的法律责任。

③ ISO 14001标准未对组织的环境绩效提出绝对要求。ISO 14001标准要求组织在其环境方针中作出遵守有关法律法规和持续改进的承诺，标准的其他条款没有提出组织环境绩效的绝对要求，不包含任何环境质量、污染治理技术与水平的内容。从事类似活动却具有不同环境绩效的组织可能都满足该标准的要求。

④ 实施ISO 14001标准并不一定取得最优结果。实施环境管理体系标准能够帮助组织加强、优化管理体制，以改善组织及其对所有相关方的环境绩效，但标准的实施与使用并不能保证最优结果的取得。组织在经济条件许可的情况下，可采用最佳实用技术，并充分考虑采用该技术的成本和效益。

⑤ ISO 14001环境管理体系不必独立于其他管理体系。环境管理体系是组织整个管理体系的一个组成部分，而不是一个孤立的管理系统。ISO 14001标准与ISO 9000标准遵循共同的管理体系原则，组织可选择一个与ISO 9000相符的管理体系作为实施环境管理体系的基础，各体系要素不必独立于现行的管理要求，可进行必要的修正与调整，以适合该标准的要求。

（2）ISO 14001环境管理体系的运行模式　环境管理体系围绕环境方针的要求展开环境管理，内容包括制定环境方针、实施并实现环境方针所要求的相关内容、对环境方针的实施情况与实现程度进行评审并予以保持等。这一环境管理体系模式遵循了传统的PDCA管理模式［包括规划（plan）、实施（do）、检查（check）和改进（action）］，并根据环境管理的特点及持续改进的要求，将环境管理体系分为环境方针、规划（策划）、实施与运行、检查与纠正措施、管理评审五部分，完成各自相应的功能。

上述五个方面逻辑上连贯一致，步骤上相辅相成，共同保证体系的有效建立和实施，再加上持续改进这一原则就构成了螺旋式上升的环境管理体系模式（图 4-9）。

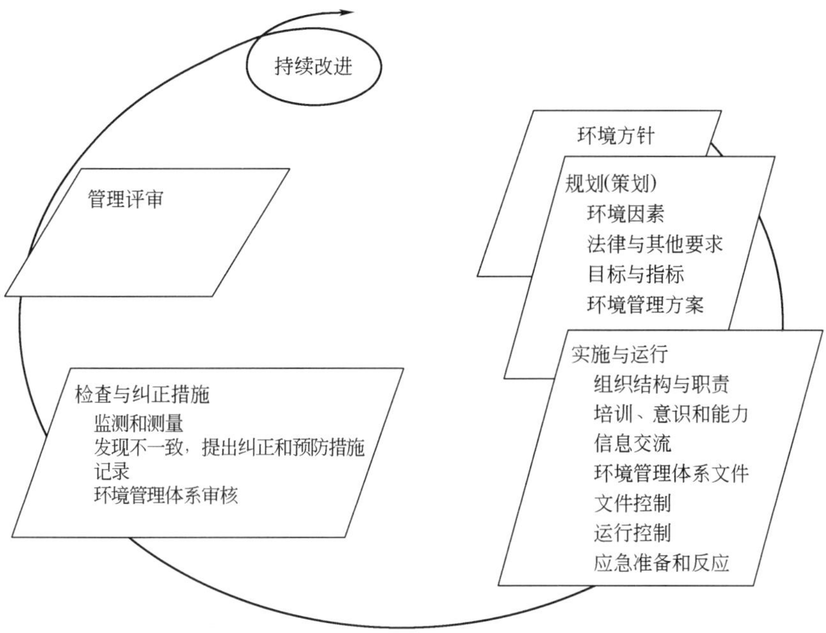

图 4-9　环境管理体系运行过程图

① 环境方针。环境方针是组织环境管理的宗旨与核心，由组织的最高管理者制定，并以文件的方式表述环境管理的意图与原则。

② 规划（策划）。从组织环境管理现状出发，明确管理重点，识别并评价出重要环境因素；准确获取组织适用的法律与其他要求；根据组织所确定的重要环境因素和技术经济条件，确定组织的环境目标和指标要求，并提出明确的环境管理方案。

③ 实施与运行。明确组织各职能与层次的机构与职责，任命环境管理代表；实施必要的培训，提高员工环境保护意识和工作技能；及时有效地针对有关环境因素和环境管理体系的信息进行沟通和交流，注重相关方所关注的环境问题；形成环境管理体系文件并纳入严格的文件管理；确保与重大因素有关的运行与活动均能按文件规定的要求进行，使组织的各类环境因素得到有效控制；对于潜在的紧急事件和事故采取有效的预防和应急响应措施。

④ 检查与纠正措施。对有重大环境影响的运行与活动的关键特性进行监测，及时发现问题并及时采取纠正与预防措施解决问题；环境管理活动应有相应的记录以追溯环境管理体系的实施与运行情况。组织还要定期进行环境管理体系的内部审核，从整体上了解组织环境管理体系的实施情况，判断其有效性和对 ISO 14001 标准的符合性。

⑤ 管理评审。由组织的最高管理者进行评审，以在组织内外部变化的条件下确保环境管理体系的持续适用性、有效性和充分性，支持组织实现持续改进，持续满足 ISO 14001 标准的要求。

环境管理体系强调持续改进，因此，上述循环过程是一个开环系统，通过管理评审等手段提出新一轮要求与目标，实现环境绩效的改进与提高。

4.4 清洁生产促进法概述

4.4.1 清洁生产促进法的产生

清洁生产是在回顾和总结工业化实践的基础上提出的关于产品和生产过程污染预防的一种全新战略。它综合考虑了生产和消费过程的环境风险、成本和经济效益，是社会经济发展和环境保护对策演变到一定阶段的必然结果。

在推行清洁生产的过程中，世界各国都面临着不同的困难和阻力，并普遍呼唤促进清洁生产的新模式，各国也从各自的实际出发，采取了相应的措施和行动，许多发展中国家正在开展推动清洁生产的基础工作。一些发达国家如德国于 1996 年颁布了《循环经济和废物管理法》；日本为适应其经济软着陆时期的发展需求，在 2000 年前后相继颁布了《建立循环型社会基本法》《资源有效利用促进法》等一系列法律，以此建立循环社会；美国和加拿大也建立了污染预防方面的法律制度，大力推进污染预防工作。

自 1993 年开始，我国政府开始逐步推行清洁生产工作。在联合国环境规划署、世界银行的援助和许多外国专家的协助下，我国启动和实施了一系列推进清洁生产的项目，清洁生产从概念、理论到实践在我国广为传播。

在立法方面，我国将推行清洁生产纳入有关法律和有关部门规划中。我国在先后颁布和修订的《中华人民共和国大气污染防治法》《中华人民共和国水污染防治法》《中华人民共和国固体废物污染环境防治法》和《淮河流域水污染防治暂行条例》等法律法规中，将实施清洁生产作为重要内容，明确提出通过实施清洁生产防治工业污染。由此可见，制定一部适合我国国情的鼓励性、促进性的清洁生产法律，有助于使各级政府、企业界和全社会了解实施清洁生产的重要意义，提高企业自觉实施清洁生产的积极性；有助于明确各级政府及有关部门在推行清洁生产方面的义务，为企业实施清洁生产提供支持和服务；有助于帮助企业克服技术、资金、市场等方面的障碍，增强企业实施清洁生产的能力；有助于明确企业实施清洁生产的途径和方向，适应我国加入 WTO 后的形势需要；从长远看，也将有助于国民经济朝循环经济的方向转变。

因此，从国内外形势来看，我国制定清洁生产促进法是必要的、可行的，条件是成熟的。

为了促进清洁生产，提高资源利用效率，减少和避免污染物的产生，保护和改善环境，促进经济与社会的可持续发展，根据全国人民代表大会常务委员会立法规划的要求，在 1999 年，全国人大环境与资源保护委员会成立了清洁生产立法小组。经过三年多的调查研究和论证，在充分听取各方意见的基础上，经过多次修改完善，形成了《中华人民共和国清洁生产促进法（草案）》。经过二次审议，2002 年 6 月，第九届全国人民代表大会常务委员会第二十八次会议通过了该草案，并在当日由中华人民共和国主席令第 72 号公布。《中华人民共和国清洁生产促进法》是我国第一部以污染预防为主要内容，以推行清洁生产为目的的专门法律。

2012 年 2 月，第十一届全国人民代表大会常务委员会第二十五次会议通过了《关于修改〈中华人民共和国清洁生产促进法〉的决定》，修订后的该法于 2012 年 7 月 1 日起施行。

4.4.2 我国清洁生产促进法的主要内容

2012年7月1日起正式实施的《中华人民共和国清洁生产促进法》全文共6章40条。

第一章为总则，共6条。指明了制定清洁生产促进法的目的、清洁生产的定义。明确了政府推行清洁生产的责任，规定了清洁生产促进工作实行统一监督管理和分级、分部门分工合作的监督管理体制。国务院清洁生产综合协调部门负责组织、协调全国的清洁生产促进工作。国务院环境保护、工业、科学技术、财政和其他有关部门，按照各自的职责，负责有关的清洁生产促进工作。县级以上地方人民政府负责领导本行政区域内的清洁生产促进工作。县级以上地方人民政府确定的清洁生产综合协调部门负责组织、协调本行政区域内的清洁生产促进工作。县级以上地方人民政府其他有关部门，按照各自的职责，负责有关的清洁生产促进工作。

第二章为清洁生产的推行，共11条。明确了国务院清洁生产综合协调部门会同国务院环境保护、工业、科学技术、建设、农业等有关部门定期发布清洁生产技术、工艺、设备和产品导向目录。国家对浪费资源和严重污染环境的落后生产技术、工艺、设备和产品实行限期淘汰制度。国务院有关部门按照职责分工，制定并发布限期淘汰的生产技术、工艺、设备以及产品的名录。国务院有关部门可以根据需要批准设立节能、节水、废物再生利用等环境与资源保护方面的产品标志，并按照国家规定制定相应标准。各级人民政府应当优先采购节能、节水、废物再生利用等有利于环境与资源保护的产品。

第三章为清洁生产的实施，共12条。规定了新建、改建和扩建项目应当进行环境影响评价，对原料使用、资源消耗、资源综合利用以及污染物产生与处置等进行分析论证，优先采用资源利用率高以及污染物产生量少的清洁生产技术、工艺和设备。企业在进行技术改造过程中，应当采取规定的清洁生产措施。产品和包装物的设计，应当考虑其在生命周期中对人类健康和环境的影响，优先选择无毒、无害、易于降解或者便于回收利用的方案。企业应当在经济技术可行的条件下对生产和服务过程中产生的废物、余热等自行回收利用或者转让给有条件的其他企业和个人利用。企业应当对生产和服务过程中的资源消耗以及废物的产生情况进行监测，并根据需要对生产和服务实施清洁生产审核。餐饮、娱乐、宾馆等服务性企业，应当采用节能、节水和其他有利于环境保护的技术和设备，减少使用或者不使用浪费资源、污染环境的消费品。建筑工程应当采用节能、节水等有利于环境与资源保护的建筑设计方案、建筑和装修材料、建筑构配件及设备。建筑和装修材料必须符合国家标准。禁止生产、销售和使用有毒、有害物质超过国家标准的建筑和装修材料。

第四章为鼓励措施，共5条。明确了国家建立清洁生产表彰奖励制度。对从事清洁生产研究、示范和培训，实施国家清洁生产重点技术改造项目和本法第二十八条规定的自愿节约资源、削减污染物排放量协议中载明的技术改造项目，由县级以上人民政府予以资金支持。在依照国家规定设立的中小企业发展基金中，应当根据需要安排适当数额用于支持中小企业实施清洁生产。依法利用废物和从废物中回收原料生产产品的，按照国家规定享受税收优惠。企业用于清洁生产审核和培训的费用，可以列入企业经营成本。

第五章为法律责任，共5条。规定了清洁生产综合协调部门或者其他有关部门未依照本法规定履行职责的，对直接负责的主管人员和其他直接责任人员依法给予处分。未按照规定公布能源消耗或者重点污染物产生、排放情况的，未标注产品材料的成分或者不如实标注的，生产、销售有毒、有害物质超过国家标准的建筑和装修材料的，不实施强制性清洁生产审核或者在清洁生产审核中弄虚作假的，或者实施强制性清洁生产审核的企业不报告或者不如实报告审核结果的，责令限期改正，情节严重的追究行政、民事、刑事责任。

第六章为附则，共1条。规定了该法自2003年1月1日起施行。

本章重要知识点

- 清洁生产的定义与内涵
- 实施清洁生产的途径和方法
- 可持续发展的内涵
- 绿色产品的含义
- 环境标志的概念和作用
- ISO 14020系列标准的主要内容
- 构建城市清洁生产评价指标体系的基本原则
- 绿色GDP的定义
- 绿色GDP与可持续发展的关系
- 企业清洁生产评价的原则
- 清洁生产评价与环境影响评价的区别
- 清洁生产评价与审核的区别
- 清洁生产评价的内容
- 清洁生产评价指标体系的内容
- 生命周期评价的定义
- 清洁生产促进法的主要内容

复习思考题

1. 清洁生产的核心内涵是什么？请结合联合国环境规划署（UNEP）的定义说明其四个层次的含义。

2. 末端治理模式存在哪些局限性？清洁生产理念的提出如何弥补这些不足？

3. 列举清洁生产实施的八种主要途径，并简要说明其中三种的具体内容。

4. 什么是“绿色产品”？其与传统产品的根本区别体现在哪些方面？

5. 简述中国环境标志（十环标志）的设计含义及其在政府采购中的作用。

6. 清洁生产评价中“从摇篮到坟墓”的生命周期分析包含哪些阶段？其意义是什么？

7. 绿色GDP与传统GDP的核心区别是什么？核算绿色GDP面临哪些技术难点？

8.《中华人民共和国清洁生产促进法》对清洁生产的定义中强调了哪些关键措施？

9. “末端治理模式虽被批判，但仍是必要手段。”请结合化工或冶金行业特点，分析这一观点的合理性及局限性。

10. 企业推行清洁生产可能面临短期成本增加与长期效益的矛盾。请从企业社会责任视角，论证清洁生产为何是“必选项”而非“可选项”。

11. 人工智能（AI）技术在清洁生产评价中有哪些潜在应用场景？试以某行业为例，设计一种AI驱动的清洁生产优化模型。

第5章

清洁生产审核与能源审计

5.1 清洁生产审核的由来和定义

5.1.1 清洁生产审核的发展概况

在 1989 年联合国环境规划署正式推行清洁生产以前，一些发达国家就提出了清洁生产思想并进行了清洁生产实践。例如英国在其工业界发动了一个废物减量化运动，其中第一项技术工作就是废物审计，确定全部废物或废液流的来源，然后确定其流速和成分。该运动将废物定义为“被其所有者丢弃、处置或去除的，或者其所有者打算丢弃、处置或去除的，或者法规要求其所有者丢弃、处置或去除的”任何一种物质。通过废物审计，可根据物料平衡追踪确定每一种废物是如何产生的，仔细计量输入和输出的流量（其差即为流失量），之后便开始确定废物减量化方案。实施废物减量化项目后，提高了环境效益，减少了开支，降低了风险，产生了更好的工艺和产品，改善了公共关系。

自 1992 年开始，经世界银行贷款，由巴黎工业与环境活动中心派专家来中国推进清洁生产示范项目。在一些省、市、区，由环保局、经委等组织在工业企业中先进行排污审计，由环保部门发放排污审计表，由企业自行核准各自产生的固、液、气废物量，进行排污申报。然后选择一批重点企业进行试点，通过清洁生产审核建立示范企业。为落实 2003 年 1 月 1 日起实施的《中华人民共和国清洁生产促进法》，2004 年 8 月 16 日由国家发展和改革委员会、国家环境保护总局颁布了《清洁生产审核暂行办法》。随着 2012 年《中华人民共和国清洁生产促进法》的修订，2016 年 5 月 16 日《清洁生产审核办法》也进行了相应的修订（国家发展和改革委员会、环境保护部第 38 号令）。

5.1.2 清洁生产审核的定义

清洁生产审核以前亦称为清洁生产审计。《清洁生产审核办法》中定义了清洁生产审核：清洁生产审核是指按照一定程序，对生产和服务过程进行调查和诊断，找出能耗高、物耗高、污染重的原因，提出降低能耗、物耗、废物产生以及减少有毒有害物料的使用、产生和废弃物资源化利用的方案，进而选定并实施技术经济及环境可行的清洁生产方案的过程。

我国经济过去长期以来是一种粗放型的发展模式，工业污染严重，大多数企业生产工艺和技术设备落后，管理不完善。要改变这一局面，必须大力推进物耗最小化、废物减量化和效益最大化的清洁生产。而清洁生产审核是企业推行清洁生产、进行全过程污染控制的核心。清洁生产审核要求对企业生产全过程的每个环节、每道工序可能产生的污染进行定量监测，找出高物耗、高能耗、高污染的原因，然后有的放矢地提出对策，制订方案，防止和减少污染的产生。

清洁生产，是总结了各国防治工业污染的经验教训后提出的一个比较完整、比较科学的新概念。清洁生产审核的主要内容如下。

① 审查产品在使用过程中或废弃后的处置中是否有毒、有污染，对有毒、有污染的产品尽可能选择替代品，尽可能使产品及其生产过程无毒、无污染。

② 审查使用的原辅材料是否有毒、有害，是否难以转化为产品，产生的“三废”是否难以回收利用等，能否选用无毒、无害、无污染或少污染的原辅材料。

③ 审查产品生产过程和工艺设备是否陈旧落后、工艺技术水平高低、过程控制自动化程度、生产效率与国内外先进水平的差距等，找出主要原因进行工业技术改造，优化工艺操作。

④ 审查企业管理情况，了解企业的工艺、设备、材料消耗、生产调度、环境管理等方面，找出因管理不善而使原材料消耗高、能耗高、排污多的原因与责任，从而拟定加强管理的措施与制度，提出解决办法。

⑤ 对需投资改造实现清洁生产的方案进行技术、环境、经济的可行性分析，以选择技术可行、环境与经济效益最佳的方案，予以实施。

清洁生产是一种跨学科、综合的战略，其目标是实现可持续生产和消费，最终实现可持续发展，而清洁生产审核和环境管理体系是执行这一战略的环境工具。企业是通过清洁生产审核来贯彻清洁生产思想的。要从过去偏重末端治理的观念转变到对全过程的控制，只有通过企业的清洁生产审核来推进清洁生产，才能把预防污染的方针落到实处。但把清洁生产简单地理解成清洁生产审核，也是片面和不完整的。

5.2　清洁生产审核的程序

清洁生产审核分为自愿性审核和强制性审核。国家鼓励企业自愿开展清洁生产审核。如果企业存在以下情况之一，应当实施强制性清洁生产审核：污染物排放超过国家或者地方规定的排放标准，或者虽未超过国家或者地方规定的排放标准，但超过重点污染物排放总量控制指标的；超过单位产品能源消耗限额标准构成高耗能的；使用有毒有害原料进行生产或者在生产中排放有毒有害物质的。

清洁生产审核对污染预防进行分析和评估，也就是判明废物产生的环节（where），分析废物产生的原因（why），提出减少或消除这些废物的方案（how），这也是清洁生产审核的总体思路。在实际生产过程中，可从原辅材料和能源、技术工艺、设备、过程控制、产品、废物、管理与员工这八个方面着手进行调查，分析废物产生的原因，再找出解决影响废物数量、特性问题的途径或设想。

根据这个思路，整个清洁生产审核程序可分解为具有可操作性的七个步骤，亦称为清洁生产审核的七个阶段。

阶段 1：筹划和组织，主要是进行宣传、发动和准备工作。

阶段 2：预评估，主要是选择审核重点和设置清洁生产目标。

阶段 3：评估，主要是建立物料平衡，并进行废物产生原因分析。

阶段 4：方案产生和筛选，主要是针对废物产生原因，产生相应的方案并进行筛选，编制企业清洁生产中期审核报告。

阶段 5：可行性分析，主要是对阶段 4 筛选出的中/高费清洁生产方案进行技术、环境、经济的评估分析，从而确定出可实施的清洁生产方案。

阶段 6：方案实施，组织实施方案，分析并跟踪验证方案的实施效果。

阶段 7：持续清洁生产，制订在企业中持续推行清洁生产的计划，最后编制企业清洁生产审核报告。

阶段 1 是整个审核程序的准备阶段，阶段 2、3 是整个审核程序的审核阶段，阶段 4、5 是制订方案阶段，阶段 6 是实施方案阶段，阶段 7 的工作是编写清洁生产审核报告，总结本轮审核的成果。七个阶段有机结合，组成了企业清洁生产审核工作程序。

清洁生产审核程序从企业的角度出发，通过审核来达到节能、降耗、减污、增效和预防污染的目的；以生产过程为主体，考虑了从原材料输入到产品输出的整个过程，以及对其产生影响的各个方面，涉及系统和完善的清洁生产方法以及环境审核方法。这套程序把清洁生产的总体思想贯穿于整个审核过程的始终，突出了预防性，同时又十分强调持续性，审核过程始终贯彻边审核边实施持续改善的原则。此外，这套程序还注重可操作性，对企业进行清洁生产审核起到实实在在的指导作用。通过这套程序的运作，可以给企业带来经济效益，企业通过清洁生产审核不仅削减了污染物排放，而且提高了生产效率，减少了原材料消耗，降低了生产成本，提高了经济效益。

为科学推进清洁生产工作，依据《清洁生产促进法》和《清洁生产审核办法》，生态环境部、国家发展改革委印发了《清洁生产审核评估与验收指南》（环办科技〔2018〕5 号），指导清洁生产审核评估与验收工作。全国各地也出台了清洁生产审核报告编制要求，如北京市的《工业企业清洁生产审核报告编制技术规范》（DB11/T 1040—2022）、湖南省的《工业企业自愿性清洁生产审核报告编制技术规范》（DB43/T 1129—2015）、上海市的《上海市清洁生产审核报告编制技术导则》（沪经信节〔2021〕48 号）等。

具体审核方法和实例可参阅第 8 章。

5.3 能源审计及方法

我国的国土面积仅占全世界（有定居人口的各大洲）的 7.15%，近 100 年来，我国的人口一直占全球总人口的 20%以上，而人均耕地仅为世界平均值的一半，人均资源占有量远远低于世界平均水平。石油、天然气、铜和铝等重要矿物资源的人均储量分别只占世界人均水平的 8.3%、4.1%、25.5%、9.7%，人均资源不足日益成为制约我国社会进步和经济发展的突出矛盾。我国已经没有足够的资源来支撑落后的、高能耗的生产方式，也没有充足的环境容量来承载高污染的生产方式和过度浪费的消费方式。

5.3.1 能源审计的目的

能源审计是一种能源科学管理和服务的方法，其定义是：审计单位依据国家有关的节能法规和标准，对企业和其他用能单位能源利用的物理过程和财务过程进行的检验、核查和分析评价。一般审计考察期间为一年或其他特定的时间区段。能源审计的对象是耗能单位，如企业，也可以是企业核算单位的分厂、车间、工段、工序以及生产线等。能源审计是企业开展节能的基础工作，对于了解企业用能情况和技术水平，摸清家底，挖掘潜力，完成国家、行业规定的节能降耗目标任务十分重要。

5.3.2 能源审计内容

能源审计内容主要包括以下几点。

① 企业能源使用过程及其管理状况。

② 使用能源种类、用能概况及用能流程。

③ 能源计量方式及统计方式。

④ 能源消费指标及其计算分析。

⑤ 各类用能设备运行效率的监测、计算分析。

⑥ 产品综合能耗和产值能耗指标计算分析。

⑦ 能源成本指标的计算分析。

⑧ 节能数量的计算。

⑨ 评审节能技改项目的经济和财务分析。

5.3.3 能源审计的依据及方法

能源审计主要依据国家标准《能源审计技术通则》（GB/T 17166—2019）、《综合能耗计算通则》（GB/T 2589—2020）、《用能单位节能量计算方法》（GB/T 13234—2018）及有关能源审计的国家标准和办法。

能源审计的基本方法是：对企业用能情况进行调查研究、分析比较，通过现场检查、有关数据审核、案例调查、盘存查账等手段进行，需要时还可以在现场进行测试等。

能源审计应按照能源审计有关国家标准、有关部委的规定进行。

5.3.4 能源审计的程序

能源审计的基本程序如下。

① 编制能源审计任务建议书：根据能源审计的目的和要求，确定能源审计的目标和具体内容，编制能源审计方案和任务建议书。

② 签订委托审计协议书：一般能源审计委托具有专业资质的单位进行，企业配合，其协议书作为审计单位开展能源审计的依据。目前，根据实际情况，有条件的也可以由企业自行完成。

③ 实施能源审计：审计单位对审计委托方，按协议和审计规范收集相关数据并核实、整理，按照任务书规定的要求进行计算、分析与评审，同时对被审计单位进行必要的实地考察和检测。

④ 提出能源审计报告：对审计材料进行分析、评审结束后，审计单位应在 15 日内向审计委托方提出审计报告。

5.3.5　能源审计报告的组成部分

能源审计报告分为摘要和正文两部分。

（1）摘要　摘要放在正文前，一般字数控制在 2000 字以内，摘要内容主要如下。

① 企业能源审计的主要任务和内容；

② 审计期间企业能源的消费结构；

③ 各种能耗指标；

④ 能源成本与能源利用效果评价；

⑤ 节能技改项目的财务分析与经济评估；

⑥ 存在的问题和节能潜力分析；

⑦ 审计的结论和建议。

（2）正文　能源审计报告应详细叙述以下内容。

① 企业概况，包括主要产品、工艺特点、企业在国内（国外）同行中的地位等。

② 企业能源审计的主要任务和内容。

③ 能源管理体系。

④ 企业用能分析，包括能源流程、能源实物量平衡、能源统计和计量情况、能源价格等。

⑤ 审计期间企业能源的消费结构。

⑥ 各种能耗指标。

⑦ 能源成本与能源利用效果评价。

⑧ 节能技改项目的财务分析与经济评估。

⑨ 存在的问题和节能潜力分析。

⑩ 审计的结论和建议。

有关报告的内容、深度要求和格式可参考表 5-1。

表 5-1　能源审计报告的内容、深度要求和格式

审计内容分类	审计项目	内容要求	规定图表要求	深度要求	审计主要依据
1　审计事项说明	1.1 审计目的	根据要求和企业具体情况，制定审计目的		结合企业具体情况	国家发改委和有关省市能源审计工作文件
	1.2 审计依据	列出有关标准、法规		列出的标准、法规与审计相关；审计时采用了列出的标准、法规	
	1.3 审计范围和内容	以有关省市或集团公司要求为主，确定审计具体范围和内容		审计的能耗范围与产值范围一致	

续表

审计内容分类	审计项目	内容要求	规定图表要求	深度要求	审计主要依据
2 企业基本情况	2.1 企业简况	企业简介，工业总产值、增加值、利税、员工数、总资产、占地面积等相关指标，主要产品简介及生产能力	企业概况及主要技术指标一览表	对企业介绍简明扼要	企业能源流程图绘制请参考有关省市节能监察中心提供的范例
	2.2 主要产品生产工艺概况	① 主要工艺、装置、主要设备的名称及生产能力 ② 主要工艺流程图，从原料到成品的流程 ③ 主要工艺能源消耗情况		对主要工艺介绍简明扼要；说清流程图中能耗的主要工艺框（工艺或装置）的能耗情况	
	2.3 供电、供热、供水、供汽等主要供能或耗能工质系统情况	电力系统情况，主要供电设备情况；热力系统情况，主要供热设备情况；供水系统情况，主要供水设备情况；其他能源（或耗能工质）转换（或生产）系统情况		对主要供能系统介绍简明扼要（供能系统除输配环节单元外，还包括企业自产二次能源和耗能工质的生产单元）	
	2.4 企业能源流程概况	绘制企业能源流程图 对企业能源流程图作简要文字说明	企业能源流程图	能源加工转换环节的单元应包括企业自产二次能源和耗能工质的各生产单元，终端使用环节的用能单元分解到主要产品（能耗占总量75%以上）	
3 企业能源管理运行状况分析	3.1 企业能源管理方针和目标	企业领导应根据国家能源政策和有关法律、法规，充分考虑经济、社会和环境效益，确定能源管理方针和目标，推进目标责任制管理		目标包括规划期间目标和年度目标。无能源管理方针和目标的必须在审计期间制定公布，并作说明。评价目标责任实施情况	《能源管理体系 分阶段实施指南》（GB/T 15587—2023）
	3.2 企业能源管理机构和职权	企业能源管理机构、能源管理人员状况、节能管理网络，管理机构的职权；企业能源管理机构运行情况，对存在问题进行分析		能源管理岗位负责人的基本条件、备案情况、职责、接受培训情况，对企业能源管理机构运行情况有评估意见	
	3.3 企业能源文件管理	企业能源管理制度现状（能源管理岗位职责、能源计量管理制度、能源统计管理制度、能源利用状况分析制度、节能奖惩制度）、执行情况；依据管理文件，追踪检查每一项能源管理活动是否按文件规定开展，达到预期效果	企业能源管理制度列表	审查能源管理制度重要条款的实际执行效果；对企业能源管理计划、执行、检查、总结文件有审查评估意见	

续表

审计内容分类	审计项目	内容要求	规定图表要求	深度要求	审计主要依据
3　企业能源管理运行状况分析	3.4 企业能源计量管理	能源计量器具表和能源计量网络情况；能源计量器具配备率、完好率和检查周期、受检率情况；计量存在问题分析	能源计量器具配备率；能源计量器具汇总表(附录)或能源计量网络图(附录)	对企业现有能源计量器具能否满足能源管理需要作出评价意见	《用能单位能源计量器具配备和管理通则》(GB 17167—2025)
	3.5 企业能源统计管理	企业能源统计现状：原始记录、台账、报表、分析报告等情况		对企业现有能源统计报表的完整、准确性有审计意见	《能源管理体系　分阶段实施指南》(GB/T 15587—2023)
	3.6 企业能源定额管理	企业能源定额管理情况：能耗定额制度及其下达、考核情况		对定额管理的有效性有审计意见	
	3.7 企业节能技改管理	企业节能技改管理模式；审计期上一年到审计期年度节能技改项目的计划和完成情况；对节能技改项目的评估	已实施的节能技改项目表	列出项目的年节能能力和审计期年度实际节能量；对实施的重大节能技改项目有评估意见	
	3.8 对标管理	对标管理开展情况，存在问题和评估		对对标管理的有效性进行审计，无对标管理活动的必须在管理改进建议中给出	
4　企业能源统计数据审核	4.1 对能源数据进行审核	对企业能源流程图中能源购入、外拨、库存、库途损耗数据追溯到原始票据和库存记录；对企业能源流程图中用能单元能源投入产出数据追溯到原始计量数据		对企业购、消、存数据进行全年核查，对其他能耗数据至少抽查一个月数据，其中10%数据进行全年核查；抽查差错率高于1%，增加抽查范围；在报告中阐明抽查资料名称、资料提供部门名称、抽查月份，数据差错率等情况	《能源管理体系　分阶段实施指南》(GB/T 15587—2023)
	4.2 对与能耗相关产出(产值、增加值和产品产量)数据的审核	对企业能源流程图中各产品产量数及企业的产值、增加值的复核；必要时应通过物料平衡复核产量		必须说明与企业原上报数据有无差异	
	4.3 对企业采用的能源折标系数的审核	对企业能源统计中采用的当量或等价折标系数的正确性进行核查		未采用实测数并未采用统计局公布的数据时应说明采用的依据；采用的折标系数与平时统计不同时应说明	
	4.4 对企业购入能源费用、单价和质量的审核	根据财务票据，复核能源购入费用，计算单价		对购入能源单价高于市场价较多时应有原因分析	

续表

审计内容分类	审计项目	内容要求	规定图表要求	深度要求	审计主要依据
5 企业能耗指标计算和分析	5.1 企业能源实物量平衡表	根据企业能源流程图编制企业能源消费平衡综合表；对平衡表中的盘亏和损耗情况进行分析	企业能源消费平衡综合表	企业能源消费平衡综合表数据与能源流程图一致；与上报统计局数据比较，有差异时说明原因；企业能源消费总量＝企业综合能耗＋非生产型能耗＋外拨能源量	《综合能耗计算通则》(GB/T 2589—2020)
	5.2 按管理层次（企业、部门、产品、工序）计算并分析能耗指标	应计算的能耗指标： 企业：企业综合能耗、单位产值综合能耗、单位增加值综合能耗 部门：部门综合能耗 产品：产品综合能耗、单位产量综合能耗，有产品可比能耗标准的计算产品可比能耗 工序：工序综合能耗、工序单位产出综合能耗 根据国家限额、国内外先进水平、企业历史先进水平、标杆基准等资料，对上述能耗指标水平进行分析、评价	企业产品能源消耗表；企业产品单位产量综合能耗表	企业综合能耗＝所有产品综合能耗之和；列出主要耗能产品（能耗合计占企业综合能耗的75%以上）的综合能耗、单位产量综合能耗；对大型企业，应有二级部门（分公司或分厂）数据；应对各能耗指标展开分析；列出可比能耗计算公式，计算正确；对生产工艺较长产品应分析工序能耗指标	
	5.3 计算能源加工转换、输送分配环节并分析能耗指标	计算能源加工转换单元、输送分配单元的能效指标；根据国家限额、国内外先进水平、企业历史先进水平、标杆基准等资料，对上述能耗指标水平进行分析、评价	能源加工转换单元产出投入比表，能源输送分配单元输送效率	计算能源加工转换单元的产出投入比；投入产出能源折标应采用当量值	
	5.4 对主要用能系统、生产工艺、生产设备的能源利用水平的分析	对热、电等主要用能系统进行系统分析；对生产工艺、生产设备能源利用水平进行分析；查清有无淘汰工艺和生产能力		对热、电等主要用能系统合理性有评估意见；对工艺、设备能耗水平有评估；对实际运行状态水平进行分析	
	5.5 淘汰产品、设备、装置、工艺和生产能力情况	查清被国家列入淘汰的产品、设备、装置、工艺和生产能力的情况	淘汰产品、设备、装置、工艺和生产能力目录表	未列淘汰目录表必须说明经审计企业无淘汰产品、设备、装置、工艺和生产能力	国家关于淘汰产品、设备、装置、工艺和生产能力的文件
	5.6 能源成本计算和分析	对成本计算原则进行审核；计算产品能源成本和单位产量能源成本；对现有产品结构进行分析	企业产品能源成本表	企业生产能耗成本等于所有产品能耗成本之和	《能源管理体系 分阶段实施指南》(GB/T 15587—2023)
	5.7 节能减排计算和分析（与审计期上一年度比）	产值、产品、结构节能量计算 审计期上一年至审计期年度完成的节能技改措施实际节能量计算、减排计算 分析要点：节能目标完成情况，产品节能量、产品结构节能量、节能技改措施节能量完成情况对节能目标完成的影响程度	企业节能量计算表，企业减排计算表	当产品节能量与企业产值节能量有较大差异时，有对产品结构节能量的分析	《用能单位节能量计算方法》(GB/T 13234—2018)

续表

<table>
<tr><th>审计内容分类</th><th>审计项目</th><th>内容要求</th><th>规定图表要求</th><th>深度要求</th><th>审计主要依据</th></tr>
<tr><td rowspan="6">6　企业节能潜力分析和建议</td><td>6.1 现场诊断情况</td><td>由电、热工专家进行生产现场诊断</td><td></td><td>说清主要诊断意见</td><td></td></tr>
<tr><td>6.2 测试情况</td><td>对有节能潜力的主要设备应进行测试</td><td>设备测试报告主要指标汇总表</td><td>测试报告应由有测试资质的机构出具并盖章</td><td>《节能监测技术通则》(GB/T 15316—2024)，有关设备测试标准</td></tr>
<tr><td>6.3 企业节能潜力分析</td><td>通过对企业能源统计数据的分析，结合专家生产现场诊断意见和设备测试报告，对企业的热、电等主要用能系统以及主要用能设备进行节能挖潜；根据行业工艺、装备信息，分析企业现有工艺方面的节能潜力；分析对企业余能余热资源利用的可能性</td><td>节能潜力明细表</td><td>对主要供能用能系统、主要用能设备进行节能潜力分析；对重点工艺、装备开展节能潜力分析；节能潜力与节能目标差距较大时，必须阐明原因</td><td rowspan="4">《评价企业合理用热技术导则》(GB/T 3486—1993)、《评价企业合理用电技术导则》(GB/T 3485—1998)、《节水型企业评价导则》(GB/T 7119—2018)</td></tr>
<tr><td>6.4 节能目标实现的主要途径和步骤</td><td>根据目标要求和企业节能潜力分析，提出实现目标的主要途径(包括产品结构调整、技术进步)和实施步骤</td><td></td><td>通过产品结构调整、技术进步途径的节能应做定量分析；实施步骤有资金、技术上的保障，有时间节点</td></tr>
<tr><td>6.5 节能管理改进建议</td><td>列出节能管理改进建议清单并汇总；对主要管理措施作说明</td><td>能源管理改进建议汇总表</td><td>根据管理中存在的问题提出改进建议，建议应具有操作性</td></tr>
<tr><td>6.6 节能技术改造项目建议</td><td>列出节能技术改造项目清单并汇总；对主要节能技术改造项目技术上和经济上的可行性进行简要分析</td><td>节能技术改造建议汇总表(投入在 5 万元以下项目合并为一项)</td><td>节能技改项目的节能量与节能潜力差距较大时，必须阐明原因；节能技术改造措施静态投资回收期原则上不大于 8 年；采用的节能技术应是先进的；有资金、技术上的保障，有时间节点</td></tr>
<tr><td>7　审计结论</td><td>审计结论</td><td>对企业年节能目标和主要经济技术指标完成情况的评价；对企业能源管理和节能技术进步状况的评价；主要的节能潜力和改进建议</td><td></td><td>评价基本正确，节能潜力分析透彻，整改建议可行，应确保企业节能目标的完成</td><td>《能源审计技术通则》(GB/T 17166—2019)</td></tr>
<tr><td>8　审计摘要</td><td>审计摘要</td><td>请参考摘要编写提纲</td><td></td><td>简明扼要；有企业重要能耗指标数据；有评价、分析、结论和建议；页数 4～6 页，放在报告正文前</td><td>《能源审计技术通则》(GB/T 17166—2019)</td></tr>
</table>

5.3.6 各种能源之间的转换关系

对企业进行能源审计时，涉及各种能源之间的转换、能源之间重复时的扣除、不同单位的转换等问题。

企业生产过程中可能使用各种能源，如电、煤、蒸汽、柴油等，在能源审计时需要在各种能源之间进行换算，由于目前尚未规范转换和计算方法，同时锅炉吨位不同、使用条件不同，其能效差别可能很大，只能根据标准设计和实际情况予以转换，最终以消耗标准煤的数量计算，以煤当量（ce）表示。1kg 标准煤发热量以 7000kcal[❶] 计，一般统配煤以 5000kcal 计，大型电厂 370～400g 标准煤可发电 1kW·h，超临界电厂发电 1kW·h 耗标准煤低于 300g，大型热电厂 1t 标准煤产 10t 蒸汽，1t 统配煤产 7t 蒸汽。

（1）企业综合能耗的计算　企业综合能耗按式（5-1）计算。

$$E=\sum_{i=1}^{n}(E_i \times P_i) \tag{5-1}$$

式中　E——企业综合能耗，以标准煤计，kg；

E_i——生产活动中消耗的第 i 类能源实物量，单位为实物单位；

P_i——第 i 类能源折算标准煤系数；

n——企业消耗的能源种类数。

（2）各种能源折算标准煤系数　可查阅《综合能耗计算通则》（GB/T 2589—2020）附录 A。

本章重要知识点

- 清洁生产审核的定义
- 清洁生产审核的程序
- 能源审计的目的
- 能源审计的基本程序

复习思考题

1. 简述清洁生产审核的定义及核心目标。

2. 结合中国清洁生产审核的发展历程，说明清洁生产审核在污染防治中的重要性。

3. 清洁生产审核程序分为哪七个阶段？简述每个阶段的主要任务及逻辑关系。

4. 能源审计的主要目的是什么？结合中国资源现状，说明能源审计对企业和社会发展的意义。

5. 能源审计包含哪些具体内容？请列举至少五项，并简要说明其作用。

6. 假设某化工企业存在高能耗、高污染问题，请结合清洁生产审核的八个方面，设计

❶ 1cal＝4.1868J。

一套针对该企业的初步审核方案，并说明如何通过技术创新和管理优化实现减污降耗。

7. 某钢铁厂计划开展能源审计，但缺乏完整的能源计量数据。请结合能源审计的基本程序和方法，提出可行的数据收集与处理策略，并分析如何通过审计结果指导企业制定节能改造计划。

第6章

循环经济

6.1 循环经济的产生过程

6.1.1 线性经济和循环经济

人类进入工业化时代以来，经济实现了高速增长，但发展遵循的是资源—产品—废弃物的单向流动路径，为传统的线性经济，其中资源未得到充分利用即变为废弃物，大量消耗资源，同时造成环境污染。线性经济具有高消耗、高污染和低利用率的特征，实质是以增长的自然代价实现经济的数量型增长，与可持续发展背道而驰。从经济学观点看，是因为经济运行的价值链在无法产生利润的环节发生了断裂，不能维持循环运转。

循环经济是以资源节约和循环利用为特征、与环境和谐的经济发展模式，强调把经济活动组织成一个“资源—产品—再生资源”的反馈式流程。其特征是低开采、高利用、低排放。所有的物质和能源能在这个不断进行的经济循环中得到合理和持久的利用，从而把经济活动对自然环境的影响降低到尽可能小的程度。

社会上普遍推行的是国家发改委对循环经济的定义：循环经济是一种以资源的高效利用和循环利用为核心，以“减量化、再利用、资源化”为原则，以低消耗、低排放、高效率为基本特征，符合可持续发展理念的经济增长模式，是对“大量生产、大量消费、大量废弃”的传统增长模式的根本变革。

循环经济本质上是一种生态经济，是可持续发展理念的具体体现和实现途径。它要求遵循生态学规律和经济规律，合理利用自然资源和环境容量，以“减量化、再利用、再循环”为原则发展经济，按照自然生态系统物质循环和能量流动规律重构经济系统，将经济系统和谐地纳入自然生态系统的物质循环过程之中，实现经济活动的生态化，以期建立与生态环境系统的结构和功能相协调的生态型社会经济系统。

6.1.2 线性经济的弊病

与线性经济相伴随的是产生大量废物，从而浪费资源并污染环境。资源的浪费减少了人类可利用量，从而威胁人类（特别是后代）的生存时限。而环境污染影响当前的生存，必须进行治理，这种治理从全过程而言是末端治理。线性经济的弊病是：①使用不可再生资源或能源，且资源浪费，利用率低；②对不可再生资源的依赖导致供应链压力巨大；③着重销售新产品，营销成本高，商品化带来的利润低下；④更加严格的环境标准使企业潜在成本增加。

6.2　循环经济的基本原则、实施顺序与资源优化途径

6.2.1　实施循环经济的基本原则

发展循环经济应当遵循统筹规划、合理布局，因地制宜、注重实效，政府推动、市场引导，企业实施、公众参与的方针。发展循环经济应当在技术可行、经济合理和有利于节约资源、保护环境的前提下，按照减量化优先的原则实施。在废物再利用和资源化过程中，应当保障生产安全，保证产品质量符合国家规定的标准，并防止再次产生污染。

《中华人民共和国循环经济促进法》明确了循环经济减量化、再利用、资源化三个基本原则。减量化原则，要求用最少的原料和能量进行生产活动，特别是控制使用有害、有毒物质，减少进入生产和消费流程的物质量，属于输入端方法。再利用原则，要求产品和包装容器能够以初始形式被多次使用和反复使用，属于过程性方法，目的是延长产品和服务的时间。再循环原则要求通过把废弃物再次变成资源以减少最终处理量，最大限度地利用资源，属于输出端方法。

6.2.1.1　减量化原则

减量化原则是循环经济的第一原则。它要求在生产过程中通过管理技术的改进，减少进入生产和消费过程的物质和能量。换言之，减量化原则要求在经济增长的过程中为使这种增长具有持续的和与环境相容的特性，人们必须学会在生产源头的输入端就充分考虑节省资源、提高单位产品生产对资源的利用率、预防废物的产生，而不是把眼光放在产生废弃物后的治理上。对生产过程而言，企业可以通过技术改造，采用先进的生产工艺或实施清洁生产，减少单位产品生产的原料使用量和污染物的排放量。此外，减量化原则要求产品的包装应该追求简单朴实，而不是豪华浪费，从而达到减少废弃物排放的目的。

6.2.1.2　再利用原则

循环经济的第二个原则是尽可能多次以及尽可能采用多种方式使用所买的物品。通过再利用，可以防止物品过早成为垃圾。在生产中，要求制造的产品和包装容器能够以初始的形式被反复利用，尽量延长产品的使用期，而不是非常快地更新换代；鼓励再制造工业的发展，以便拆卸、修理和组装用过的和破碎的物品。在生活中，反对一切一次性用品的泛滥，鼓励人们将可用的或可维修的物品返回市场体系供别人使用或捐献自己不再需要的物品。

6.2.1.3　资源化原则

循环经济的第三个原则是尽可能多地再生利用或循环利用，要求尽可能地通过对“废物”的再加工处理（再生）使其作为资源，制成使用资源、能源较少的新产品从而再次进入

市场或生产过程，以减少废物的产生。再循环有两种情况：第一种是原级再循环，也称为原级资源化，即将消费者遗弃的废弃物循环用来形成与原来相同的新产品，如利用废纸生产再生纸，利用废钢铁生产钢铁；第二种是次级再循环，或称为次级资源化，是将废弃物用来生产与其性质不同的其他产品的原料的再循环过程，如将制糖厂所产生的蔗渣作为造纸厂的生产原料，将糖蜜作为酒厂的生产原料等。原级再循环在减少原材料消耗上达到的效率要比次级再循环高得多，是循环经济追求的理想境界。

6.2.2 实施 3R 原则的顺序

综上所述可知，3R［减量化（reduce）、再利用（reuse）、资源化（recycle）］原则在循环经济中的作用、地位并不是并列的。循环经济并不仅仅是把废弃物资源化制成新的产品，循环经济的根本目标是在经济流程中系统地避免和减少废物，而废物再生利用只是减少废物最终处理量的方式之一，按重要性它们之间有一定的顺序：源头避免产生（减量化）—中间循环利用（再利用）—最终废物无害化处置（资源化）。德国在 1996 年颁布的《循环经济和废物管理法》中明确规定了对待废物问题的顺序为：避免产生—循环利用—最终处置。该法规要求：首先要减少经济源头的污染物产生量，因此产业界在生产阶段和消费者在使用阶段就要尽量避免各种废物的排放；其次是对于源头无法削减的污染物和消费者使用过的例如包装废物、旧货等各种可利用废弃物，要加以回收利用，使它们回到经济循环中去；只有当避免产生和回收利用都不能实现时，才允许对最终废物（称为处理性废弃物）进行环境无害化处置。以固体废物为例，这种预防为主的方式在循环经济中有一个分层次的目标：首先通过预防，尽可能减少废弃物的产生；各种物品尽可能多次使用；完成使用功能后，尽可能地使废弃物资源化，如堆肥、做成再生产品等；对无法减少产生、再使用、再循环或者堆肥的废弃物进行无害化处置，如焚烧（对有机废物往往利用其热能）或其他处理；在前面四个目标满足之后，最后剩下的废弃物在合格的填埋场予以填埋。

诚然，再生利用存在某些限制。因为废弃物的再生利用相对于末端治理虽然是前进了一步，但应该看到再生利用本质上仍然是事后解决问题的方法，而不是预防性的措施。再生利用虽然可以减少废弃物最终的处理量，但不一定能够降低经济过程中的物质流动速度以及物质使用规模。例如，一些包装物被回收利用并不一定能有效地减少废弃物的产生量，反而会加快包装物的使用速度以及扩大此类物品的使用规模。目前进行的再生利用本身往往是一种与环境非友好的处理活动，如旧瓶经洗涤消毒后再利用，在处理过程中要消耗大量水、热能、洗涤剂、消毒剂等，并排放大量需要处理的废水，如果再生利用资源中的浓度和含量太低，收集的成本就会很高而失去其利用价值，只有高含量的再生利用才有实用意义。事实上，经济循环中的效率、效益往往与其规模有关。通常，物质循环范围越小，生态经济效益越高。清洗与重新使用一个瓶子（再利用原则）比起打碎它然后烧制一个新瓶子（再循环原则）一般情况下更为有利。因此，物质作为原料进行再循环只应作为最终的解决办法，在完成在此之前的所有循环（例如产品重新投入使用、元部件的维修更换、技术性能的恢复和更新等）之后的最终阶段才予以实施。

实施 3R 原则是资源利用的最优方式，也是实现可持续发展的必要措施。3R 原则的排列顺序反映了人类在环境与发展问题上思想认识经过的三个历程：最初，人类以环境破坏为代价追求经济增长，这种观念由于环境污染、生态破坏而终于被抛弃，人类认识到不能排放废物污染环境，而应该通过处理（末端治理方式）减少环境污染；然后，认识到环境污染的实质是资源浪费，因此进一步从单纯处理废物转变到利用废物（通过再利用和再循环）；最后，人们认识到利用废物仍然只是一种辅助性手段，环境与发展协调的最高目标应该是实现从利用废物到减少资源、能源的使用，最大限度降低废物的产生。在经济活动中，不同的思想认识可以导致三种不同的资源使用方式：一是线性经济与末端治理相结合的“用完就扔”方式；二是仅仅让再利用和再循环原则起作用的资源恢复方式；三是以 3R 原则和避免废物为优先的低排放甚至零排放方式。显然，只有第三种资源利用方式才是循环经济所推崇的经济方式。因为循环经济的目的，不是仅仅减少废弃物的体积和重量，以减轻污染治理的负担。相反，它是要从根本上减少自然资源的耗竭，减少由线性经济引起的环境退化。

6.2.3　资源最优化的途径

通过循环经济达到资源最优使用的途径有以下两种。

6.2.3.1　持久使用资源

持久使用资源即通过延长产品的使用寿命来降低资源流动的速度。如果产品的使用寿命延长一倍，就相应地减少了一半的废料排放。实现这一目的有以下方法：①要求同类产品的零部件标准化以与其他机器兼容，一种由许多零部件所组成的产品，设计时难以做到各种零部件的使用寿命都一样，零部件的标准设计可以使钟表、汽车、计算机、电视机和其他产品的易损零部件在保证安全的条件下很方便地更换，同时也非常容易进行升级，而不必更换整个机器；②通过规范的维护保养以延长产品的使用寿命；③使用要求不同的同一物品可以分级梯次使用，例如军用和商用计算机在使用一定时间后可廉价供应给要求相对较低的部门或民用，以保证各自最佳或合适地使用，又充分利用资源；④向需要的部门转让对于企业和个人已经过时或不再需要的物品。

6.2.3.2　集约使用资源

集约使用资源即使产品的利用达到某种规模效应，从而减少由于分散使用导致的资源浪费。一个地区集中供热比地区内各单位分别供热将节约大量投资、能源和运行费用。集约使用的途径可以有：①提倡合伙使用或共享使用，例如科研院所、大学内的大型仪器应对单位内、社会开放使用；②偶尔使用的汽车应该供多个驾驶员使用；③办公室等基础设施也可以安排让偶尔需要的职员共享；④发展租赁业可以提高物品的利用率和周转速度；⑤要努力设计出多用途而不是单用途的产品，例如一种机器可以集传真、复印、扫描等功能于一身，且每种功能不低于传统的单功能机器的功能等。

以上是理论上的分析，但是由于国家、地区的差异，实现起来往往非常困难。

6.3　循环经济的实施途径、产业类型与保障措施

6.3.1　循环经济的实施途径

发展循环经济的主要途径，从资源流动的组织层面来看，主要是从企业小循环、区域中

循环和社会大循环三个层面来展开；从资源利用的技术层面来看，主要是从资源的高效利用、循环利用和废弃物的无害化处理三条技术路径去实现。

（1）循环经济发展的三个组织层面　从资源流动的组织层面，循环经济可以从企业、生产基地等经济实体内部的小循环，产业集中区域内企业之间、产业之间的中循环，包括生产、生活领域的整个社会的大循环三个层面来展开。

① 以企业内部的物质循环为基础，构筑企业、生产基地等经济实体内部的小循环。企业、生产基地等经济实体是经济发展的微观主体，是经济活动的最小单位。依靠科技进步，充分发挥企业的能动性和创造性，以提高资源能源的利用效率、减少废物排放为主要目的，构建循环经济微观建设体系。

② 以产业集中区域内的物质循环为载体，构筑企业之间、产业之间、生产区域之间的中循环。以生态园区在一定地域范围内的推广和应用为主要形式，通过产业的合理组织，在产业的纵向、横向上建立企业间能流、物流的集成和资源的循环利用，重点在废物交换、资源综合利用，以实现园区内生产的污染物低排放甚至“零排放”，形成循环型产业集群，或是循环经济园区，实现资源在不同企业之间和不同产业之间的充分利用，建立以二次资源的再利用和再循环为重要组成部分的循环经济产业体系。

③ 以整个社会的物质循环为着眼点，构筑包括生产、生活领域的整个社会的大循环。统筹城乡发展、统筹生产生活，通过建立城镇、城乡之间，人类社会与自然环境之间的循环经济圈，在整个社会内部建立生产与消费的物质能量大循环，包括生产、消费和回收利用，构筑符合循环经济的社会体系，建设资源节约型、环境友好型社会，实现经济效益、社会效益和生态效益的最大化。

（2）循环经济发展的三条技术路径　从资源利用的技术层面来看，循环经济的发展主要是从资源的高效利用、循环利用和废弃物的无害化处理三条技术路径来实现。

① 资源的高效利用。依靠科技进步和制度创新，提高资源的利用水平和单位要素的产出率。在农业生产领域，一是通过探索高效的生产方式，集约利用土地、节约利用水资源和能源等。如推广套种、间种等高效栽培技术和混养高效养殖技术，引进或培育高产优质种子种苗和养殖品种，实施设施化、规模化和标准化农业生产，都能够提高单位土地、水面的产出水平。通过优化多种水源利用方案、改善沟渠等输水系统、改进灌溉方式和挖掘农艺节水等措施，实现种植节水。通过发展集约化节水型养殖，实现养殖业节水。二是改善土地、水体等资源的品质，提高农业资源的持续力和承载力。通过秸秆还田、测土配方科学施肥等先进实用手段，改善土壤有机质以及氮、磷、钾元素等农作物高效生长所需条件，改良土壤肥力。利用酸碱中和原理和先进技术改造沿海的盐碱地，或种植特效作物对盐碱地进行长期土壤改良，提高盐碱地的可种植性。控制农药用量，严禁高毒农药，合理使用化肥和农膜，推广可降解农膜，减少其对土壤的侵蚀。畜禽养殖排泄物采取生态化处理，减少其对水体的污染。适时调整放养密度和品种、合理投饵与施肥，防止养殖水域和滩涂的水质与涂质恶化。减少使用抗生素等药物，保证农作物产品和畜禽产品满足健康标准。在工业生产领域，资源利用效率提高主要体现在节能、节水、节材、节地和资源的综合利用等方面，是通过一系列的“高”与“低”、“新”与“旧”的替代、替换来实现的。一方面，围绕工业技术水平的提高，主要是通过高效管理和生产技术替代低效管理和生产技术、高质能源替代低质能源、高性能设备替代低性能设备、高功能材料替代低功能材料、高层工业建筑替代低层工业建筑等来促进资源利用效率的提高。另一方面，围绕资源的合理利用，在一些生产环节通过余热利用、中水回用，零部件和设备修理与再制造，以及废金属、废塑料、废纸张、废橡胶等可再

生资源替代原生资源、再生材料替代原生材料等资源化利用等以“低”替“高”、以“旧”代“新”的合理替代，实现资源使用效率提高。在生活消费领域，提倡节约资源的生活方式，推广节能、节水用具。节约资源的生活方式不是要削减必要的生活消费，而是要克服浪费资源的不良行为，减少不必要的资源消耗。

② 资源的循环利用。通过构筑资源循环利用产业链，建立起生产和生活中可再生利用资源的循环利用通道，实现资源的有效利用，减少向自然资源的索取，在与自然和谐循环中促进经济社会的发展。在农业生产领域，农作物的种植和畜禽、水产养殖本身就要符合自然生态规律，通过先进技术实现有机耦合农业循环产业链，是遵循自然规律并按照经济规律来组织有效的生产。产业链有以下几类。一是种植—饲料—养殖产业链。根据动物食性，充分发挥作物秸秆在养殖业中的天然饲料功能，构建种养链条。二是养殖—废弃物—种植产业链。通过畜禽粪便的有机肥生产，将猪粪等养殖废弃物加工成有机肥和沼液，可向农田、果园、茶园等的种植作物提供清洁高效的有机肥料；畜禽粪便发酵后的沼渣还可以用于食用菌种植。三是养殖—废弃物—养殖产业链。开展桑蚕粪便养鱼、鸡粪养贝类和鱼类、猪粪发酵沼渣养蚯蚓等实用技术开发推广，实现养殖业内部循环，有利于实现治污与资源节约双重功效。四是生态兼容型种植—养殖产业链。在控制放养密度前提下，利用开放式种植空间，散养一些对作物无危害甚至有正面作用的畜禽或水产动物，有条件地构筑“稻鸭共育”“稻蟹共生”“放山鸡”等种养兼容型产业链，可以促进种养兼得。五是废弃物—能源或病虫害防治产业链。畜禽粪便经过沼气发酵，产生的沼气可向农户提供清洁的生活用能，用于照明、取暖、烹饪、储粮保鲜、家禽孵化等方面，还可用于为农业生产提供二氧化碳气肥、开展灯光诱虫等用途。农作物废弃秸秆也是形成生物质能源的重要原料，可以加以挖掘利用。在工业生产领域，以生产集中区域为重点区域，以工业副产品、废弃物、余热余能、废水等资源为载体，加强不同产业之间纵向、横向产业链接，促进资源的循环利用、再生利用。例如围绕能源，实施热电联产、区域集中供热工程，开发余热余能利用、有机废弃物的能量回收，形成多种方式的能源梯级利用产业链；围绕废水，建设再生水制造和供水网络工程，合理组织废水的串级使用，形成水资源的重复利用产业链；围绕废旧物资和副产品，建立延伸产业链条，例如可再生资源的再生加工链条、废弃物综合利用链条以及设备和零部件的修复翻新加工链条，构筑可再生、可利用资源的综合利用链。在生活和服务业领域，重点是构建生活废旧物资回收网络，充分发挥商贸服务业的流通功能，对生产生活中的二手产品、废旧物资或废弃物进行收集和回收，提高这些资源再回到生产环节的概率，促进资源的再利用或资源化。

③ 废弃物的无害化处理。通过对废弃物的无害化处理，减少生产和生活活动对生态环境的影响。在农业生产领域，主要是通过推广生态养殖方式，实行清洁养殖。运用沼气发酵技术，对畜禽养殖产生的粪便进行处理，化害为利，生产沼气和有机农肥。控制水产养殖用药，推广科学投饵，减少水产养殖造成的水体污染。探索生态互补型水产品养殖，加强畜禽饲料的无害化处理、疫情检验与防治。实施农业清洁生产，采取生物、物理等病虫害综合防治措施，减少农药的使用量，降低农作物的农药残留和土壤中农药毒素的积累。采用可降解农用薄膜和实施农用薄膜回收，减少土地中的残留。在工业生产领域，推广废弃物排放减量化和清洁生产技术，推广燃煤锅炉的除尘脱硫脱硝技术，加强工业废油、废水及有机固体废物的分解、生化处理、焚烧处理等无害化处理，大力降低工业生产过程中的废气、废液和固体废物的产生量。扩大清洁能源的使用比例，降低能源生产和使用的有害物质排放。在生活消费领域，提倡减少一次性用品的消费方式，培养垃圾分类的生活习惯。

6.3.2 循环经济的产业类型

现代循环经济一共有四种发展模式，分别是工业园区模式、杜邦模式、循环型社会模式、回收再利用体系。

(1) 工业园区模式　这种模式的典型代表是丹麦卡伦堡工业园区，根据工业生态学原理，将企业间的物质、能量、信息形成产业间的代谢关系，让一家工厂的废气、废水等成为另一家工厂的原料、能源。该工业园区的主体企业是电厂、炼油厂、制药厂和石膏板生产厂，以这四个企业为核心，通过贸易方式利用对方生产过程中产生的废弃物或副产品作为自己生产中的原料，不仅减少了废物产生量和处理的费用，还产生了很好的经济效益，形成经济发展和环境保护的良性循环。

(2) 杜邦模式　该模式又叫企业内部循环经济模式，它通过组织厂内各工艺间的物料循环，延长产业链，减少物料、能源的使用量，减少有毒物质排放，最大限度利用可再生资源，提高产品的耐用性等，典型代表是杜邦公司。杜邦公司创造性地把循环经济三原则发展成为与化学工业相结合的“3R 制造法”，通过放弃使用某些环境有害型的化学物质、减少一些化学物质的使用量以及发明回收本公司产品的新工艺，到 1994 年已经使该公司生产造成的废弃塑料物减少了 25%，空气污染物排放量减少了 70%。

(3) 循环型社会模式　日本在循环型社会建设方面主要有三个层次的表现。一是政府推动构筑多层次法律体系。2000 年 6 月，日本政府公布了《建立循环型社会基本法》，这是一部基础法。随后又出台了《固体废物管理和公共清洁法》《资源有效利用促进法》等第二层次的综合法。在具体行业和产品第三层次立法方面，2001 年 4 月日本实行《家庭电器回用法》，规定废弃空调、冰箱、洗衣机和电视机由厂家负责回收；2002 年 4 月，日本政府又提出了《汽车循环法案》，规定汽车厂商有义务回收废旧汽车，进行资源再利用；5 月底，日本又实施了《建筑材料回用法》，规定到 2005 年，建设工地的废弃水泥、沥青、污泥、木材的再利用率要达到 100%。第三层次立法还包括《促进容器与包装分类回收法》《食物回收法》《绿色采购法》等。二是要求企业开发高新技术，首先在设计产品时就要考虑资源再利用问题，如家电、汽车和大楼在拆毁时各部分怎样直接变为再生资源等。三是要求国民从根本上改变观念，不要轻视垃圾，要把它视为有用资源，堆在一起是垃圾，分类存放就是资源。

(4) 回收再利用体系　德国的包装物双元回收体系（DSD）是专门组织回收处理包装废弃物的非营利社会中介组织，1995 年由 95 家产品生产厂家、包装物生产厂家、商业企业以及垃圾回收部门联合组成，目前有 1.6 万家企业加入。该组织将这些企业组织成网络，在需要回收的包装物上打上绿点标记，然后由 DSD 委托回收企业进行处理。任何商品的包装，只要印有绿点标记，就表明其生产企业参与了“商品包装再循环计划”（“绿点”计划），并已经为处理自己产品的废弃包装付费。“绿点”计划的基本原则是：谁生产垃圾，谁就要为此付出代价。企业交纳的“绿点”费，由 DSD 用来收集包装垃圾，然后进行清理、分拣和循环再生利用。

6.3.3 实施循环经济的保障措施

为确保循环经济能够顺利实施，充分发挥循环经济在各个层面的作用，使环境效益得到充分体现，完善的保障措施必不可少。

（1）建立相应的法律法规　循环经济遵循的是减量化、再利用、资源化原则，即 3R 原则，它的实质是生态经济，发展循环经济是可持续发展的需要，是遏制环境恶化和解决资源短缺的有效途径。市场经济是法治经济，发展循环经济要求与之相配套的法律法规。有法可依是发展循环经济的先决条件，只有建立起完善的法律法规，才能把循环经济发展纳入法治轨道，才能有效推动循环经济的发展。

① 制定统领循环经济发展的《循环经济促进法》。德国是最早实施循环经济的国家之一，循环经济立法体系也是较为完善的，包括法律、条例和指南，《循环经济和废物处置法》把资源闭路循环的循环经济思想从商品包装拓展到社会的各个方面。日本是目前世界上循环经济立法较为完善的国家，循环经济发展的立法体系包括基本法、综合法和专项法，《建立循环型社会基本法》的公布和实施，更是把整个社会活动纳入循环经济的范畴。以上两个国家都把环境因素作为技术创新、经济改革的原动力，均取得了良好的效果。

为了促进循环经济发展，提高资源利用效率，实现可持续发展，我国在 2008 年 8 月通过了《中华人民共和国循环经济促进法》（《循环经济促进法》），自 2009 年 1 月 1 日起实施，标志着我国循环经济发展步入法制化的轨道。该法律在 2018 年 10 月进行了修正。

《循环经济促进法》的公布施行，首次以立法形式确立了发展循环经济在国家发展中的重大战略地位，并赋予循环经济以法律内涵，为在法治轨道上推动循环经济发展奠定了基础，我国循环经济发展进入了运用法治力量发展的新阶段。

② 制定与《循环经济促进法》相配套的标准体系。为贯彻落实《循环经济促进法》的要求，国家发展改革委等四部门联合制定了《循环经济发展评价指标体系（2017 年版）》，确立了包括综合指标、专项指标和参考指标的多位一体的评价指标体系，同时还规定了各指标的计算方法和数据来源部门，为科学评价循环经济发展状况、推动循环经济发展提供了坚实保障。

国务院发布的《循环经济发展战略及近期行动计划》《国家标准化体系建设发展规划（2016—2020 年）》也均对循环经济标准化、循环经济标准体系建立提出了要求。据统计，2008—2018 年发布循环经济领域国家标准 244 部，行业标准 308 部，团体标准 64 部，有效推动了循环经济标准体系的建立。

③ 制定地方性法规规章。地方性法规规章是循环经济立法体系不可缺少的一部分。我国各地区自然条件差异较大，地区发展不平衡，环境问题也十分复杂，既有环境污染问题，又有生态破坏问题，《循环经济促进法》和配套的行政法规不能完全覆盖所有问题，而地方性循环经济法规规章可以根据地方实际情况来制定，从而弥补法律和行政法规的不足之处，如制定地方（省、市）的循环经济发展条例或促进条例等。2004 年贵阳市颁布了《贵阳市建设循环经济生态城市条例》，2006 年 7 月深圳市也正式施行《深圳经济特区循环经济促进条例》。此后，各地陆续发布了地方循环经济促进条例。如 2012 年 3 月甘肃省发布了《甘肃省循环经济促进条例》，2015 年 9 月江苏省发布了《江苏省循环经济促进条例》，2021 年 11 月青海省发布了《青海省循环经济促进条例》，2022 年 10 月广东省发布了《广东省循环经济发展实施方案（2022—2025 年）》，2023 年 12 月上海市发布《上海市发展方式绿色转型促进条例》，对于地方开展循环经济建设起到了指导作用。

（2）加大科技投入力度　循环经济的实施和发展最终要落实在科学技术上，科技是循环经济的载体。循环经济的技术支撑体系包括清洁生产技术、废物资源化技术和污染治理技术等。其中，清洁生产技术要求从源头削减污染物的产生，体现循环经济的减量化原则，也是循环经济技术支撑体系的核心；废物资源化要求变废为宝，把上一环节的废物变成下一环节的资源，体现循环经济的再利用和循环化原则；污染治理技术则要求减少污染物的排放量。

要加大科技投入力度，促进技术创新，尤其是加大对循环经济支撑技术的研究力度，支持清洁生产技术、废物资源化技术和污染治理技术的研究，以突破制约循环经济发展的技术瓶颈。主要内容包括：①建立生态工业技术研发基地，促进高新技术产业化；②重点开发或运用生态工业的关键链接技术，如城市生活垃圾资源化技术、水回用技术、工业废物资源化技术、生物化工链接技术，通过科技创新，延长产业链，开发相关行业产业链接和耦合技术，改造传统产业，提高生态效率；③重点开发能源梯级利用技术；④寻找污染物零排放技术和有毒有害原材料替代技术；⑤开发和运用煤矸石等大宗工业废物的综合利用、深加工等二次资源开发技术等。

（3）综合运用经济政策　循环经济的发展不仅需要法律法规作保障，需要科技作支撑，更需要经济政策激励。

① 制定推动循环经济的经济政策。加快制定和综合运用优惠的财政、价格、税收、投资、土地、利率、排污费返还政策和其他经济政策，对推行循环经济的企业和个人采取经济刺激政策。例如，对废物资源化和再利用的企业和个人采取财政补贴、金融优先投资、降低利率、税收减免等刺激性经济政策，对采用清洁生产技术、生产环境友好型产品的企业提供优先资金支持等，对进行技术改造、加大污染治理力度的以及推行清洁生产的企业返还排污费等。按照污染者负担的原则，进一步提高污水处理费，征收垃圾处理费，使污水处理厂和垃圾处理场运行达到保本微利水平。对投资循环经济或生态工业园区的基础设施开发建设企业，在市政公用设施配套费、土地补偿费、征用土地管理费及地籍变更费等方面实行优惠；鼓励企业整理因固体废物堆放而占用的土地，进行土地整理的企业，可获得一定年限的土地使用权。

按照生产者延伸责任和消费者付费原则，制定相应的政策，明确生产者和消费者的责任和义务，包括生产者、销售者、消费者等在废物回收、处理和利用中的义务。

② 积极推动环境认证制度的实施。环境认证制度包括环境标志、ISO 14000 环境管理体系认证等。实施环境标志制度，获得环境标志的产品，表明该产品从原材料的采掘到废物的最终处置整个生命周期过程均符合特定的环境保护要求，这与循环经济的要求是相符的。积极推广 ISO 14000 体系认证，可以使企业提高管理水平，节约原料和能源消耗，体现清洁生产“节能、降耗、减污、增效”的原则。建设基于 ISO 14000 体系的生态工业园或循环经济园区。

③ 制定鼓励绿色消费和绿色采购的政策。社会再生产的末端是消费者，绿色消费是循环经济发展的内在动力，制定鼓励绿色消费的政策，可以通过消费的导向引导企业进行绿色生产。绿色消费有三层含义：消费者在消费时选择未被污染或有利于公众健康的绿色产品；在消费过程中注重对废物的处置，不造成环境污染；消费者转变消费观念，注重环保，节约资源和能源，实现可持续性消费。促进我国绿色消费的发展，除依赖市场外，还应当加强政府的宏观调控职能，规范绿色消费的发展，创造良好的环境。2016 年国家发展改革委等十部门联合印发《关于促进绿色消费的指导意见》，2022 年国家发改委等七部门印发《促进绿色消费实施方案》，为我国开展绿色消费提供了基本指南。

政府绿色采购在绿色消费中占据重要的地位，可以拉动社会对循环经济的需求。为此，建立政府绿色采购制度，优先采购再生利用产品，经过清洁生产审核、通过 ISO 14001 认证企业的产品，通过认证的环境标志产品，以及经过生态设计的产品。2004 年 12 月 17 日，财政部、国家发改委联合印发《节能产品政府采购实施意见》，并发布第一期《节能产品政府采购清单》。这是我国第一个政府采购促进节能与环保的具体政策，标志着我国绿色采购制度的启动。2006 年，财政部和国家环保总局联合发布了《关于环境标志产品政府采购实施的意见》和首批《环境标志产品政府采购清单》。2007 年 7 月，国务院办公厅下发《关于建立政府强制采购节能产品制度的通知》，要求在积极推进政府优先采购节能产品的基础上，选择部分节能效果显著、性能比较成熟的产品，予以强制采购。2015 年，《中华人民共和国政府采购法实施条例》颁布实施，其中，第六条明确，国务院财政部门应当根据国家的经济和社会发展政策，会同国务院有关部门制定政府采购政策，通过制定采购需求标准、预留采购份额、价格评审优惠、优先采购等措施，实现节约能源、保护环境、扶持不发达地区和少数民族地区、促进中小企业发展等目标。

据统计，截至 2022 年底，我国政府采购环境标志产品规模已超过 1.6 万亿元人民币。据不完全统计，环境标志产品政府采购的典型办公家具共减排 14.9 万吨挥发性有机物（VOCs），相当于石化行业 VOCs 年排放量的 5%，减排 2191.48 吨甲醛；电子类主要办公用品台式计算机和便携式计算机共减排 171.9 万吨 CO_2，相当于 19.1 万公顷森林年碳汇量；复印纸共减排 3924.87 吨化学需氧量、39.25 吨总磷和 39.25 吨氨氮。通过多重传导机制，从需求端倒逼企业绿色创新和转型升级，在政府、企业和公众之间搭建起了绿色桥梁，有效推动了生态文明建设。

（4）加大宣传教育力度　公众作为生产者和消费者，其行为直接影响到环境，是企业生产的导向。发展循环经济，建设资源节约型和环境友好型社会离不开公众的积极参与。许多国家的实践证明，公众参与是促进循环经济发展不可缺少的重要手段。如日本大阪市结合城市美化进行宣传活动，每年 9 月发动群众开展垃圾搜集活动，并向家庭发放介绍垃圾处理知识和再生利用的宣传小册子，鼓励市民积极参与废旧资源回收和垃圾减量工作。可以根据我国实际情况，利用网络、电视、广播、报纸、各大超市等加大对循环经济的社会宣传，引导公众购买绿色产品，促使企业在产品设计过程中遵循“为环境设计”和提高生态效率的原则。

循环经济的实施前提是对循环经济有深刻的了解，但由于循环经济引入我国的时间较短，对循环经济的认识还很有限，公众对循环经济知之不多、不深，尤其在推动循环经济的发展方面，政府、企业和消费者三方形成的合力不够，因此，应加大循环经济的宣传教育力度，提高全民环境保护和循环经济意识，使循环经济的理念深入社会的方方面面，以保证循环经济的顺利实施。

法律、科技、经济政策以及宣传教育等各方面为循环经济的发展提供有力保障，缺一不可，因为法律是保障，科技是支撑，经济政策是润滑剂，宣传教育是前提。实施循环经济是实现资源节约型和环境友好型社会的重要途径之一。

本章重要知识点

- 循环经济的概念
- 实施循环经济的基本原则
- 循环经济的产业类型
- 循环经济的技术类型
- 实施循环经济的基础保证

复习思考题

1. 简述循环经济的定义及核心原则，并说明其与线性经济的根本区别。

2. 减量化、再利用、资源化原则的具体内涵是什么？请举例说明三者之间的实施顺序及其重要性。

3. 线性经济的主要问题有哪些？结合“双碳”目标背景，分析其对现代企业的影响。

4. 循环经济在资源流动的组织层面分为哪三个层次？分别举例说明企业小循环和区域中循环的运作模式。

5. 列举循环经济的四种典型产业类型，并比较“卡伦堡工业园区模式”与“杜邦模式”的核心差异。

6.《中华人民共和国循环经济促进法》的主要内容是什么？该法在推动循环经济中起到了哪些作用？

7. 发展循环经济需要哪些基础保障？从法律、科技、经济政策和宣传教育四个方面分别阐述其重要性。

8. 假设你负责规划一个生态工业园区，请基于“卡伦堡模式”设计一个包含至少三个企业的产业链模型，要求明确物质、能量和废弃物的流动路径，并说明其环境与经济双赢的机制。

9. 循环经济与“双碳”目标之间存在怎样的协同关系？请结合能源转型、产业升级和消费者行为，构建一个多学科视角的分析框架，并论证其现实可行性。

第7章
生态园区

人类的生存和发展，实际上是一个不断选择的过程。当然，人类的选择是以其生存的环境条件与可能性为依据的。社会和生存环境条件在不断改变，人类需要适应，或改造，或反抗，这就是选择，其实选择是双向的，这就是“适者生存”。由于人口增长过快、生产和生活方式不恰当，从局部地区的环境破坏到生态环境危机的产生等一系列事件促使人类重新审视自己的生产和生活方式。天工造物，地球环境是长期协同进化的结果，而这种环境又是靠生物来维持和调控的，生物和环境是相互依存的。人们开始从生态学的角度用综合生态方法来研究人类生产、生活与生态环境的关系，使生产和生活尽可能融入生态环境的规律。

7.1 从自然生态到人控生态

7.1.1 生态学的定义和基本概念

生态学（ecology）一词源于希腊文“oikos”，其意思是“住所”或“栖息地”。另外，生态学与经济学（economics）为同一词源，所以曾有人把生态学叫作自然经济学。生态学的定义很多，认同较普遍的是生态学是“研究生物及环境间相互关系的科学”，而生物包括“动物、植物、微生物及人类等生物系统”。环境是指某一特定生物体或生物群体以外的空间，以及直接或间接影响该生物体或生物群体生存的一切事物的总和，这里环境是指生物生活中的无机因素。

① 生物种或称物种：通常生物以个体形式存在，如一头羊、一棵树等，自然界中生物个体几乎是无穷的。生物种是形态相似的个体之集合，且同种个体可自由交配，能产生可育的后代，而不同物种之间的杂交后代则不育。物种是由内在因素（生殖、遗传、生理、生态、行为）联系起来的个体集合，是自然界中的一个基本进化单位和功能单位。

② 环境因子：指生物有机体以外所有的环境要素，可分为3大类7个并列的项目，3大类是气候类、土壤类和生物类，7个项目是土壤、水分、温度、光照、大气、火和生物因子。环境因子具有综合性和可调节性。

③ 生态因子：指环境中对生物生长、发育、生殖、行为和分布有直接或间接影响的环境要素，如温度、湿度、食物、二氧化碳和其他相关生物等。生态因子中生物生存不可缺少的环境条件是生物的生存条件。所有生态因子构成了生物的生态环境。具体的生物个体和群体生活区域内的生态环境称为生境。生态因子和环境因子既有联系又有区别。

④ 种群：指一定空间中同种个体的组合。种群是物种在自然界中存在的基本单位，也是生物群落的基本组成单位。

⑤ 生物群落：指在特定空间或特定生境下，具有一定的生物种类组成，与环境之间彼此影响、相互作用，具有一定的外貌及结构（包括形态结构和营养结构），并具有特定功能的生物集合体。生物群落是一个生态系统中具有生命的部分。生物群落分为植物群落、动物群落和微生物群落。生物群落组成中有优势种、亚优势种、伴生种和罕见种，其中优势种是对群落结构和群落环境的形成具有明显控制作用的，通常是个体数量多、生活能力强的物种。如果优势种受到破坏，将导致群落性质和环境的变化，如把非优势种去除，则影响和变化较小，因此保护优势种对稳定生态系统具有重要作用。这在生态工业园区的规划、设计中需要注意。

⑥ 生态系统：指在一定的空间中共同栖居的所有生物（即生物群落）与其环境之间由于不断地进行物质循环和能量流动过程而形成的统一整体。地球上各个地区由于环境条件（温度、海拔、纬度、经度、河流、湖泊、山脉等）不同，其生物组成也不相同。构成生态系统至少有三个条件：系统是由许多成分组成的；系统中各成分相互联系并作用；系统具有独立的、特定的功能。但生态系统的大小范围并没有严格的限制，小的如动物体内消化道中的微生物系统，大的可以是南美洲热带森林、非洲的荒漠等。

7.1.2 生态系统概述

生态系统的结构和功能、系统内的物质循环和能量流动、组成的多样性和稳定性、生态系统的演替、受干扰后的恢复能力和自我调节机制等内容的研究，对人类控制自己的行为、与自然友好相处、在发展和保护环境二者之间进行协调具有重要意义。

（1）组成　生态系统可分为生产者、消费者、分解者和非生物成分四大基本成分。非生物成分又可分为参加物质循环的无机物质、联系生物与非生物的有机物质和气候状况三类。

① 非生物成分。参加物质循环的无机元素和无机化合物（如碳、氮、氧和二氧化碳等）、联系生物和非生物成分的有机物质（如蛋白质、糖类等）、气候和其他物理条件（如温度、压力等）。

② 生产者。以简单的无机物制造食物的自养生物，如淡水池塘中的漂浮植物、有根的植物、浮游植物（如藻类）等。

③ 消费者。不能从无机物质直接制造有机物质，而是直接或间接依赖于生产者所制造的有机物质。消费者属于异养生物，所谓消费者是相对于生产者而言。消费者按其营养方式的不同又可分为：直接以植物体为营养的食草动物（浮游动物、食草昆虫、食草性哺乳动物等），食草动物又称一级消费者；以食草动物为食物的食肉动物（以浮游动物为食的鱼类、狐狸、狼等），食肉动物又称二级消费者；以食肉动物为食的大型食肉动物或顶级食肉动物（以鱼为食的黑鱼、鹰、虎等）。

④ 分解者。与生产者相反，分解者能将动植物残体的复杂有机物分解为生产者能利用的无机物，并释放能量。分解者是生态系统得以循环的重要环节。分解作用不是一类生物所

能完成的，而是有一系列过程，每一阶段由不同生物完成，一类是细菌和真菌，另一类是蟹、软体动物和蠕虫等无脊椎动物（池塘中）或蚯蚓、螨等无脊椎动物（草地）。

生态系统结构的一般模型见图 7-1。图 7-1 中有机物质库以方块表示，无机物质库以不规则形状表示，三个大方块表示三个亚系统，连线和箭头表示系统成分间物质传递的主要途径。

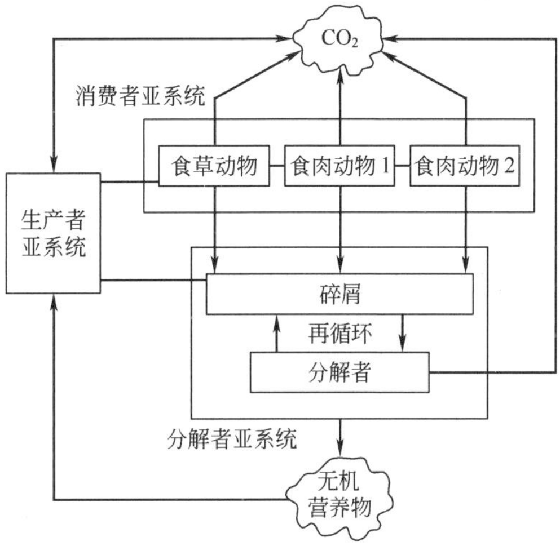

图 7-1　生态系统结构的一般模型

（Anderson，1981）

（2）结构

① 食物链和食物网。在生态系统中，各种生物通过彼此间取食和被食将其所固定的能量和物质按食物关系排列形成一个链状顺序，称为食物链。例如水生生态系统中的食物链是：浮游植物—浮游动物（或食草鱼类)—食肉鱼类。食物链相互交错联结，形成网状结构，称为食物网。图 7-2 为一个典型陆地生态系统的部分食物网。生态系统中食物链不是固定不变的。通常，具有复杂食物网的生态系统，一种生物的减少或消失不致引起整个生态系统的失调，但食物网简单的生态系统，特别是在系统中起关键作用的物种受到严重破坏或消失时，可能引起系统的重大变化。

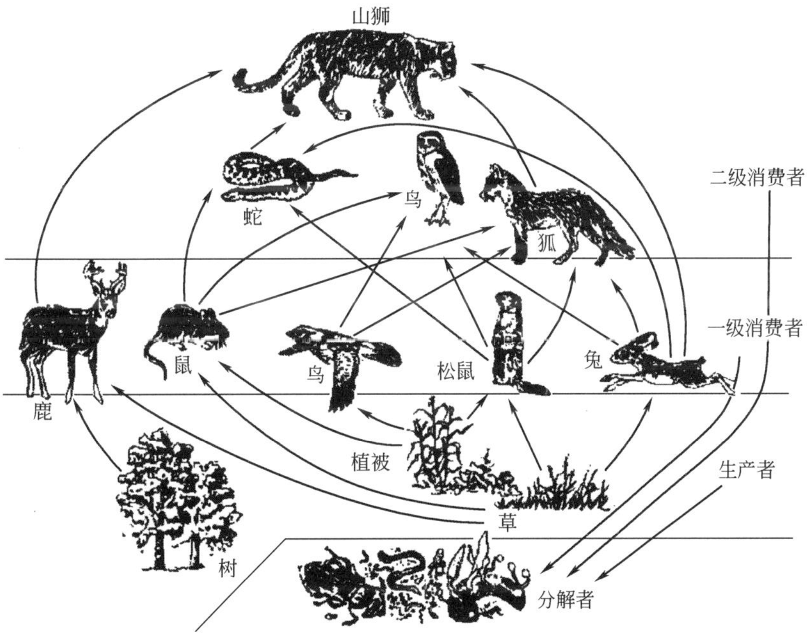

图 7-2　一个典型陆地生态系统的部分食物网

② 营养级与生态金字塔。食物链和食物网反映了物种和物种之间复杂的营养关系，但无法反映它们之间的定量关系。为了便于进行定量的能量流和物质流循环关系研究，又提出营养级的概念。将处于食物链某一环节上的所有物种的总和称为一个营养级。营养级一般分为四个等级：作为生产者的绿色植物和所有自养生物均位于食物链的起点，共同构成第一营

养级；所有以生产者（绿色植物）为食物的动物属于第二营养级，或食草动物营养级；以食草动物为食的食肉动物为第三营养级；以此类推，二级食肉动物营养级为第四营养级，还可以有第五营养级。生态系统中通过各个营养级的能流是单向的、逐级减少的，其原因是：各营养级消费者不可能百分之百地利用前一营养级的生物量，总有一部分会自然死亡和被分解者所利用；各营养级的同化率也不可能达到百分之百，必然有一部分变为排泄物而残留于环境中，被分解者利用；各营养级生物在维持自身生命活动时（捕食、繁殖等）也要消耗一部分能量，这部分以热能形式消耗，亦即要维持生态系统各营养级生物活动平衡，必须从系统外（主要是太阳）不断输入能量，以保持平衡。由于能流在通过各营养级时会逐级减少，因此营养级不可能太多，一般只有 4～5 级，很少有超过 6 级的。这种逐级减少的现象，以图形表示成一个金字塔，如图 7-3 所示。其中图 7-3(b) 是一个倒锥体，这是一个特例，在海洋生物系统中生产者（浮游植物）个体小、生活史很短，因此在生物数量上浮游和底栖动物可以大于浮游植物，但能量锥体不可能出现倒置情况。图 7-3(c) 能量金字塔中，相邻营养级的能量大约相差一个数量级，即每一营养级的能量只有约 10％能被上一级营养级的生物所利用，也就是生态学上的“十分之一定律”（林德曼定律），这表示能量的转移效率是很低的，其余大部分能量消耗在该营养级生物的活动中。

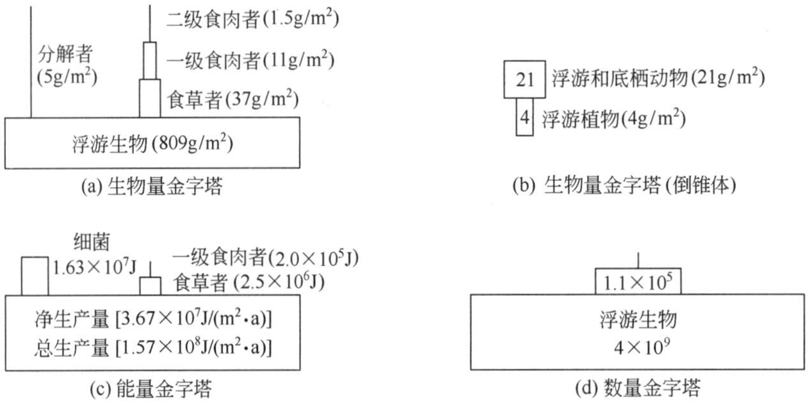

图 7-3 生态金字塔

（3）生态平衡和生态系统的反馈调节 在没有外界强力干预、影响的条件下，任何一个正常、成熟的生态系统经过长期演变，都会形成成熟的生态系统，标志是它的结构、功能，生物种类的组成、各种群的数量比例，物质和能量的输入、输出等方面都处于相对稳定状态，即生产者、消费者和分解者之间保持动态平衡，这种状态称为生态平衡或自然平衡。一个成熟的生态系统，其生物种类最多，种群比例最适宜，总生物量最大，系统的内稳性最强。自然生态系统几乎都是开放系统，即必须依靠外界环境的输入，同时会有输出，输入一旦停止，系统也就失去了功能。如果具有调节其功能的反馈机制，该系统就成为控制系统，所谓反馈是指系统的输出可以影响、决定系统未来功能的输入。生态系统由于具有反馈的自我调节机制，在通常情况下，会保持自身的生态平衡。例如，森林中食叶昆虫数量增多，使林木受到伤害；但同时为以食叶昆虫为生的食虫鸟类提供了丰富的食物，促使其大量繁殖，抑制了食叶昆虫的繁殖，使系统逐渐恢复。一般，生态系统结构愈复杂，物种愈多，由各种生物构成的食物链和食物网也愈复杂，这种体系中能量流动与物质循环就可以通过多渠道进行，当某个渠道受阻时，其他渠道可以替代其功能，起到自动调节功能。

（4）生态规律 总结生态界的活动规律，科学家提出了生态三定律或五规律。生态三定律的第一定律是人类任何行动都不是孤立的，对自然界任何影响都会有无数效应，其中许多是人类未知的、不可预料的，又称为多效应定律。生态第二定律是任何事物均与其他事物相互联系、相互交融，又称为相互联系原理。生态第三定律是人类活动所产生的任何物质都不应该对地球上的自然的生物地球化学循环产生干扰，又称为勿干扰原理。我国生物学家提出的生态学五规律是：相互制约和相互依存的互生规律；物质循环转化的再生规律；物质输入与输出的动态平衡规律；相互适应与选择的协同进化规律；环境资源的有效极限规律。

(5) 物种之间以及个体与物种的相互作用　生物界物种之间以及种内相互作用，在物种间主要是竞争、捕食、寄生和互利共生，而种内相互作用是竞争、自相残杀和利他主义。

① 竞争。竞争是共同利用有限资源的个体间的相互作用，它可以发生在物种之间（种间竞争），也可以发生在种内（种内竞争）。竞争有两种方式：利用性竞争和干扰性竞争。前者在资源利用性竞争方式下，个体不直接相互作用，而是通过耗尽资源使资源供应不足，由于可利用资源不足而造成适合度下降。而干扰性竞争，往往个体之间直接相互作用，如打斗残杀或通过产生毒物使竞争对手适合度下降、死亡。竞争是自然界进化的重要因素，所谓“适者生存”“优胜劣汰”，由于自然界复杂的食物链和食物网，生态系统通常总是向更成熟、更完整的方向进化。但是，当人类与生物发生相互作用时，人类处于优势地位，当人类只看重眼前利益时，则可能伤害和灭绝大量其他物种，破坏生态平衡。这种暂时的“繁荣”蕴藏着极大的风险。

② 捕食和寄生。以摄取其他生物个体（猎物）的全部或部分为食的生物称为捕食者。捕食者可分为以植物为食的草食者、以动物为食的肉食者和既摄取动物也摄取植物的杂食者三种。寄生物是摄取其他生物的组织，同时与其寄主紧密相连而生的捕食者的子群。寄生可主要分为两大类：在寄主体内或表面繁殖，如病毒、细菌、真菌以及原生动物，称为微寄生物；在寄主体内或表面生长但不繁殖的，如寄生昆虫和蠕虫，称为大寄生物。还有一种“社会性寄生物”，它不以摄取寄主组织为生，而是通过强迫寄主提供食物或其他服务而获利，如杜鹃将自己的蛋生在其他鸟的巢中，让其他鸟哺育其幼鸟。

③ 互利共生。互利共生是不同个体间一种正的互惠关系，可增加双方的适合度。它包括永久性成对组合的生物，如地衣就是真菌和藻类的共生体，地衣由菌丝垫和包在其中的一薄层藻类或蓝细菌的细胞组成，真菌保护藻类免遭干旱和阳光照射，而藻类给菌丝提供光合作用的产物。更多的是兼性互利共生，共生者不相互依赖共生，而是机会性互利共生，如蜜蜂采蜜可以访问许多正在开花的植物，而这些植物也可以受到其他昆虫的访问。

7.1.3 人控生态系统及其风险

人类的活动在自然界局部范围内建立了完全由人类控制的或控制性很强的生态系统，称为人控生态系统。随着人类社会的发展，从原始社会到现代工业社会，掌握的技术愈来愈多，加之对自然资源的开发无计划、人口高度密集等原因，使人控生态系统愈来愈大，自然生态系统岌岌可危，包括南极和北极在内，几乎地球所有陆地上，绝对不受人类影响的自然生态系统已经不存在了。

人控生态系统与自然生态系统存在显著差别。自然生态系统由各物种与环境在长时间选择、淘汰的过程中逐步形成相对平衡状态，这一过程通常要以千年来计算，而人控生态系统是人按照自己意愿在很短时间内完成的，二者主要差别如下。

① 人控生态系统是依靠消耗岩石圈中储存的太阳能（煤、石油、天然气等）及其他非

初级生产的能量（水力、核能等）来维持的，因为人类自身消耗的能量大大超过其自身捕获转化的太阳辐射能。而自然生态系统消耗其自身捕获或转化的能量中的一部分，还有一定的剩余能量储存于岩石圈中。

② 依靠人类掌握的技术，在人控生态系统中，物质转移速率远远高于自然生态系统，人类消耗自然资源的数量是其他生物所无法比拟的，例如金属、食物、矿物资源等。

③ 自然生态系统的特征是生物多样性，依靠复杂的食物链和食物网以及反馈机制维持动态平衡。而人类的活动促使大量物种灭绝，人控生态系统是依靠人维持，依靠极少数优势物种组成的非常单调的、脆弱的生态系统。

④ 人控生态系统是地球化学失衡的、不稳定的系统，在很小的范围内大量排放废气、废水和固体废物，而这些废物无法或不能进入地球化学循环。

人类对自然规律的认识是非常有限的，其成果也是有限的，由于自然界也在不断变化，人类需要不断努力去认识自然。就疾病而言，人类基本克服天花、霍乱、肺结核，而癌症尚未被完全征服。又如20世纪末，美国西部一个州由于一场森林大火，近万英亩森林受灾，起火原因是森林中枯枝朽木易燃，于是州政府对森林中的枯枝朽木进行清除，随后几年确实没有大的火灾，但意想不到的是又大面积地爆发了由云杉卷叶蛾引发的虫灾。生物学家经过研究后发现，虫灾发生原因是人类清理枯枝朽木，因为森林中害虫的数量是和鸟类、蚂蚁的数量成反比的，而那些枯枝朽木的洞穴正是鸟类和蚂蚁的栖身地，人类破坏了这些栖身地，减少了鸟类和蚂蚁的数量，虫灾也就增加了。“天工造物”，可以说自然界一草一木，都有其存在的价值和合理性！

人类按照自身的利益塑造生物圈，所建立的人控生态系统是否理智，取决于人类对自然规律的认识深度、自然观，也取决于对短期利益和长期利益的综合思考。这种与自然生态系统相距甚远的破坏环境的人控生态系统无疑具有巨大风险。人类逐渐认识到应该从控制、改造自然转向与自然友好相处，应当遵循自然生态规律，将人类的活动作为自然生态系统的有机组成部分，与地球生态系统协调演进，将生态学的观念与方法运用到现代社会的运行机制中去，这就是近年来人们深入讨论、积极试验的生态工业园、生态农业、生态城市以及生态住宅等的研究。

7.1.4 生态文明建设

生产力是推动人类社会发展进步的根本性变革力量。人类社会的文明形态已经经历了原始文明、农业文明和工业文明三个阶段。生态文明（ecological civilization）是人类文明发展的一个新的阶段，即工业文明之后的文明新形态。生态文明是人类文明发展的历史趋势，是人类遵循人、自然、社会和谐发展这一客观规律而取得的物质与精神成果的总和，是以人与自然、人与人、人与社会和谐共生、良性循环、全面发展、持续繁荣为基本宗旨的社会形态。

生态文明建设就是把可持续发展提升到绿色发展高度，为后人“乘凉”而“种树”，就是不给后人留下遗憾，而是留下更多的生态资产。

2007年10月，党的十七大把建设生态文明列为全面建设小康社会奋斗目标之一，作为一项战略任务确定下来，提出要基本形成节约能源资源和保护生态环境的产业结构、增长方式、消费模式，推动全社会牢固树立生态文明观念。

2012年11月，党的十八大报告中提出了“大力推进生态文明建设”，首次将生态文明建设与经济建设、政治建设、文化建设、社会建设并列，提出全面落实“五位一体”总体布局。2015 年 4 月，中共中央、国务院印发了《关于加快推进生态文明建设的意见》。全文共 9 个部分 35 条，具体包括：总体要求；强化主体功能定位，优化国土空间开发格局；推动技术创新和结构调整，提高发展质量和效益；全面促进资源节约循环高效使用，推动利用方式根本转变；加大自然生态系统和环境保护力度，切实改善生态环境质量；健全生态文明制度体系；加强生态文明建设统计监测和执法监督；加快形成推进生态文明建设的良好社会风尚；切实加强组织领导。2015 年 9 月，中共中央、国务院印发《生态文明体制改革总体方案》，方案以生态文明建设思想为统领，立足于整体保护、系统修复和综合治理，着眼于生态系统良好的结构、功能和过程，树立了"山水林田湖草"是一个生命共同体的理念，要求按照生态系统的整体性、系统性及其内在规律，统筹考虑自然生态各要素、山上山下、地上地下、陆地海洋以及流域上下游，进行整体保护、系统修复、综合治理。开展国土综合整治和生态保护修复是落实"统一行使所有国土空间的用途管制职责"的重要内容，也是贯彻落实生态文明建设、统筹推进"五位一体"总体布局和协调推进"四个全面"战略布局的重点内容。

2017 年 10 月，党的十九大报告对生态文明建设提出了更高要求，报告指出，"坚持人与自然和谐共生。建设生态文明是中华民族永续发展的千年大计。必须树立和践行绿水青山就是金山银山的理念，坚持节约资源和保护环境的基本国策，像对待生命一样对待生态环境"。践行绿色发展理念，坚持节约资源和保护环境的基本国策，这不仅对新时代中国特色社会主义强国建设具有十分重要的指导意义，而且对全球环境治理也具有十分重要的意义。人类只有遵循自然规律才能在开发利用自然上少走弯路甚至不走弯路，人类对大自然的伤害越大，自然还报给人类的伤痛就越强，这是无法抗拒的客观规律。

2022 年 10 月，党的二十大报告指出，"中国式现代化是人与自然和谐共生的现代化"，明确了我国新时代生态文明建设的战略任务，总基调是推动绿色发展，促进人与自然和谐共生。报告在充分肯定生态文明建设成就的基础上，从统筹产业结构调整、污染治理、生态保护、应对气候变化等多元角度，全面系统阐述了我国持续推动生态文明建设的战略思路与方法，并对未来的生态环境保护提出一系列新观点、新要求、新方向和新部署。

国家进一步推动高端化、智能化、绿色化产业结构构建。2024 年出台《绿色低碳转型产业指导目录（2024 年版）》，加大对新能源、节能环保、循环经济等产业的支持力度，严格控制高耗能、高排放项目盲目发展，加快钢铁、石化、建材等行业低碳工艺改造，推动制造业绿色供应链体系建设。我国生态文明建设更加注重系统治理、制度创新与科技支撑，在发展方式绿色转型、环境治理、生态修复与全球气候治理等方面展现出更明确的实施路径，取得了阶段性成果，为实现中国式现代化奠定了坚实的绿色根基。

7.2　生态工业园

7.2.1　工业园区和高新工业园区

在工业生产发展过程中，每个工厂都要考虑自身的生产效率、产品质量和市场流通。一个地区、行业或地方政府同样要考虑这一问题。在一个较小的地域范围内，在市场规律和历史原因作用下，集中建设、相对单一的大量工厂（以同类型为主），组成工业园区，以纺织行业为例，形成了浙江绍兴以中厚面料为主的轻纺市场，浙江桐乡濮院镇的羊毛衫城，广东新塘牛仔服市场，广东西樵面料市场，江苏吴江盛泽镇的丝绸市场，江苏常州的灯芯绒、卡其布市场，江苏南通家纺市场，等等。这些地区以某一类产品为特色，集中生产、销售、物流、上游原料、下游产品连成产业链，或称之为“板块经济”，如不考虑环境问题，显然有其优越性。但如果从规划开始不注意生态环境保护或者规模过大，必然对生态环境造成不可逆转的危害。

中国目前盛行的开发区实质上范围较广，包括经济技术开发区、高新技术产业开发区、保税区、出口加工区、边境经济合作区、旅游度假区和综合开发区等类型。这里主要讨论以工业生产包括工贸结合为主的工业园区。

1945 年以后，作为经济发展战略需要，出现了“工业园区”，联合国环境规划署（UNEP）认为工业园区是在一块较大的土地上有规划、有目标地聚集若干工业企业的区域，并具有以下特征：开发面积较大；园区内有工厂、公共设施、建筑物和生活娱乐设施；具有明确的规划，对土地利用率、建筑物类型、工厂入园条件、环保标准实施控制；集中供能、供热；集中“三废”处理；政府行政部门集中服务；有较好的信息流通条件；人才相对集中。由于有事先规划，工业园区不论从经济发展还是环境保护和管理上都具有明显的优势，因此发展很快。工业园区一般位于城市的外围或郊区，形成相对独立的地域单元，内部包括生产区、生产服务区、科学研究区、生活居住区和商业服务区等，具有基础设施和投资环境良好，经济活动密集，招商引资、出口创汇和经济效益密集等特点。

高新工业园区又称高新技术产业开发区，是一种以智力密集和开放环境条件为依托，依靠国内的科技和经济实力，吸收和引进国外先进科技资源、资金和管理方法，通过我国对高新技术产业的优惠政策，把科技成果转化为现实生产力的特殊区域。

近年来，全国各地根据自身特点和条件，积极创办各类园区。工业园区经历了数量上的快速增长至膨胀过剩，还有质量上的摸索起步到整合升级等不同的发展阶段。据统计，截至 2023 年底，国家级高新区共 178 家，国家级经济开发区共 232 家。

7.2.2 工业生态学和生态工业园区

（1）工业生态学　人类在发展过程中逐渐认识到要实现可持续发展，必须与自然友好相处。因此，人类开始用生态学分析方法来观察工业活动，研究工业系统所有组成部分，主要研究与人类活动相关的物质与能量的流动与储存的动力，从资源的采掘直到生物地球化学循环过程，弄清这些物质不可逆转并迟早要发生的循环的规律，即代谢过程，这就是工业代谢学。在此基础上进一步发展，借助于对生态系统和生物圈的认知，找到能使工业体系与生物生态系统正常运行相互匹配的可能的革新途径，这就是工业生态学。

工业生态学是近年来发展十分迅速的一门学科，尽管许多概念、方法还不算成熟，而这正是它生机勃勃的原因。虽然在 20 世纪 60 年代的杂志上已有工业生态学的名词出现，但一般认为是由美国通用汽车公司研究部的副总裁罗伯特·福罗什（Robert Frosch）和负责发动机研究的尼古拉斯·加罗布劳斯（Nicolas Gallopoulos）于 1989 年 8 月在《科学美国人》（*Scientific American*）杂志上发表的《可持续工业发展战略》一文中首先明确提出，文中指出，“在传统的工业体系中，每一道制造工序都独立于其他工序，通过消耗原料生产出即将被销售的产品和相应的废料；我们完全可以运用一种更为一体化的生产方式来代替这种过于简单化的传统生产方式，那就是工业生态系统。在工业生态系统里，能源和材料的消费被最优化了，一个过程的排放物可以作为另一过程的原材料”，此后在发达国家得到了广泛研究。

工业生态学的定义有 20 多种，但总体而言，将生态学的一些规律运用到工业生产中，加以研究。一个理想的工业生态系统应该包括资源开采者、处理者（产品制造者）、消费者和废物处理者。由于集约再循环，工业生产各个系统内不同行为者之间的物质流远大于出入生态系统的物质流。或者可以说工业系统既是人类社会系统的一个子系统，同时也是自然生态系统的一个子系统，是人类社会与自然生态系统相互作用最为强烈的一个子系统。如果人类处理不好这一子系统与自然生态系统的关系，将严重损害自然生态系统，因此这是人类社会可持续发展的核心问题。工业生态学主要研究工业系统中物质流的过程，采用定量的方法分析、研究工业系统的全部运行过程对自然环境造成的影响，并寻找消除这些影响的方法。工业生态学核心思想主要有以下几点。

① 工业生态系统应该像自然生态系统一样，不存在“废物”的概念，应该设法将“废物”作为资源。

② 对于各种工艺、产品、设备、基础设施、技术系统的规划都应具有预见性，使之易于适应对环境更友好的革新技术的出现。

③ 进入制造工艺的每个物质单元都应作为可销售产品的一部分而离开。

④ 用于生产过程的每一单元能量都应产生一种所期望的物质转化。

⑤ 在产品、工艺、服务和运转过程中，应尽量使用最少的物质和能量。

⑥ 所使用的物质和材料必须是毒性最小的。

⑦ 应尽量通过循环渠道来获取生产所需要的原材料，而不是通过采掘新资源。

⑧ 设计的工艺和产品应能保留所用材料的可利用性能。

⑨ 设计的产品应使其在生命终结之后还能用于生产其他产品。

⑩ 每项产业用地、设备、基础设施、系统或部件的开发、建设、调整，都应注意维护或改进当地栖息地和生物多样性，并最大限度地减少对当地资源的影响。

⑪ 应该改善与材料供应商、消费者和其他产业之间的关系，以循环利用和再使用材料的合作方式，使包装使用量最小。

更重要的是把这些理念运用于生产中以实现可持续发展。

生态工业与传统工业的比较见表 7-1。

表 7-1　生态工业与传统工业的比较

指标	传统工业	生态工业
目标	单一利用、产品导向	综合效益、功能导向
结构	线状链式、刚性	网状结构、自适应型
规模及发展	产业单一、趋向大型化	产业多样化、网络化
系统耦合关系	纵向、部门经济	横向、复合型生态经济
功能	生产产品、按市场规律运作	对产品生命周期全过程负责
经济效益	局部效益可能高，整体效益低	显示与环境协调的综合、整体效益
废弃物	排向环境、产生负效应	系统内资源化、正效应
调节机制	受外部控制、正反馈为主	内部调节、正负反馈平衡
环境保护	末端治理、高投入、无回报	过程控制、低投入、正回报
社会效益	负效益	物质循环可增加就业机会
自然生态	与厂外自然生态隔离	与厂外构成复合生态系统
稳定性	对外部依赖性强、不稳定	具有反馈功能、抗外部干扰能力强

续表

指标	传统工业	生态工业
进化策略	更新换代难、更新代价高	易协同进化、更新代价低
可持续能力	弱	强
决策管理机制	依靠人治、自我调节能力弱	生态控制、自我调节能力强
研发能力	封闭性、研发能力弱	开放性、研发能力强
工业景观	与环境反差大	与环境和谐
生态行为	分工专门化、行为机械化	分工多元、一专多能、行为人性化

（2）工业共生模式　将自然生态系统中物种之间的关系运用到生态工业中，将业务性质上相互关联的各种企业聚集在一起，使一家企业的副产品或废物作为另一家企业的原料，连成一个链，这些企业之间称为工业共生。通过这种合作，共同提高企业的生存和获利能力，同时实现对资源的节约和环境保护。共生双方一般都是正相互作用。

根据参与企业的所有权关系，工业共生可分为自主实体共生和复合实体共生两类。自主实体共生是指参与企业均具有独立法人资格，企业间不具有隶属关系，因此利益的驱使是它们合作的基础，在利益得不到满足时，可以结束合作关系，也可寻找其他伙伴加入；复合实体共生是指参与共生的企业同属于一个企业集团，这种共生模式取决于集团的战略意图或出于集团优化资源整合业务的需要，或迫于环保的要求，这种共生对于某一企业可能是负效益，只要集团整体效益是正效益即可，它们之间联合与否也由集团决策。

工业共生的实质是企业间的合作，而物质（或能量）的交易成本大小是企业考虑的重要因素。交易费用的大小，主要取决于市场经济规律，也与环保压力、企业对生态环境的认识和责任有关，其中政府起到导向和协调作用。

（3）生态工业园区　生态工业园区（eco-industrial park，EIP）是依据循环经济理念、工业生态学原理和清洁生产要求建设的一种资源节约型和环境友好型的工业园区。生态工业园区通过物质流或能量流传递等方式把不同工厂或企业连接起来，形成共享资源和互换副产品的产业共生组合，使一家工厂的废弃物或副产品成为另一家工厂的原料或能源，模拟自然生态系统，在产业系统中建立"生产者—消费者—分解者"的循环途径，寻求物质闭环循环、能量多级利用和废物产生最小化。

生态工业园区与传统园区的主要区别如下。

① 有机整体性：与传统园区相比，生态工业园区内企业并不是简单、机械地拼凑、叠加而成的。生态工业园区是依据工业生态学和循环经济理论建立的产业集群，其所包含的企业数量、规模、类型都要通过科学匹配后有机地组合成一个具有生态系统属性的企业组合体系。

② 生态网络性：从更广阔的范围来看，传统园区是以生产配套协作为核心、在地理上的集中。而生态工业园区在结构设置上以物质循环和能量流动为核心，园区不仅包括地理上的所在地，还包括附近所有区域内能够实现生态联系的企业。这些企业可以在毗邻的地区或者一个距离更远的地方，它们相互联系，构成了工业生态网络。相对于传统园区，生态工业园区集群拥有完整的循环，其生态环境的协调适应性更好，可持续发展能力更强。

③ 技术支撑性：生态工业园区建设基本是通过新建或改造现有传统园区来实现的。所以要实现园区转型，还需要一定的环保技术创新手段作为支持。这些技术包括信息科学技术、能源综合利用技术、水处理技术、回收和再循环利用技术、空气净化技术等。

④ 规模经济性：生态工业园区在实现规模经济的同时，因为自身的有效集群和特有的

外部规模经济，避免了企业规模扩张所带来的经营管理和生产成本增加、技术创新能力下降、资源配置效率变差等缺点，并通过降低污染治理费用和促进循环技术创新等优势提高了企业竞争力，助推区域经济的快速发展。这正是生态工业园区与传统园区相比，实现规模经济的最显著优势。

20 世纪 90 年代末，生态工业园区的概念进入我国。1999 年 10 月，国家环境保护总局与联合国环境规划署合作实施“中国工业园区的环境管理”研究项目，首次在我国工业园区引入生态工业理念。2007 年 4 月，国家环境保护总局、商务部和科技部联合发布了《关于开展国家生态工业示范园区建设工作的通知》（环发〔2007〕51 号），三部局联合在国家经济技术开发区、国家高新技术开发区和其他工业集聚区加快推进生态工业园区建设，标志着我国国家生态工业示范园区建设进入了全面试点阶段。2009 年，环境保护部发布《关于在国家生态工业示范园区中加强发展低碳经济的通知》（环办函〔2009〕1359 号），将发展低碳经济的要求作为重点内容纳入国家生态工业示范园区建设和考核体系，积极探索园区内减少碳排放的有效途径。2012 年党的十八大报告指出，全面落实经济建设、政治建设、文化建设、社会建设、生态文明建设五位一体总体布局。生态工业园区作为工业领域推进生态文明建设的主阵地，生态文明理念对其建设提出了更明确和科学的要求，具有重要指导意义。随着生态文明地位的提升，我国生态工业园区建设理论和内涵进一步深化，我国生态工业园区建设进入了新的深化发展阶段。环境保护部对 2009 年颁布的《综合类生态工业园区标准》（HJ 274—2009）进行修订，于 2015 年 12 月颁布了《国家生态工业示范园区标准》（HJ 274—2015），进一步规范了国家生态工业示范园区的建设和运行。

7.2.3 国外生态工业园区实例

欧洲、美国、日本以及很多发展中国家已经建立了许多生态工业园区，并提供了很多成功经验。

7.2.3.1 丹麦

（1）概况　目前国际上最成功的生态工业园区是丹麦卡伦堡（Kalundborg）生态工业园区。卡伦堡是一个仅有几万居民的工业小城市，位于北海之滨，哥本哈根以西 100km 左右。由于卡伦堡的峡湾在北半球这个纬度上是冬季少数不冻港之一，因此准确地说，常年通航正是卡伦堡 20 世纪 50 年代以来工业发展的缘由。

（2）生态工业园区的构成方案　卡伦堡共生体系中主要有 5 家企业，相互间的距离均为数百米，由专门的管道体系连接在一起（图 7-4）。

① 阿斯耐斯瓦尔盖（Asnaesvaerket）发电厂：这是丹麦最大的火力发电厂，发电能力为 150 万千瓦，最初用燃油，（第一

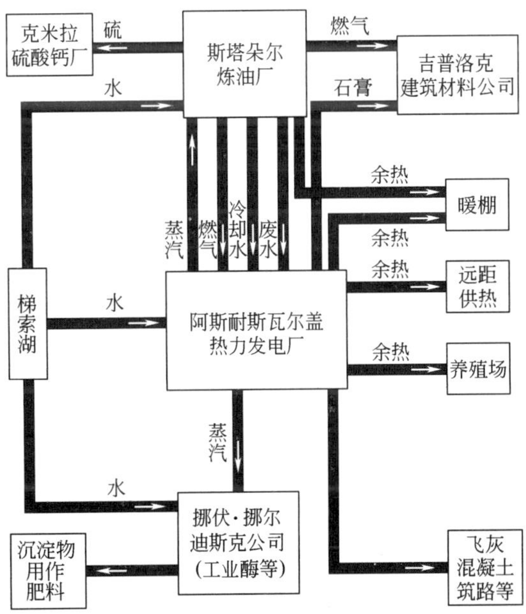

图 7-4　卡伦堡共生体系物流交换示意图

次石油危机）后改用煤炭，雇佣600名职工。

② 斯塔朵尔（Statoil）炼油厂：丹麦最大的炼油厂，年产量超过300万吨，有职工250人。

③ 挪伏·挪尔迪斯克（Novo Nordisk）公司：丹麦最大的生物工程公司，是世界上最大的工业酶和胰岛素生产厂家之一。设在卡伦堡的工厂是该公司最大的工厂，员工达1200人。

④ 吉普洛克（Gyproc）建筑材料公司：一家瑞典公司，卡伦堡的工厂年产1400万平方米石膏建筑板材，有175名员工。

⑤ 卡伦堡市政府：使用热电厂出售的蒸汽给全市供暖。

园中物流交换情况见图7-4。

园区中液态或蒸汽态的水，是可以系统地重复利用的“废料”。水源或者来自相距15千米的梯索湖（Tisso），或者取自卡伦堡市政供水系统。斯塔朵尔炼油厂排出的水用于冷却阿斯耐斯瓦尔盖发电厂的发电机组。发电厂产生的蒸汽又供给炼油厂，同时也供给挪伏·挪尔迪斯克公司的发酵池。热电厂也把蒸汽出售给吉普洛克建筑材料公司和市政府（用于市政的分区供暖系统），还给一家养殖大菱鲆的养殖场提供热水。

1990年，热电厂在其一个机组上安装了脱硫装置，燃烧后气体中的硫与石灰发生反应，生成石膏（硫酸钙）。这样，热电厂每年多生产10万吨石膏，由卡车送往邻近的吉普洛克建筑材料公司，这些石膏用作建筑材料公司的原材料，吉普洛克公司因此可以不再进口此前一直从西班牙矿区开采而来的天然石膏。至于炼油厂产生的多余的燃气，可以作为燃料供给发电厂和吉普洛克公司。

（3）运行情况　卡伦堡生态工业园区已经运作了相当长的时间，通过目前已经掌握的部分材料，可以初步评估卡伦堡工业共生系统的环境、经济优势。

① 减少资源消耗：每年45000t石油、15000t煤炭、600000m^3水，这些都是该地区相对稀少的资源。

② 减少造成温室效应的气体排放和污染：每年175000t二氧化碳和10200t二氧化硫。

③ 废料重新利用：每年130000t炉灰（用于筑路）、4500t硫（用于生产硫酸）、90000t石膏、1440t氮和600t磷。

事实上，源于这些交换的经济利益同样很大。据可以公开得到的资料，20年间总的投资额（计16个废料交换工程）估计为6000万美元，而由此产生的效益估计为每年1000万美元，投资平均折旧时间短于5年。

（4）对卡伦堡生态工业园区的思考　通过对卡伦堡生态工业园区的分析，将其成功归结为以下三个方面。

① 该生态工业园区的形成是一个自发的过程，是在商业基础上逐步形成的，所有企业都从中得到了好处。每一种“废料”供货都是伙伴之间独立、私下达成的交易。交换服从于市场规律，运用了多种方式，有直接销售、以货易货甚至友好的协作交换，例如接受方企业自费建造管线，作为交换，得到的废料价格相当便宜。

② 该生态工业园区的成功广泛地建立在不同伙伴之间的已有信任关系基础上。卡伦堡是个小城市，大家都相互认识，这种亲近关系使有关企业间的各个层次的日常接触都非常容易。

③ 该生态工业园区的特征是几个既不同又能互补的大企业相邻，这种“企业混合”有利于废料和资源的交换。

根据卡伦堡生态工业园区多年的运作情况，其不足之处有以下几个方面。

① 生态工业园区系统受到刚性的制约，这是因为园区内的企业数量有限，受保障大部

分废料运输的基础设施的性质所限，管道运输只适合固定伙伴之间固定的废料交换。

② 如果园区中某个企业要改变生产方式，或者只是一个伙伴很简单地要终止业务，就可能造成某种废料不足，从而使整个交换系统受到严重干扰。在卡伦堡，废料交换的理由主要是生产者与消费者之间邻近。因此可以设想，在许多不实行废料交换的普通工业园区，像卡伦堡共生体系这样的经济结构不可能在实际供应更为脆弱的情况下存在。

③ 购买固定废料的企业的工艺流程很难承受向它们提供的原料在性质或构成方面的变化。吉普洛克建筑材料公司的情况就是一个典型的例子。1995 年，吉普洛克在常规分析过程中发现石膏中含有大量的钒，这种金属可能对一些人造成变态反应（超敏反应）。经过仔细调查，最终发现钒污染的原因是：阿斯耐斯瓦尔盖发电厂试用了一种叫作奥里乳化油（orimulsion）的价格十分低廉的燃料。奥里乳化油是一种从委内瑞拉奥里诺科河流域开采来的石油，调查人员在这种石油里发现了钒，最终在石膏中也发现了钒。阿斯耐斯瓦尔盖发电厂只好改进其设备，以防止脱硫装置生产的石膏中累积钒及其他污染物。

④ 经济上的不合理。例如，为了防止可能对远距供暖造成致命的竞争，卡伦堡没有天然气输气管道。事实上，对于个人消费者来说，由热电厂蒸汽网络所供的热比管道天然气供热要昂贵得多。这是一个荒谬的现象：丹麦的天然气一直供应到瑞典境内的吉普洛克下属的一个工厂，而在丹麦卡伦堡却要使用液化气瓶或由斯塔朵尔炼油厂提供的燃气。

⑤ 很难将中小企业整合进共生系统，主要是因为它们的生产量和对副产品的吸收量都相当小。不过，卡伦堡共生系统的一些主要企业正在积极地寻找新的合作伙伴，例如阿斯耐斯瓦尔盖发电厂正在设想利用自己多余的蒸汽来制冷。如果有一个食品加工企业设在附近，该企业便可以获得非常合算的冷冻系统。

因此可以得出结论：工业“营养结构”并不一定比在自然生态系统中所见到的更简单，生态工业园区的建立和完善需要一个过程，这只是一种理想模式，实际情况难度可能大得多；卡伦堡之所以成为世界范围内的一个典型，与范围小、结构简单、人们合作和环保意识强有关。

7.2.3.2 美国

20 世纪 70 年代以来，在美国环境保护署（EPA）和总统可持续发展委员会（PCSD）的支持下，美国的一些生态工业园区项目应运而生，涉及生物能源的开发、废物处理、清洁工业、固体和液体废物的循环再利用等多方面。特别是从 1993 年开始，生态工业园区在美国迅速发展。美国政府在总统可持续发展委员会下还专门设立了“生态工业园区特别工作组”，根据联合国工业发展组织（VNIDO）2017 年发布的《全球生态工业园项目框架》，美国已经有 25 个生态工业园区，并各具特色。

（1）查塔努加生态工业园区　查塔努加（Chattanooga）小城位于美国田纳西州，曾经是一个以污染闻名的制造中心，该工业区后来改造成生态工业园区。以杜邦公司的尼龙线回收为核心，推行企业零排放改革，不仅减少了污染，而且促进了环保产业的发展。其突出特征是通过重新利用老工业企业的工业废弃物，以减少污染和增加效益。而今，园区内旧钢铁铸造车间已经变成一个用太阳能处理废水的生态车间，而旁边是利用循环废水的肥皂厂，紧邻的是急需肥皂厂副产物做原料的另一家工厂，这样有可能建立一个完整的生态工业网络。这种革新方式对老工业区改造很有借鉴意义，并且更能适应老工业企业密集的城市。

（2）查克托生态工业园区　查克托（Choctaw）位于俄克拉何马州，基于该州大量的废轮胎资源，在查克托新建立生态工业园区。园区内采用高温分解技术，将这些废轮胎资源化而得到炭黑、塑化剂和废热等产品，进一步衍生出不同的产品链。这些产品链与辅助的废水处理系统一起构成一张生态工业网络，其特点是因地制宜，采用废物资源化技术构建核心工业生态链，进而扩展成工业生态网。

7.2.3.3 日本

日本是最早关注产业与生态关系的国家之一，提出了与生态工业园区类似的零排放社会的概念。日本生态工业园区的设置即来自零废弃物（zero emission）的构想，也就是所有产业所产生的废物均能活用作为其他领域的原料，实现废物零排放的资产回收循环型产业社会。

例如川崎零排放工业园，主要利用湿地进行废水处理并再利用，将废物转化为能源，建立日光温室，灰渣及其他废物则用于水泥和陶瓷的制造。日本政府大力发展生态工业园，较为著名的项目包括藤泽生态工业园和山梨生态工业园等。藤泽生态工业园是日本的EBARA公司和零排放机构以及国际贸易与工业部门合作，为满足环境工程公司由末端治理技术向减少废物和降解废物方面转化的要求，将零排放概念引入其产品和技术而建立起来的一个生态工业园区。它集工业、商业、农业、生活、娱乐于一体，成为多功能的共同体。自1997年起由经产省和环境省共同推出生态城镇（Eco-Town）计划，中央政府给地方政府提供技术和资金上的支持以建立生态城镇区域。在这类区域中，通过各种循环利用和工业共生，努力促进实现整个地区的零废物排放。

7.2.4 中国生态工业园区实例

2001年8月，我国第一个国家生态工业示范园区示范工程——贵港国家生态工业（制糖）示范园区开始试点建设，标志着我国开始了生态工业园区规划与建设的系统性探索工作。

（1）概况　贵港国家生态工业园区是我国建立的第一个国家生态工业示范园区。贵港市位于广西壮族自治区东南部，是华南最大的内河港口新兴城市，也是新崛起的西江经济走廊中的一颗明珠。该市属亚热带季风区，气候温和，雨量充沛。由于大部分土地位于北回归线以南，太阳辐射较强，光热充足。优越的气候条件使贵港市成为我国重要的甘蔗生产基地，因此制糖工业成为贵港市的支柱产业。在示范园区成立之初，制糖工业及其辐射带动的产业产值在全市生产总值中约占33.8%。贵港市约30%的人口在从事与制糖工业及其辐射带动的产业相关的活动。

然而贵港制糖工业却面临着严峻的挑战：①制糖工业成为贵港市最大的污染源；②制糖生产工艺落后，产品科技含量低；③产业结构不尽合理；④产业整体综合利用水平低；⑤甘蔗种植的生态安全性差。针对以上情况，以利用生态理念重新规划产业发展为原则，决定在贵港市建设生态工业（制糖）示范园区。

（2）生态工业（制糖）示范园区的构成规划　贵港地处广西东南部，周围300千米范围内包括了广西几乎所有的糖厂。在此建设生态工业园区可以将广西几乎所有糖厂所产生的废物集中到示范园区进行集中处理、综合利用。

该生态工业示范园区由六个系统组成，各系统内分别有产品输出，各系统间通过中间产品和废弃物的相互交换而互相衔接，从而形成一个比较完整闭合的生态工业网络，园区内资源得到最佳配置，废弃物得到有效利用，环境污染降到最低水平，具体见图7-5。

这六个系统具体如下。

① 蔗田系统：负责向园区提供高产、高糖、安全、稳定的甘蔗，保障园区制造系统有充足的原料供应。

② 制糖系统：通过制糖新工艺改造、低聚果糖技术改造，生产出普通精炼糖以及高附加值的有机糖、低聚果糖等产品。

③ 乙醇系统：通过能源乙醇工程和酵母精工程，有效利用甘蔗制糖副产品——废糖蜜，生产出能源乙醇和高附加值的酵母精等产品。

④ 造纸系统：充分利用甘蔗制糖的副产品——蔗渣，生产出高质量的生活用纸及文化用纸和高附加值的 CMC（羧甲基纤维素钠）等产品。

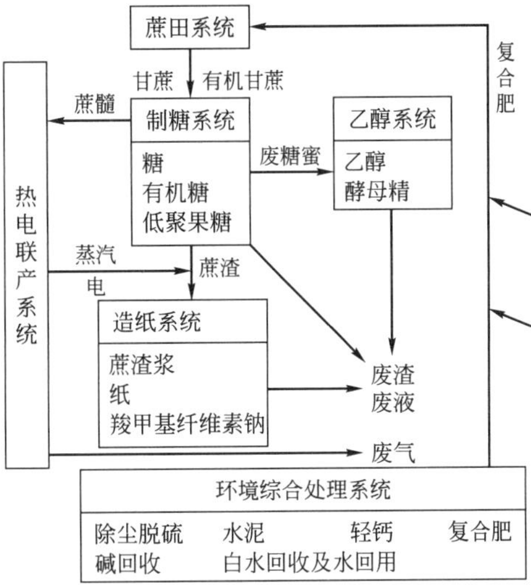

图 7-5　生态工业（制糖）示范园区总体结构图

⑤ 热电联产系统：通过使用甘蔗制糖的副产品——蔗髓替代部分燃料煤，实现热电联产，供应生产所必需的电力和蒸汽，保障园区整个生产系统的动力供应。

⑥ 环境综合处理系统：为园区制造系统提供环境服务，包括废气、废水的处理，生产水泥、轻钙、复合肥等副产品，并提供回用水以节约水资源。

（3）投资与效益　示范园区一共建设 12 个工程项目，其中现代化甘蔗园建设工程、蔗髓热电联产技改工程和节水工程为在建项目，生活用纸扩建工程、低聚果糖生物工程、能源乙醇技改工程、有机糖技改工程、绿色制浆技改工程、制糖新工艺改造工程、酵母精生物工程、CMC 工程及生态工业能力建设为新建工程项目。据初步估算，其建设总投资为 364794.7 万元，其中建设资金 276046.3 万元，占总投资的 75.7%，流动资金 88748.4 万元，占总投资的 24.3%。

示范园区的发展产生显著的经济效益、环境效益和社会效益。

① 经济效益

a. 园区甘蔗种植面积达 80.4 万亩，每四个农民中有一个就是蔗农，仅甘蔗销售所带来的经济效益达 4.59 亿元，占全市 GDP 的 30%，经济带动作用强，蔗农的种植收入实现了巨大增长。

b. 制糖系统产出普通糖和有机糖以及低聚果糖，造纸系统产出生活用纸，乙醇系统产出普通乙醇以及能源乙醇。2015 年，这些终端产品的新增利润达 9.2 亿元，是 2000 年利润的 10 倍左右，经济实力愈发凸显。

c. 园区内部有多个公司，园区公司纳税达 7.5 亿元，园区在实现自身经济效益的同时，增加了政府的财政收入，实现了经济的腾飞。

d. 2015 年制糖行业整体产品用于销售最终产生的经济效益达 130.5 亿元，利润达 72.4 亿元，更加凸显了制糖业在园区的主导和核心地位，以及对整个园区的促进带动作用。

② 环境效益

a. 变废为宝，节约资源：用废糖蜜每年可生产能源乙醇 20 万吨，节约玉米 60 万吨；20 万吨蔗渣造纸每年节约 60 万～66 万立方米木材；造纸脉冲水的回用每年减少 1584 万吨新鲜水的消耗和污染。

b. 减少污染排放：将乙醇废液用于生产复合肥，阻止了自治区内 93%的乙醇废液环境排放，相当于减少 13.4 万吨有机物对水体的污染。

c. 发展生态农业：现代化甘蔗园的建设促进了甘蔗种植的可持续发展，对保护和恢复农业生态环境做出了贡献。

③ 社会效益

a. 为全国制糖工业探索绿色经济发展道路提供了样板。

b. 提高了贵港市在广西乃至全国的科技和经济地位。

c. 促进贵港市社会经济的全面发展，提高了人民生活水平。

d. 为解决能源安全问题提供了一条经济上可行且来源可靠的途径。

7.3 生态城市

7.3.1 城市的产生和演变

“城市”（city）一词在汉语中是“城”和“市”的综合，“城”是古代人类防御野兽和敌人的设施，“市”是交换商品的场所。城市是人类社会发展和分工的产物。农业的产生，农业和畜牧业的分离，是人类第一次社会分工，以农业为主的人们开始定居，形成聚落，构成了城市的早期雏形。当手工业发展到一定程度，手工业从农业中分离，形成第二次社会大分工，手工业者摆脱了土地的束缚，开始寻找交通方便、地理位置适当的地方集中居住，以手工业产品换取粮食、畜肉和毛皮。随着生产的发展、交换的扩大，出现了不从事生产而专门从事交换的商人，形成第三次社会大分工。一方面，随着商人和手工业者聚集的规模扩大，“市”的功能也逐渐扩大。另一方面，由于私有制的产生，不同聚落间因利益冲突发生争斗，为了防御需要，利用有利的地理位置，用石块、水沟组成防御带，这是“城”的雏形，聚落及其联盟扩大以及与“市”的结合，这就是城市形成的过程。

从世界上最早产生城市至今大约已有 5000 年的历史，开始时城市的发展比较缓慢，200 多年前工业革命后，不论是经济、生产力、科学技术还是政治、文化都发生了巨大变化，使城市在数量和规模上迅速扩展，世界人口加速向城市集中，1780 年世界城市人口只占总人口的 3%，到 1850 年已达到 6.4%，1900 年达 13.6%，1950 年达 28.2%，1980 年达 42.4%。即工业革命 200 多年以来，每 50 年，世界城市人口就翻一番。现在发达国家城市人口比例高达 70%～89%，其中新加坡已实现了完全城市化，即比例达到 100%。2018 年全球城市化平均水平为 55%，联合国经济和社会事务部（UNDESA）公布的《2018 年世界城市化趋势》报告显示：今天世界上 55%的人口居住在城市中，预计到 2050 年，全球城市化率有望达 68%，其中近 90%的城市化增长来自亚洲和非洲。城市将作为人类主要集聚地，同时产生职能有所侧重的各种类型的城市，例如政治中心（国家首都、地区首府，例如北京、华盛顿、莫斯科等）、金融中心（纽约、伦敦、香港等）、工业城市（鞍山、沈阳等）、港口城市（大连、天津、鹿特丹等）、交通枢纽（郑州、芝加哥等）、风景旅游城市（桂林、黄山、西安等）、大学城市（海德堡、牛津、伯克利等）。当然，许多城市兼有多种功能，例北京、巴黎、罗马、莫斯科、开罗等城市兼具政治、经济、文化、旅游中心的功能。

根据《中华人民共和国 2023 年国民经济和社会发展统计公报》，截至 2023 年底，我国共有省级行政区划单位 34 个，地级行政区划单位 333 个，县级行政区划单位 2843 个，乡级行政区划单位 38575 个。2023 年我国总人口为 140967 万人，城镇人口为 93267 万人，乡村人口为 47700 万人，如表 7-2 所示。城镇化率也逐年增加，如图 7-6 所示，特别是在 2005 年至 2018 年的十三年间有明显的增加。

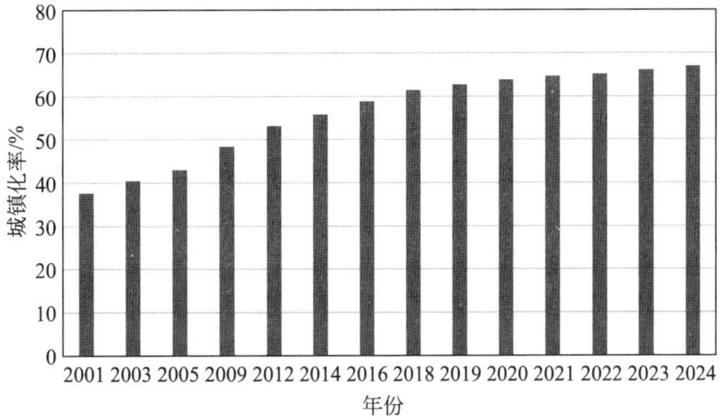

图 7-6　2001—2024 年我国城镇化率变化

表 7-2　2001—2024 年我国人口组成情况

年份	年末总人口/万人	城镇人口/万人	乡村人口/万人	年份	年末总人口/万人	城镇人口/万人	乡村人口/万人
2001	127627	48064	79563	2018	140541	86433	54108
2003	129227	52376	76851	2019	141008	88426	52582
2005	130756	56212	74544	2020	141212	90220	50992
2009	133450	64512	68938	2021	141260	91425	49835
2012	135922	72175	63747	2022	141175	92071	49104
2014	137646	76738	60908	2023	140967	93267	47700
2016	139232	81924	57308	2024	140828	94350	46478

7.3.2　城市问题及其解决方法

城市化一般是指第一产业人口转化为城市人口的过程，城市化是代表人类发展的重要过程，是一个国家经济、科学技术、文化发展的结果，也是社会进步的象征。城市化在促进人口聚集的同时，发挥巨大的规模效应，不论是经济、科技、文化艺术，还是政治、宗教，其社会效益、经济效益无疑是巨大的，城市的诞生是人类文明的一大进步。

但由于城市不仅在数量上迅速扩展，城市中人口数量也快速增加，特大城市愈来愈多，在狭小的空间内聚集大量人口和生产活动、经济活动、消费活动，对自然资源的集中、高密度的消耗，废物集中、高密度的排放，无疑对环境造成严重损害。由于人类对自然认识上的局限性，可以说城市是在破坏自然、损害自然的过程中发展起来的。资源耗竭、环境污染、热岛效应、生态破坏成为城市发展的“副产品”。交通拥挤、居住紧张、社会问题、道德伦理问题、心理问题、失业和犯罪问题等成为现代社会的通病。

为了解决城市化过程产生的一系列弊病，国际上逐步形成了“都市群”这一区域协同发展模式，即在一定区域内，以某一城市为中心，在其周围分布一定数量的各类城市，在生产、经济、贸易、文化交流等许多方面相互紧密联系，以便捷的交通（高速公路、城际轨道交通等）形成一个“整体”，互惠互利，发挥超常的聚集效应，缓解由单一超大城市造成的弊病。这种中心-卫星城市结构的都市群在国际经济、文化方面具有很大的示范效应，比较著名的有美国的洛杉矶-长滩-加利福尼亚，日本的东京-横滨-大阪-神户-京都，德国的莱茵-鲁尔，我国的长江三角洲地区、珠江三角洲地区、京-津-塘地区等。长江三角洲（以下简称长三角）地区是我国经济发展最活跃、开放程度最高、创新能力最强的区域之一，其面积仅占全国总面积的2.3%，拥有2.25亿人口，贡献了全国1/4左右的GDP。其范围包括上海市、江苏省、浙江省、安徽省全域，总面积35.8万平方千米，以上海市，江苏省南京、无锡、常州、苏州、南通、扬州、镇江、盐城、泰州，浙江省杭州、宁波、温州、湖州、嘉兴、绍兴、金华、舟山、台州，安徽省合肥、芜湖、马鞍山、铜陵、安庆、滁州、池州、宣城27个城市为中心区，总面积22.5万平方千米，辐射带动长三角地区高质量发展。目前从江苏到上海有五条高速公路相连，浙江到上海有三条高速公路，其他公路和铁路紧密相连，从浙江宁波、上虞等地到上海的三座跨海大桥，使相互间的距离愈来愈短。今后随着“长三角一体化发展战略”的实施，城市间的生产、物流、商贸整体将更趋合理，文化交流将更加频繁，推动长三角城市群成为资源配置中心、现代服务业和先进制造业中心。

7.3.3　生态城市的内涵和特征

随着对生态学研究的深入，人们认识到城市是一个特殊的生态系统，因此城市生态学作为生态学的一个分支迅速发展起来。城市生态学是以城市空间范围内生命系统与环境之间联系为研究对象的一门新兴学科。人作为城市中的主体、支配者，其他生物和环境都是按人的意愿进行设计、建设和改造的。由于对生态学的无知和功利主义，以往的城市变为钢筋混凝土的“森林公园”，连城市中的其他生物也由人类选择、决定，例如种植的树木花草、圈养的宠物等，这样的生态系统无疑是非常脆弱的。而且由于物种稀少、食物链太短，对外界依赖性极强，城市是一个不稳定的生态系统。为了改变这种状况，将生态学理念融入城市建设中，建设生态城市便成为研究热点。

生态城市的概念最早是由联合国教科文组织发起的“人和生物圈计划”中提出的，关于生态城市的定义有以下几种。①1989年，我国黄光宇教授认为，生态城市是根据生态学原理，综合研究城市生态系统中人与“住所”的关系，并应用生态工程、环境工程、系统工程等现代科学与技术手段协调现代城市经济系统与生物的关系，保护与合理利用一切自然资源与能源，提高资源的再生和综合利用水平，提高人类对城市生态系统的自我调节、修复、维持和发展的能力，使人、自然、环境融为一体，互惠共生。②1984年，苏联生态学家杨诺斯基（O. Yanisty）认为，生态城市是一种理想模式，其中技术与自然充分融合，人的创造力和生产力得到最大限度的发挥，而居民的身心健康和环境质量得到最大限度的保护，物质、能量、信息高效利用，生态良性循环。③1987年，美国生态学家理查德·雷吉斯特（Richard Register）认为生态城市即生态健康城市，是一种紧凑、充满活力、节能并与自然和谐共存的聚居地。三种定义各有特点，其核心是人和自然融合的、高效的聚居地，但这是理想状态的、用持续改进来逐步逼近的。生态城市、生态工业、生态农业等结合起来实际是生态文明社会，从原始社会到农业社会再到工业社会最后到生态文明社会，是历史发展的进程和必然，这种进化可用表7-3表示。

表 7-3　人类不同发展时期特征比较

项目	原始社会	农业社会	工业社会	生态社会
居住形式	无定所	以农村为主	以城市为主	城乡融合
主要产业	畜牧	农业	工业	知识信息产业
资源开发	自然	自然	自然-智力	以智力为主
能源	薪柴	薪柴、畜力	煤、石油	以可再生能源为主
技术形式	狩猎技术	农耕技术	工业技术	知识信息技术
城乡关系	没有城乡	并存	分离	融合共生
人和自然的关系	以自然物为图腾	敬畏、顺应	掠夺自然	与自然协调

7.3.4　生态城市的评定指标

如何来评定一个城市是否达到生态城市？显然这是人为的、相对的、可以改变和不断发展的。从不同角度出发，对城市建设和方向提出了许多名词，如国际上提出的绿色城市、健康城市和普世城，国内提出的园林城市、环境保护模范城市、山水城市、可持续城市、信息化城市、卫生城市等。它们之间都有融合自然、改善人类生活环境的相同之处，但出发点不同，重点也就不同。

绿色城市是在世界为保护环境而发起的绿色运动中提出的，印度的拉希米・马尤尔（Rashmi Mayur）提出绿色城市的 8 项指标，除了绿化、美化之外，强调人类与自然协调、生态平衡、保护自然、注重人类健康和文化发展。

健康城市是世界卫生组织（WHO）面对 21 世纪国际城市化趋势给人类带来的挑战而提出的，1996 年 4 月 5 日世界卫生组织公布了健康城市的 10 项标准，从健康的人群、健康的环境和健康的社会三者相结合角度提出了要求。

普世城由希腊学者道萨迪亚斯（C. A. Doxiadis）根据对人类聚居进化和发展的研究提出，他认为 21 世纪末，地球上所有城市将连成一片——“普世城”，整个地球成为一个“日常生活系统”，呈条形的网状结构，大部分集中在沿海一带，普世城一定程度上将全世界组成一个联邦制国家，从文明社会走向世界大同，它带有强烈的理想色彩。

为了平衡经济发展和环境保护，谋求长远的可持续发展，建设部于 1992 年依据我国国情提出创建“园林城市”。2000 年进一步制定《创建国家园林城市实施方案》和《国家园林城市标准》，从绿化、美化、生态建设、环境治理、市政建设等方面提出具体指标。为更好地推进国家园林城市系列创建工作，住房和城乡建设部于 2016 年 10 月 28 日印发了修订后的《国家园林城市系列标准》（建城〔2016〕235 号）。这些指标仅是生态城市的基础，对同一城市用不同指标来衡量可能得到不同的结果。

环境保护模范城市指经济持续发展、环境质量良好、资源合理利用、生态良性循环、城市优美洁净、基础设施健全、生活舒适便捷的示范城市。“九五”期间，为推进我国城市的可持续发展，落实国务院批准的《国家环境保护“九五”计划和 2010 年远景目标》所提出的城市环境保护“要建成若干个经济快速发展、环境清洁优美、生态良性循环的示范城市”的要求，国家环境保护局于 1997 年下发了《关于开展创建国家环境保护模范城市活动的通知》，决定在全国各城市开展创建国家环境保护模范城市的活动。2008 年环境保护部发布了《国家环境保护模范城市创建与管理工作办法》，截至 2016 年该项认定工作结束，全国共有 95 个城市（区）获得国家环境保护模范城市称号。为全面践行“绿水青山就是金山银山”理念，积极推进绿色发展，不断提升区域生态文明建设水平，环境保护部于 2016 年 1 月发布了《国家生态文明建设示范区管理规程（试行）》和《国家生态文明建设示范县、市指标（试行）》。

生态城市尚无明确的定义，其主要内涵是人类文明与自然生态和谐融合同时经济高效。黄光宇教授提出：生态城市是社会-经济-自然复合系统，它由社会生态、经济生态和自然生态三个子系统所组成。社会生态的标准是文明社会，要求人口规模与资源平衡，人口结构优化，物质、精神、心理素质高，法律健全、社会稳定，等等。经济生态的标准是高效，发展循环型经济，知识产业成为产业主体，尽量利用可再生能源，保证经济可持续发展。自然生态的标准是和谐，保护和合理利用自然生态环境、保护生物多样性、人文景观和自然环境相融合等。以上是定性的描述，在比较、考核时需要有指标体系。可采用如表 7-4 所示的生态城市综合指标体系。

表 7-4　生态城市综合指标体系

总目标	分目标	准则	指标	单位	参考标准
人与自然和谐持续发展的人居环境	文明的社会生态	人类及其精神发展健康	1. 人口自然增长率	‰	＜0.7
			2. 人口平均预期寿命	岁	＞75
			3. 每万名职工科技人员数	人	＞4000
			4. 公共教育占 GDP 的比重	%	＞2.5
			5. 人均图书占有量	册	＞50
			6. 劳动力文化指数	a	＞15
			7. 文化支出占生活支出比重	%	＞40
			8. 人均每周休闲时间	h	17
			9. 群众性体育活动参加率	%	70
			10. 人的尊严与权利		得到法律保障
			11. 生态意识普及率	%	95
			12. 不同人群的社会关系		平等、公正、和谐
			13. 基尼指数[1]		＜25
		社会服务保障体系完善	14. 每万人商业服务网点数	个	＞700
			15. 每万人医生数	人	＞80
			16. 人人有适当住房实现率	%	＞95
			17. 社会保险普及率	%	＞90
			18. 就业率	%	＞95
			19. 特殊人群收益率	%	＞95
			20. 每 10 万人刑事案件数	件	＜100
			21. 每 10 万人交通死亡人数	人	＜10
		社会管理机制健全	22. 社会政治状况		开放稳定、民主廉洁
			23. 管理监督水平		机构健全、运作高效
			24. 公众参与水平		广泛
			25. 立法水平		完善、健全

续表

总目标	分目标	准则	指 标	单位	参考标准
人与自然和谐持续发展的人居环境	高效的经济生态	经济发展效率高	26. 单位 GDP 能耗(以标准煤计)	t/万元	0.5
			27. 清洁能源比重	%	>70
			28. 污水处理达标率	%	100
			29. 固体废物处理利用率	%	100
			30. 知识产业比重	%	>60
			31. 工业清洁生产实现率	%	>90
			32. 农业生态化生产普及率	%	>90
			33. 环保投资指数	%	>2
		经济发展水平适度	34. 恩格尔系数	%	<12
			35. 人均 GDP	万元	>5
			36. 电话普及率	部/100 人	95
			37. 人均电脑拥有率	%	30
			38. 自来水普及率	%	100
			39. 人均居住面积	m^2/人	>20
			40. 交通设施水平		方便、安全、舒适
			41. 科技进步贡献率	%	>70
			42. 高科技产业产值占 GDP 的比重	%	>70
			43. 第三产业产值占 GDP 的比重	%	>70
		经济持续发展能力强	44. 粮食安全系数	%	>20
			45. 水资源供给水平		适应发展
			46. 能源供给水平		适应发展
			47. 土地供给水平		适应发展
			48. 蔬菜副食生产能力		保持平衡
	和谐的自然生态	自然环境良好	49. 大气环境质量		符合标准要求
			50. 水环境质量		符合标准要求
			51. 声环境质量		符合标准要求
			52. 建成区绿化覆盖率	%	>50
			53. 人均公共绿地面积	m^2/人	>20
			54. 自然保护区覆盖率	%	>5
			55. 自然景观		优美、和谐
			56. 生物多样性		得到保护
		人工环境协调	57. 城乡空间形态与自然的结合		协调
			58. 城乡功能布局		合理
			59. 城乡风貌景观		地域特色独特
			60. 历史地段及其环境		得到有效保护
			61. 建筑空间组合		多样且统一协调
			62. 建筑的物理环境质量		良好
			63. 人工环境的防灾与安全性		良好
			64. 环境设施配置		完善、配套

① 基尼指数（Gini index）是世界银行采用的指标，它是衡量社会财富（社会收入，或以消费能力表示）分配是否公平的指数。当基尼指数等于零，表明社会财富分配完全公平；当基尼指数等于 100，则表明社会财富集中在一个人手中，分配完全不公平。基尼指数越小，表示该社会财富分配越公平。

从表 7-4 可见，体系涵盖社会、经济和自然生态三个子系统共 64 项指标，并提出了具体的参考标准。

7.3.5 生态住宅及其评定指标

生态城市的建设规模较大，需要较长时间逐步实现，而人将近一半时间生活在居住区域，居住环境将直接影响居民的生活质量，因此对居住区域进行规划，引导和鼓励将居住小区建设成与自然融合、和谐的住所有非常重要的现实意义。为此，我国建设部于 2001 年提出《绿色生态住宅小区建设要点与技术导则（试行）》，导则从绿化要求、生态环境、景观环境、工程建设、废弃物管理和处置等方面提出详细、具体的指标，供建设单位设计参考和住宅小区考评使用，但总体上还是定性的。国家环境保护总局发布了《环境标志产品技术要求　生态住宅（住区）》（HJ/T 351—2007），该标准参照《中国生态住宅技术评估手册（2003版）》、《绿色奥运建筑评估体系》和美国绿色建筑委员会的《绿色建筑评估体系（LEED-NC2.1 版）》中的生态技术评估体系对我国的住宅（住区）在场地环境规划、节能与能源利用、室内环境质量、住宅水环境和材料与资源五个方面对住宅（住区）全生命周期的各个环节提出了具体要求。

许多城市为定量评估，根据各自特点分别提出评估技术导则，例如上海市提出《上海市生态型住宅小区技术实施细则（试行）》，该实施细则提出小区环境规划设计、建筑节能、室内环境质量、小区水环境、材料与资源、废弃物管理与收集系统 6 个子系统，每个子系统给出详细和具体的指标及评分标准，采用基本分和附加分形式，基本分采取一票否决，即必须达到，总共 500 分，建设单位可以自愿报名参加，建成后经过测评，达到 300 分以上方可验收通过。这一办法对促进生态住宅建设具有较好的推动作用。

7.4 从传统农业到生态农业

生态农业是生态学在农学中的应用与结合，本质上体现了农业的生态学发展方向。生态农业有很多叫法，例如自然农业、有机农业、生物农业、绿色农业等。生态农业是以生态学、经济学理论为依据，运用现代科技成果和现代管理手段，在特定区域内所形成的经济效益、社会效益和生态效益相统一的农业。生态农业吸收了传统农业的精华，借鉴现代农业的生产经营方式，以可持续发展为基本指导思想，以保护和改善农业生态环境为核心，通过人的劳动和干预，不断调整和优化农业结构及其功能，实现农业经济系统、农村社会系统和自然生态系统的同步优化，促进生态保护和农业资源的可持续利用。

“生态农业”起源于 20 世纪 70 年代的美国和西欧发达国家，最初它只是在西方现代“石油农业”或“工业式农业”经历了约半个世纪迅速发展而产生破坏性生态环境问题的情况下，为寻求农业的出路提出的“替代农业”中的一种。从 80 年代初开始，作为各种“替代农业”代表的“西方生态农业”开始传入我国，在我国的实践中，出现了与“西方生态农业”有区别的“中国生态农业”概念。80 年代中期，国外又出现“可持续农业”的概念和事物，并很快成为农业发展的国际性议题。90 年代初，联合国粮农组织（FAO）提出了为各国普遍采纳的“可持续农业”概念。

7.4.1　传统农业

农业是人类有意识地利用植物、动物与微生物的生命活动来获取人类生活所需要的食物、纤维及其他工业原料的产业，是农林牧副渔五业所组成的复合生态经济系统。实现农业的持续、稳定发展是保证粮食（食品）安全的关键，所以说农作物光合作用积累能量这一初级生产过程决定了一个国家、一个民族以至全人类的生存和发展。

7.4.1.1　原始农业（掠夺式农业）

大概在 12000 年前，产生了原始农业。最初的农业是以牺牲大片森林为代价的“刀耕火种”农业。对树木“砍倒烧光”，实行砍种一年即行撂荒的生荒耕作制，人们为了选择茂密的森林进行砍种，居无定所，经常迁徙。这种耕种方式虽然在一万多年以前已经产生，但直至近代仍在世界上一些边远地区流行。

原始农业的产生具有划时代的意义，它使人类从单纯依赖自然的恩赐，发展为更自觉更主动地去创造人类生存和发展所需的物质财富，有了农业才有进一步的社会分工，有了农业才有人类的定居生活，才有后来的村落、圩镇和城市，才有现代文明的一切成就。但是原始农业又在一定程度上破坏了人类生活的环境，而且这种破坏随着人口的增加和工具的改进而日渐严重，到了历史上从“野蛮”发展到“文明”时代的过渡时期，这种破坏已十分明显，在农业较发达的我国黄河中下游部分地区尤为突出。原始农业不能适应环境保护和人类发展的需要，它必然要为较之先进的传统农业所取代。

7.4.1.2　传统农业（循环式农业）

传统农业的特点和优点就是通过施肥和精耕细作，使土地越种越肥，复种指数和单位面积产量不断提高，特别是通过施肥，使物质得到循环利用，从而达到持续发展的目的，所以也被称为“循环式农业”。土地耕作早在新石器时代已经产生，先有锄耕（耙耕），后来又有犁耕。耕作技术的采用，使土地可以轮流种植和休闲，于是便产生了休闲轮作制。休闲轮作制提高了土地利用率，缓解了对森林的砍伐，较之生荒耕作制无疑是一大进步。但是随着人口的增加，休闲轮作制已不能适应人们对提高土地利用率和持续使用土地的要求，于是施肥的问题便被提上议事日程。施肥技术的发明，不仅对传统农业的持续发展起到了关键性的作用，而且还为环境保护做出了巨大的贡献。一方面，施肥使土地可以连续使用，从而促使农民把主要精力从“焚林启荒”转移到“精耕细作”上面，在相当程度上缓解了对森林的过度砍伐，这对资源保护和水土保持都具有重要作用；另一方面，它使人畜粪便、生活垃圾和其他有机废物都作为肥料直接或间接地回到土地上参与物质循环，从而很好地解决了令人头痛的环境污染问题。

20 世纪初期，在两次工业革命的推动下，社会经济出现了高速发展的局面。在这种情况下，社会对农产品的生产需求和消费需求急剧增加。物质循环式的传统农业，由于缺乏外部投入，加上费工、费时、劳动生产率低下，渐渐不能满足日益增长的社会需求。同时，工业部门也亟待开发广大的农业市场。在社会经济发展和科技力量的双重作用下，农业领域爆发了一场革命，诞生了一种新的生产方式——投入式农业，也称“石油农业”。“石油农业”取代传统农业，是社会经济发展的必然选择。

7.4.2　石油农业

“石油农业”的基本特征，是把机械工业和化学工业引入农业生产。传统农业是依靠太阳能的农业，保持着农业的自然生态系统；而“石油农业”转化成依靠矿物能的农业，它使农业生产类似于采矿业。“石油农业”投入的项目为汽油、化肥、农药、种子等，产出的项目为小麦、玉米、棉花、水果等。“石油农业”由于实行了机械化大面积作物的连年单作，大量、密集地使用了人工辅助性资源，因此极大地提高了农业劳动生产率，也使投资者获得了丰厚的利润。在社会经济发展的进程中，“石油农业”的作用具有划时代的历史意义。但是，随着时间的推移，这种农业生产方式的弊病也引起了社会的高度关注，主要是环境污染和能源消耗问题，对社会经济的可持续发展与人类健康造成了严重的影响。“石油农业”是大规模集约化生产，过分依赖无机、化石能源，因而不仅造成了不可再生资源的过度消耗，还导致了土壤酸化和有机质减少，土壤的保水性、透气性下降，大量氮、磷等营养元素被地表径流带入地表水体和地下水体，使水体中的硝酸盐浓度不断上升，饮用水水质恶化，加速了地表水体的富营养化，危及生态系统的平衡。

“石油农业”是西方发达国家首先推行的生产方式。目前，世界各国尽管发展水平存在很大差异，但大都沿用这种生产方式。我国提出的农业现代化发展目标，实际上也是以“石油农业”生产方式作为农业发展模式。“石油农业”模式使我国农业发展速度加快，并且在20世纪末期，达到了农产品供需总量的基本平衡，这是一个了不起的成就。但是，它对国民经济健康发展的负面影响同样不容忽视，生态环境问题和能源问题已经成为社会关注的热点问题。

“石油农业”是典型的能源集约型农业。以美国为例，美国每人一年中消费的食物，是用1t石油生产的，照此推算，如果世界各国都采用这种能源集约的生产方式，那么，占目前全球消耗量50%的汽油都要用来生产食物，全球的石油储备在15年内就会枯竭。从我国的情况来看，虽然这种能源集约的生产方式占比还较低，但迫于人口和社会生产对农产品需求的巨大压力，能源的耗费却是惊人的。也可以说，我国农产品供需总量的基本平衡，是以过度的能源消耗为代价的。

“石油农业”不仅大量消耗不可再生能源，而且能源的利用率极低。据统计，在传统的农业生产方式下，用0.05～0.1kJ的能量，可以生产1kJ能量的食物，而在“石油农业”条件下则需要0.2～0.5kJ的能量。我国加入世界贸易组织以后，农业领域面临严峻形势，其中一个重要问题就是农产品在国际市场上缺乏竞争力。我国的农业生产还不具备西方发达国家的大规模集约经营的优势，因此劳动生产率相对较低；但是，为了在现有的条件下提高单位面积产量，又不得不增加投入，依靠提高能耗来发展生产，致使农产品的生产成本不断攀升。

从农业发展战略的角度来看，世界各国，尤其是发达国家已经开始审视这种农业现代化模式，关注环境问题和滥用资源行为。自20世纪70年代以来，各国的环境治理力度进一步加强，并开始重视资源的循环利用。在农业实践中，为了减轻“石油农业”的负面影响，某些发达国家单位粮食的化肥施用量开始下降，并逐渐稳定在一个比较低的水平。这些措施虽然取得了相当大的成果，但毕竟是在“石油农业”框架内进行的调整，并没有改变能源集约型农业的本质，因此，不可能从根本上解决问题。要想从根本上解决“石油农业”带来的问题，只能依靠推行一种新的农业发展模式。

从传统农业过渡到“石油农业”，既是社会经济发展的客观要求，也是科技进步的结果。随着生物技术和信息技术的发展，以可再生资源替代人工辅助资源，以社会资源替代自然资源，达到既提高农产品的产出又降低能源消耗的目标，已经成为可能。

美国科学家提出，美国现代化农业大量消耗化石燃料，由于石油价格不断上涨，社会环保意识不断加强，这种生产方式应该改变。为了解决“石油农业”带来的种种问题，各国都在研究和探索，并且提出了很有意义的设想和方案。美国科学家经过多年的研究，提出了低投入可持续农业发展模式。它的主要特点是逐渐恢复农业的自然生态系统，以生物技术支持农业的发展。北欧诸国出于对环境和能源双重因素的考虑，开始用有机肥料和生物肥料取代化学肥料。我国基于同样的原因，也大力发展生态农业，制定和颁布了农产品的无公害质量标准、绿色食品质量标准。

特别在20世纪后半叶，农业发生了深刻变化，耕作业大量施用化肥、农药，不仅引起湖泊水、水库水的富营养化以及地下水污染，造成生态环境的破坏，而且使粮食、蔬菜、水果和其他农副产品中的有毒成分增多，影响食品安全，危害人体健康，畜牧业采用肉骨粉等非天然的饲料提供给牛食用，导致了牛海绵状脑病（疯牛病）的发生等。另外，食品生产环节的增多，也会增加食品被污染的可能性，如1999年的比利时二噁英食品污染事件。转基因食品对消除全球饥饿和贫穷做出了贡献，但对人体是否造成危害还存在争论。近年来随着人们环保意识的不断加强，消费者更加重视农产品品质和安全性，这一需求变化迫切需要农业做出积极反应，一种既不产生农业污染又可生产安全食品的农业类型——“生态农业”应运而生。

7.4.3 生态农业

（1）生态农业的发展　生态农业最早于1924年在欧洲兴起，20世纪30—40年代，在瑞士、英国、日本等国得到发展；20世纪60年代欧洲的许多农场转向生态耕作，70年代末东南亚地区开始研究生态农业；至20世纪90年代，世界各国生态农业有了较大发展，不仅生态农业用地面积具有一定规模，其产品产值也在不断增加。以欧洲为例，生态食品和饮料销售额从1997年的52.55亿美元增加到2022年的600亿美元。德国于20世纪60—70年代开始倡导生态农业，已成为当今世界最大的有机食品生产国和消费国之一。2022年，全球以有机方式管理的农地面积共计9640万公顷（包括处于转换期的土地）。有机农地面积最大的两个大洲分别是大洋洲（5320万公顷，约占世界有机农地的55%）以及欧洲（1850万公顷，19%）。其次是拉丁美洲（950万公顷，10%）、亚洲（880万公顷，9.2%）、北美洲（360万公顷，3.8%）和非洲（270万公顷，2.8%）。有机农地面积最大的三个国家分别是澳大利亚（5300万公顷）、印度（470万公顷）、阿根廷（410万公顷），中国位居第四，有机农业用地面积为290万公顷。

2022年，全球2.0%的农业用地都是有机农业用地。从地域上来看，在总农业用地中，有机农地占农业总面积比例最高的两个大洲分别是大洋洲（14.3%）和欧洲（3.7%）。截至2022年底，欧洲有超过489000名有机生产者（欧盟超过419000名）管理着1850万公项的有机农业用地（欧盟为1710万公顷）。欧洲有机农地面积最大的三个国家是法国（279万公顷）、西班牙（275万公顷）和德国（187万公顷）。有19个国家的有机农地比例超过10%，列支敦士登居首位（43%），其次是奥地利（27.5%）和爱沙尼亚（23.4%）。

2022年全球有机农地面积连续20年持续增长，增加了2030万公顷，较2021年增长26.7%。许多国家有机农地面积增长显著，排名前三的国家为澳大利亚（增加超1700万公顷，增长49%）、印度（增加206万公顷，增长78%）和希腊（增加39万公顷，增长73%），但并非所有国家都呈现增长趋势，俄罗斯的有机农地面积减少了近50万公顷，是减幅最显著的国家。

2022年，全球至少有450万有机生产者。其中，61%的有机生产者分布于亚洲，其次是非洲（22%）、欧洲（11%）和拉丁美洲（6%）。有机生产者最多的三个国家分别是印度（2480859人）、乌干达（404246人）和泰国（121540人）。

根据瑞士有机农业研究所（FiBL）调查数据，2022年有机食品和饮料的销售额超过

1348 亿欧元。在 2022 年，最大的有机产品市场是美国（586 亿欧元）、德国（153 亿欧元）、中国（124 亿欧元）和法国（121 亿欧元）。2022 年全球有机食品人均消费最高的国家是瑞士，为 437 欧元，其次为丹麦、奥地利和卢森堡，人均消费分别为 365 欧元、274 欧元和 259 欧元。有机产品市场份额最高的三个国家是丹麦（12%）、奥地利（11.5%）和瑞士（11.2%）。

（2）生态农业的特征　生态农业是以保护生态环境为前提发展农业生产的一种生产方式，它的基本特征如下。

① 在保护生态环境的前提下发展农业生产，恢复农业的自然生态系统。

② 把生物工程技术引入农业，运用基因工程、发酵工程、酶工程、微生物工程等生物技术，进行战略性资源替代。

③ 在保持生态农业基本特征的前提下，依据各国、各地区的自然条件、农业生产条件和农作物品种等特点，构建农业发展框架，以资金、劳动、技术、生态的密集投入为手段，提高农产品单位面积产量和特色产品的生产效率。

生态农业生产方式既可以充分利用本国、本地区的资源优势，又可以充分利用最新的科研成果，实现战略性资源替代，逐步建立高效的农业自然生态系统，将农业生产的高速发展与资源的有效利用和生态环境的保护有机地结合在一起，保证社会经济和农业生产的可持续发展。

7.4.4　生态农业的发展特点和发展趋势

7.4.4.1　发展特点

（1）以可持续发展思想为理念　当人类面对日益严峻的环境和资源问题时，世界各国已承诺共同走可持续发展道路，未来农业如何发展已引起各国政府的高度重视，人们越来越认识到生态农业在保护环境和资源、消除常规农业的负面影响、促进农业可持续发展方面的积极作用，以可持续发展思想为理念的生态农业将是世界农业发展的道路和方向。美国政府已认识到过度依赖石油农业对资源、环境、食品卫生、人体健康所造成的危害，开始重视绿色食品生产方式的研究和推广，范围由粮食作物拓展到经济作物；欧盟国家开始对化学农药使用进行更加严格的管理，以促进生态农业的发展；澳大利亚联邦政府于 20 世纪 90 年代中期提出了可持续发展的农、林、渔业战略，推出了“洁净食品计划”；日本农林水产省推出“环保型农业”发展计划，并开始制定绿色食品生产法。

我国倡导的生态农业是在环境与经济协调发展思想的指导下，按照生态学和循环经济理论的原理，利用动物、植物、微生物之间的相互依存关系，保持并合理利用自然资源，防治和减少环境污染，形成农业生态环境与经济发展的良性循环，达到人与自然的和谐统一、实现农业可持续发展的农业模式。国务院于 2015 年印发《全国农业可持续发展规划（2015—2030 年）》，于 2017 年 9 月印发《关于创新体制机制推进农业绿色发展的意见》等，持续强化对发展生态循环农业的宏观引导。

2019 年 2 月，农业农村部等七部门联合印发《国家质量兴农战略规划（2018—2022 年）》，明确将绿色发展作为质量兴农的关键内容，强调要增加绿色优质农产品供给，提升农业质量效益和竞争力。2021 年 8 月，农业农村部等六部门联合印发《“十四五”全国农业绿色发展规划》，这是我国首部农业绿色发展专项规划，为“十四五”时期的农业绿色发展描绘了详细蓝图，明确了“十四五”期间在资源保护、产地环境治理、生态系统修复、绿色供给等方面的具体指标和任务。

（2）以强大的科技作后盾　“科学技术是第一生产力”，作为第一产业的农业和作为农业新形式的生态农业都离不开科技的支持，各国都非常重视农业科技的研发和推广。德国重视生态农业新技术的研究，注重科技成果的转化，重视发展生态农业产业的优良队伍，落实其专业人员的培训和资格认定。以色列在生态农业技术推广方面制定了一套切实可行的措施，形成了咨询服务—技术示范—技术培训—媒体推广的链条。日本大分县从 1992 年开始致力于生态农业的实验研究开发与推广，初期的具体目标是削减化肥、农药的施用量，最终实现该县提出的所谓“3S”农业，即“对环境温和的农业”（soft）、“有放心感的农业”（safety）、“以培土为本的农业”（soil）。

2014 年以来，农业部（现农业农村部）连续支持建设了 13 个现代生态农业示范基地，探索形成了西北干旱区节水环保型、黄土高原区果园清洁型、西南山区生态保育型、南方水网区水体清洁型、北方集约化农区清洁生产型、大中城郊生态多功能型等 6 大生态农业模式。其中包含山区茶园生态种植、旱作农田生态栽培、生物共生、废弃物资源化利用等 4 大类 23 项重点技术，在不同基地得到了示范应用，在促进现代农业生产发展的同时，取得了明显的生态效益。

（3）以雄厚的资金作支撑 以色列发达的农业技术推广体系，除了专业人才外，就是靠雄厚的资金作支撑。政府每年用于推广和研制的经费充足，提供有效咨询服务的机构获得可观收入，从而保证生态农业推广活动的顺利进行。德国政府一方面实行“投资扶持补贴”，从 2002 年起由原来的 30%提高到 40%，提高五年扶持期的费用补贴；另一方面，建立“有机农业资助奖”，奖金为 2.5 万欧元，颁发给对生态农业的发展有突出贡献的实体和企业。

焚烧秸秆造成的空气污染和资源浪费问题一直是我国社会重点关注的农业问题。2016—2018 年，农业部（农业农村部）、财政部累计投入中央财政资金 38 亿元，先后在河北、山西、内蒙古等 12 个省区实施秸秆综合利用试点项目。根据农业农村部 2022 年发布的《全国农作物秸秆综合利用情况报告》，从 2019 年起，农业农村部建立了包含 13 种主要农作物的全国秸秆资源台账，覆盖全国 31 个省（自治区、直辖市）和新疆生产建设兵团，涵盖了产生秸秆的 2963 个县级单位、使用秸秆的 3.4 万家市场主体，以及 34.3 万户抽样农户。报告显示，全国农作物秸秆综合利用率稳步提升，2021 年，全国农作物秸秆利用量 6.47 亿吨，综合利用率达 88.1%，较 2018 年增长 3.4 个百分点。

（4）以严格的认证作保障 绿色食品是按照特定的质量标准体系生产、加工、包装、检测等，经过专门机构认定获得标志使用权的无污染、安全、优质食品。实行绿色产品认证制度可以提高生态食品的信任度和透明度，给消费者提供巨大的便利，也给经营者提供机遇。欧盟规定生态产品的生产必须符合国际生态农业协会（FOAM）的标准。根据德国生态农业协会（AGOEL）的要求，95%以上的附加料符合生态要求的产品才能称作生态产品。意大利目前有 30 个有机认证机构，发挥着向农民提供生产技术和推广服务以及绿色产品认证的功能。加拿大现有 46 个非官方有机农业认证机构，主要对有机产品生产过程进行认证。我国自 2001 年开始启动并在 2003 年正式开展“无公害农产品认证”，2022 年停止认证，并自 2023 年全面推行承诺达标合格证制度。2013 年 11 月 15 日国家质量监督检验检疫总局令第 155 号公布《有机产品认证管理办法》，该办法经 2015 年以及 2022 年两次修订，为促进生态循环农业建设提供了有力保障。

7.4.4.2 发展趋势

（1）生态农业规模扩大，发展速度将不断加快 随着可持续发展战略得到全球的共同响应，生态农业作为可持续农业发展的一种实践模式和一支重要力量，进入了一个崭新的发展时期。

（2）生态农业的生产和贸易相互促进、协调发展 随着全球经济一体化和世界贸易自由化的发展，各国在降低关税的同时，与环境技术贸易相关的非关税壁垒日趋森严，食品的生产方式、技术标准、认证管理等延伸扩展性附加条件对农产品国际贸易将产生重要影响。这就要求生态农产品在进入国际市场前，必须经过权威机构按照通行的标准加以认证。目前，只有通过国际标准化组织制定的ISO 9000和ISO 14000系列国际标准的认可，才能进入国际市场，参与国际贸易。

(3) 生态农业的发展对科学技术的依赖性越来越强　以“培育健康的土地，生产健康的动植物，为人类提供安全的食物”为理念的可持续农业发展将更加巩固；生态农业的生产技术水平，将在生产、加工、包装、运输和销售环节上得到进一步的提高；生物肥料、生物农药、天然食品及饲料添加剂、动植物生长调节剂等生产资料的研制、应用和推广等将进一步加快。这一切都依赖于科技进步，只有重视科学技术的研究、应用和推广，生态农业才能得到进一步的发展。

本章重要知识点

- 自然生态与人控生态的区别
- 高新工业园区和生态工业园区的区别
- 生态城市的概念
- 生态农业的发展特点
- 生态农业的发展趋势

复习思考题

1. 生态学的定义是什么？其与经济学有何词源上的联系？
2. 简述生态因子的分类及其与生物生存条件的关系。
3. 生态金字塔的三种类型是什么？举例说明能量金字塔为何不会倒置。
4. 生态平衡的定义是什么？生态系统的反馈调节机制如何维持平衡？
5. 列举生态学三定律的核心内容，并说明其现实意义。
6. 举例说明人控生态系统与自然生态系统的主要差异。(至少列举4点)
7. 中国贵港国家生态工业园区的六个子系统分别是什么？其如何实现资源循环？
8. 举例说明城市化进程对生态环境的负面影响。(至少列举3点)
9. 生态城市的内涵是什么？其社会、经济、自然生态三个子系统的核心标准分别是什么？
10. 传统农业与石油农业的本质区别是什么？石油农业的主要环境问题有哪些？
11. 生态农业的三大基本特征是什么？举例说明其如何实现资源替代。
12. 某传统工业园区计划转型为生态工业园，请基于工业生态学原理，提出三条具体改造措施，并分析其可行性。
13. 如何将生态城市评价指标应用于你所在城市的建设中？请选择3项指标设计实施方案。
14. 从生态学角度，论述“绿水青山就是金山银山”理念在生态文明建设中的科学依据与实践路径。
15. 石油农业的能源利用效率低下，请结合生物技术发展趋势，探讨未来农业如何实现“低碳化”转型。
16. 全球生态农业发展面临哪些挑战？请结合中国国情，提出推动生态农业规模化、产业化的政策建议。

第8章
清洁生产审核及能源审计案例

8.1 某印刷厂清洁生产审核案例

8.1.1 企业概况

该印刷有限公司成立于2012年，主要产品有彩印图书、高档包装印刷产品等。现有产能为年印刷图书285万色令、高档包装59万色令，2019年总产值为17100万元。公司主要部门分为三大块，即职能系统、包装事业部和出版事业部。其中职能系统包括人事行政部、物流仓储部、设备动力部、采购部以及财务部。包装事业部和出版事业部主要负责公司的生产、营销以及品控。公司的环保安全事务由人事行政部下的安环员负责，设备维护等工作由设备动力部负责，公司的能源管理由人事行政部负责。

8.1.2 审核准备

按清洁生产审核工作的要求，及时组织成立了清洁生产审核工作小组，小组成员涵盖公司领导、各部门的负责人及技术骨干，明确了各自的职责，并有两名安环员取得清洁生产审核内审员培训合格证书。

按清洁生产审核的要求和公司的实际情况，制定了清洁生产审核工作计划，详见表8-1。

表8-1 审核工作计划表

阶段	工作内容	完成时间	责任部门	目标
审核准备	取得领导支持 组建审核小组 制定工作计划 开展宣传教育	2018年12月10日至2019年1月31日	领导层 咨询机构	1. 领导的参与 2. 明确审核工作小组成员职责 3. 制定工作计划和开展宣传教育，争取公司内部广大员工的支持

续表

阶段	工作内容	完成时间	责任部门	目标
预审核	对企业进行现场调研考察，评价生产情况，确定审核重点，设置清洁生产目标，提出无/低费方案	2019年2月1日至2019年6月30日	工作小组 咨询机构	1. 对生产状况和环保状况进行调查，得出结论 2. 确定审核重点 3. 明确清洁生产目标 4. 提出无/低费方案
审核	建立物料平衡，分析废弃物产生原因，研究减少浪费和减少污染的方法，提出和实施无/低费方案	2019年7月1日至2019年7月31日	工作小组 咨询机构	1. 编制物料平衡图 2. 编制审核重点工艺流程图 3. 分析废弃物产生原因 4. 实施无/低费方案
方案的产生和筛选	产生方案并对方案进行研究和筛选，核定方案实施效果	2019年8月1日至2019年8月31日	工作小组 咨询机构	1. 完成方案征集和汇总 2. 研制重点方案
可行性分析和方案的确定	进行市场调查，对技术及经济情况进行评估，推荐可实施的中/高费方案	2019年9月1日至2020年1月31日	工作小组 咨询机构	1. 论证中/高费方案的技术可行性 2. 经济数据评估 3. 环境评估 4. 确定最佳可行方案
方案的实施	组织方案实施，对无/低费方案效果进行汇总，对中/高费方案成果进行验证	2020年2月1日至2020年12月31日	工作小组	1. 方案的实施 2. 汇总实施方案的环境效益和经济效益，以及对公司的影响评估
持续清洁生产	完善清洁生产组织及清洁生产管理制度，制定持续清洁生产计划，编写清洁生产审核报告	2021年1月1日至2021年12月31日	工作小组 咨询机构	1. 成立清洁生产组织机构 2. 建立清洁生产管理制度 3. 制定持续清洁生产计划

8.1.3 预审核

8.1.3.1 企业生产概况

公司主要产品为各类印刷制品，分为图书印刷产品和高档包装印刷产品，分别在厂房1和厂房2生产。厂房1为图书彩印生产车间，生产工艺流程图见图8-1；厂房2为高档包装印刷生产车间，生产工艺流程图见图8-2。

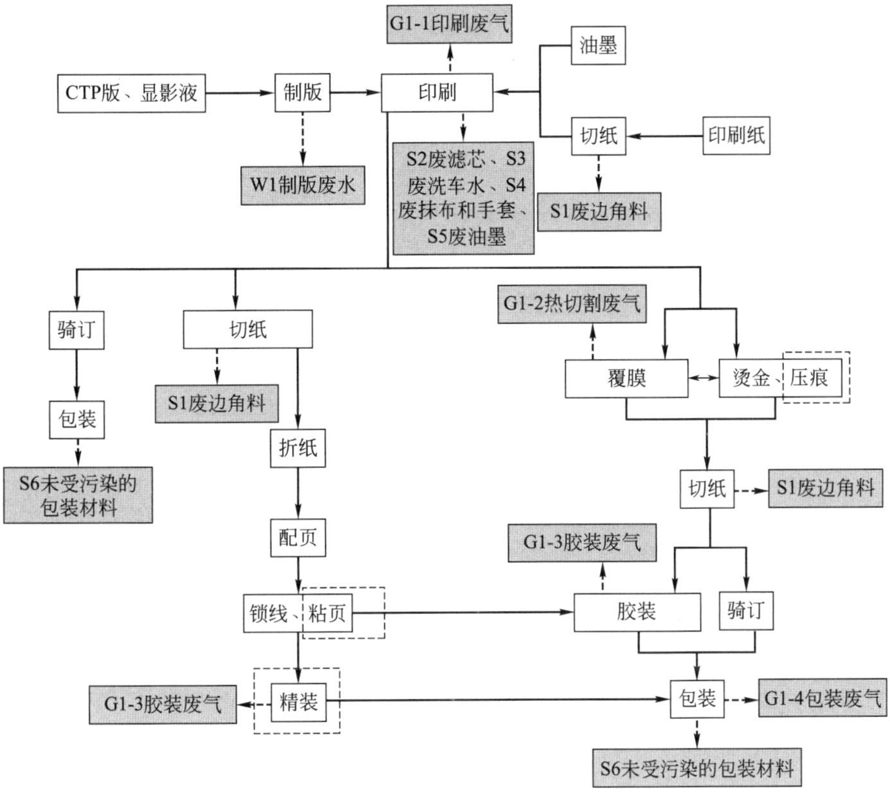

图 8-1　图书彩印生产工艺流程图

（CTP：计算机直接制版）

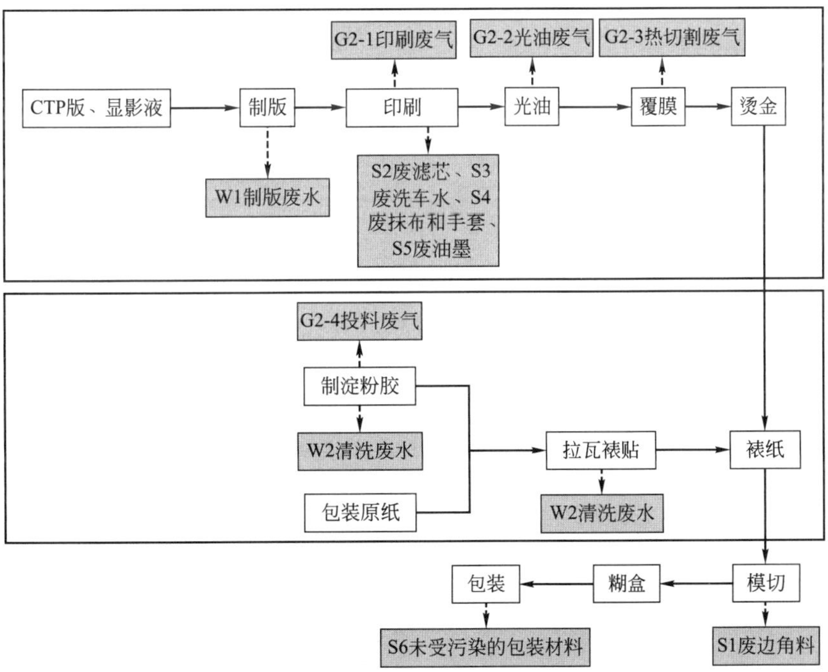

图 8-2　高档包装印刷生产工艺流程图

公司近四年生产主要原辅材料使用情况见表 8-2。

表 8-2 原辅材料使用情况统计表

原辅材料名称	用途	单位	数量				有毒有害成分
			2016 年	2017 年	2018 年	2019 年	—
CTP 版①	制版	张	46210	77086	145250	145310	—
PS 版②	制版	张	5888	4350	9093	8731	—
合计	制版	张	52098	81436	154343	154041	—
CTP 占比	制版	%	89	95	94	94	—
显影液	制版	t	2.9	3.0	6.8	6.7	—
纸张	印刷用纸	t	5674.00	8976.00	14109.34	15007.25	—
水性胶水	印刷	t	308.900	400.890	725.489	776.502	—
油墨	印刷	kg	30709	39238	69424	76317	—
洗车水	印刷	L	15445	19890	36010	38690	—
润版液	印刷	kg	9820	12567	22623	24522	—
异丙醇	印刷	kg	19945	24990	44970	48698	异丙醇
光油	印刷	kg	24560	30437	54789	59648	—
橡皮布	印刷	张	434	556	787	853	—
塑料膜类	包装产品辅料	km	7098.000	8065.678	18905.467	17797.154	—
电化铝	包装产品辅料	m	105478	125634	220342	228371	—
订书丝	装订	kg	140	190	290	295	—
胶带	装订	件	54790	67456	121456	131479	—
精装材料	装订	件	450983	675900	1098722	1116260	—
数码材料	装订	件	634	765	1435	1580	—
托盘	装订	个	456	656	979	1154	—
模切材料	装订	条	34509	56098	69900	89955	—
玉米淀粉	装订	t	130	145	309	310	—
硼砂	装订	t	300	300	300	300	四硼酸钠
片碱	装订	kg	200	200	200	200	氢氧化钠

① 计算机直接制版。

② 预涂感光版。

公司近三年能源、资源的消耗情况见表 8-3。

表 8-3 能源、资源消耗统计表

类别	单位	消耗量		
		2016 年	2017 年	2018 年
电	10^4kW·h	380	531.53	708.13
电	10^4kW·h/万色令	7.525	8.090	5.996
天然气	10^4m^3	5.99	10.11	15.08
天然气	10^4m^3/万色令	0.119	0.154	0.128

续表

类别	单位	消耗量		
		2016 年	2017 年	2018 年
综合能耗（以标准煤计）	t	1608.6764	1662.2364	2235.4544
	t/万色令	31.855	25.300	18.928
	t/万元	0.199	0.158	0.129
水	t	68500	44390	49230
	t/万色令	1356.436	675.647	416.850
	t/万元	8.484	4.224	2.847

注：电力等价折标准煤系数为 2.88t/(10^4kW·h)，天然气折标准煤系数为 13t/(10^4m^3)。

8.1.3.2　企业环境管理状况

（1）废气污染源及处理流程　2018 年之前，公司车间内印刷废气采用车间内新风系统将车间内的废气收集后排放，主要为 1 号厂房和 2 号厂房两个排风口，由于未进行密闭收集且风量较小，对废气的收集和治理效果不理想，导致车间内废气浓度较大，环境较差，且无组织排放情况较为严重。

2018 年时，公司对废气收集及治理系统进行改进，主要采取增加密闭挡帘、增加治理设施及增大收集风量等措施，改善了废气治理情况。废气来源及处置情况详见表 8-4，废气治理工艺流程见图 8-3～图 8-5。

表 8-4　废气来源及处置情况

排气筒	污染物名称	代号	产污环节	污染物	处置情况
1# 排气筒	印刷废气	G1-1	图书彩印印刷	有机废气(以非甲烷总烃计)	对图书彩印印刷车间产生的有机废气通过密闭隔间和风机的抽吸作用进行整体收集;在图书彩印自动覆膜机热切割处设置半密闭收集罩,对热切割废气进行收集;利用胶装机、糊盒机、热收缩包装机等设备自身的半密闭性,在设备上方设置吸收软管吸收胶装废气和包装废气;废气汇集于一根主管,由一套“UV光解＋活性炭净化”装置处理后,通过15m 高排气筒排放
	热切割废气	G1-2	图书彩印覆膜	有机废气(以非甲烷总烃计)	
	胶装废气	G1-3	图书彩印胶装/精装	有机废气(以非甲烷总烃计)	
	包装废气	G1-4	图书彩印包装	有机废气(以非甲烷总烃计)	
2-1# 排气筒	印刷废气、热切割废气	G2-1、G2-3	高档包装印刷、高档包装覆膜	有机废气(以非甲烷总烃计),热切割废气含丙烯酸	G2-1 和 G2-3 废气一起处置,高档包装印刷的印刷机半密闭,自带废气收集装置,再通过密闭隔间和风机的抽吸作用对印刷车间产生的有机废气进行整体收集;在高档包装印刷自动覆膜机热切割处设置半密闭收集罩,对热切割废气进行收集;经车间换风和印刷机配套收集装置收集的印刷废气及经半密闭收集罩收集的热切割废气汇集于一根主管,由一套“UV 光解＋活性炭净化”装置处理后,通过 15m 高排气筒排放

续表

排气筒	污染物名称	代号	产污环节	污染物	处置情况
2-2# 排气筒	光油废气	G2-2	高档包装光油	有机废气(以非甲烷总烃计)	在高档包装印刷的光油机上方设置集气罩，并在设备侧面设置软帘，对光油废气进行半密闭收集，收集的光油废气经一套"UV光解＋活性炭净化"装置处理后，通过15m高排气筒排放
2-3# 排气筒	投料废气	G2-4	自制淀粉胶投料	颗粒物	在制胶机投料口处设置收集罩对投料粉尘进行收集，经收集的投料粉尘经袋式除尘器处理后，通过15m高排气筒排放
3# 排气筒	燃烧废气	G3	天然气燃烧	NO_x、SO_2、颗粒物	采用低氮燃烧技术，燃烧废气经过3#排气筒8m排放
4# 排气筒	破碎废气	G4	边角料破碎	颗粒物	粉碎设备密闭，产生的破碎废气通过风机的抽吸作用可全部收集，收集的破碎废气经袋式除尘器处理后，通过15m排气筒(4#)排放
5# 排气筒	食堂油烟	G5	食堂烹饪	油烟	食堂油烟由集气罩收集经油烟管道送至楼顶，经油烟净化器处理后由楼顶5#排气筒排放
6# 排气筒	污水处理废气	G6	污水处理	臭气	生产废水处理系统密闭，产生的废气经收集，由活性炭处理后，通过一根15m排气筒(6#)排放

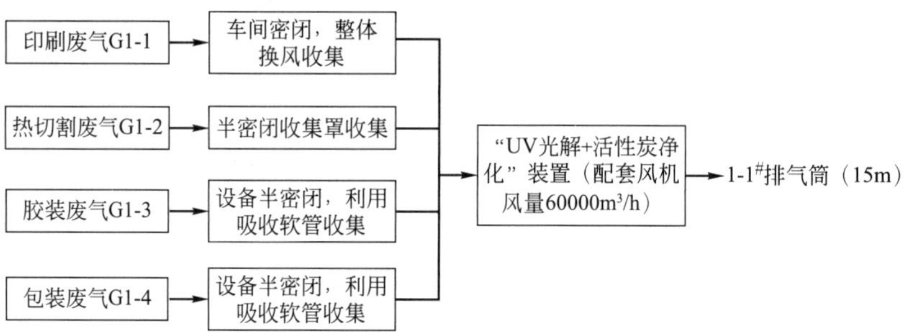

图 8-3 图书印刷产生的废气治理情况简图

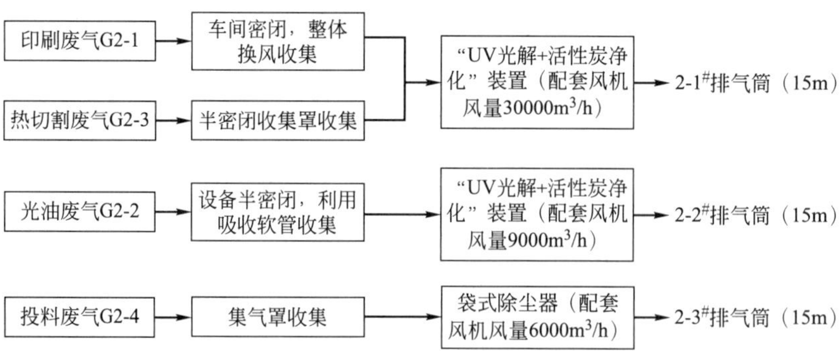

图 8-4 高档包装印刷产生的废气治理情况简图

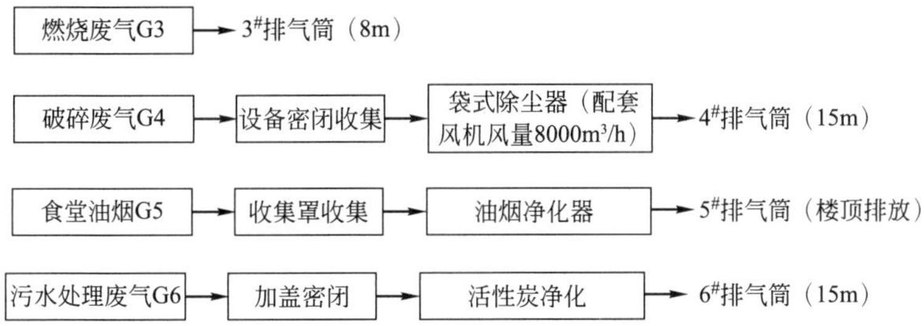

图 8-5　公司其他废气处理情况简图

（2）废水污染源及处理流程　废水主要来自生产和职工生活，主要污染源及排放去向见表 8-5。

表 8-5　废水污染源及排放去向

废水名称	废水来源	主要污染因子	排放去向
制版废水 W1	制版清洗	COD_{Cr}、pH、色度	经制版废水处理系统处理达标的废水纳管排放
清洗废水 W2	制胶机和上胶辊清洗	COD_{Cr}、BOD_5、SS、NH_3-N	经清洗废水处理系统处理达标后，纳管排放
锅炉排水 W3	锅炉软水制备和蒸汽冷却	COD_{Cr}、SS	纳管排放
冷却排水 W4	空调冷却排水	COD_{Cr}、SS	纳管排放
食堂含油废水 W5	食堂运行	COD_{Cr}、BOD_5、SS、NH_3-N、动植物油	除油除渣后纳管排放
生活污水 W6	职工生活	COD_{Cr}、BOD_5、SS、NH_3-N	纳管排放

① 冷却排水和锅炉排水。生产过程中涉及的冷却用水、锅炉用水对应产生冷却排水和锅炉排水，水质较清洁，主要污染物为 COD_{Cr} 和 SS，可满足相关纳管标准，可直接纳管排放。

② 制版废水。制版用水对应产生制版废水，主要污染物为 pH、COD_{Cr}、色度，该废水进入制版废水处理系统，经处理达标的废水纳管排放。制版废水处理工艺见图 8-6。

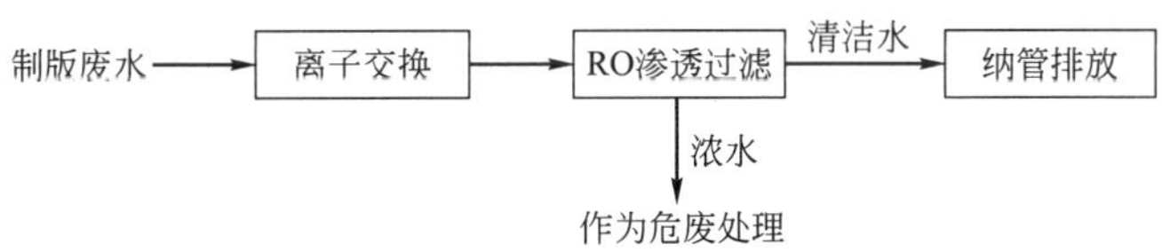

图 8-6　制版废水处理工艺流程图

制版废水经过离子交换（即离子分离）和 RO（反渗透）渗透过滤，可有效去除酸碱度、色度和 COD_{Cr}，处理得到的清洁水达到排放标准，纳管排放，得到的浓水作为危废，委托资质单位外运处置。该系统处理能力为 6t/d，实际处理量为 6t/d。

③ 清洗废水。生产过程中清洗制胶机和上胶辊的清洗用水对应产生清洗废水，主要污染物为 COD_{Cr}、BOD_5、NH_3-N 和 SS，该废水经企业自设清洗废水处理系统处理达标后，纳管排放。清洗废水处理工艺如图 8-7 所示。

清洗废水在收集池经过初步沉淀过滤后，调节 pH 值，经过絮凝沉淀和板框压滤后，再通过两级电催化氧化，可有效去除各污染物，处理达标后的清洁水纳管排放。清洗废水处理系统处理能力为 1t/d，实际处理量为 1t/d。

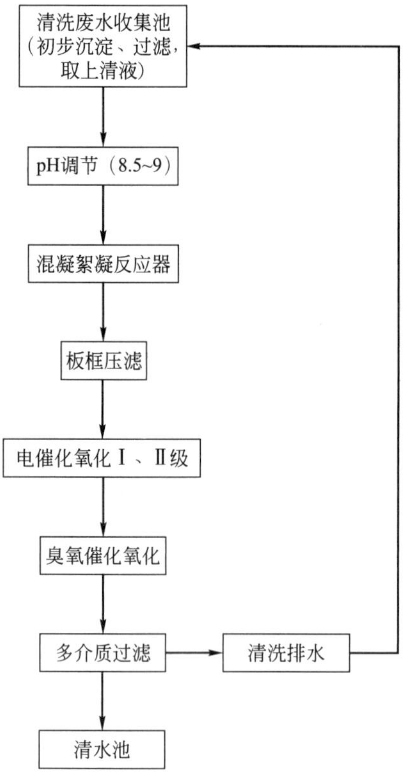

图 8-7　清洗废水处理工艺流程图

④ 职工食堂废水。公司设置职工食堂（提供四餐）。食堂用水部分耗损（烹饪过程挥发、员工食用等），部分成为食堂含油废水。食堂含油废水的主要污染物为 COD_{Cr}、BOD_5、SS、NH_3-N、动植物油等，经企业自设油水分离器处理后通过厂区污水总排口纳入市政污水管网。

⑤ 生活污水。公司生活污水主要为办公室洗手间、浴室等产生，主要污染物为 COD_{Cr}、BOD_5、SS、NH_3-N 等，通过厂区污水总排口纳入市政污水管网。

厂区内雨污水分流。制版废水和清洗废水分别经各自处理系统处理，食堂含油废水经油水分离器处理，与锅炉排水、冷却水和生活污水一并纳入市政污水管网，最终进污水处理厂集中处理。雨水口安装应急闸阀，避免事故发生时废水外排引起环境污染。

（3）噪声来源及治理　公司噪声源主要为生产设备、公用工程设备噪声以及运输车辆噪声，主要为胶印机、胶装机、锁线机、压痕机、分切机、空压机、空调机组、废气处理设施配套风机等运行时产生的噪声，设备采用低噪设备，有建筑墙体隔声。

（4）固体废物来源及处置　公司产生的固体废物包括一般固废、危险废物和生活垃圾等。其中危废主要为印刷过程中被染料污染的废抹布、废手套、废包装材料等。公司近三年固废、危废能按照环保规定要求进行处置。固废及危废来源及处置清单见表 8-6，近两年危废具体产生量及处置量见表 8-7。

表 8-6　固废及危废来源及处置

名称	编号	来源	主要废物
废边角料	S1	切纸	废边角料
废滤芯	S2	润版液过滤	废滤芯
废洗车水	S3	印刷器具清洁	废洗车水、油墨
废抹布和手套	S4	印刷器具清洁	沾染危险化学品的抹布和手套
废油墨	S5	印刷	废油墨
未受污染的包装材料	S6	原辅材料拆包和产品包装	塑料、纸箱等
沾染危险化学品的废包装材料	S7	危险化学品利用	沾染危险化学品的包装桶、包装袋等
废胶卷	S8	制版	废胶卷
废 CTP 印刷版	S9	印刷	废 CTP 版
废活性炭	S10	废气治理	沾染危险化学品的活性炭
废灯管	S11	废气治理	废弃紫外灯灯管
废催化剂	S12	废气治理	失效的二氧化钛
污泥	S13	废水治理	废水处理污泥

续表

名称	编号	来源	主要废物
废显影液	S14	制版废水治理	废显影液
废离子交换树脂	S15	锅炉用水制备和制版废水治理	废离子交换树脂
餐厨垃圾	S16	食堂运行	餐厨垃圾
餐厨废弃油脂	S17	食堂运行	餐厨废弃油脂
生活垃圾	S18	职工生活	生活垃圾

表 8-7　公司危废产生及处置情况表

危废名称	危废代码	危废来源	产生量/t		处置量/t	
			2017 年	2018 年	2017 年	2018 年
S2 废滤芯	HW49 其他废物 900-041-49	润版液过滤	0	0	0	0
S3 废洗车水	HW12 染料、涂料废物 900-253-12	印刷器具清洁	1.8	1.9	1.3	2.6
S4 废抹布和手套	HW49 其他废物 900-041-49	印刷器具清洁	4.8	6.8	4.8	6.8
S5 废油墨	HW12 染料、涂料废物 900-299-12	印刷	1.6	2.6	1.2	2.6
S7 沾染危险化学品的废包装材料	HW49 其他废物 900-041-49	危险化学品利用	2.0	1.6	2.0	1.6
S8 废胶卷	HW16 感光材料废物 231-001-16	制版	0.3	0.6	0	0
S10 废活性炭	HW49 其他废物 900-041-49	废气治理活性炭	0	3.0	0	3.0
S11 废灯管	HW29 含汞废物 900-023-29	废气治理废 UV 灯管	0	0	0	0
S12 废催化剂	HW49 其他废物 900-999-49	废气治理失效的二氧化钛	0	0	0	0
S14 废显影液	HW16 感光材料废物 231-002-16	制版废水治理	2.6	1.2	2.6	1.2
S15 废离子交换树脂	HW13 有机树脂类废物 900-015-13	锅炉用水制备和制版废水治理	0.1	0.1	0	0

8.1.3.3　企业清洁生产水平评价

公司所属行业为印刷行业，根据 2018 年 12 月 29 日国家发展改革委、生态环境部、工业和信息化部联合发布的《印刷业清洁生产评价指标体系》，从生产工艺及装备、资源与能源消耗、产品特征、污染物产生、资源综合利用、清洁生产管理六项指标对公司的清洁生产水平进行评价。

通过对标分析，公司部分指标如出版物的单位产品综合能耗和单位产品危废产生量指标未能符合三级要求，故公司还需在节能、减排方面挖掘潜力。

8.1.3.4 审核重点的分析与确定

确定审核重点的原则有以下几点。

① 污染严重的环节或部位。

② 消耗大的环节或部位。

③ 环境及公众压力大的环节或问题。

④ 工艺技术落后、设备陈旧的部位。

⑤ 事故、设备故障多发的部位。

⑥ 有明显的清洁生产机会的环节。

审核小组将公司的两个主要车间图书印刷工段和高档包装印刷工段作为本轮清洁生产审核的备选重点，并列出两个工段的能源、资源消耗情况及产排污情况，见表 8-8。

表 8-8 备选审核重点情况

项目	图书印刷工段	高档包装印刷工段
能源、资源消耗	大部分电耗单元	大部分电耗及天然气消耗单元
产品产量	多	较多
废弃物产生量	多	较多
清洁生产潜力	提高设备自动化水平，提高能源利用率	提高设备自动化水平，提高能源利用率

审核小组通过权重总和计分排序法，确定本轮清洁生产的审核重点，具体内容见表 8-9。

表 8-9 权重总和计分排序法确定审核重点

因素	权重值(W)	图书印刷工段		高档包装印刷工段	
		分值(R)	得分($R\times W$)	分值(R)	得分($R\times W$)
能源、资源消耗	4	4	16	5	20
产品产量	4	8	32	6	24
废弃物产生量	7	7	49	5	35
清洁生产潜力	8	6	48	6	48
总分($\Sigma R\times W$)	—	145		127	
排序	—	1		2	

审核小组认为图书印刷工段产量多，具有一定的节能潜力，故将该工段确定为本轮清洁生产的审核重点。

8.1.3.5 清洁生产目标

设置定量化的目标，才能将清洁生产真正落到实处，并能据此开展检验与考核，以实现清洁生产节能、降耗、减污、增效的目的。

根据预审核阶段全厂能源、资源消耗分析和产排污分析，审核小组将单位产品综合能耗作为清洁生产目标，并以 2018 年全厂单位产品综合能耗作为现状值，在此基础上设置近期和远期削减能耗的目标，清洁生产目标见表 8-10。

表 8-10　清洁生产目标一览表

项目	单位	现状值	近期目标(至本轮审核结束)		中远期目标(2022 年)	
			绝对值	相对变化	绝对值	相对变化
单位产品综合能耗(以标准煤计)	t/万色令	18.928	18.171	−4%	17.035	−10%

8.1.3.6　提出和实施切实可行的清洁生产方案

在清洁生产审核过程中，审核小组和公司员工通过对公司的生产全过程、资源能源消耗及产排污情况进行考察、分析，提出了切实可行的清洁生产方案，见表 8-11。

表 8-11　切实可行的清洁生产方案

序号	方案名称	方案内容	投入金额/万元	实施时间
1	锅炉蒸汽余热利用	锅炉蒸汽余热用于烘干产品，减少除湿设备的使用，可减少电的浪费。原先 7kW 除湿设备每天运行 8 小时，全年运行 280 天	0	2019 年 9 月至 2019 年 10 月
2	免酒精润版液使用	以免酒精润版液和减酒精润版液代替原先有酒精的润版液，减少润版液使用时有机废气的产生，更环保安全	0	2019 年 4 月至 2019 年 5 月
3	自动套袋机投入	由人工套袋改为设备自动套袋，提高产量，提高工作效率。原先 5 个人 1 天可套 3 万个袋子，现在改为自动套袋机后，同样的产量，员工减少为 2 个人，减少了用工成本。而且机器套袋是卷筒不干胶纸，不会产生废纸，人工套袋有废纸产生	19.80	2019 年 3 月至 2019 年 5 月
4	全自动翻转机投入	购入产品自动翻转机，由人工翻转改为全自动设备翻转，可提高产量，提高工作效率，节约时间，减少人工投入。原先每天用 2 个人翻转，现在不用人工，机器自动翻转	20.00	2019 年 1 月至 2019 年 2 月
5	自动提手机投入	由人工穿提手改为机器自动穿提手，提高产量，提高工作效率，节约时间。原先 6 个人 1 天穿 3 万个提手，现在用机器 2 个人 1 天穿 4 万个提手	32.00	2019 年 3 月至 2019 年 4 月
6	包装卷筒分切机投入	原先为外包分切，现购入分切机，节省原材料费用，提高工作效率。每天产 500 令纸，每天节约外包分切费、运输费、卸车费共约 3000 元	45.80	2020 年 4 月至 2020 年 5 月

8.1.4　审核

8.1.4.1　重点物料平衡审核

审核小组记录正常生产的 3 天中，图书印刷工段产品生产过程中的物料输入输出情况，进行物料核算，建立物料平衡图，见图 8-8。

根据物料平衡分析可知，印前主要污染物为含显影液的制版废水、冲版废水，印刷工序

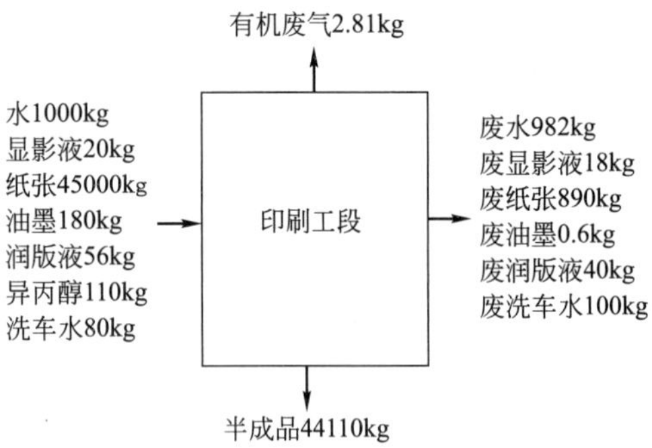

图 8-8　重点物料平衡图

主要废弃物为废油墨、废润版液、废纸张、印刷废气，印后结束工序主要废弃物有废洗车水。经计算，输入输出偏差为 0.65%（小于 5%），结果可用于随后的分析。

8.1.4.2　废弃物产生原因及清洁生产潜力分析

通过本阶段的评估，审核小组对审核重点的废弃物产生原因及清洁生产潜力从原辅材料及能源、技术工艺、设备、过程控制、产品、废弃物、管理和员工等方面进行了分析。

① 原辅材料及能源。润版液可采用免酒精润版液，减少酒精等挥发性有机物的使用量。主要能源已采用电、天然气等清洁能源。车间内叉车已使用电叉车，以减少废气污染。

② 技术工艺。印刷工艺采用平版印刷技术，制版为计算机直接制版，部分装订生产线及设备采用自动化设施，减少了大部分人工投入。本轮清洁生产方案实施中，将继续更新自动化设备及高效的印刷设备，提高生产效率，提高能源的利用率。

③ 设备。随着产品产量的增长，现有印刷设备的效率不能满足生产要求，且图书印刷设备数量多，能耗大，投入更高效的胶印机设备，效率可得到提升，在满足生产的同时，能源利用率得到提高，具有一定的节能作用。投入更高效的自动化设备，如自动贴标机、自动套袋机等，生产更高效，人工投入少。

④ 过程控制。自动化的改进，减少了人工的投入，从而减少了人工误操作产生的废弃物或者浪费。油墨采用小罐油墨，导致废油墨桶较多，可改用大桶油墨，采用自动供墨系统，减少废弃包装桶的数量，同时也提高了供墨效率，提高生产效率。

⑤ 产品。产品符合《环境标志产品技术要求　印刷　第一部分：平版印刷》（HJ 2503—2011）要求，获得“中国环境标志产品认证证书”。产品一次交验合格率为 99.8%。

⑥ 废弃物。加装显影液及制版废水浓缩设备，减少危废的产生。冲版水循环使用，减少废水产生量。

⑦ 管理。建议提高能源、资源管理水平，对各单元能源消耗进行统计分析，积极挖掘节能、节水潜力。建议建立环境管理体系，提高环境管理水平。建立奖惩制度，员工生产中应遵循操作规范，减少操作失误带来的环境及安全事故。

⑧ 员工。公司的管理人员和技术人员都具有相应资质和实践经验。但公司应有计划地对操作人员进行培训，特别是进行清洁生产理念的培训，提高员工的清洁生产意识。

8.1.5　方案的产生和筛选

8.1.5.1　方案汇总

在审核分析公司的生产及能源和资源消耗、产排污情况的过程中，审核小组通过宣传动员，召开座谈会，发动员工共同查找清洁生产方面存在的问题，提出合理化建议和清洁生产方案。经汇总，先后共提出了 13 项方案，其中无/低费方案 12 项，中/高费方案 1 项，详见表 8-12。

表 8-12　方案汇总表

方案编号	方案名称	方案内容	预计投资/万元	预计经济效益/万元	预计效益	实施时间
WD-1	冲版水循环处理	冲版水使用后循环至水循环处理设备，由设备过滤处理后再次用于冲版，设定为循环 10 次后经设备再次过滤后排放	11	2.6	减少废水 3262t	2019 年 3 月至 2019 年 4 月
WD-2	废显影液固化处理	将显影液经设备蒸馏处理，提炼出液态物质可直排，剩余物质转变为胶状固体危废	12	0.4	减少废液 0.8t	2019 年 3 月至 2019 年 4 月
WD-3	锅炉蒸汽余热利用	锅炉蒸汽余热用于烘干产品，减少除湿设备的使用，可减少电的浪费	0	2.64	节电 3.3×10^4 kW·h	2019 年 9 月至 2019 年 10 月
WD-4	免酒精润版液使用	更环保的原辅材料的投入，同时减少润版液使用时有机废气的产生	0	0	减少污染	2019 年 4 月至 2019 年 5 月
WD-5	集中供墨系统投入	原先为小桶 1kg 包装的油墨，废包装桶量大，且原料浪费较大，现使用大桶 200kg 装，使用供墨系统直接输送至印刷设备。可有效减少废包装桶的量，同时减少油墨原料的损耗	0	0	减少废包装桶的数量	2019 年 3 月至 2019 年 4 月
WD-6	自动套袋机投入	由人工套袋改为设备自动套袋，提高产量，提高工作效率	19.80	0	提高生产效率	2019 年 3 月至 2019 年 5 月
WD-7	全自动翻转机投入	购入产品自动翻转机，由人工翻转改为全自动设备翻转，可提高产量，提高工作效率，节约时间，减少人工投入	20.00	0	提高生产效率	2019 年 1 月至 2019 年 2 月
WD-8	自动提手机投入	由人工穿提手改为机器自动穿提手，提高产量，提高工作效率，节约时间	32.00	0	提高生产效率	2019 年 3 月至 2019 年 4 月
WD-9	包装卷筒分切机投入	原先为外包分切，现购入分切机，节省原材料费用，提高工作效率	45.80	0	提高生产效率	2020 年 4 月至 2020 年 5 月
WD-10	全自动高速塑封机投入	采购高速塑封机代替原先低速塑封机，提高产量，提高工作效率，节约电费	15.00	0	节约电费 10kW·h × 0.8 元 × 11h/d = 88 元/d，生产效率提高 100%	2020 年 4 月至 2020 年 5 月
WD-11	配帖联动线投入	由人工配帖改为机器自动配帖，提高产量，提高工作效率，节约时间	47.8	0	提高生产效率	2020 年 4 月至 2020 年 5 月
WD-12	顶面贴标机投入	由人工贴标签改为机器自动贴标签，提高产量，提高工作效率，节约时间	2.58	0	提高生产效率	2020 年 7 月至 2020 年 8 月
ZG-1	高效五色平张胶印机设备更新	采用高效五色平张纸胶印机代替原先的印刷设备	849	0	提高生产效率，降低综合能耗	2019 年 3 月至 2019 年 12 月

8.1.5.2 无/低费方案实施情况

无/低费方案实施情况汇总见表8-13。

表8-13 无/低费方案实施情况汇总表

方案编号	方案名称	方案内容	投入金额/万元	经济效益	环境效益	完成时间
WD-1	冲版水循环处理	冲版水使用后循环至水循环处理设备，由设备过滤处理后再次用于冲版，设定为循环10次后经设备再次过滤后排放。每冲版10次可节约9次的用水量，预计每张版用水量15L，每10张版循环一次，可节约135L水	11.25	节省水费及排污费 1957t × 8元/t=1.56万元	年冲版数量为145000块，则节水135L/10块×145000块×1t/1000L=1957t，减少废水1957t	2019年4月
WD-2	废显影液固化处理	将废显影液经设备蒸馏处理，提炼出液态物质可直排水，剩余物质转变为胶状固体危废。预计每25L废显影液可处理为15L胶状固废，减少40%危废排放	12	节省危废处置费用0.5万元/t×1.2t=0.6万元	减少1.2t废液产生	2019年4月
WD-3	锅炉蒸汽余热利用	锅炉蒸汽余热用于烘干产品，减少除湿设备的使用，可减少电的浪费。原先7kW除湿设备每天运行8h，每年运行280d	0	节省电费 1.56×10^4 kW·h × 0.8元/(kW·h)=1.24万元	节电7kW×8h×280=1.56×10^4 kW·h	2019年10月
WD-4	免酒精润版液使用	以免酒精润版液和减酒精润版液，代替原先有酒精的润版液，减少润版液使用时有机废气的产生，更环保安全	0	0	减少污染废气排放	2019年5月
WD-5	集中供墨系统投入	原先为小桶1kg包装的油墨，废包装桶量大，且包装桶内残余的油墨浪费较大，现使用大桶200kg装，使用供墨系统直接输送至印刷设备。可有效减少废包装桶的量，同时减少油墨原料的损耗	0	减少危废处置费用0.2t×0.5万元/t=0.1万元	减少0.2t危废废包装材料产生	2019年4月
WD-6	自动套袋机投入	由人工套袋改为设备自动套袋，提高产量，提高工作效率。原先5个人1天可套3万个袋子，现在改为自动套袋机后，同样的产量，员工减少为2个人，减少了用工成本。而且机器套袋是卷筒不干胶纸，不会产生废纸，人工套袋有废纸产生	19.8	减少3个人的用工成本，每年18万元	提高生产效率	2019年5月
WD-7	全自动翻转机投入	购入产品自动翻转机，由人工翻转改为全自动设备翻转，可提高产量，提高工作效率，节约时间，减少人工投入。原先每天用2个人翻转，现在不用人工，机器自动翻转	20	减少2个人的用工成本，每年12万元	提高生产效率	2019年2月

续表

方案编号	方案名称	方案内容	投入金额/万元	经济效益	环境效益	完成时间
WD-8	自动提手机投入	由人工穿提手改为机器自动穿提手，提高产量，提高工作效率，节约时间。原先6个人1天穿3万个提手，现在用机器2个人1天穿4万个提手	32	减少4个人的用工成本，每年24万元	提高生产效率30%	2019年4月
WD-9	包装卷筒分切机投入	原先为外包分切，现购入分切机，节省原材料费用，提高工作效率。每天产量500令纸，节约外包分切费和运输费、卸车费共约3000元	45.8	节省外包费和运输费共计0.3万元	提高生产效率	2020年5月
WD-10	全自动高速塑封机投入	采购高速塑封机代替原先低速塑封机，提高产量，提高工作效率，节约电费。原来产量3000～4000本/h，现在8000～9000本/h。原来机器总功率40kW，新机器总功率30kW	15	节省电费3.08×10^4kW·h×0.8元/(kW·h)=2.46万元	节约电费10kW×11h×280=3.08×10^4kW·h，生产效率提高100%	2020年5月
WD-11	配帖联动线投入	由人工配帖改为机器自动配帖，提高产量，提高工作效率，节约时间。原先5个人1天配3万本书，现在用机器2个人1天配3万本书。节约人工，同样的产量每天少用3个人，效率提高60%	47.8	减少3个人的人工费用，每年18万元	提高生产效率	2020年5月
WD-12	顶面贴标机投入	由人工贴标签改为机器自动贴标签，提高产量，提高工作效率，节约时间。原先6个人1天贴3.5万本书，现在用机器1个人1天贴3.5万本书。节约人工，节约时间，同样的产量每天少用5个人	2.58	减少5个人的人工费用，每年30万元	提高生产效率	2020年8月
合计			投入206.23万元	经济效益108.26万元	节电4.6×10^4kW·h，折标准煤13t，相当于减排二氧化碳32t，减少危废产生量1.4t，节水1957t	

8.1.6 方案的确定

本轮清洁生产审核筛选出来可行的中/高费清洁生产方案1项，为“高效五色平张胶印机设备更新”方案。

8.1.6.1 方案技术评估

企业现有胶印机型号为CD102-4，总功率为70kW，效率为6000张/h。中/高费清洁生产方案计划更新的胶印机型号为CD102-5+L，总功率为150kW，效率为15000张/h。

该胶印机主要技术优点包括印通印控中心配有直观的智能操作导航系统，操作界面可实现快速且面向流程的设置；增强型预置飞达和收纸装置可确保最高的承印物灵活性及精确的纸堆码放；配有印通印控系统，可实现可靠的标准化印刷生产；气垫输纸系统可实现无接触式的轻柔输纸，有效避免划痕或污损；带有差动功能的润版系统，可防止出现墨皮，实现水墨平衡，确保出色稳定的印刷质量。同时，该设备已经过全面的实践验证，保证投资的可靠性，并能够带来更稳定的收益。

8.1.6.2 方案环境评估

方案实施前，图书印刷产量为 75.6 万色令，印刷电耗为 298×10^4kW·h，单耗为 3.94×10^4kW·h/万色令。

方案实施后，以每年运行 6720h 为准，新设备产量为 20 万色令，耗电约为 75×10^4kW·h。新设备单耗为 3.75×10^4kW·h/万色令，旧设备单耗为 3.94×10^4kW·h/万色令。根据数据分析可知，新设备运行单耗可削减 4.8%。

在同样产量的情况下，如产量 75.6 万色令（2018 年），旧设备耗电为 298×10^4kW·h，新设备耗电为 283×10^4kW·h，则节电 15×10^4kW·h，折标准煤 43.2t，相当于减排二氧化碳 108t。

可以认为，在提高生产效率的同时，方案实施可达到节电的效果，新设备运行提高了能源的利用率，故认为在环境效益上是值得实施的方案。

8.1.6.3 方案经济评估

该方案预计投入费用为 849 万元，设备使用年限 15 年。

新设备全年运行产量为 20 万色令，产值为 3198 万元，新增利润为 319 万元。

同样产量情况下，可节电 15×10^4kW·h，节省电费为 15×10^4kW·h×0.8 元/(kW·h)=12 万元。

旧设备全年运行产量为 8 万色令，产值为 1279 万元，新增利润为 127 万元。

因此预估经济效益为 192 万元。

8.1.7 方案的实施

8.1.7.1 中/高费方案实施情况

对中/高费方案实施前后印刷设备的运行情况进行汇总，并验证其成果。方案实施前后对比见表 8-14。

表 8-14 中/高费方案实施效益情况

项目	方案实施前	方案实施后
产量	20 万色令	20 万色令
电耗	92.8×10^4kW·h	80×10^4kW·h(同产量)
节电	12.8×10^4kW·h	
折标准煤	36.86t	
减排二氧化碳	92.15t	

续表

项目	方案实施前	方案实施后
节省费用	12.8×10⁴kW·h×0.8 元/(kW·h)=10.24 万元	
新增利润	新老设备满负荷运行时，新增利润差为 192 万元	
合计	节电 12.8×10⁴kW·h，节省费用 202.24 万元，折标准煤 36.86t，减排二氧化碳 92.15t	

本轮清洁生产审核共提出和实施 13 项清洁生产方案，总投资 1166.23 万元，取得较为明显的环境、经济效益，实现年经济效益 337.08 万元。环境效益包括：节电 17.44 万千瓦时，折合标准煤 50.22 吨，相当于减排二氧化碳 125.55 吨；节水 653 吨，减少异丙醇使用 29.97 吨；减少危废产生 0.9 吨。

8.1.7.2 清洁生产目标达成情况

通过本轮清洁生产审核，企业的清洁生产水平得到了提高，降低了水、电、蒸汽等能源、资源的消耗，单位产品能耗较审核前有一定减降，清洁生产目标实现情况见表 8-15。

表 8-15 本轮清洁生产目标实现情况

项目	单位	现状值（2018 年）	近期目标（2020 年）		完成目标情况（2020 年）	
			绝对值	相对值	绝对值	相对值
单位产品综合能耗（以标准煤计）	t/万色令	18.928	18.171	−4%	16.744	−11%

同时，审核后公司单位产品能耗、单位产品危废产生量符合清洁生产指标的三级标准。综上，公司的清洁生产水平达到清洁生产国内一般水平。

8.1.8 持续清洁生产

8.1.8.1 建立和完善清洁生产制度

清洁生产管理制度包括把审核成果纳入组织的日常管理轨道、建立激励机制和保证稳定的清洁生产资金来源。

公司要继续开展合理化建议活动，不断鼓励员工对生产过程和设备使用管理等方面提出改进意见和方案，稳定推进清洁生产工作的持续开展和深入。

通过本轮清洁生产审核，取得了下述成果。

① 对清洁生产审核提出的方案中的有关建议、办法进行梳理，使其形成制度，长期规范地予以落实执行。

② 对本轮审核过程中专家提出的有关整改措施意见，认真分析、消化，将有关措施意见也形成文件或制度，以便实施。

③ 将本轮审核提出的有关方案整理归档，进行跟踪考查，进一步提高实际效果；将清洁生产审核提出的改进措施，编入企业的生产技术规范和操作规程，并要求员工严格遵守执行。

8.1.8.2 持续清洁生产计划

公司将对本轮清洁生产审核中发现的尚未解决的问题进行分析、整理，制定下一轮清洁生产审核计划，以及持续清洁生产方案的实施计划和清洁生产培训计划，使清洁生产有组织、有计划地在企业中进行下去。初步制定的公司持续清洁生产计划见表 8-16。

表 8-16 持续清洁生产计划

项目	内容	实施时间	负责部门
持续清洁生产方案	1. 软水制备废水回用	2021 年 5 月	生产部
	2. 高耗能旧设备淘汰更新	2021 年 3 月	生产部
	3. 废气监测网络建设	2021 年 3 月	设备动力部
	4. 环保设施更新	2021 年 7 月	设备动力部
清洁生产培训计划	每年底，开展清洁生产的宣传培训活动，收集员工合理化建议，筛选可行的方案，及时组织实施，做好持续节能降耗，制定下一轮清洁生产审核计划	2021 年 12 月	清洁生产审核工作小组
持续清洁生产审核计划	制定下一轮清洁生产审核计划	2022 年 1 月	清洁生产审核工作小组

8.2 某钛白粉生产企业能源审计案例

摘要（略）。

8.2.1 审计目的和内容

8.2.1.1 审计目的

① 通过对企业进行生产现场调查、资料核查及节能诊断，分析能源利用状况，并确认其利用水平，查找存在的问题和漏洞，挖掘节能潜力。

② 通过能源审计，弄清企业生产全过程能源流的购入、转换、使用、综合利用、管理等情况，计算企业能源消耗指标，分析大型设备的能耗效率，寻找能源管理和设备、工艺、技术方面的薄弱环节和节能途径，为企业进一步制订节能技术改造措施和方案提供参考。

③ 通过能源审计，健全和完善能源管理和计量体系，健全和完善能源定额和奖励制度。

8.2.1.2 审计依据（略）

8.2.1.3 审计周期

审计周期为 2022 年 1 月 1 日至 2022 年 12 月 31 日。

8.2.1.4 审计内容

① 企业基本情况　主要包括企业简况，企业主要产品生产工艺概况，主要供能或耗能系统情况，等等。

② 企业能源管理运行状况分析　主要包括企业能源管理方针和目标，企业能源管理机构和责权，企业能源文件管理，企业能源计量管理，企业能源统计管理，等等。

③ 企业能源统计数据审核　主要包括对能源购入、外拨、库存、库途损耗数据的审核，对能源投入和产出数据的审核，对与能耗相关产出数据的审核，对企业采用的能源折标系数

的审核，对企业购入能源费用、单价的审核，等等。

④ 企业能耗指标计算和分析　主要包括企业能源实物量平衡表，对主要用能系统、工艺、设备的能源利用水平分析，淘汰产品、设备、装置、工艺和生产能力情况，能源成本计算和分析，节能量计算分析，等等。

⑤ 企业节能潜力分析和建议　主要包括现场诊断情况，测试情况，企业节能潜力分析，节能目标实现的主要途径和步骤，节能管理改进建议，节能技术改造项目建议，主要整改措施。

⑥ 给出审计结论　主要包括对年节能目标和主要经济技术指标完成情况以及对能源管理和节能技术进步状况的评价，主要节能潜力和改进建议。

8.2.2 企业基本情况

该企业成立于 2003 年 1 月，位于化工区，区内配套设施完备，水、电、汽均直供进厂区。企业的主要产品为通用型钛白粉，审核年度生产钛白粉 17021 吨，工业总产值为 16113 万元，总能耗为 14323 吨标准煤，万元产值能耗（以标准煤计）为 0.890 吨/万元。企业基本情况见表 8-17。

表 8-17　企业概况及主要经济技术指标

项目名称	内容			
单位名称	××钛白粉生产有限公司			
法人代码	××××××××××			
节能主管领导姓名/职务	×××			
节能主管部门名称	综合管理办公室			
节能管理部门负责人姓名	×××			
专职管理人数	1			
兼职管理人数	5			
2022 年节能目标名称	万元产值能耗下降率			
2022 年节能目标值	10%			
主要经济技术指标				
项目名称	计量单位	2022 年	2021 年	增减/%
工业总产值(现价)	万元	16113	15691	2.69
上缴利税	万元	889	553	60.76
综合能耗(等价值)(以标准煤计)	t	14323	15636	−8.40
万元产值能耗(以标准煤计)	t	0.890	0.996	−10.64
能源总成本	万元	2892	3011	−3.95
生产总成本	万元	14423	13813	4.42
能源成本占生产总成本比例	%	20.05	21.80	−8.03
完成节能项目数目	项	2	—	—
完成节能项目投资总量	万元	140	—	—
完成节能项目节能能力	t/a	3090	—	—
完成节能项目经济效益	万元/a	155	—	—
年度节能目标(万元产值能耗下降率)	%	10	10	—
年度节能目标完成值	%	11.91	—	—

8.2.3 主要生产工艺和能源、资源消耗情况

8.2.3.1 生产工艺

企业采用硫酸法制钛白粉，工艺流程见图 8-9。

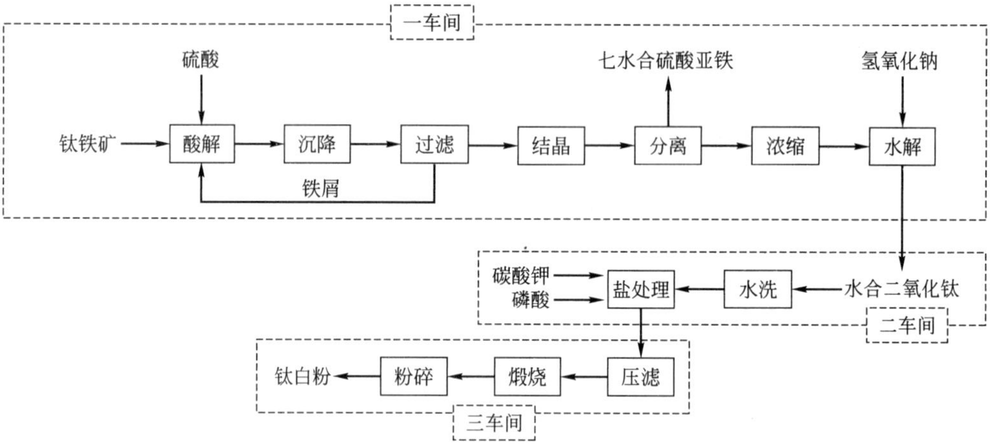

图 8-9 钛白粉生产工艺流程示意图

8.2.3.2 工艺能源、资源消耗情况

能源品种主要是液化天然气、电力、蒸汽。

① 供电系统情况 企业的电力全部来自电网购电，电压为 10kV，经过变配电后为 0.4kV，向全厂供电，其中矿粉磨机使用 10kV 的电压。企业现有变压器 2 台，总容量是 2000kV·A，在用变压器清单见表 8-18。

表 8-18 企业在用变压器一览表

变压器名称	电压等级	容量	数量
1# 干式变压器	10kV/0.4kV	1000kV·A	1
2# 干式变压器	10kV/0.4kV	1000kV·A	1
合计	—	2000kV·A	2

② 供热系统情况 企业热能以液化天然气和蒸汽为主，其中液化天然气主要供给三车间配套的煅烧工艺。

一车间生产需要的蒸汽为中压蒸汽，蒸汽全部为外购，通过园区管网供汽，可以满足企业的生产需求。

③ 供水系统情况 企业对水资源的使用以自来水为主，由市政管网供水，主要用于水洗、盐洗及循环冷却水补水等生产环节。企业建有污水处理站，大部分污水经处理后回用，小部分排入园区污水管网，纳管排放。近年用水量总体趋势是逐年减少，这是由于企业近年来不断实施中水回用，逐年减少水的用量。

④ 压缩空气系统情况 空压机房设有 3 台空压机，其中 1 台 55kW 空压机用于仪表风，2 台共 90kW 空压机用于工艺风。空压机清单见表 8-19。

表 8-19　企业空压机设备一览表

设备名称	数量	单位	总功率
空压机(工艺风)	2	台	90kW
空压机(仪表风)	1	台	55kW

8.2.4　能源管理运行状况分析

8.2.4.1　能源管理方针和目标

① 能源管理方针　为了响应国家节能减排政策号召，企业提出了“节约能源、挖潜降耗”的能源管理方针，并加强能源管理制度建设，成立能源管理委员会监督能源管理实施情况，达到加强能源管理、提高能源利用效率、降低消耗的目的。

② 能源管理目标　本年度万元产值能耗较上一年度下降 10%。

8.2.4.2　能源管理机构和职权

企业建立能源管理机构和系统。整个能源管理机构组成见图 8-10。

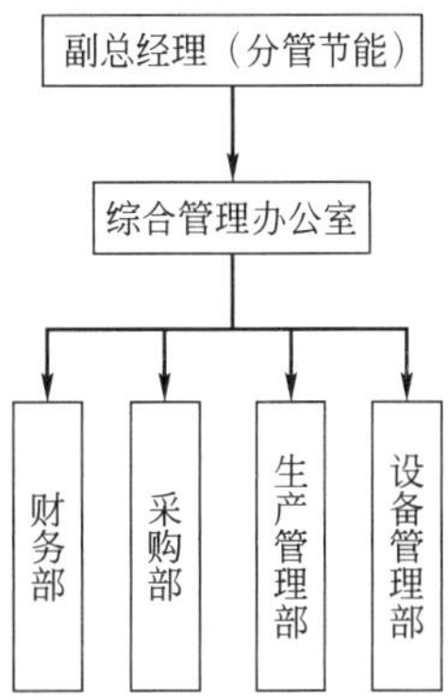

图 8-10　企业能源管理机构组成

8.2.4.3　能源管理制度

企业的能源管理制度是在建设过程中不断完善的。目前已建立的管理制度有如下几个方面。

(1) 能源采购制度

① 选择能源供方。除考虑价格、运输等因素外，还需对所供能源的质量进行评价，确认供方的供应能力，选定符合要求和稳定的能源供方。

② 签订采购合同。合同应明确输入能源的数量和计量方法、输入能源的质量要求和检测方法、对数量和质量发生异议时的处理规则。

③ 贮存。标明各种能源的贮存注意事项，如温度、湿度、密封性等。

(2) 审批管理制度

① 相关部门根据本企业下个月度、季度或年度的生产计划，为保证生产正常运行，对能源需求量所作出的购买计划、使用计划上报企业领导及得到决策回复的相关程序。

② 能源统计负责部门对整个企业及各用能部门、单位上月度、季度或年度使用的能源总量进行统计后，上报企业领导的相关程序。

③ 能源消耗定额制定的审批程序。所制定的定额包括各用能单位、主要耗能设备和工序的能源消耗定额，以及根据生产条件变化和完成情况及时修订的能源消耗定额。

(3) 能源财务管理制度

能源财务管理主要是能源采购计划确定后，购买能源所需资金的划拨及核算。

① 能源购买资金的划拨。采购部门根据已经审批的能源采购计划所需的各种能源总量及能源供应商提供的报价，计算所需资金，进行款项申请及划拨的相关程序。

② 能源费用的核算。包括财务部门根据能源的购入申请单、进货单、发票对企业能源的费用进行总核算；根据各用能单位能源的使用量，对各用能单位能源的费用进行独立

核算。

（4）能源生产管理制度　企业对能源的分配和传输进行管理，目的是保障安全连续供给，确保生产正常及有效进行。企业还要通过优化工艺、确保耗能设备经济运行，合理有效地利用能源。

① 明确界定内部能源分配传输系统的范围、有关单位和人员的管理职责和权限、有关管理工作原则和方法的规定。

② 对内部能源分配传输系统的合理布局设置、合理调度、优化分配作出的相关规定。

③ 明确内部输配电线路、供水、供气、供汽、供热、供油管道的管理细则，包括定期巡查、测定其损耗、根据运行状况制订计划、合理安排检修等。

④ 优化工艺的规定，包括合理安排工艺过程，充分利用余热、余压，回收放散可燃气体等的管理。

⑤ 耗能设备经济运行，包括根据设备特性和生产加工需要，合理安排生产计划和生产调度，使耗能设备在最佳状况运行的相关管理。

（5）能源计量统计制度　能源计量统计制度的确立及实行，是企业进行能源计量、能源利用率统计、能源使用及调整的基础。

① 明确企业能源的范围。应包括一次能源、二次能源和耗能工质所消耗的能源。

② 企业能源供入量统计。应包括各类能源购入量、库存增减量、亏损量、外供量、供入量等。

③ 企业能源加工转换统计。应包括企业内生产的各种二次能源和耗能工质的数量，生产的各种二次能源和耗能工质所消耗的各种能源的数量，生产的二次能源的低位发热量，耗能工质的工作参数，以及加工转换设备效率，等等。

④ 企业能源输送分配统计。能源输送分配分两大类：一类是管道输送的能源与耗能工质，如各种液体燃料、气体燃料和液体与气体的耗能工质；另一类是电能输配。

管道输送能源统计包括：输送能源或耗能工质数量，管道进口及出口端的压力、温度等参数，输送损失能量，等等。

以漏失量计算输送损失能量。

电能输配统计包括：变电站向各用电单元的供出电量、用电单元的接收电量、输配电损失电量等。

（6）企业能源消费统计　企业能源消费统计分两部分，一部分是企业在生产中消耗的各种能源和耗能工质，另一部分是非生产单位、职工生活消耗的和外供的各种能源和耗能工质。

① 企业生产中消耗的各种能耗统计包括：主要生产系统、辅助生产系统、采暖（空调）、照明、运输和其他六个用能单元所使用各种能源和耗能工质的数量，企业总综合能耗，企业单位产值综合能耗，单位产品综合能耗。

② 非生产用能的统计包括：转供外销的各种能源数量，基建项目使用的各种能源数量，其他非生产使用的各种能源数量，等等。

（7）企业能源统计报表　以表格形式科学、准确、简明地描述企业用能过程中能源购入、消费和贮存的数量关系。

（8）能源计量器具管理制度　对能源计量器具进行合理配备和管理，保证其准确可靠，是能源计量统计的基础。

① 能源计量器具的配备管理。包括计量检测点（根据企业水、电等能源分布情况确定一、二、三级能源计量）、计量特性指标（主要是准确度、稳定度、量程、分辨率等，合理

配置通用、专用的计量设备)、计量器具的配备数量（考虑不影响正常生产情况下因突然损坏、送检等所需的合理配用量）的相关规定。

② 能源计量器具的使用管理。包括计量器具的采购、运输、验收、贮存、发放、安装、维护、定期检定和校准、检定结果的处理、降级、报废的有关规定。

③ 对各计量器具的相关指标进行记录。包括计量器具的数量、型号、规格、准确度、稳定度、量程、分辨率等。

④ 计量器具使用记录。包括计量器具验收、维护、检定等相关情况的记录。

(9) 能源消耗定额、考核和奖惩制度　企业应制定能源消耗定额，作为判断能耗状况是否正常的重要依据，并考核完成情况。能源消耗定额、考核和奖惩制度主要包括以下内容。

① 能源消耗定额管理，包括以下内容。

a. 能源消耗定额的制定。根据企业设备、生产技术等情况，制定的定额包括：各用能单位、主要耗能设备和工序的能源消耗定额；根据生产条件变化和完成情况，及时修订能源消耗定额。

b. 能源消耗定额的下达和责任。能源消耗定额按规定的程序逐级下达，并明确规定完成各项定额的责任部门、单位和责任人。

② 能源消耗考核，包括以下内容。

a. 各二级计量部门根据自身情况确定每年能源消耗考核的周期、次数。

b. 实际用能量的计量和核算。落实有关人员的职责，按规定的方法，对各用能单位、主要耗能设备和工序的实际用能量进行计量、统计和核算，在规定时间内报告。

c. 各部门对本部门的总综合能耗、单位产值综合能耗、单位产品综合能耗进行统计和核算。

d. 各部门能源主管人员定期对本部门能源消耗状况及费用进行分析，根据本部门的特点，运用数理统计方法对能耗有关数据进行处理，设计和绘制各种图表，用以对能耗状况进行经常性分析。

8.2.4.4　能源计量管理

企业需要计量的能源种类有电力、蒸汽、液化天然气和水，各有对应的计量系统。通过统计汇总，计算该企业能源计量器具配备情况，详见表 8-20。由表 8-20 可知，企业在进出用能单位、进出主要次级用能单位和主要用能设备计量器具配备方面，液化天然气、水、电和蒸汽均满足《用能单位能源计量器具配备和管理通则》(GB 17167—2006) 规定中一级计量、二级计量和三级计量配备要求；同时，企业已配备的能源计量器具的精度满足要求。

表 8-20　能源计量器具配备情况

能源种类		进出用能单位				进出主要次级用能单位				主要用能设备			
		配备率标准/%	需要配置数	实际配置数	配备率/%	配备率标准/%	需要配置数	实际配置数	配备率/%	配备率标准/%	需要配置数	实际配置数	配备率/%
电力		100	1	1	100.0	100	4	4	100.0	75	45	40	89.0
气态能源	液化天然气	100	1	1	100.0	70	1	1	100.0	70	2	2	100.0
载能工质	蒸汽	100	1	1	100.0	70	5	5	100.0	70	5	4	80.0
	水	100	1	1	100.0	70	2	2	100.0	70	2	2	100.0

8.2.4.5 能源统计管理

能源统计管理是能源管理的重要组成部分，是分析能源消耗和利用情况的依据。能源统计的合理性、及时性以及准确性都影响到对能源管理的决策、能源利用效率的分析以及节能措施的成效评价。

目前企业制定了节能管理制度，组建了节能管理机构和管理网络，已基本建立健全了能源统计台账，对企业的能源消费情况建立了统计台账，各类统计数据及报表实现了电子网络化管理。

企业制定了相应的企业能源计量管理规定，管理内容和方法主要包括计量设备的策划和购置、计量设备的确认和使用、物资计量、计量数据及计量凭证。

强化能源统计的具体途径为：根据能源在企业内部流动的过程及其特点，按照能源购入贮存、加工转换、输送分配和最终使用四个环节，对各工序及车间主辅生产系统的各种能源消耗建立分类统计报表，原始记录应妥善保存，报表内容应按工序细化到主要生产系统、辅助生产系统、采暖（空调）、照明、运输及其他，以利于细化对工序及产品的能耗考核。

8.2.5 能源统计数据审核

8.2.5.1 对能源数据的审核

企业本审计期内购入能源主要有电力、液化天然气、蒸汽。根据《工业企业能源管理导则》(GB/T 15587—2008) 要求对企业能源消费总量进行核算。

审计小组对企业审核年度能源购入、外拨、库存及库途损耗的相关财务报表、能源统计报表及其他相关的各类票据和原始记录进行了全面核查。

核查结果表明企业外购的能源品种为电力、蒸汽和液化天然气三大类能源。财务报表显示，企业购入电力 1521 万千瓦时，液化天然气 2379 吨，蒸汽 168981 吉焦。

汇总企业审计年度生产日报表上的能源消耗量，并与同期财务统计能源消费量相比，能源投入数据审核情况见表 8-21。

表 8-21 企业能源投入量与使用情况审核表

能源种类	能源投入量	实际消耗量			差错率/%
		工业生产消耗量	非工业生产消耗量	其他	
电/(10^4 kW·h)	1521	1521	0	0	0.00
液化天然气/t	2379	2377	0	0	0.08
蒸汽/GJ	168981	162222	0	0	4.00

经审核，审计期内能源投入实物量与生产实际消耗量基本一致。

8.2.5.2 对与能耗相关数据的审核

根据企业财务部提供的数据，企业在审计年度实现工业总产值共计 16113 万元。

对企业 2022 年统计的产品产量、原材料台账进行物料平衡分析，并对财务部与供销科、设备能源科统计的产量相关数据进行核实。经核实，企业 2022 年的产值和产量汇总如表 8-22 所示。

表 8-22 2022 年企业产值和产量汇总表

项目	单位	2022 年数值
工业总产值	万元	16113
产量	吨	17021
上缴利税	万元	889
销售收入	万元	1690
产品生产成本	万元	14423

审计小组对企业在能源统计中所采用的当量及折标系数进行核查后，认为企业所采用的相关折标系数符合能源统计的要求。企业的各类能源折标系数见表 8-23。

表 8-23 折标系数表

类别	能源种类	等价值折标系数(以标准煤计)	当量值折标系数(以标准煤计)
外购能源	液化天然气	1.7572kg/kg	1.7572kg/kg
	电力	0.288kg/(kW·h)	0.1229kg/(kW·h)
	外购蒸汽	0.0341kg/MJ	0.0341kg/MJ

8.2.6 能耗指标计算和分析

依据《综合能耗计算通则》(GB/T 2589—2020)、《企业能源计量网络图绘制方法》(GB/T 33656—2017)、《企业能量平衡表编制方法》(GB/T 28751—2012) 中的相关要求，对企业能耗指标进行计算和分析，为节能挖潜和制定节能目标提供基础数据。

8.2.6.1 能源实物量平衡表

经过对该企业能源消费情况的调研及汇总，企业能源消费平衡综合表见表 8-24。

表 8-24 企业能源消费平衡综合表

部门名称	液化天然气	蒸汽(热力)	电力	合计
期初库存(以标准煤计)/t	0	0	0	
收入量(以标准煤计)/t	2379	168981	1521	
消费总量(以标准煤计)/t	2379	168981	1521	
拨出量(以标准煤计)/t	0	0	0	
期末库存(以标准煤计)/t	0	0	0	
盘盈或盘亏(以标准煤计)/t	0	0	0	
非生产系统(以标准煤计)/t	0	0	0	
生产系统(以标准煤计)/t	2379	168981	1521	
折标系数(等价)/(t/t)	1.75720	0.03410	2.880	
折标系数(当量)/(t/t)	1.75720	0.03410	1.229	
当量值/(t/t)	4180.38	5762.25	1869.31	11812
等价值/(t/t)	4180.38	5762.25	4380.48	14323

8.2.6.2 对主要用能系统、工艺、设备的能源利用水平分析

我国已颁布的清洁生产标准中，尚无专门针对硫酸法制钛白粉生产行业的清洁生产标准。企业审计年度2022年万元产值能耗为0.890t/万元，低于《上海产业能效指南》（2021版）中“产值能效-261基础化学原料制造”的1.098t/万元。

8.2.6.3 淘汰产品、设备、装置、工艺和生产能力情况

经审计，企业没有属于国家明令淘汰的产品、设备、装置和工艺。

8.2.6.4 能源成本计算和分析

受市场影响，2022年产品价格波动幅度较大，造成能源成本和生产成本都有所增加。在外界不利因素影响下，综合能耗和万元产值能耗都有一定程度的下降，说明企业2022年在能效管理、节能技改和经济运行等方面的工作取得了成效。表8-25为企业能源成本表，能源成本占生产总成本的比例为20.05%。

表8-25 企业能源成本表

项目名称	计量单位	2022年	2021年	增减/%
产量	t	17021	16480	3.28
工业总产值	万元	16113	15691	2.69
综合能耗(以标准煤计)	t	14323	15636	−8.40
万元产值能耗(以标准煤计)	t/万元	0.890	0.996	−10.64
单位产品综合能耗(以标准煤和产品质量计)	t/t	0.841	0.949	−11.38
能源总成本	万元	2892	3011	−3.95
生产总成本	万元	14423	13813	4.42
能源成本占生产总成本比例	%	20.05	21.80	−8.03

8.2.6.5 节能量计算分析

① 产值节能量 2022年万元产值能耗与2021年相比，由0.996t/万元下降到0.890t/万元，下降了10.64%。2022年产值节能量=万元产值能耗差额×2022年产值，即1708t标准煤。

② 产品节能量 2022年单位产品综合能耗与2021年相比，由0.949t/t下降到0.841t/t，下降了11.38%。2022年产品节能量=单位产品能耗差额×2022年总产量，即1838t标准煤。

③ 结构调整节能量 结构调整节能量为零。

8.2.7 节能潜力分析

8.2.7.1 现场诊断情况

在该企业生产过程和能源消耗审计的基础上，对生产现场进行节能诊断。各方面的专家通过与现场技术人员交谈、对实际设备运行状况进行考察、查阅主要设备运行情况，通过分析、计算，分别从能源利用技术节能、能源管理节能、产品能耗成本节能等几个方面提出了

节能措施意见。

2022 年企业消耗能源中外购热力占了大部分。此次能源审计重点对热能利用进行了现场诊断，由于现场保温设施破损较多、蒸汽疏水器漏汽率较高，对此提出了改进建议。

8.2.7.2　测试情况

此次能源审计对企业热力管道保温进行了现场诊断和测试，检测情况见表 8-26。

表 8-26　设备测试报告主要指标汇总

设备编号	设备名称	测试指标					
		名称	计量单位	合格值或限值	实测值	判别	测试日期
1	蒸汽管道(主管道)	平均热损失	W/m^2	134.24	120.21	合格	2023 年 2 月 20 日
2	蒸汽管道(支管道)	平均热损失	W/m^2	134.24	130.49	合格	2023 年 2 月 20 日

8.2.7.3　企业节能潜力分析

根据国家节能减排的政策及企业降低生产成本的需要，企业通过技术改造实现节能，节能潜力具体汇总见表 8-27。

表 8-27　企业节能潜力汇总

分类	项目名称	主要内容	节能潜力(以标准煤计)/(t/a)	节能潜力计算简要说明
技术改造	钛液浓缩节能改造项目	采用钛液多效浓缩技术及装备，对原单效薄膜真空蒸发浓缩装置进行节能改造	1634	略
	等梯度降温结晶系统技改项目	采用等梯度降温结晶技术对钛液进行降温结晶，单套处理钛液量为 $32m^3$/批，钛液温度由 65℃降至 15℃。料液结晶罐采用厂区现有闲置的料罐，降温结晶系统搭建在料罐一侧的空置区域	1456	略
合计			3090	

8.2.7.4　节能目标实现的主要途径和步骤

节能目标实现的主要途径有管理节能、技术节能、产值节能、结构节能，企业的生产耗能较大，所以将重点放在生产工艺及设备的技术节能和管理节能方面。由于钛白粉产品和产量由市场决定，所以暂不考虑产值节能和结构节能。根据企业技术现状、生产以及资金情况，可按以下步骤实施下述节能项目。

(1) 完善能源管理条例和方法，建立能源考核制度　企业已经建立较为完善的能源管理制度，其中明确给出了能源管理的目的、范围、定义和职责，为能源管理提供了制度上的依据。

企业在全厂范围内明确了各生产、运行车间对应节能负责人，以及节能管理领导结构图，便于掌握节能政策和相关措施。

为了规范能源管理中的具体操作，企业近年出台了一系列能源管理制度。完整的能源管理制度，不但明确了能源运作中的管理内容、责任人，而且理清了管理组织关系，在具体工作中有利于贯彻企业加强能源管理的各项政策。

（2）技术节能——建立技术创新体系，加强节能技术改造

① 以专业技术人员为骨干组建节能技改小组，以重点耗能工序和主要耗能设备为工作方向，集中力量对本次审计中涉及的有节能潜力的部分进行可行性研究，采取技术改进或设备改造措施。

② 下阶段进一步复核区域热负荷，宜根据厂区工艺设备实际运行情况确定合理运行策略，调整设备运行时间，合理梯级利用能源，提升项目能源利用效率。

③ 制订节能规划和计划，明确目标，按期推进，定期检讨和总结，确保落实。

④ 制定节能技改管理制度和奖惩办法，明确职责，多奖少罚，从机制、组织和管理上提供保障。

8.2.7.5 节能管理改进建议

企业逐步完善能源管理的“三级网络制度”，能源管理的责权条例清晰，具有可操作性，加强能源的考核、奖励制度，有充分资源支持能源管理和节能改造。

企业应加强员工的节能意识培训，鼓励员工从工作中发现节能潜力，提高能源计量的准确率，完善企业的能源统计制度。

逐步完善企业的对标管理制度，各区域首先进行自身的对标管理，持续改进节能降耗工作，保持自身的能源使用效率在先进水平。同时，企业应加强对外学习交流，引进国外先进的能源管理制度和技术，逐步提高能源利用率，降低产品单耗。

建议企业继续推进重点能耗设备单耗管理工作，对各类生产设备进行单耗测量和单耗统计，并建立奖惩制度，持续推进设备单耗下降。

建议企业设立内部能耗统计与考核制度。对各个用能系统采取用能定额管理，定期考察各用能系统的用能情况。每年年初根据各用能系统上一年的能耗和其同类项目能耗水平讨论制定本年度各种能源的消费量，并细化到每个月的消费量。然后对每月实际发生各种能源的消费量定期跟踪统计，并与年初的目标及同期的水平相比较。对于超出原定目标的能源消耗需要查找差距、制定措施，对于节约能耗的工序进行表彰总结、经验分享。

各设备的能耗量以内部计量仪表为基础进行统计，并计算出相应的产品能耗。各类统计数据及报表均实行电子网络化管理，确保数据的准确性和统一性。

8.2.7.6 节能技术改造项目建议（略）

8.2.8 审计结论

8.2.8.1 年节能目标和主要经济指标

2022 年企业实现工业总产值 16113 万元，上缴利税 889 万元，生产钛白粉 17021 吨，年综合能耗（等价值）为 14323 吨标准煤，万元产值能耗为 0.890 吨/万元。2022 年年度万元产值能耗比 2021 年下降 10.64%，单位产品综合能耗下降 11.38%，达到节能 10%的目标。

8.2.8.2 企业能源管理状况

企业节能管理工作总体水平为中等。主要表现在：企业能源管理机构健全，能源管理实行企业、部门、车间、班组四级管理体制；能源管理制度系统化，企业制定有一套完整的能

源管理工作制度，其中包含能源采购、能源计量、能源统计、用能定额、用能分析、节能改造、表彰激励等多项管理制度，日常运行有效，节能措施有力；企业在进出用能单位和进出主要次级用能单位计量配备上做得较好，配备率为 100%。

建议企业建立覆盖企业能源利用全过程的管理体系，对强化企业管理节能与技术节能、促进企业构建长效节能机制具有重要意义。

8.2.8.3 企业节能技术进步状况

企业领导对节能高度重视，职工积极配合；通过强化节能管理、技术革新、加大技改投资力度等措施，企业产品能耗持续降低。

企业在 2022 年实施了两个节能技改项目，加强了节能降耗管理，较好控制了生产指标，取得了良好的效果，项目投资额 140 万元，节能量 3090 吨标准煤。

8.2.8.4 企业主要用能状况

企业能源消费种类有电力、液化天然气和蒸汽。其中，2022 年企业消耗电力 1521 万千瓦时，液化天然气 2379 吨，蒸汽 168981 吉焦，年综合能耗等价值为 14323 吨标准煤，年综合能耗当量值为 11812 吨标准煤，工业总产值 16113 万元，万元产值能耗为 0.890 吨标准煤。

8.2.8.5 主要的节能潜力和改进建议

企业能源管理机构健全，管理体系运行有效，节能工作措施较有力，节能管理工作总体水平中等。对其在能源管理和技术节能方面的具体建议如下。

① 进一步完善能源管理体系建设，加强能源科学管理，坚持管理与技术创新，提高能源利用效率，增强企业竞争力。

② 建议将节能技改管理工作进一步细化，通过一定的管理制度和措施的保障形成长效机制，建立节能措施与节能项目管理制度，进一步提升节能技改工作的能动性。

本章重要知识点

- 清洁生产审核报告的框架
- 清洁生产审核重点的确定
- 清洁生产目标的确定
- 无/低费方案和中/高费方案的产生和筛选
- 能源审计报告的框架
- 生产工艺能耗分析内容
- 能源管理制度的建立
- 能源利用状况的分析
- 节能潜力分析

复习思考题

1. 清洁生产审核案例中印刷厂使用“权重总和计分排序法”确定清洁生产审核重点。

请结合该案例，说明如何通过权重因素（如资源能源消耗、废弃物产生量等）量化评价不同生产环节的优先性。

2. 在印刷厂案例中，物料平衡分析的输入输出偏差为0.65%（小于5%）。请结合该流程，说明物料平衡分析如何帮助识别生产过程中的资源浪费和污染源。若偏差超过5%，可能反映哪些管理或技术问题？

3. 案例中印刷厂提出“冲版水循环处理”“免酒精润版液使用”等无/低费方案。请结合这些方案，分析无/低费方案的典型特征及其短期环境效益，并讨论其局限性。

4. 案例中印刷厂提出的中/高费方案“高效五色平张胶印机设备更新”，需投入849万元。请结合案例中的技术、环境、经济评估数据，说明如何通过投资回报率（ROI）和碳减排效益综合论证此类方案的可行性。

参考文献

[1] 莫斯塔法·卡·托尔巴. 论持续发展：约束和机会[M]. 朱跃强，译. 北京：中国环境科学出版社，1990.

[2] 吴家正，尤建新. 可持续发展导论[M]. 上海：同济大学出版社，1998.

[3] 奚旦立. 环境与可持续发展[M]. 北京：高等教育出版社，1999.

[4] 中国农业部，美国能源部项目专家组. 中国生物质能转换技术评价及其市场化发展战略研究[M]. 北京：中国环境科学出版社，1998.

[5] 李良园. 上海发展循环经济研究[M]. 上海：上海交通大学出版社，2000.

[6] HAWKEN P，LOVINS A，LOVINS L H. 自然资本论[M]. 王乃粒，诸大建，龚义台，译. 上海：上海科学普及出版社，2000.

[7] 郭怀成，尚金城，张天柱. 环境规划学[M]. 北京：高等教育出版社，2001.

[8] 国家环境保护局科技标准司. 国内外环境标志文集[M]. 北京：中国环境科学出版社，1994.

[9] 黄德发. 关于可持续发展及其衡量尺度[J]. 学术研究，2003（8）：13-15.

[10] 任欣. 中外环境标志的比较[J]. 中国环境科学，1999，19（2）：189-192.

[11] 刘舸，许冠英. 清洁生产评价方法实证研究[J]. 中山大学学报论丛，2003，23（1）：110-113.

[12] WECD. 我们共同的未来[M]. 长春：吉林人民出版社，1997.

[13] 马克·伦达尔. 发展经济学新方向[M]. 北京：经济科学出版社，2001.

[14] 夏青. 中国环境标志[M]. 北京：中国环境科学出版社，2000.

[15] 霍明远. 资源科学的内涵与发展[J]. 资源科学，1998，20（2）：11-16.

[16] GOSSEN R. 新世纪的能源与环境要满足社会的需求[J]. 世界石油工业，2001，8（3）：7-10.

[17] 汤宗慧，徐光. 电子束半干法烟气净化技术[J]. 华东电力，2003（8）：9-10.

[18] 魏培平，董丽敏，杨嘉祥. 脉冲电晕等离子体脱硫、脱氮研究[J]. 哈尔滨师范大学自然科学学报，2001，17（6）：68-72.

[19] 水电水利规划设计总院. 中国可再生能源发展报告2020[M]. 北京：中国水利水电出版社，2021.

[20] 俞善庆. 清洁能源和能源的高效清洁利用[J]. 上海节能，2006（6）：36-38.

[21] 李美成，高中亮，王龙，等. “双碳”目标下我国太阳能利用技术的发展现状与展望[J]. 太阳能，2021（11）：13-18.

[22] 李建林，李光辉，梁丹曦，等. “双碳目标”下可再生能源制氢技术综述及前景展望[J]. 分布式能源，2021，6（5）：1-9.

[23] 翟融融. 创新燃煤发电系统推动清洁能源发展[J]. 创新成果，2018（10）：70-72.

[24] 胡颖，沈怡青，胡维淳，等. 高硫煤的清洁利用[J]. 煤炭加工与综合利用，2017（7）：87-89.

[25] 郭慧芳，和建光，徐宾，等. 高硫煤清洁利用途径研究进展[J]. 山东化工，2017，46（2）：37-38.

[26] 苗永梅. 核能的科学利用[J]. 硅谷，2011（16）：13，45.

[27] 苏永杰，姜维国，邵海江，等. 核能利用与环境保护[J]. 能源环境保护，2006，20（4）：16-19.

[28] 邓永斌，王二成. 劣质褐煤的清洁利用：煤制天然气[J]. 煤炭加工与综合利用，2020（2）：48-50.

[29] 方君实，濮洪九，冯银厂，等. 煤炭的清洁利用[J]. 话题，2015（6）：74-75.

[30] 陈云. 煤炭清洁利用发展模式与科技需求探讨[J]. 中国战略新兴产业，2018（16）：22.

[31] 张绍强. 民用煤清洁利用的障碍与机制[J]. 煤炭加工与综合利用，2019（4）：1-4，7.

[32] 崔丽梅. 浅析目前煤炭能源低碳清洁利用的发展模式[J]. 山西化工，2018（3）：159-161.

[33] 赵欣梅，刘光全，许毓，等. 燃料电池发展现状及在石油行业的应用可行性[J]. 油气田环境保护，2009，19（4）：34-36，44.

[34] 杜欣. 生物质发电在我国的发展现状及前景分析[J]. 暖通空调，2021，51（增1）：363-366.

[35] 雷雳光，盖朋波．石油焦综合利用研究进展[J]．石油与天然气化工，2018，47（5）：21-25，38．
[36] 赵志国，张东晨，闵凡飞．我国选煤技术发展现状及对煤炭清洁利用的影响[J]．中国科技论文在线，2011，6（3）：215-219．
[37] 李万学．微生物技术在石油开采中的应用分析[J]．工艺技术，2021（9）：169-170．
[38] 郝睿．我国核能发展与环境保护的几点思考[J]．环境与发展，2018（9）：222-223．
[39] 陈鲁园，高云艳，郭旭，等．新形势下我国煤炭资源的高效清洁利用的途径分析[J]．当代化工研究，2019（70）：35-37．
[40] 陈双全．中国选煤技术发展现状及对煤炭清洁利用的影响[J]．节能环保，2017（24）：11-12．
[41] 贾承造，庞雄奇，姜福杰．中国油气资源研究现状与发展方向[J]．石油科学通报，2016，1（1）：2-23．
[42] 林积泉，唐晓兰，张辉．循环经济实施保障体系研究[J]．环境科学与管理，2008，33（2）：148-150．
[43] 戴宏民．德国DSD系统和循环经济[J]．中国包装，2002（6）：53．
[44] 翟一杰，张天祚，申晓旭，等．生命周期评价方法研究进展[J]．资源科学，2021，43（3）：446-455．
[45] 王瑞贤，罗宏，彭应登．国家生态工业示范园区建设的新进展[J]．环境保护，2003（3）：35-38．
[46] 房鑫，李有润，沈静珠，等．两种不确定条件下工业园区的优化组合[J]．化工学报，2002，53（9）：937-941．
[47] 鲁成秀，尚金城．论生态工业园区建设的理论基础[J]．农业与技术，2003，23（17）：17-22．
[48] 徐斌．美国制定9个FSC地区标准[J]．世界林业动态，2004（2）：4．
[49] 薛东峰，罗宏，周哲．南海生态工业园区的生态规划[J]．环境科学学报，2003，23（2）：285-288．
[50] 万君康，梅小安．生态工业园的内涵、模式与建设思路[J]．武汉理工大学学报（信息与管理工程版），2004，26（1）：92-95．
[51] 元炯亮．生态工业园区评价指标体系研究[J]．环境保护，2003（3）：38-40．
[52] 王兆华，武春友，王国红．生态工业园中两种工业共生模式比较研究[J]．软科学，2002，16（2）：11-15．
[53] 罗宏，孟伟，冉圣宏．生态工业园区：理论与实证[M]．北京：化学工业出版社，2004．
[54] 国家环境保护总局科技标准司．循环经济和生态工业规划汇编[M]．北京：化学工业出版社，2004．
[55] 奚旦立，陈季华．纺织工业节能减排与清洁生产审核[M]．北京：中国纺织工业出版社，2008．
[56] 中国科学院可持续发展战略研究组．2006中国可持续发展战略研究报告[M]．北京：科学出版社，2006．
[57] 齐建国，尤完．发展循环经济：背景与对策[J]．新视野，2005（6）：21-23．
[58] 黄承梁．生态文明是人类文明发展进步的新形态和新道路[N]．中国环境报，2021-07-19（3）．
[59] 曹淑艳，陈宝生，郭红，等．中国塑料的环境足迹评估[R]．2020．
[60] CRABTREE E W，EI-HALWAGI M M．Synthesis of environmentally acceptable reactions pollution prevention via process and product modifications[J]．AICHE Symposium，1994（90）：117-127．
[61] DANTAS M M，HIGH K A．Economic evaluation for the retrofit of chemical processes through waste minimization and process integration[J]．Ind Eng Chem Res，1996，35：4566-4578．
[62] JOUNI K．Four ecosystem principles for an industrial ecosystem[J]．Journal of Cleaner Production，2001（9）：253-259．
[63] HARDY C，GRAEDEL T E．Industrial ecosystems as food webs[J]．Journal of Industrial Ecology，2002，6（1）：29-38．
[64] CHARLES J K．Ecology[M]．Beijing：Science Press，2003．
[65] LUDA D F，JANE W J．The effectiveness of provisions and quality of practices concerning public participation in EIA in Italy[J]．Environmental Impact Assessment Review，2000，20（4）：457-479．

[66] HUANG X H, CHEN C Y, ZENG Q Y, et al. Field study on loss of tetracycline antibiotics from manure-applied soil and their risk assessment in regional water environment of Guangzhou, China[J]. Science of the Total Environment, 2022, 827: 154273.

[67] 王宇. 从党的十九大报告看我国生态文明建设新发展[J]. 世纪桥, 2018 (5): 13-14.

[68] 邓永芳, 刘国和. 新时代中国特色社会主义生态文明建设的理论体系: 关于十九大报告生态文明建设的十个理论层面[J]. 南京林业大学学报 (人文社会科学版), 2019, 19 (6): 1-10.

[69] United Nations Department of Economic and Social Affairs, Population Division. World Population Prospects 2022: Summary of Results[R]. New York: United Nations, 2022.

[70] 陈欢欢. 最新《bp世界能源统计年鉴》发布[N]. 中国科学报, 2021-08-23 (3).

[71] 潘忠文, 徐承红. 我国水资源利用与经济增长脱钩分析[J]. 华南农业大学学报 (社会科学版), 2019, 18 (2): 97-108.

[72] 商庆凯, 阴柯欣, 米文宝. 基于水足迹理论的青海省水资源利用评价[J]. 干旱区资源与环境, 2020, 34 (5): 70-77.

[73] 杨友麒, 贾小平, 石磊. 水网络与虚拟水的过程系统工程研究进展[J]. 化工学报, 2015, 66 (1): 32-51.

[74] 龙茜. 论环境标志的法律保障制度[C]//2007年全国环境资源法学研讨会 (年会) 论文集, 2007: 1103-1105.

[75] 黄进, 张晓昕, 林翎, 等. 2016版ISO 14021《环境标志和声明 自我环境声明 (Ⅱ型环境标志)》国际标准分析研究[J]. 标准科学, 2022 (10): 70-74.

附 录

环境标志图

中国Ⅰ型环境标志

中国Ⅱ型环境标志

中国Ⅲ型环境标志

中国绿色食品标志

中国国环有机食品标志

中国中绿华夏有机食品认证中心（COFCC）有机食品标志

中国绿色选择标志

中国节能产品认证标志

中国环保产品认证标志

中国绿色建材认证标志

中国绿色饮品标志

中国绿色之星标志

中国无毒害室内装饰装修材料认证标志

中国节水标志

中国香港地区环境标志

中国台湾省环保标志

中国台湾省水标章

中国能效标识

中国认证认可标志

中国强制认证标志

中国环境保护产品认证标志

中国低碳产品认证标志

中国质量环保产品认证标志

回收标志

全球环境标志网络

森林认证标志

《濒危野生动植物种国际贸易公约》（CITES）标志

纺织品生态标签

美国能源之星认证标志

世界自然基金会标志

欧盟环境标志（欧洲之花）

北欧环境标志（北欧天鹅）

德国环境标志（蓝色天使）

克罗地亚环境标志

捷克环境标志

西班牙环境标志

匈牙利环境标志

法国环境标志

瑞典自然保护协会环境标志

奥地利环境标志

德国绿点标记

荷兰环保标志

瑞典 04 环境标志

瑞典 TCO 95/99 环境标志

菲律宾环境标志

日本环境标志（生态标章）

韩国生态标志

新加坡环境标志

泰国环境标志

美国环境标志（绿色印章）

加拿大环境标志（环境选择）

新西兰环境标志

津布巴韦环境标志

澳大利亚环境标志

巴西环境标志

SCIENTIFIC CERTIFICATION SYSTEMS

美国翠鸟认证（SCS）环保标志

环境标志彩图